普通高等教育规划教材

现代通信技术

第3版

魏东兴　冯锡钰　邢慧玲　编著

机械工业出版社

本书共分三篇14章，以通信系统中最基本的三种通信技术：光纤通信、卫星通信、移动通信为主要内容，全面介绍了这三种通信技术的基本知识、基本理论和最新发展动向。

本书可作为高等院校电子信息工程专业相关课程教材，也可作为相近专业学习通信技术的选修课教材，同时可供从事这方面工作的工程技术人员和技术管理人员阅读和参考。

图书在版编目（CIP）数据

现代通信技术/魏东兴等编著．—3版．—北京：机械工业出版社，2014.10（2023.8重印）
普通高等教育规划教材
ISBN 978-7-111-47969-7

Ⅰ.①现…　Ⅱ.①魏…　Ⅲ.①通信技术-高等学校-教材
Ⅳ.①TN91

中国版本图书馆CIP数据核字（2014）第212990号

机械工业出版社（北京市百万庄大街22号　邮政编码100037）
策划编辑：王小东　责任编辑：王小东　崔丽平
版式设计：霍永明　责任校对：刘雅娜
封面设计：张　静　责任印制：常天培
北京机工印刷厂有限公司印刷
2023年8月第3版第4次印刷
184mm×260mm・21印张・502千字
标准书号：ISBN 978-7-111-47969-7
定价：42.00元

凡购本书，如有缺页、倒页、脱页，由本社发行部调换

电话服务	网络服务
社服务中心：(010)88361066	教材网：http://www.cmpedu.com
销售一部：(010)68326294	机工官网：http://www.cmpbook.com
销售二部：(010)88379649	机工官博：http://weibo.com/cmp1952
读者购书热线：(010)88379203	**封面无防伪标均为盗版**

第 3 版前言

本书于 2003 年出版了第 2 版，光阴荏苒，在过去的 10 年时间里，“光纤通信”、“卫星通信”、“移动通信”取得了长足的发展。由于高速通信、宽带数据业务需求的高速增长，光导纤维成为了最重要的干线通信传输介质，新技术、新器件层出不穷，随着光纤通信系统的性能提高和成本降低，使其在电信长途传输领域、广播电视领域获得了更为广泛的应用。卫星通信技术在远距离电视传输业务继续占据主导地位的同时，在卫星个人移动电话、卫星电视直接到户（DTH）、移动卫星宽带数据接入等领域实现了高速增长。移动通信已经步入 4G 时代，它是通信技术中发展最活跃的领域，一个很重要的原因是全球数以亿计的用户既是移动通信业务的参与者又是移动通信发展的推动者。

通信系统中的新业务、新技术的发展，催促我们重新修订本书，希望本次修订能够更好地适应教学的需要，充分反映光纤通信、卫星通信、移动通信技术的最新进展，做到与时俱进，理论紧密联系实际。在修订过程中，通过对国内外最新的学术专著、教材、科技论文等文献资料的理解和参考，综合各方面的意见，结合我们自身的教学体会，删除了本书第 2 版中部分相对陈旧过时的内容，调整了部分章节的顺序安排，增加了一些新知识、新内容、新技术、新系统。

编著者努力为之，但限于水平和能力，难免书中可能存在错误及不妥之处，恳请读者斧正。

编著者

2014 年 9 月于大连

第2版前言

本书第1版于1998年由机械工业出版社出版以来，得到全国很多大专院校的支持和采用，先后印刷5次，受到广大师生的关注并提出了许多宝贵意见，在此表示衷心的感谢。虽然从第1版出版至今只有短短五、六年时间，但是“光纤通信”、“卫星通信”、“移动通信”等技术却取得了飞速发展。在光纤通信中，密集光波分复用技术（DWDM）和光放大器已经得到了普遍应用，WDM全光通信网的出现为光纤通信开拓了极为广阔的前景；在卫星通信技术中，数字卫星通信技术已经成为主流，基本取代了模拟卫星通信技术；在移动通信技术中，第一代蜂窝移动通信系统（1G）已经基本停止运营，取而代之的第二代数字蜂窝移动通信系统（2G）已经占有80%以上的移动市场份额，同时第三代移动通信系统（3G）已经开始投入商业运营。为了能够更好地适应教学的需要，充分反映这些技术的最新发展成果，我们重新修订了本书。

本书共分三篇14章，以通信系统中最基本的三种通信技术：光纤通信、卫星通信、移动通信为主要内容，全面介绍了这三种通信技术的基本知识、基本理论和最新发展动向。需要说明的是，由于各院校通常将有关“数据通信”的内容放在计算机通信网络课程中，因此在本修订版中不再包括这部分内容。

本书由冯锡钰编写绪论，冯锡钰和邢慧玲编写第一篇，魏东兴编写第二篇，魏东兴和邢慧玲编写第三篇，全书由魏东兴统稿。此外，硕士研究生常娥、任春静、赵冠男、国炜、李旭、张荣强等同学认真阅读并整理了本书文稿，在此表示感谢。

本书在编写过程中，参阅了大量书籍、文章、资料，在此向这些文献的著作者表示诚挚的谢意。

本书的出版得到了大连理工大学教材出版基金的资助。

由于编者水平和能力有限，难免书中存在错误及疏漏之处，恳请广大读者斧正。

编著者

2003年7月于大连

第1版前言

随着信息社会的发展，通信技术以惊人的速度发展着，特别是以光纤通信、卫星通信和移动通信为代表的现代通信技术更是日新月异。为使学生在有限的学时内了解和掌握现代通信技术的发展，我们把以往单独设置的“光纤通信”、“卫星通信”、“移动通信”和“数据通信”等课程合并为一门“现代通信技术”课程。为适应教学的需要，特组织编写了本书。

本书全面地介绍现代通信的几个主要发展方向，全书分四篇十四章讲述光纤通信、卫星通信、移动通信和数据通信与数据网的基本知识和基本理论，并介绍了这些领域的新成果和新发展动向。

本书由冯锡钰编写绪论和第一篇，魏东兴编写第二篇，孙怡编写第三篇，刘军民编写第四篇。全书由冯锡钰主编。

本书得到大连理工大学教材出版基金的支持和大连理工大学教务处王续跃老师的大力帮助，在此表示诚挚的感谢。

由于编者水平有限，书中不足及错误之处，恳请广大读者批评指正。

编　者

1997年1月

目　录

第2篇　卫星通信

第3篇 移动通信

绪　论

通信技术，特别是现代通信技术，在当今信息社会中发挥着重要作用。通信作为信息传输与交换的手段，已成为信息时代社会发展和经济生活的生命线。因此，现代通信技术成为高等学校通信工程、电子信息工程及计算机通信等专业学生必须具备的知识结构中的重要组成部分。

为适应现代通信技术的发展和教学的需要，本书重点讨论现代通信的三个主要发展方向：光纤通信、卫星通信和移动通信。在深入讨论这些内容之前，先简要介绍有关通信的基本概念、基本知识和发展趋势。

0.1 通信技术的发展及基本概念

0.1.1 通信技术的发展

通信就是信息的传输与交换，通信的目的就是传输消息。自从有了人类的活动，就产生了通信，因为在人类的活动过程中要相互远距离传递信息，也就是将带有信息的信号，通过某种系统由发送者传送给接收者，这种信息的传输过程就是通信。

很久以来，人们曾寻求各种方法来实现信息的传输。我国古代利用烽火台传送边疆警报；古希腊人用火炬的位置表示字母符号，一站一站地传送信息，这种光信号的传输构成最原始的光通信系统。利用击鼓鸣金来报时或传达作战命令，是最原始的声信号传输，以后又出现了信鸽、旗语、驿站等传送消息的方法。这些原始的通信方式，无论在距离、速度还是在可靠性与有效性方面都很差。直到19世纪初，人们开始利用电信号传输消息。1838年莫尔斯（F. B. Morse）发明了电报，他利用点、划、空适当组合的代码表示字母和数字，这种代码称为莫尔斯电码。1876年贝尔（A. G. Bell）发明了电话，直接将声音信号（语言）转变成电信号沿导线传送。19世纪末，人们又利用电磁波传送无线电信号，开始时传输距离只有几百米，而到了1901年，马可尼（G. Marconi）成功地实现了横渡大西洋的无线电通信，从此，传输电信号的通信方式得到了广泛应用和迅速发展。

一个多世纪以来，通信技术得到了飞速的发展，其发展大致经历了三个阶段：以1838年发明电报为标志的通信初级阶段。以1948年香农（C. E. Shannon）提出信息论开始的近代通信阶段，在此期间，电通信技术得到迅速发展，其明显特点就是不断开拓更高频率，由低频端向高频端发展，从长波、中波、短波、超短波发展到微波，这期间几乎每6年频率就递增一个数量级。第三阶段则是现代通信阶段，20世纪60年代出现的卫星通信系统为远距离和大范围通信提供了可能；20世纪70年代出现的光纤通信系统奠定了大容量和高速率通信的基础；20世纪80年代出现的数字蜂窝移动通信系统则翻开了通信移动性和个人化的新篇章，光纤通信、卫星通信和移动通信成为支撑现代通信技术的三大主要发展方向。

0.1.2 通信系统及分类

完成信息传输任务的系统，通称为通信系统，图 0-1 是 C. E. Shannon 给出的通信系统基本组成框图。

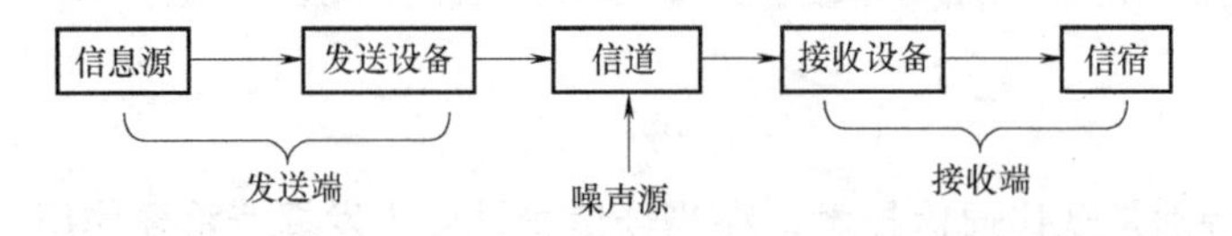

图 0-1 一个单向通信系统示意图

信息源产生消息，发送给接收端，消息可以是以下几种类型：①字母或一串字符；②一维时域信号，如电话或无线电信号；③在二维空间变化的时域信号，如单色电视信号；④多路、一维时域信号，如时分复用电话信号；⑤多维、多路时域信号，如多路复用电视信号；⑥组合信号，如电视信号及其伴音信号。

发送设备的作用是将各种消息转换成适合于信道传输的信号形式，可以包括编码、调制等环节。

信道是从发送端到接收端的传输介质，它可以是双绞线、同轴电缆、一定带宽的无线信道或一束光等。

接收设备的功能与发送设备相反，它从接收信号中恢复出相应的消息，可以包括解调、译码等环节。

信宿就是接收者，是传输消息的目的地，信宿可以是人，也可以是其他机器设备。

图中的噪声源包括信道噪声及分散在通信系统其他各处噪声的集中表示。

一个通信系统的工作过程，主要包括消息与信号转换、信号处理和信号传输等过程。

通信系统可以从不同的角度来分类：

1）按传输信号形式不同分为模拟通信与数字通信。

2）按信道具体形式可分为有线通信和无线通信，如图 0-2 所示。

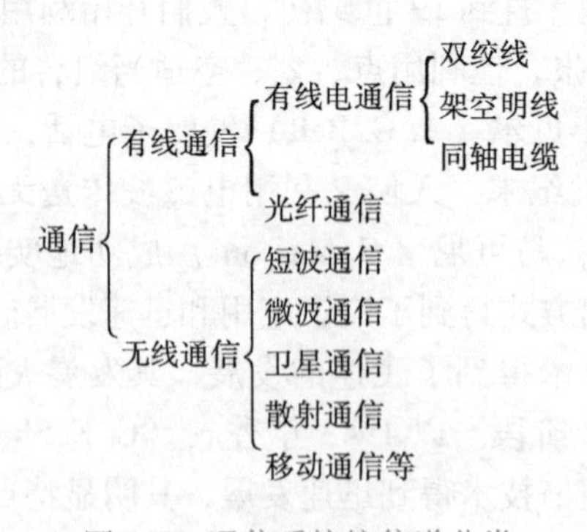

图 0-2 通信系统按信道分类

3）按通信工作频段可以分为长波通信、中波通信、短波通信、微波通信、光通信等。

4）按通信的具体业务内容可分为语音通信（电话）、图像通信、多媒体通信、无线寻呼、电报、可视电话等。

5）按接收信息者是否在运动中完成通信可分为移动通信和固定通信。移动通信是指通信双方至少有一方在运动中进行信息交换。由于移动通信具有建网快、投资少、机动灵活等特点，它已经成为现代通信中的三大新兴通信技术之一。

0.1.3　通信方式

通信方式从不同角度考虑，常有以下几种：

（1）按消息传送的方向与时间分类　通信方式按消息传送的方向与时间可以分为单工通信、半双工通信和全双工通信。

所谓单工通信，是指消息在任意时刻只能单方向进行传输的一种通信方式。日常生活中单工通信的例子很多，如广播或红外遥控等。这些系统中，信号只能从广播发射台或红外遥控器向收音机或遥控对象（电视机、空调机等）进行单向传送。

所谓半双工通信，是指通信双方都能进行收发信息，但不能同时进行收和发的一种通信方式。例如，对讲机系统、收发报机等都是这种方式。半双工方式的通信双方，某时刻一方在发送时，另一方只能接收。

所谓全双工通信，是指通信双方可同时进行传输消息的一种通信方式，在全双工通信系统中，通信双方可同时收发信息。生活中的普通电话就是全双工方式。

（2）按数字信号的排序分类　在数字通信中，按照数字信号排列的顺序不同，可将通信方式分为串行传输和并行传输两种方式。串行传输通信方式是将代表信息的数字信号或数据按时间顺序一个接一个地在信道中传输的方式。如果将代表信息的数字信号序列按某一规则分成两路或两路以上的数字信号序列同时在信道上传输，则称为并行传输通信方式。

（3）按通信网络形式分类　通信方式按通信网络形式通常可分为三种：两点间直通方式、分支方式和交换方式。直通方式是最简单的一种形式，终端 A 与终端 B 之间的线路是专用的。在分支方式中，每一个终端都经过同一信道与转接站相互连接，终端之间不能直通信息，而必须通过转接站转接，此种方式只在数据通信中出现。交换方式是终端之间通过交换设备灵活地进行线路交换的一种方式，即把两个需要通信的终端之间的线路自动接通，或者通过程序控制实现消息交换。交换方式与分支方式均属网络通信的范畴。

0.1.4　传输技术

通信的根本任务是远距离传递消息，一般可采用两种传输技术：基带传输与频带传输。所谓基带传输，是指信号没有经过调制（没经过频率变换）而直接送到信道上进行传输的一种方式。图 0-3 给出了一个数字基带传输系统的简单组成。图中信息源为数字信号源，基带信号生成器仅对数字信号进行码型变换，而不进行频率变换。与基带传输相对应的是频带传输。所谓频带传输，是指信号在发端首先经调制（频率搬移）后，再送到信道中传输，收端则要进行相应的解调才能恢复原来的信号。图 0-4 给出了一个数字频带传输通信系统的组成。

0.1.5　性能指标

通信系统中，衡量通信性能好坏的指标主要有两个：有效性和可靠性。

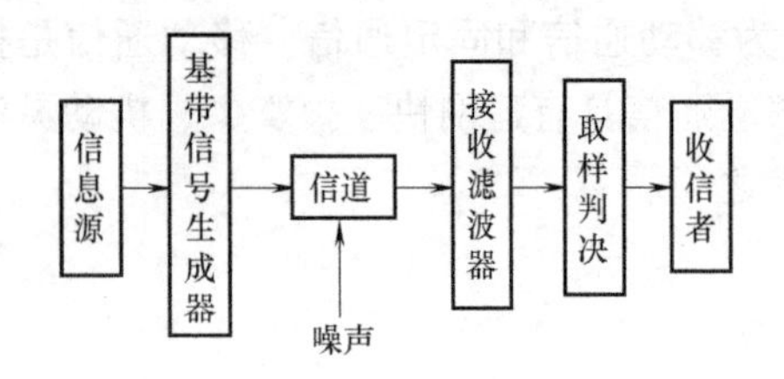

图 0-3　数字基带传输系统的简单组成

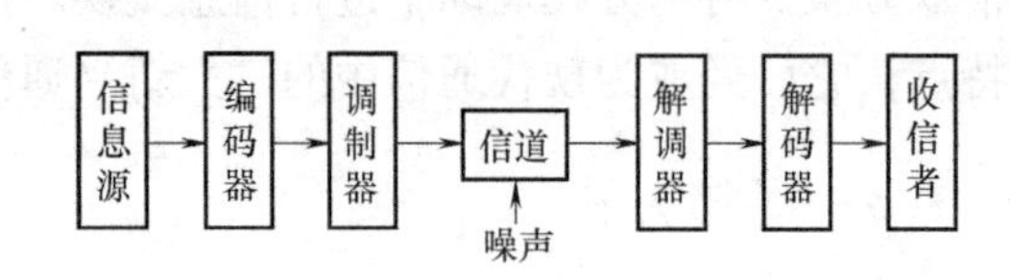

图 0-4　数字频带传输通信系统的组成

有效性是指通信系统中信息传输的快慢问题；而可靠性是指信息传输的好坏问题。有效性指标与可靠性指标在具体通信系统中有不同的表述方法。

在模拟通信中，有效性指标用单位时间内传输信息量的多少来衡量；而可靠性指标常用信噪比（SNR）或均方误差（MSE）来衡量。

在数字通信中，有效性指标常用传输码速率来衡量，下面介绍三种传输速率。

（1）*码元传输速率*　码元传输速率通常也称为码元速率、数码率、传码率。码元速率是指单位时间（每秒）内传输的码元数目，单位为波特（Baud）。

（2）*信息传输速率*　信息传输速率也称为信息速率、传信率或比特率。信息传输速率是指单位时间内传送的信息量，单位为比特/秒，常用 bit/s 表示。

（3）*消息传输速率*　消息传输速率也称为消息速率，是指单位时间内传送的消息数。因消息的表述单位不同，故消息速率有不同的单位，如当消息单位是汉字时，则消息速率单位为字/秒。

在数字通信中，可靠性指标常用如下几种方式表述：

1）误码率 P_e

$$P_e = \frac{\text{单位时间内系统传错的码元数}}{\text{单位时间内系统传输的总码元数(正确码元数 + 错误码元数)}}$$

2）误比特率 P_{eb}

$$P_{eb} = \frac{\text{单位时间内系统传错的比特数}}{\text{单位时间内系统传输的总比特数}}$$

0.2　现代通信的主要技术

现代通信技术涵盖的内容非常广泛，可从不同的角度和侧面对其进行描述。本书从基本的通信技术手段出发，按采用的信道形式、传输方式的不同，对光纤通信、卫星通信和移动通信等主要现代通信技术进行讨论。

0.2.1　光纤通信

光纤通信是 20 世纪 70 年代开始发展起来的一门新型的通信技术，以其独特的优越性，得到迅速的发展和应用，成为通信领域最为活跃的技术，是现代通信技术重要的发展方向之一。光纤通信的出现，引发了通信技术新的变革，开辟了现代通信的新阶段，它将成为信息高速公路的主要传输手段，成为信息社会的重要支柱。

光纤通信是以光纤作为传输介质，用光波作为信息载体的通信方式，其发展之快、应用范围之广、规模之大、涉及学科之多，在通信领域中是前所未有的。当今，光纤通信的新技术仍不断涌现，为光纤通信不断注入新的活力。

本书第1篇全面地介绍了光纤通信技术。第1章光纤通信概论，主要介绍光纤通信的发展，光纤通信系统的组成以及光纤通信的特点和应用；第2章光纤和光缆，主要介绍光纤的结构和类型，从几何光学和波动光学的角度出发，讨论光纤传输原理以及光纤的传输特性；第3章光源和光发射机，主要介绍半导体光源的发光机理、LD和LED的结构、工作特性以及光发射机的组成电路；第4章光接收机，以数字光接收机为主线，讨论光检测器的工作原理，PIN光敏二极管、APD的结构特点和工作特性，介绍数字光接收机的前端、线性通道和数据恢复等部分的原理组成和工作特点，讨论光接收机的灵敏度；第5章光纤通信系统及新技术，主要讨论数字光纤通信系统、SDH光同步网、模拟光纤通信系统的SCM传输方式以及光纤接入网，接着介绍光纤通信的新技术，包括光放大技术、光波分复用技术、相干光通信技术、光孤子通信技术、全光通信技术和光时分复用技术等。

0.2.2　卫星通信

卫星通信是一种宇宙无线电通信形式，它是在地面微波通信和空间技术的基础上发展起来的，是地面微波中继通信的继承和发展，是微波中继通信的一种特殊形式。卫星通信利用人造卫星作为中继站转发或反射无线电波，在两个或多个地面站之间进行的通信。卫星通信覆盖区域大、通信距离远，利用三颗同步卫星即可以实现全球通信。卫星通信具有多址联接能力，只要在卫星覆盖区域内，所有地面站都能利用卫星进行相互间的通信，因此，卫星通信在长途通信中具有特殊的重要作用；作为一种无线通信方式，卫星通信以其便捷的移动性，可以为突发事件电视直播、偏僻地区通信、VSAT、个人卫星移动通信等业务提供支持；作为大范围的通信覆盖手段，卫星通信提供了世界上几乎所有的国际电视转播业务；卫星直接到户（DTH）广播电视业务也极具竞争力。如今，卫星通信已经成为人类信息社会活动中不可或缺的通信手段。

本书第2篇对卫星通信进行了全面介绍。第6章卫星通信概论，主要介绍卫星通信系统的基本组成和特点、卫星通信的发展状况和发展趋势；第7章卫星通信系统，分别介绍了通信卫星、地球站系统以及传输线路的计算；第8章卫星通信系统信号传输技术，专门对在卫星通信所采用的传输技术进行了讨论，这些传输技术主要包括：信道复用技术、信道分配技术、差错控制技术、数字调制技术、卫星电视传输技术等；第9章卫星通信网，主要介绍卫星广播电视网、VSAT网、全球卫星导航系统（GNSS）、跟踪与数据中继卫星系统（TDRSS）、卫星移动通信系统、高空平台站（HAP）通信系统等。

0.2.3　移动通信

移动通信是指通信双方至少有一方是在运动状态中进行信息传递的通信方式。移动通信几乎集中了有线通信和无线通信的所有最新技术成就，它是使用户随时随地快速而可靠地进行多种信息交换的一种理想通信方式。

移动通信出现在20世纪20年代初期，而移动通信的飞速发展还是在近30余年才开始的。这是由于20世纪70年代微电子技术和计算机技术的迅速发展，以及人们对超高频收发信机、滤波技术、小型天线等设备的研制有了新的突破，加之新理论、新体制也在不断地发展和完善，为模拟蜂窝移动通信系统的诞生奠定了坚实的基础，出现了 800MHz 蜂窝移动通信系统，这是第一代移动通信系统（1G）。进入 20 世纪 80 年代，大规模集成电路、微型计算机、微处理器和数字信号处理技术的大量应用，为开发数字移动通信系统提供了技术保障，使移动通信进入了一个新阶段，这就是第二代移动通信系统（2G）。步入 21 世纪，第三代移动通信系统（3G）开始在全球商用。距离 3G 系统全面商用十余年后的今天，第四代移动通信系统（4G）进入商业运营的大幕已经开启。移动通信的发展是实现通信的理想目标——个人通信的关键，它对人类社会发展、工作生活等方方面面都产生了深远的影响。

本书的第 3 篇全面地讨论了移动通信技术。第 10 章移动通信概论，主要介绍移动通信的概念和发展、移动通信系统的组成原理及移动通信的主要特点；第 11 章无线信道的特性与电波传播，主要介绍无线信号的传播特性、路径损耗模型、无线信道的特性以及无线信道中的干扰；第 12 章移动通信基本技术，主要讨论数字调制解调技术、扩频技术、组网技术、双工技术、抗衰落技术、正交频分复用（OFDM）技术、语音编码技术、网络安全技术；第 13 章典型的移动通信系统简介，重点讨论第二代（2G）移动通信系统（包括 GSM 系统和 IS-95 系统)、第三代（3G）移动通信系统 IMT-2000（包括 WCDMA、CDMA2000、TD-SCDMA)；第 14 章新一代移动通信系统简介，概要介绍了准 4G 系统——长期演进计划（LTE）和 IMT-Advanced（4G）通信标准。

0.3 现代通信技术发展趋势

通信技术与计算机技术、控制技术、数字信号处理技术等相结合是现代通信技术的典型标志，目前通信技术的发展趋势可概括为“六化”，即数字化、综合化、融合化、宽带化、智能化和个人化。

0.3.1 通信技术数字化

通信技术数字化是实现其他“五化”的基础。数字通信具有抗干扰能力强、噪声不累积、便于纠错、易于加密、适于集成化、利于传输和交换的综合以及可兼容语音、数据和图像等多种信息传输等优点。与传统的模拟通信相比，数字通信更加通用和灵活，也为实现通信网的计算机管理创造了条件。数字化是“信息化”的基础，诸如“数字图书馆”、“数字城市”、“数字国家”等都是建立在数字化基础上的信息系统。因此可以说，数字化是现代通信技术的基本特性和最突出的发展趋势。

0.3.2 通信业务综合化

现代通信的另一个显著特点就是通信业务的综合化。随着社会的发展，人们对通信业务种类的需求不断增加，早期的电报、电话业务已远远不能满足这种需求。就目前而言，传真、电子邮件、交互式可视图文，以及数据通信的其他各种增值业务等都在迅速发展。若每出现一种业务就建立一个专用的通信网，必然是投资大、效益低，并且各个独立网的资源不能共享。另外，多个网络并存也不便于统一管理。如果把各种通信业务，包括电话业务和非电话业务等以数字方式统一并综合到一个网络中进行传输、交换和处理，就可以克服上述弊端，达到一网多用的目的。

0.3.3　网络互通融合化

以电话网络为代表的电信网络和以 Internet 为代表的数据网络的互通与融合进程将加快步伐。在数据业务成为主导的情况下，现有电信网的业务将融合到下一代数据网中。IP 数据网与光网络的融合、无线通信与互联网的融合也是未来通信技术的发展趋势和方向。

有三个方面值得注意：

1）网络和业务的分离化，技术是革命的，而网络是演进的。网络的发展不符合“摩尔”定律，而业务的发展却超过了“摩尔”定律。网络和业务的分离将提供良好的开放性，促进业务的竞争和发展。

2）网络结构的简捷化，新一代信息网络基础设施功能结构的发展趋势是日益扁平化。简捷化的网络可以减少网络层次，提高网络效能，增强网络的适应力。

3）电信网、计算机网和广播电视网之间的“三网”融合是发展的必然趋势。

0.3.4　通信网络宽带化

网络的宽带化是电信网络发展的基本特征、现实要求和必然趋势。为用户提供高速全方位的信息服务是网络发展的重要目标。近年来，几乎在网络的所有层面（如接入层、边缘层、核心交换层）都在开发高速技术，高速路由与交换、高速光传输、宽带接入技术都取得了重大进展。超高速路由交换、高速互联网关、超高速光传输、高速无线数据通信等新技术已成为新一代信息网络的关键技术。

0.3.5　网络管理智能化

在传统电话网中，交换接续（呼叫处理）与业务提供（业务处理）都是由交换机完成的，凡提供新的业务都需借助于交换系统，但每开辟一种新业务或对某种业务有所修改，都需要对大量的交换机软件进行相应的增加或改动，有时甚至要增加或改动硬件，以致消耗许多人力、物力和时间。网络管理智能化的设计思想，便是将传统电话网中交换机的功能予以分解，让交换机只完成基本的呼叫处理，而把各类业务处理，包括各种新业务的提供、修改以及管理等，交给具有业务控制功能的计算机系统来完成。尤其是采用开放式结构和标准接口结构的灵活性、智能的分布性、对象的个体性、入口的综合性和网络资源利用的有效性等手段，可以解决信息网络在性能、安全、可管理性、可扩展性等方面面临的诸多问题，对通信网路的发展具有重要影响。

0.3.6　通信服务个人化

个人通信是指可以实现任何人在任何地点、任何时间与任何其他地点的任何人进行任何业务的通信。个人通信概念的核心，是使通信最终适应个人（而不一定是终端）的移动性。或者说，通信是在人与人之间，而不是终端与终端之间进行的。通信方式的个人化，可以使用户不论何时、何地，不论室内、室外，不论高速移动还是静止，也不论是否使用同一终端，都可以通过一个唯一的个人通信号码，发出或接收呼叫，进行所需的通信。

第1篇　光纤通信

光纤通信是利用光导纤维（简称光纤）传送信息的光波通信技术。光通信采用的载波位于电磁波谱的近红外区，频率非常高（10^{14}~10^{15}Hz），因而通信容量极大。光纤通信在全球范围内得到了很大的发展，并引发着通信领域的变革。

第1章　光纤通信概论

本章首先回顾光纤通信发展的历程，并指出发展动向；进一步给出光纤通信系统的基本构成；最后介绍光纤通信的特点和应用领域。

1.1 光纤通信的发展

1.1.1 光纤通信的发展历程

利用光来传送消息在古代就出现了，例如我国古代利用烽火台上的火烟信号来传递紧急信息，古希腊人用举火把时间的长短来传递消息，可谓是原始的光通信。由于在19世纪先后发明了电报、电话等电信技术，使光通信方法受到冷落。

在20世纪里，电信技术得到惊人的发展，传输信号的带宽在不断加大，因而载波频率在不断提高，通信系统的容量在不断加大，到1970年，通信系统的容量BL（码速率、距离乘积）达到约100Mbit·s^{-1}·km，以后电通信系统的容量就基本上被限制在这个水平上。

20世纪后半期，人们意识到如果采用光波作为载波，通信容量可望提高几个数量级，但直到20世纪50年代末仍然找不到光通信所必需的相干光源和合适的传输介质。1960年激光器的问世，解决了光源问题。1966年，当时在英国STC公司标准电信实验室工作的华人高锟博士提出可以用石英光纤作为光通信传输介质的设想，但当时的光纤具有1000dB/km的巨大损耗，难以有效地传输光波。到了1970年，美国康宁玻璃公司研制出损耗为20dB/km的石英光纤，证明了光纤是光通信的最佳传输介质，与此同时，实现了室温连续工作的GaAs半导体激光器。由于小型光源和低损耗光纤的同时实现，从此便开始了光纤通信迅速发展的时代，因此人们把1970年称为光纤通信的元年。

从1970年至今，光纤通信的发展速度远远超过了人们的预想，光纤通信系统的发展经历了五代，通信容量增加了好几个数量级。图1-1给出了五代光纤通信的发展情况。

工作在0.85μm短波长的第一代多模光纤通信系统于1974年投入使用。这种系统的码速率范围在50～100Mbit/s，中继距离为10km，与同轴电缆相比，中继距离有很大的提高。

第二代是工作在1.3μm长波长的单模光纤通信系统，它出现在20世纪80年

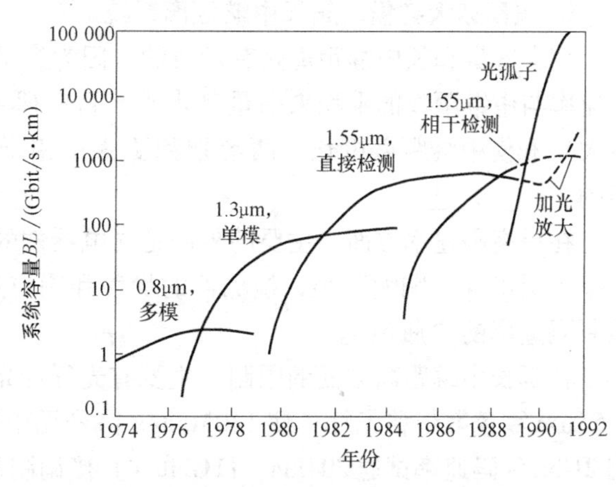

图1-1　五代光纤通信的发展情况

代早期。由于在1.3μm的波长时光纤具有小的损耗和最小的色散，因此系统的通信容量可大大地增加，1984年实现了中继距离为50km、码速率为1.7Gbit/s的实用化光纤传输系统。

第三代光纤通信系统是工作在1.55μm长波长的单模光纤传输系统。由于在1.55μm波长时光纤具有最小的损耗，通过色散位移又可使其色散最小，因此在1990年实现了中继距离超过100km、码速率为2.4Gbit/s的光纤传输系统。

第四代光纤通信系统以波分复用增加码速率和使用光放大器增加中继距离为标志，可以采用（也可不采用）相干接收方式，使系统的通信容量成数量级地增加，已经实现了在2.5Gbit/s码速率上传输4500km和10Gbit/s码速率上传输1500km的试验。从1990年开始，光放大器正引起光纤通信领域的一次变革。

目前，已经进入第五代光纤通信系统的研究和开发，这就是光孤子通信系统。这种系统基于一个基本概念——光孤子，即由于光纤非线性效应与光纤色散相互抵消，使光脉冲在无损耗的光纤中保持其形状不变地传输的现象。光孤子通信系统将使超长距离的光纤传输成为可能，实验已经证明，在2.5Gbit/s码速率下光孤子沿环路可传输14000km的距离。

1.1.2 光纤通信的发展方向和新技术

光纤通信由于具有许多优点和巨大的生命力，其发展十分迅速。目前，在长途通信和市内局间中继方面已全面采用光纤通信，跨越大西洋和太平洋的海底光缆已经建成数条。近年来光纤通信发展的目标有两个：

1）市内用户网实现光纤通信，即由点到点的光纤通信发展到全程全网使用光纤。换句话说，即光纤进入到家庭（FTTH）。

2）实现宽带综合业务数字网（B-ISDN）。要实现上述宏伟目标，关键在于降低每一用户承担的成本，所有光纤、光器件、光端机乃至连接器的成本均需降低。其中，终端设备的成本关键在于光电子集成（OEIC）化，即使光器件和电子器件进行单片集成回路，以使终端设备更小型、更可靠和更廉价。

为了进一步挖掘光纤通信的潜力，下述三方面是近年来科研和试验的热门：①超高速大容量、超长中继距离的试验；②密集光波分复用（DWDM）系统的试验；③光交换系统的研制。现将这三方面及其他有关新技术略述如下。

1. 超高速大容量、超长中继距离系统

超大容量和长中继距离是有矛盾的。因为容量增大，其中继距离将减小，故通常用通信码速率与中继距离的乘积来衡量其水平。目前研究试验的目标是使通信码速率更高（容量更大）和使中继距离更长，两者乘积更大，相干通信是有利于提高码速率和延长中继距离的。

在提高码速率方面，主要的限制是光电器件的性能，如激光器在直接调制时，在超高码速率下会出现“啁啾”声，检测器的噪声和响应速度也会限制码速率，另外电子器件也是限制码速率的“瓶颈”。

在延长中继距离方面的限制，主要有光纤传光衰减、色散和接收机灵敏度等。曾经利用1.55μm零色散位移光纤，使140Mbit/s信号无中继传输了220km；采用相干光通信系统曾用2Gbit/s码速率试通204km；11Gbit/s直接调制系统也进行了70km的试验。自光放大器出现后，尤其是1989年掺铒光纤放大器（EDFA）的试验成功，对延长中继距离起了很大作用，克服了过去要提高接收灵敏度所难以解决的困难。

2. 光孤子传输

在增大传输中继距离方面，光纤的传光损耗和光接收机灵敏度不是唯一的障碍，因为光纤的色散使脉冲展宽也是一个重要的限制因素。光纤孤子脉冲传输的原理是利用光纤在大功率注入时的非线性作用与光纤中的色散作用达到平衡，使光脉冲在传输中无展宽。具体说就是在大功率光源注入光纤的非线性作用下，产生一种“自相位调制”，使脉冲波前沿速度变慢，而后沿速度变快，从而使脉冲不发生展宽。类似于流水中一个不变形的旋涡孤子，故称孤子传输。自从光纤放大器在补偿光纤损耗延长通信距离方面起了巨大作用以后，有人认为孤子传输的研究更应该加速赶上。

3. 密集光波分复用系统

普通的波分复用（WDM）是在不同的光纤低损耗窗口波长进行复用，虽然可以增加通信容量，但其波长间隔比较大，故复用量较小，并未充分发挥光纤通信的应用潜能。密集波分复用（DWDM），是在一个低损耗窗口的工作波长上，分成若干个子波长，每个子波长承载一路高速数据，子波长间隔比较小。

DWDM技术追求的主要性能指标主要有两个，一是单个子载波上承载的码速率；二是各子载波的间隔。目前，在单个子载波上承载速率为10Gbit/s的技术已十分成熟，获得了广泛应用，子载波承载速率为40Gbit/s正逐渐成为主流的应用，而子载波承载码速率为100Gbit/s的系统商用化进程即将开启。

4. 超长波长、超低损耗光纤

要延长通信的中继距离，前面已经指出光纤衰减特性是主要障碍之一。目前，石英材料制成的光纤在1.55μm波长处的衰减常数已接近理论最低值。如果再将工作波长加大，由于要受到红外线吸收的影响，衰减常数又会增大。因此，科技工作者多年来在寻找超长波长（2μm以上）窗口的超低损耗光纤。这种光纤可用于红外线光谱区，其材料有两大类：非石英的玻璃材料和结晶材料。在理论上，这两种材料制作的光纤传输损耗可分别达到1×10^{-3}dB/km和1×10^{-4}dB/km。从研制情况来看，以氟玻璃ZrF_4进展较好，在2.3μm波长的损耗已达0.7dB/km，但与理论最低损耗相距较远，仍有很大潜力可挖。

5. 光交换与全光通信

传统光纤通信系统中的交换机以电交换方式为主。如果实现光交换便可在光通信中省掉光电转换这一环节。目前研制中的光交换机主要有如下三种类型：

（1）空间分割型　它由矩阵开关来完成，所用光器件又分为电-光型、声-光型、磁-光型、液晶开关型等。

（2）波长分割型　它通过利用波长变换元件、波长滤光片等来实现。

（3）时间分割型　它通过利用光存储器（如光纤延迟线、光双稳态器件等）来实现。

总的来说，光纤通信的潜在容量和可用性还没有得到完全发挥。有些新技术尚待突破，有些领域尚待探索开发。

全光通信要求用光节点取代电节点，节点间完全实现了全光化，信息与数据之间的传输和交换始终都是以光的形式完成，用户信息的处理也是根据其波长来决定。

6. 光源波长稳定技术

在DWDM系统中，子载波间的波长间隔越来越小，子载波承载的码速率也越来越高，这就要求光发射机所用半导体激光器发射光的谱线越窄越好，且发射光波长稳定，才能避免子载波间串扰。因此需要研发稳定光源波长的技术。目前主要采用的光源波长稳定方法主要有波长反馈控制法和温度反馈控制法两种。

7. 光器件的集成化

在光纤通信系统中，光器件的进一步集成化是一个发展趋势。光电集成（OEIC）技术是将光器件以及光器件外围的电子电路集成为一个组件或模块，该技术已经比较成熟，如获得广泛应用的PIN-FET组件。如果在此基础上，进一步提高光器件以及光路的集成度，减小光器件与光路的体积，提高其可靠性和性能指标，降低生产及安装维护成本，对光纤通信技术的发展有着重要意义。

1.2 光纤通信系统的基本构成

光纤通信系统和所有的通信系统一样，由发射机、信道和接收机三个部分组成，图1-2为光纤通信系统的示意图，光纤通信系统是采用光纤作为信道的。由图可见，光纤通信系统主要由光发射机、光纤和光接收机三个部分组成，电端机是对电信号进行处理的电子设备。在发送端，电端机将欲传送的电信号处理后，送给光发射机，光发射机将电信号转变成光信号，并将光信号耦合进光纤中，光信号经光纤传输到接收端，由光接收机将接收到的光信号恢复成原来的电信号，再经电端机的处理，将消息送给用户。

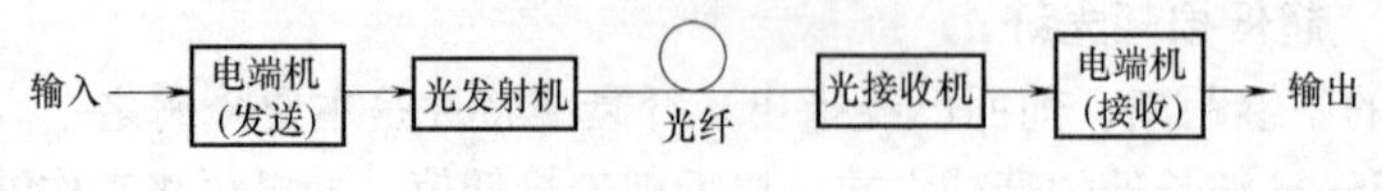

图1-2 光纤通信系统示意图

在这里首先对光纤通信系统的三个组成部分进行简要的描述，以便对光纤通信系统有一个大概的了解，详细的内容将在以后各章进行讨论。

1.2.1 光纤线路

光纤线路由光纤、光纤接头和光纤连接器组成。光纤是光纤线路的主体，光纤通信使用的光纤主要是用石英玻璃拉成的纤维丝。在光纤通信系统中，利用光纤线路作为信道，将光信号从光发射机传送到光接收机。表征光纤传输特性的两个重要参数是损耗和色散，它们影响光纤通信系统的传输距离和传输容量。光纤的损耗直接决定光纤通信系统的传输距离，而光纤的色散使得光脉冲在光纤中传输时发生展宽，因此光纤的色散影响系统的传输码速率或通信容量。

光纤技术的发展就是围绕进一步减小光纤的损耗和色散而展开的。例如，从阶跃型光纤到渐变型光纤，从短波长到长波长，从多模光纤到单模光纤，使得光纤的损耗和色散不断地降低，从而大大地提高了光纤通信系统的通信距离和通信容量。

1.2.2 光发射机

光发射机的作用就是将电信号转变为光信号，并将光信号耦合进光纤中。光发射机的基本组成如图1-3所示，它主要由光源和驱动电路组成。光源是光发射机的“心脏”，在光纤通信中，普遍采用半导体激光器（LD）或发光二极管（LED）。输入的电信号通过驱动电路实现对光源的调制，即直接对半导体光源的注入电流进行调制，使输出光信号的强度随输入电信号而变化，这就是通常所采用的直接光强调制（IM）。

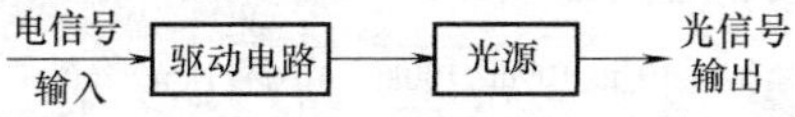

电信号输入 → 驱动电路 → 光源 → 光信号输出

图1-3　光发射机的基本组成

发射光功率是光发射机的一个重要参数，通常以1mW为基准，而用dBm为单位，表示为

$$\text{功率(dBm)} = 10\lg\frac{\text{功率(mW)}}{1\text{mW}} \tag{1-1}$$

发光二极管的发射功率较低，一般都小于 -10dBm，而半导体激光器的发射功率可以达到0~10dBm。由于发光二极管的工作能力有限，所以大多数高性能的光纤通信系统都采用半导体激光器作为光源。光发射机的码速率是光发射机的另一重要参数，一般是受限于电子电路而不是半导体激光器本身，如果设计得好的话，光发射机的码速率可达10~15Gbit/s以上。

1.2.3　光接收机

光接收机的作用是将通过光纤传来的光信号恢复成原来的电信号，光接收机的基本组成如图1-4所示，它主要由光检测器和放大电路组成。光检测器是光接收机的重要部件，在光纤通信中，通常采用半导体PIN光敏二极管或半导体雪崩光敏二极管（APD）作光检测器，它能将光纤传来的已调光信号转变成相应的电信号。由于通过光纤传来的光信号功率很微弱（可低至纳瓦级），所以在光检测之后，由放大电路对检测出的电信号进行放大。

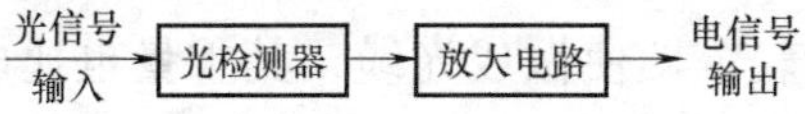

光信号输入 → 光检测器 → 放大电路 → 电信号输出

图1-4　光接收机的基本组成

接收灵敏度是光接收机的一个重要参数，它是衡量光接收机质量的综合指标，它反映接收机调整到最佳状态时，接收微弱光信号的能力。通常把数字光接收机的灵敏度定义为在一定误码率下的最小平均接收光功率，它与系统的信噪比有关，而信噪比又与使接收信号劣化的各种噪声源的大小有关，噪声包括接收机内部噪声（热噪声和点噪声）、光发射机噪声（相对强度噪声）以及光信号在光纤的传输过程中引入的噪声等。

1.3　光纤通信的特点和应用

1.3.1　光纤通信的特点

光纤通信一经出现，便得到惊人的发展和广泛的应用，这与光纤通信的优越性是分不开的。光纤通信的主要优点有：

1）容许频带宽、通信容量大。光纤通信应用的载波是红外光，如图1-5所示，其光频

数量级为 3×10^{14}Hz，因此所容许的带宽很宽，具有极大的传输容量。现在单模光纤的带宽可达 1.5THz · km 量级，具有极宽的潜在带宽。

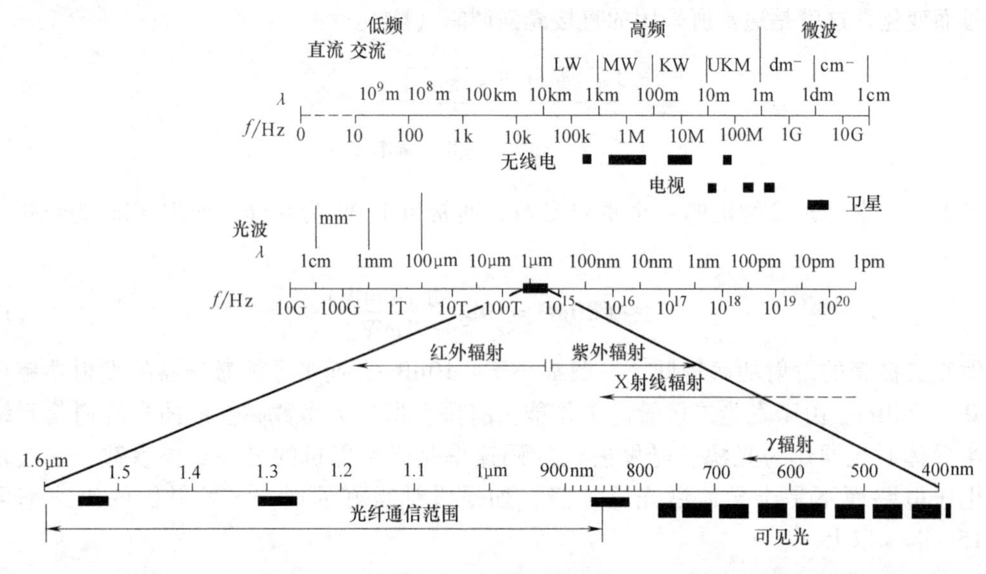

图 1-5　电磁波的频谱

2）传输损耗低，中继距离长。光纤的传输损耗很低，随着光纤制造技术的提高，光纤损耗进一步降低，如今光纤最低损耗可低至 0.2dB/km 以下。由于光纤损耗小，因而中继距离长，一般光纤通信系统的中继距离为几十千米，甚至可达一百多千米。这对减少建设投资和维护工作量，以及提高通信系统的可靠性等，都带来了好处。

3）抗电磁干扰，通信质量高。在强电干扰和核辐射环境中，光纤通信也可以正常进行。

4）光纤细如发丝，重量轻，即使做成光缆，其重量也比电缆轻得多，体积也小得多，因而便于运输、敷设和施工。

5）电气特性好，绝缘防爆。制造光纤的材料通常具有电气绝缘特性，所以，通信双方不存在电气连接，可以避免电气接口间的干扰、接地等问题；而且，光纤不会产生电火花，可以用于对防爆安全要求较高的场合。

6）信号泄漏小，保密性能好。光纤传输光的机理是利用光信号在纤芯中的全反射原理，光信号向外泄露量小，不会出现“串话”现象，也不易被窃听。

7）性质稳定，寿命长。光纤材料温度稳定性好，耐腐蚀，不宜老化，其光传输特性稳定可靠。

8）原材料丰富，成本低。制造光纤的主要原料是 SiO_2，它是地球上蕴藏最丰富的物质，取之不尽，用之不竭。

正是由于光纤通信有上述优点，光纤通信成为当代最重要的通信手段之一。但是，光纤通信也存在一些不足。

1）光纤的制造工艺复杂。制造光纤的过程中，需要对原材料进行提纯来降低传输光损耗，进行掺杂来调整折射率，还要通过精密的控制，保证预制棒及拉丝加工的精度。

2）光纤材料机械强度差，敷设施工要求高。光纤的几何尺寸小，质地脆，施工拖曳光

缆需要匀速控制，弯曲半径不宜过小；光纤的切割连接需要专用设备和操作工艺。

3）光器件及光通信设备价格昂贵。光纤通信中的半导体光源和光检测器等器件的成本高；光通信系统中的设备及施工、测试维护设备昂贵。

4）光信号的处理过程相对复杂。在长距离光纤传输系统中，中继器需要对光信号进行放大再生；光信号的耦合、分路、合路不方便；光信号的存储、交换困难。

1.3.2　光纤通信的应用

由于光纤通信具备上述可贵的优点，使其得到广泛的应用和飞速的发展，成为当今信息领域的重要支柱。光纤通信的应用领域主要包括以下几个方面。

1. 电信网的干线传输

光纤具有带宽大、中继距离长、重量轻、敷设容易等优点，所以，首先被应用于公众电信网的干线传输，形成国家级和国际电信骨干网。公用电信网包括 PSTN、移动电话、Internet 等运营商构建的通信网，光纤作为城市与城市之间或国家与国家之间的传输载体，构成广域网；或在城市内作为干线传输构成城域网。

2. 光纤局域网

光纤局域网应用是把计算机和各种智能终端通过光纤连接起来，实现企业、办公室、家庭之间连接的局部地区数字通信网。与传统的基于铜线电缆的局域网相比，光纤局域网的带宽大，抗干扰能力强，覆盖面积更大。

3. 光纤接入网

光纤接入网包括光纤电信接入网和光纤电缆混合（HFC）有线电视接入网两大类。光纤接入网作为数字用户线的一种，是电信网数字接入技术中解决“最后一千米”的有效手段，通过光纤到楼（FTTB）、光纤到户（FTTH）、光纤到桌（FTTO）等方式实现。HFC 系统是有线电缆电视传输的主要手段，其中，从电视节目中心到目的居民区的干线传输使用光纤承载，再通过设在居民区内的光节点实现光电转换，将光信号变成电信号，用同轴电缆传输到用户终端。

4. 特殊环境场合

光纤通信已经广泛应用于专用领域，如电力、铁路、公路、城市监控、安保系统等领域，用于传输语音、视频、数据及控制信号等。在某些特殊环境中，光纤是通信传输不可替代的传输介质，如发电厂有强电场干扰，广播电视无线发射台具有强电磁辐射，石油生产企业要求安全防爆，化工企业存在有毒强腐蚀环境等，上述场合，光纤通信系统是最佳的应用解决方案。

第2章　光纤和光缆

光纤通信是以光波为载频，以光导纤维（简称光纤）为传输媒质的光通信。光纤是光纤通信的物理基础，深刻理解光纤传输原理和传输特性，正确选择光纤产品，是优化设计光纤通信系统的重要手段。本章在简要介绍光纤的结构和类型之后，着重讨论光纤传输原理和传输特性，最后简要介绍光缆基本结构和光纤及光缆的连接。

2.1　光纤的结构和类型

2.1.1　光纤结构

光通信中使用的光纤是由二氧化硅（SiO_2）拉制成的细丝，它主要由纤芯和包层构成，其横截面如图 2-1 所示。纤芯位于光纤的中心部位，其成分是具有极高纯度的 SiO_2，其中掺入极少量的磷或锗掺杂剂，以提高纤芯的折射率。包层也是含有极少量掺杂剂的 SiO_2，只是掺杂剂为氟或硼，以降低包层的折射率。这样使包层的折射率略小于纤芯的折射率，形成光波导，使大部分的电磁场被束缚在纤芯中传输。包层的外面有一薄层涂敷层，其作用是保护光纤不受水气的侵蚀和机械的擦伤，同时又增加光纤的柔韧性。在涂敷层外，还加有塑料外套，起保护作用。

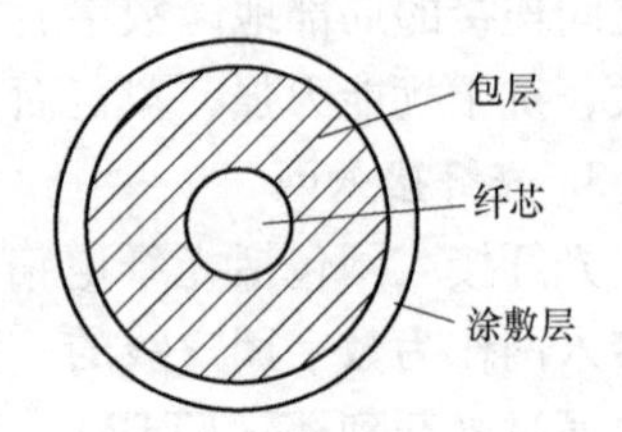

图 2-1　光纤的结构（横截面）

2.1.2　光纤类型

按光纤横截面上折射率分布的情况来分类，光纤可分为阶跃折射率型光纤（简称阶跃光纤）和渐变折射率（也称梯度折射率）型光纤（简称渐变光纤或梯度光纤）。所谓阶跃光纤，是指在纤芯与包层内的折射率分布各自都是均匀的，只是在两者的交界处，其折射率产生阶跃变化，如图 2-2a 所示。而渐变光纤的折射率分布情况如图 2-2b 所示，在光纤的轴心处折射率最大，然后沿着横截面的径向逐渐减小，变化规律一般符合抛物线规律，到与包层交界处则降到和包层折射率相等，故称之为渐变光纤。

根据光纤中的传输模式数量分类，光纤又可分为多模光纤和单模光纤。在一定的工作波长下，多模光纤是能传输许多模式的介质波导，而单模光纤芯径很小，只传输基模。

多模光纤可以采用阶跃折射率分布，也可以采用渐变折射率分布。单模光纤多采用阶跃折射率分布。因此，石英光纤大体上可以分为多模阶跃光纤、多模渐变光纤和单模（阶跃）光纤三种，如图 2-3 所示。

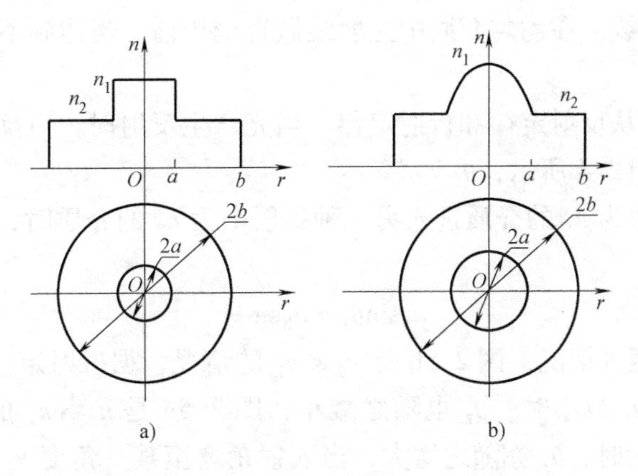

图2-2　阶跃光纤和渐变光纤折射率分布

a）阶跃光纤折射率分布　b）渐变光纤折射率分布

a—纤芯半径　n—折射率　b—包层半径

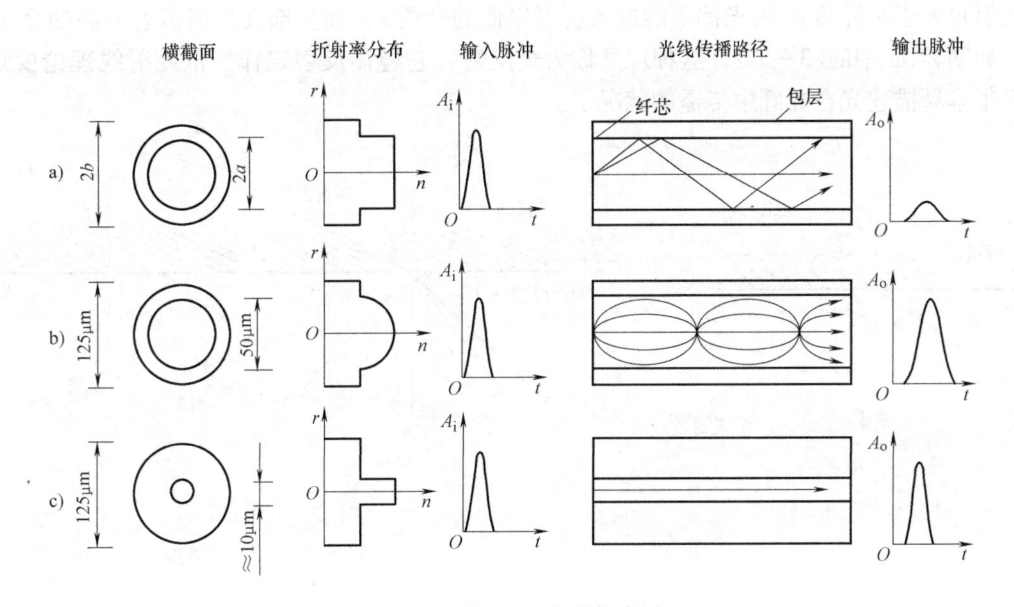

图2-3　三种基本类型的光纤

a）多模阶跃光纤　b）多模渐变光纤　c）单模光纤

2.2 光纤的几何光学分析

光纤的导光原理可以用几何光学的方法来描述，即把光当作“光（射）线”来处理，亦称射线理论。这种方法并不十分严格，但对纤芯芯径远大于光波长的多模光纤来说，还是可以较准确、明了地描述光纤的导光原理的。

2.2.1　射线理论要点

射线理论可归纳为两个基本点：

1）把光当作光射线。在均匀介质中光射线做直线传播，当达到不同的介质将产生反射和折射。

2）反射和折射遵从反射定律和折射定律。当光产生反射时，由反射定律可知，反射角 θ_1' 等于入射角 θ_1，如图 2-4 所示，$\theta_1=\theta_1'$。

当光从一种折射率为 n_1 的介质进入另一种折射率为 n_2 的介质时，要产生折射，按折射定律知

$$n_1\sin\theta_1=n_2\sin\theta_2 \tag{2-1}$$

图 2-5 示出光折射的两种情况，图 2-5b 是 $n_1<n_2$ 的情况，据折射定律，$\theta_2<\theta_1$，折射光线趋向于法线，并且当 θ_1 减小时，θ_2 也随之减小；图 2-5a 是 $n_1>n_2$ 的情况，据折射定律，$\theta_2>\theta_1$，并且当 θ_1 增大时，θ_2 亦随之增大，当入射角增至某一角度 θ_c 时，折射角 $\theta_2=90°$，此时为临界情况，θ_c 称为临界角，按式(2-1)有

$$\sin\theta_c=\frac{n_2}{n_1} \tag{2-2}$$

凡入射角大于临界角 θ_c 的光都不能进入折射率低的介质 2，而全部反射回折射率高的介质 1 中，如图 2-5a 中的(3—3′)，这种现象称为全反射，它遵循反射定律。依此射线理论要点，便可很容易描述光在光纤中传播的状况了。

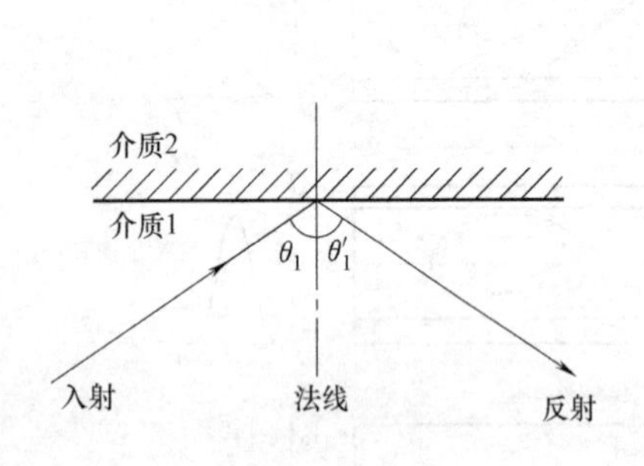

图 2-4 光的反射

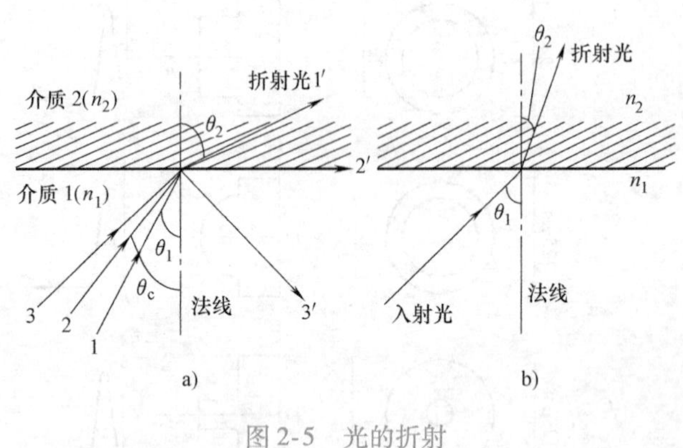

图 2-5 光的折射
a）$n_1>n_2$ b）$n_1<n_2$

2.2.2 光在多模阶跃光纤中的传输

如图 2-6 所示，光线 2 与光纤轴线成 θ_i 的角度入射到光纤中，由于光纤与空气界面的折射效应，光线将向轴线偏移，见图 2-5b。进入光纤的光线沿着与光纤轴线成 θ_r 角的方向入射到纤芯与包层的界面上，如果入射角 φ 大于由式(2-2) 所定义的临界角 θ_c，则光线将会在纤芯与包层界面上产生全反射，见图 2-5a 中的(3—3′)。当全反射的光线再次入射到纤芯与包层的分界面时，它被再次全反射回纤芯中，这样，所有满足 $\varphi>\theta_c$ 的光线都会被限制在纤芯中而向前传输，这就是光纤导光的基本原理。

当 $\varphi=\theta_c$ 时所对应的入射光线与光纤轴线的夹角 θ_i 最大，即 $\theta_i=\theta_{imax}$，根据折射定律式(2-1)和式(2-2)，则有

$$\sin\theta_{imax}=\frac{n_1}{n_0}\sin(90°-\theta_c)=\sqrt{(n_1^2-n_2^2)/n_0^2} \tag{2-3}$$

式中，通常 $n_0=1$，将 $\sin\theta_{\mathrm{imax}}$ 定义为光纤的数值孔径 NA，即

$$\mathrm{NA}=\sqrt{n_1^2-n_2^2} \tag{2-4}$$

它表征了光纤的接收光的能力，NA（或 θ_{imax}）越大，光纤接收光的能力越强。通常光纤的 n_1 和 n_2 相差很小，数值孔径可以近似表示为

$$\mathrm{NA}=n_1\sqrt{2\Delta} \tag{2-5}$$

式中，$\Delta=\dfrac{(n_1-n_2)}{n_1}$，表示纤芯与包层折射率的相对变化，称之为相对折射率差。为提高光纤收集光的能力，希望NA尽可能大，也就是Δ越大越好。然而，NA越大，也就是Δ越大，经光纤传输后产生的光信号畸变就越大，即模式色散越大，因而限制了信息传输容量。一般通信用的光纤其Δ值小于0.01。

所谓模式色散，在此可理解为不同的入射角的光线同时进入光纤的输入端，但是它们到达光纤输出端的时间却不相同，如图2-6所示。所以，如果输入一个光脉冲，其所包含的不同入射角的光线由于经过不同路径而以不同时间到达光纤终端，结果使光脉冲的宽度展宽。脉冲展宽的程度，亦即色散的大小，可以由最短的和最长的光线路径（如图2-6中的光线1—1′和光线2—2′所示）产生的时延差来表征。最短路径光线1—1′的 $\theta_{\mathrm{i}}=0$，即路线长度等于光纤长度，所以从输入端到达输出端的时间为 $T_1=\dfrac{L}{v}=\dfrac{Ln_1}{c}$。最长路径光线2—2′的 $\theta_{\mathrm{i}}=\theta_{\mathrm{imax}}$，所经过的路线长度为 $\dfrac{L}{\sin\theta_{\mathrm{c}}}$，因此从输入端到达输出端的时间为 $T_2=\dfrac{L}{v\sin\theta_{\mathrm{c}}}=\dfrac{Ln_1}{c\sin\theta_{\mathrm{c}}}=\dfrac{Ln_1}{c}\dfrac{n_1}{n_2}$

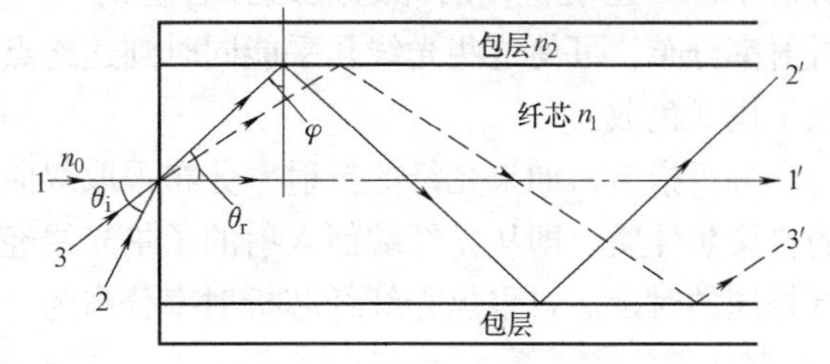

图2-6 阶跃光纤的导光原理

则两条光线之间的时延差为

$$\Delta\tau=T_2-T_1=\frac{Ln_1}{c}\left(\frac{n_1}{n_2}-1\right)=\frac{L}{c}\frac{n_1^2}{n_2}\Delta\approx\frac{Ln_1}{c}\Delta \tag{2-6}$$

时延差限制了多模阶跃光纤的传输带宽，为了减小时延差，人们研制了渐变折射率光纤。

需要指出的是，在图2-6中所示的光射线都通过光纤轴线，这些光线叫做子午线。一般来说，光纤内也存在不通过光纤轴线的满足全反射的光线，称之为偏射线。

2.2.3 光在多模渐变光纤中的传输

渐变光纤的纤芯折射率不是一个常数，而是由纤芯轴心的最大值 n_1 逐渐减小到与包层交接的最小值 n_2，其分布可以表示为

$$n(r)=\begin{cases}n_1\left[1-\Delta\left(\dfrac{r}{a}\right)^g\right] & r<a\\ n_2 & r\geqslant a\end{cases} \tag{2-7}$$

式中，a 为纤芯半径；r 为径向变量；g 为折射率变化参数。如果 g 取无穷大，则为阶跃光纤；若 $g=2$，则为抛物线分布折射率光纤。

在渐变光纤中光线子午线传播情况如图 2-7 所示，因为纤芯折射率是变化的，所以光线以类似正弦曲线向前传播。由于光在介质中传播的速度为 $v=c/n$，所以，靠近光纤轴线的光线（入射角小）虽然传播的路径较短，但由于轴线附近的折射率较高，传播速度较慢，而靠近包层的光线（入射角大）传播路径虽然长些，但经过低折射率区，速度快，因此通过选择合适的折射率分布，可使这些光线几乎能同时到达终点。这样，可以大大减小时延差，即大大地降低了模式色散。

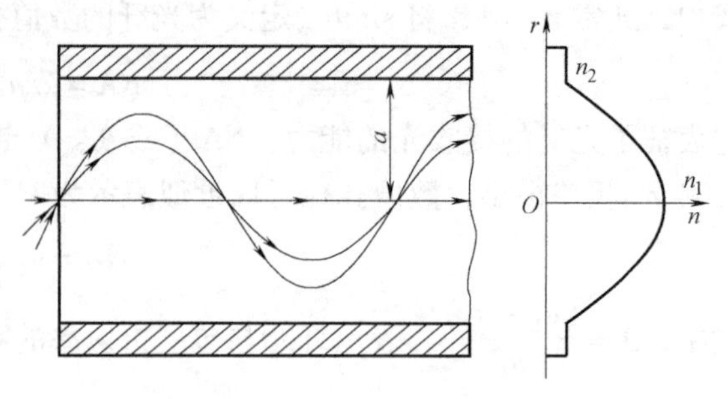

图 2-7 渐变光纤中光线的传播

分析指出，如果光纤的折射率分布采取双曲正割函数的分布，所有的子午射线具有完整的自聚焦性质，即从光纤端面入射的子午光线经过适当距离会重新汇聚到一点，这些光线具有相同的时延。自聚焦光纤纤芯折射率分布为

$$n(r)=n(0)\operatorname{sech}(\alpha r)=n(0)\left[1-\frac{1}{2}\alpha^2r^2+\frac{5}{24}\alpha^4r^4+\cdots\right] \tag{2-8}$$

式中，$\alpha=\frac{\sqrt{2\Delta}}{a}$，可见抛物线分布是 $\operatorname{sech}(\alpha r)$ 分布忽略高次项的近似。

分析渐变光纤中的光线传输轨迹时，用几何光学的射线方程可以由已知的折射率分布和初始条件求出光线的轨迹。射线方程为

$$\frac{\mathrm{d}}{\mathrm{d}s}\left(n\frac{\mathrm{d}r}{\mathrm{d}s}\right)=\nabla n \tag{2-9}$$

式中，r 是轨迹上某一点的位置矢量；s 为射线的传输轨迹；$\mathrm{d}s$ 是沿轨迹的距离单元；∇n 为折射率的梯度。由于渐变光纤纤芯折射率是变化的，即纤芯各点数值孔径亦不同，所以引入本地（局部）数值孔径 $\mathrm{NA}(r)=\sqrt{n^2(r)-n_2^2}$ 和最大数值孔径 $\mathrm{NA}_{\max}=\sqrt{n_1^2-n_2^2}$ 的概念。

2.3 光纤的波动光学分析

虽然几何光学分析方法对光线在光纤中的传输可以提供直观的印象，但对光纤的传输特性只能提供近似的结果。光是波长极短的电磁波，因此只有通过求解麦克斯韦方程组导出的波动方程，分析电磁场的分布（传输模式）性质，才能更准确地获得光纤的传输特性。

2.3.1 波动方程

设介质中没有电荷和电流存在，而且是线性和各向同性的，则麦克斯韦方程组为

$$\nabla\times\boldsymbol{E}=-\partial\boldsymbol{B}/\partial t \tag{2-10}$$

$$\nabla\times\boldsymbol{H}=\partial\boldsymbol{D}/\partial t \tag{2-11}$$

$$\nabla\cdot\boldsymbol{B}=0 \tag{2-12}$$

$$\nabla\cdot\boldsymbol{D}=0 \tag{2-13}$$

式中，**E** 为电场强度；**H** 为磁场强度；**B** 为磁感应强度（磁通量密度）；**D** 为电位移（电通量密度）。对于各向同性的线性介质，有下列的物质方程

$$\boldsymbol{D}=\varepsilon\boldsymbol{E} \tag{2-14}$$

$$\boldsymbol{B}=\mu\boldsymbol{H} \tag{2-15}$$

式中，ε 为介质的介电常数；μ 为介质的磁导率。

由上述的麦克斯韦方程和物质方程联立运算即可得到波动方程，如果电磁场做简谐振荡，由波动方程可以推出均匀介质中的矢量亥姆霍兹方程。在这里，为了方便只考虑电场的变化，其波动方程为

$$\nabla^2\boldsymbol{E}+k^2\boldsymbol{E}=0 \tag{2-16}$$

其中

$$k=nk_0=n\omega/c=n2\pi/\lambda \tag{2-17}$$

式中，k_0 为真空中的波数；n 为介质的折射率；λ 是频率为 ω 的光波波长。

2.3.2 光纤中的模式

光在光纤中的传输模式可以通过解波动方程式(2-16)来求得，即在一定的边界条件下求得波动方程的特解，便为光纤中的模式。光纤中的模式可分为导模、泄漏模和辐射模，而通过光纤传输的信号能量只能由导模携带，因此在这里主要讨论包层是无限大的理想光纤的导模。

为了利用光纤的圆柱对称性，可将波动方程式(2-16)写到圆柱坐标系统中，即以径向变量 r、角向变量 φ 和轴向变量 z 组成的坐标系统，这时有

$$\frac{\partial^2 E_z}{\partial r^2}+\frac{1}{r}\frac{\partial E_z}{\partial r}+\frac{1}{r^2}\frac{\partial^2 E_z}{\partial\varphi^2}+\frac{\partial^2 E_z}{\partial z^2}+k^2E_z=0 \tag{2-18}$$

此方程式可用分离变量法求解，把 E_z写成

$$E_z(r\cdot\varphi\cdot z)=R(r)\Phi(\varphi)Z(z) \tag{2-19}$$

代回式(2-18)，可以得到三个微分方程

$$\frac{\mathrm{d}^2 Z}{\mathrm{d}z^2}+\beta^2 Z=0 \tag{2-20}$$

$$\frac{\mathrm{d}^2\Phi}{\mathrm{d}\varphi^2}+m^2\Phi=0 \tag{2-21}$$

$$\frac{\mathrm{d}^2 R}{\mathrm{d}r^2}+\frac{1}{r}\frac{\mathrm{d}R}{\mathrm{d}r}+\left(k^2-\beta^2-\frac{m^2}{r^2}\right)R=0 \tag{2-22}$$

式(2-20)具有 $Z=\exp(\mathrm{j}\beta z)$ 形式的解，表明沿轴向方向传播分量的情况，其中 β 为传输常数。式(2-21)的解也具有类似的形式，即 $\Phi=\exp(\mathrm{j}m\varphi)$，表明场沿圆周角方向的分布，由于场随 φ 是以 2π 为变化周期，所以 m 应为整数（$m=0$，1，…）。

式(2-22)即贝塞尔方程，其解表明场在径向方向的分布情况，具有下列形式

$$R(r)=\begin{cases}AJ_{\mathrm{m}}(\chi r)+A'Y_{\mathrm{m}}(\chi r) & r\leqslant a\\ BK_{\mathrm{m}}(\gamma r)+B'I_{\mathrm{m}}(\gamma r) & r>a\end{cases} \tag{2-23}$$

式中，A、A'、B、B'为待定常数；J_{m} 为第一类贝塞尔函数；Y_{m} 为第二类贝塞尔函数；K_{m} 为第二类变质贝塞尔函数；I_{m} 为第一类变质贝塞尔函数，其中χ、γ 定义为

$$\chi^2 = n_1^2 k_0^2 - \beta^2 \tag{2-24}$$

$$\gamma^2 = \beta^2 - n_2^2 k_0^2 \tag{2-25}$$

因为导模在 $r=0$ 时为有限值，而在 $r\to\infty$ 时为零，但在 $r=0$ 时 Y_m 不为零，$r\to\infty$ 时 I_m 不为零，所以对 $R(r)$ 要求 $A'=0$，$B'=0$，于是方程式(2-18)的通解为

$$E_z = \begin{cases} AJ_m(\chi r)\exp(jm\varphi)\exp(j\beta z) & r\leqslant a \\ BK_m(\gamma r)\exp(jm\varphi)\exp(j\beta z) & r>a \end{cases} \tag{2-26}$$

同样可得到磁场 H_z 的表达式为

$$H_z = \begin{cases} CJ_m(\chi r)\exp(jm\varphi)\exp(j\beta z) & r\leqslant a \\ DK_m(\gamma r)\exp(jm\varphi)\exp(j\beta z) & r>a \end{cases} \tag{2-27}$$

其他四个分量 E_r、E_φ、H_r、H_φ 都可通过麦克斯韦方程表示为 E_z、H_z 的函数。上述表示式中的 $J_m(\chi r)$ 为第一类贝塞尔函数，类似衰减的正弦曲线，如图 2-8a 所示；$K_m(\gamma r)$ 为第二类修正变质贝塞尔函数，类似衰减的指数函数，如图 2-8b 所示。这表明电磁场在光纤纤芯内沿径向是按 J_m 函数分布的，而在包层是按 K_m 函数分布的。

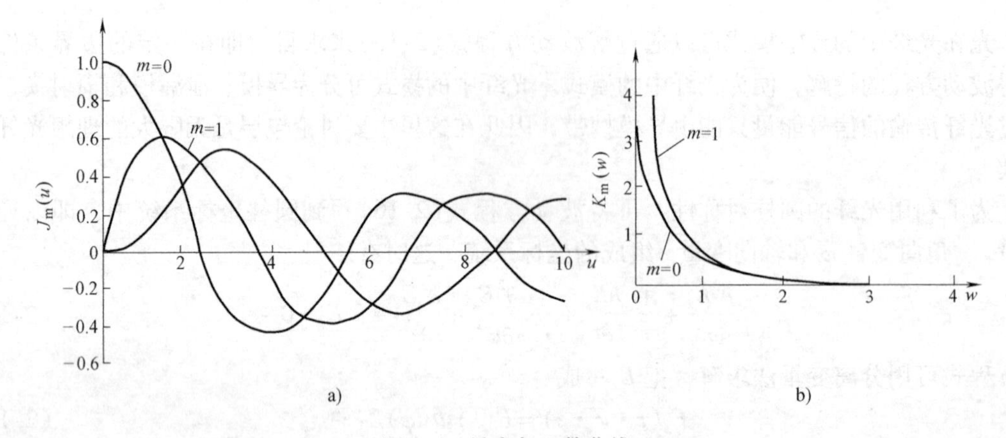

图 2-8 贝塞尔函数曲线

a）贝塞尔函数 b）修正的贝塞尔函数

利用 $\boldsymbol{E}$、$\boldsymbol{H}$ 在纤芯和包层的分界面上切向分量连续的边界条件，可推导出决定传输常数 β 的特征方程。对于一组给定的参数 k_0、a、n_1 和 n_2，可以对本征方程进行数值求解以确定传输常数 β。通常，它对每一个整数值 m 具有多解，可用 β_{mn} 来表示（$n=1$，2，…）。每一个 β_{mn} 对应于光场的一种可能的空间分布，称为光纤中的一个模式。

现分析一下阶跃光纤中存在哪些模式。在一般情况下，$m\neq0$，则 E_z 和 H_z 分量都不为零，称之为混合模。根据 H_z 大于或小于 E_z，而用 HE_{mn} 或 EH_{mn} 来表示光纤的模式，下标 m 表示在圆周角 θ 方向的波节数，$m=0$，1，2，…，下标 n 表示在径向 r 上的波节数，$n=1$，2，…。当 $m=0$ 时，有 HE_{0n} 和 EH_{0n}，即为横电场（$E_z=0$）和横磁场（$H_z=0$），常用 TE_{0n} 和 TM_{0n} 表示，$m=0$ 意味着场分量沿圆周方向没有变化。

在光纤中传播的主模是 HE_{11} 混合模，其次是 TE_{01}、TM_{01} 和 HE_{21} 模。

由于实用的光纤都是弱导光纤，即 $n_1\approx n_2$，$\Delta\ll1$，此时 E_z 和 H_z 都近似为零，所以光纤中传播的主要是线性极化（偏振）模，用 LP_{mn} 表示。上述的主模 HE_{11} 表示为 LP_{01}，$TE_{01}+TM_{01}+HE_{21}$ 的简并模式表示为 LP_{11} 模。

每一个模式都有一个唯一的传输常数β与之对应，现引入一个“模折射率”（或有效折射率）$\bar{n}$，$\bar{n}$与β的关系为$\bar{n}=\beta/k_0$，则光纤中的导模的$\bar{n}$应满足

$$n_1>\bar{n}>n_2 \tag{2-28}$$

如果$\bar{n}<n_2$，则由式(2-25)，即$\gamma^2=\beta^2-n_2^2k_0^2$可知$\gamma^2<0$，这样的模式是不会存在的，因此$\bar{n}\leqslant n_2$便是模式截止条件。由式(2-24)，即$\chi^2=n_1^2k_0^2-\beta^2$可知，当$\bar{n}=n_2$时，有$\chi=k_0(n_1^2-n_2^2)^{\frac{1}{2}}$，于是可定义决定截止的参数$V$

$$V=k_0a\sqrt{n_1^2-n_2^2}=\frac{2\pi}{\lambda}an_1\sqrt{2\Delta} \tag{2-29}$$

V与光波频率（或波长）及光纤结构有关，故称之为归一化频率或结构参数。它决定了光在光纤中传输模式的数量，如图2-9所示，这里的归一化传输常数b定义为

$$b=\frac{\beta/k_0-n_2}{n_1-n_2}=\frac{\bar{n}-n_2}{n_1-n_2} \tag{2-30}$$

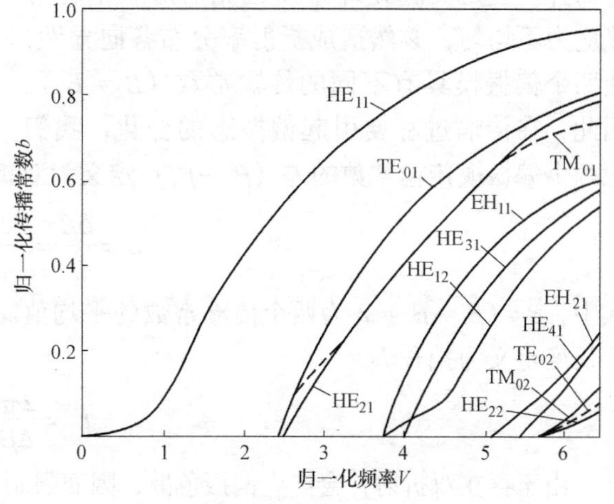

图2-9 几个低阶模式归一化传输常数随归一化频率变化的曲线

由图可见，每种模式各有其截止频率，当V值较高时，光纤中存在有较多的模式，这就是多模光纤。随着V值的减小，模式数目随之减少，当V值小于某值以下，除HE_{11}模以外，所有的模式都被截止，此即为单模光纤，这正是下面所要讨论的内容。

2.3.3 单模光纤的模式特性

单模光纤只支持单一的基模HE_{11}，其他所有较高阶模式在工作波长上都被截止。单模条件可以由二阶模TE_{01}、TM_{01}模式达到截止时的V值来确定，即由特征方程$J_0(V)=0$可得

$$V=\frac{2\pi a}{\lambda}\sqrt{n_1^2-n_2^2}\leqslant 2.405 \tag{2-31}$$

此式即为单模传输条件，可见，对于给定的光纤（n_1，n_2和a确定），存在一个临界波长λ_c（满足关系式$\frac{2\pi a}{\lambda_c}\sqrt{n_1^2-n_2^2}=2.405$），当$\lambda<\lambda_c$时，是多模传输，当$\lambda>\lambda_c$时，是单模传输。这个临界波长$\lambda_c$称为单模光纤的截止波长。

现讨论单模光纤的模场分布，单模光纤是在一定工作波长下，传输基模HE_{11}模的光纤，若单模光纤的折射率分布是理想的阶跃型，根据2.3.2中的分析，沿水平轴x极化模场分布为

$$E_x=E\begin{cases}J_0(\chi r)/J_0(\chi a), & r\leqslant a\\ K_0(\chi r)/K_0(\chi a), & r>a\end{cases} \tag{2-32}$$

同一根光纤还可以支持另一个沿垂直轴y极化的模，所以理想单模光纤实际上支持两个正交简并的偏振模式，这两个模具有相同的模折射率，如图2-10所示。

上面的讨论都假设了光纤具有完美的圆形横截面和理想的圆对称折射率分布，而且沿光纤轴向不发生变化。因此，HE_{11}（LP_{01}）模的 x-偏振模 $HE_{11}^{x}(E_y=0)$ 和 y-偏振模 $HE_{11}^{y}(E_x=0)$ 具有相同的传输常数（$\beta_x=\beta_y$），两个偏振模完全简并。但是实际光纤难以避免的形状不完善或应力不均匀，必然造成折射率分布各向异性，使两个偏振模具有不同的传输常数（$\beta_x \neq \beta_y$）。因此，在传输过程要引起偏振态的变化，我们把两个偏振模传输常数的差（$\beta_x-\beta_y$）定义为双折射 $\Delta\beta$，通常用归一化双折射 B 来表示

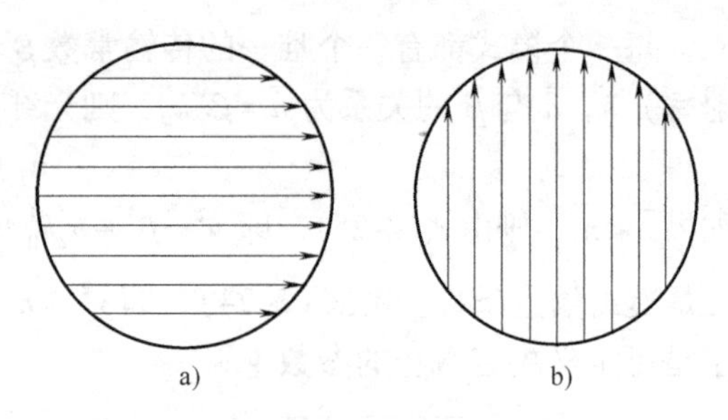

图 2-10 HE_{11}模的横向电场分布
a）水平偏振 b）垂直偏振

$$B=\frac{\Delta\beta}{\bar{\beta}}=\frac{\beta_x-\beta_y}{\bar{\beta}} \tag{2-33}$$

式中，$\bar{\beta}=(\beta_x+\beta_y)/2$ 为两个传输常数的平均值。把两个正交偏振模的相位差达到 2π 的光纤长度定义为拍长 L_b

$$L_b=\frac{2\pi}{\Delta\beta} \tag{2-34}$$

由于存在双折射，会产生偏振色散，因而限制系统的传输容量。许多单模光纤传输系统都要求尽可能减小或消除双折射。一般单模光纤 B 值虽然不大，但是通过光纤制造技术来消除它却十分困难。合理的解决办法是通过光纤设计，人为地引入强双折射，把 B 值增加到足以使偏振态保持不变，或只保存一个偏振模式，实现单模单偏振传输。强双折射光纤和单模单偏振光纤为偏振保持光纤。获得偏振保持光纤的方法很多，例如引入形状各向异性的椭圆芯光纤等。

利用式（2-32）表示的 LP_{01} 模的场分布，在纤芯中按 $J_0(\chi r)/J_0(\chi a)$ 变化，在包层里按 $K_0(\chi r)/K_0(\chi a)$ 变化。实际这种变化和高斯函数很相近，因此常用高斯函数分布来近似，即

$$E_x=A\exp\left(-\frac{r^2}{w^2}\right) \tag{2-35}$$

这里 A 为常数，w 为模场半径，也叫做光斑尺寸，它可由下列的近似关系式得到

$$w/a\approx 0.65+1.1619V^{-3/2}+2.879V^{-6} \tag{2-36}$$

$2w$ 为高斯场分布的 $1/e$ 宽度，也称为单模光纤的模场直径。

可以采用 w 表示光纤纤芯内所携带的功率与总功率之比，它可通过式(2-35)求得

$$\frac{P_{芯}}{P_{总}}=\frac{\int_0^a |E_x|^2 r\mathrm{d}r}{\int_0^\infty |E_x|^2 r\mathrm{d}r}=1-\exp\left(\frac{2a^2}{w^2}\right) \tag{2-37}$$

当光纤的 $V=2$ 时，有 75% 的光功率局限在纤芯内部传输；当 $V=1$ 时，只有 20%，所以大多数光纤的 V 值都设计在 2～2.4 之间。

2.4 光纤的传输特性

光信号经光纤传输后要产生损耗和畸变（失真），因而输出信号和输入信号不同。对于脉冲信号，不仅幅度要减小，而且波形要展宽，产生信号畸变的主要原因是光纤中存在色

散。损耗和色散是光纤最重要的传输特性。损耗限制系统的传输距离，色散则限制系统的传输容量。本节讨论光纤损耗及色散的机理和特性，为光纤通信系统的设计提供依据。

2.4.1 光纤的损耗特性

由于损耗的存在，在光纤中传输的光信号，不管是模拟信号还是数字脉冲，其幅度都要减小。光纤的损耗在很大程度上决定了系统的传输距离。

光纤损耗的大小常用衰减系数来表征，就是单位长度（km）的光纤对传输光功率的衰减值，单位为 dB/km，定义为

$$\alpha = \frac{10}{L}\lg\frac{P_{in}}{P_{out}} \tag{2-38}$$

式中，P_{in} 和 P_{out} 分别是长度为 L 的光纤输入端和输出端的光功率。

光在光纤中传输引起损耗的原因主要是材料吸收和瑞利散射，而吸收和散射都与传输的光波长有关，因此光纤损耗与光波长有关，图 2-11 给出石英光纤的损耗谱 $\alpha(\lambda)$。在光纤通信的早期，首先研制成的半导体激光器的发射波长是 0.85μm 左右，由于此波长时光纤的损耗相对比较低，于是早期的光纤通信便在短波长 0.85μm 上开展起来。后来研究发现，在长波长 1.31μm 和 1.55μm 处有两个低损耗窗口，在 1.31μm 窗口损耗可低到 0.5dB/km，而且在此窗口对单模光纤的色散最小，所以光纤通信系统中曾大多都使用这个低损耗窗口。在 1.55μm 窗口光纤损耗最小，可低至 0.2dB/km 左右，虽然在此窗口光纤的模内色散不是最小，但可采用色散位移光纤将零色散波长 λ_{ZD} 移到 1.55μm 波长附近，这样便可使光纤的损耗和色散在此窗口都达到最小值，所以此窗口最具应用价值，也是目前常用的低损耗窗口。在图 2-11 中也画出了各损耗因素的曲线，在各种损耗因素中，最主要的是材料吸收和瑞利散射。

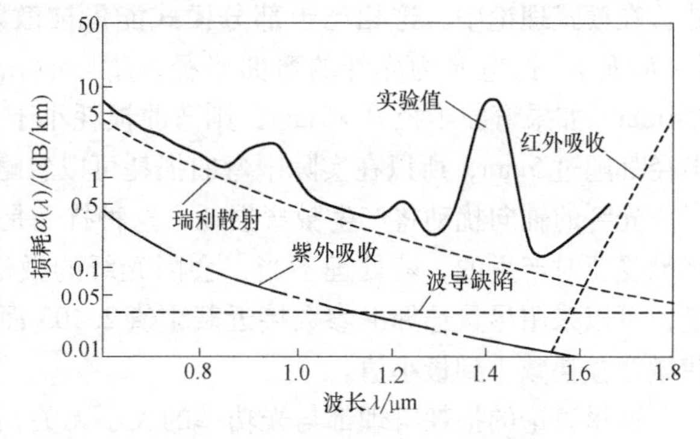

图 2-11 石英光纤的损耗谱线

石英光纤的吸收损耗包括由纯石英材料引起的本征吸收损耗和由杂质引起的非本征吸收损耗。任何材料都会在某一波长上产生吸收，这与电子及分子的谐振有关，对于石英（SiO_2）材料，电子谐振出现在紫外区域（$\lambda < 0.4\mu m$），而分子谐振出现在红外区域（$\lambda > 7\mu m$），由于融熔石英的非晶体结构，使两个吸收带都有拖尾。在 0.8～1.6μm 波长范围内，石英材料本征吸收损耗小于 0.1dB/km，紫外吸收起主要作用。

非本征吸收损耗是由于杂质的存在而产生的，通常在石英材料中含有铁、铜、钴、镍、锰和铬等金属杂质，对 0.6～1.6μm 波长的光具有较强的吸收，不过现在的提纯技术可以将这些金属杂质的含量减小到 10^{-9} 以下，因此由这些金属杂质引起吸收损耗可以很小。目前光纤中非本征吸收主要是由于氢氧根（OH^-）的吸收，谐振在 2.73μm 波长，其谐振波长与石英分子谐振的混频波使得光纤在 1.39μm、1.24μm 和 0.95μm 波长处都产生较强的吸收，图 2-11 中损耗曲线的三个吸收峰值正是这个原因所致。

另外，在制造光纤过程中用来形成折射率变化所需的 GeO_2、P_2O_5、B_2O_3 等掺杂剂也可

能导致附加的吸收损耗。

散射损耗主要是由瑞利散射形成的，瑞利散射是在制造光纤过程中形成的局部浓度微观漂移而引起的一种损耗。浓度的漂移导致折射率在比波长小的尺度上发生随机的变化，光波在这样的介质中发生的散射称为瑞利散射。瑞利散射按 $1/\lambda^4$ 的比例产生损耗，在较长的波长时，瑞利散射损耗便很小。

理想的光纤具有完整的圆柱对称性，但实际上在纤芯和包层的分界面上存在缺陷，芯径产生随机漂移，使光纤产生附加的损耗，这种损耗的物理过程是米氏散射，即在大于光波长的尺寸上出现折射率的非均匀性而引起的散射。所以在制造光纤时应使芯径沿光纤长度方向的漂移降至最小，这种变动可以控制到小于1%，相应的米氏散射损耗小于0.03dB/km。

另外，光纤弯曲是光纤损耗的另一因素，这种损耗可以由几何光学来理解。在正常情况下，导模光线以大于临界角的入射角入射到纤芯与包层分界面上并发生全反射，但在光纤弯曲处，入射角将减小，在较严重的弯曲下，入射角可能小于临界角，这样光线就会逸出纤芯外，在模式理论中，这相当于部分模式能量被散射到包层中。光纤的弯曲损耗正比于 $\exp(-R/R_c)$，这里 R 为光纤的弯曲半径，$R_c = a(n_1{}^2 - n_2{}^2)$，对单模光纤来说，$R_c$ 为0.2～0.4mm，如果弯曲半径 $R>5$mm，则弯曲损耗小于0.01dB/km，可以忽略。一般光纤的弯曲半径都超过5mm，所以在实际中弯曲损耗可以忽略。

光纤的轴向扰动将产生微弯损耗，这种扰动是在光纤成缆过程中，当光纤与非光滑表面接触受压时产生的，若处理不当，会因光纤的微弯而产生较大的附加损耗。对单模光纤来说，可以采用尽量选择 V 参数接近截止值2.405而使模式能量大部分局限于纤芯内的方法来使微弯损耗减小到最小值。

这里讨论的损耗机理都与光功率的大小无关，实际上光纤还存在与光功率有关的非线性损耗。表2-1中给出了ITU推荐标准中的几种光纤的损耗特性参数。

表2-1 ITU推荐标准中的部分光纤特性参数

	ITU G.651	ITU G.652	ITU G.653	ITU G.655
光纤类型	多模渐变	单模	单模色散位移	单模非零色散
模场直径/μm	50±3	8.6～9.5	7.8～8.5	8～11
损耗/(dB/km)	850nm，2～2.5 1300nm，0.5～0.8	1310nm，≤0.5 1550nm，≤0.4	1550nm，≤0.35	1530～1565nm， ≤0.28
色散参数/[ps/(nm·km)]	850nm，≤120 1300nm，≤6	1550nm，≤17	1550nm，±3.5	1550nm，±0.1～±6.0
色散斜率/[ps/(nm²·km)]	—	0.093	0.085	0.065～0.070
零色散波长/nm	—	1300～1324	1500～1600	>1700

2.4.2 光纤的色散特性

色散是光纤最重要的特性，它不仅限制系统的传输容量，而且还影响系统的传输距离。

1. 色散的概念

色散是在光纤中传输的光信号，由于不同波长的光传输时间延迟不同而导致信号畸变的一种物理效应。色散一般包括模式色散、材料色散和波导色散。

模式色散是由于不同模式的时间延迟不同而产生的，它取决于光纤的折射率分布，并和光纤材料折射率的波长特性有关。

材料色散是由于光纤的折射率随波长而改变，使模式内部不同波长的光（实际光源的输出不是单色光）的时间延迟不同而产生的。这种色散取决于光纤材料折射率的波长特性和光源的谱线宽度。

波导色散是由于波导结构参数与波长有关而产生的，它取决于波导尺寸和纤芯与包层的相对折射率差。

色散对光纤传输系统的影响，在时域和频域的表示方法不同。如果信号是模拟的，色散限制带宽；如果信号是数字脉冲，色散产生脉冲展宽。所以，色散通常用3dB光带宽f_{3dB}或脉冲展宽$\Delta\tau$表示。

用脉冲展宽表示时，光纤色散可以写成

$$\Delta\tau = (\Delta\tau_n^2 + \Delta\tau_m^2 + \Delta\tau_w^2)^{1/2} \tag{2-39}$$

式中，$\Delta\tau_n$、$\Delta\tau_m$、$\Delta\tau_w$分别为模式色散、材料色散和波导色散所引起的脉冲展宽的方均根值。

光纤带宽的概念来源于线性非时变系统的一般理论。如果光纤可以按线性系统处理，其输入光脉冲功率$P_i(t)$和输出光脉冲功率$P_o(t)$的一般关系为

$$P_o(t) = \int_{-\infty}^{+\infty} h(t-t')P_i(t')\mathrm{d}t' \tag{2-40}$$

当输入光脉冲$P_i(t)=\delta(t)$时，输出光脉冲$P_o(t)=h(t)$，其中$\delta(t)$为δ函数，$h(t)$称为光纤冲激响应。冲激响应$h(t)$的傅里叶（Fourier）变换为

$$H(f) = \int_{-\infty}^{+\infty} h(t)\exp(-\mathrm{j}2\pi ft)\mathrm{d}t \tag{2-41}$$

一般地，频率响应$|H(f)|$随频率的增加而下降，这表明输入信号的高频成分被光纤衰减了。受这种影响，光纤起了低通滤波器的作用。将归一化频率响应$|H(f)/H(0)|$下降一半或减小3dB的频率定义为光纤3dB光带宽f_{3dB}，由此得到

$$|H(f_{3dB})/H(0)| = \frac{1}{2} \tag{2-42}$$

或

$$T(f) = 10\lg|H(f_{3dB})/H(0)| = -3 \tag{2-43}$$

一般地，光纤不能按线性系统处理，但如果系统光源的频谱宽度$\Delta\omega_\lambda$比信号的频谱宽度$\Delta\omega_s$大得多，光纤就可以近似为线性系统。光纤传输系统通常满足这个条件。光纤实际测试表明，输出光脉冲一般为高斯波形，设

$$P_o(t) = h(t) = \exp\left(-\frac{t^2}{2\sigma^2}\right) \tag{2-44}$$

式中，σ为脉冲宽度的方均根（rms）值。对式(2-44)进行傅里叶变换，代入式(2-42)得到

$$\exp(-2\pi^2\sigma^2 f_{3dB}^2) = \frac{1}{2} \tag{2-45}$$

由式(2-45)得到3dB光带宽为

$$f_{3dB} = \frac{\sqrt{2\ln 2}}{2\pi}\frac{1}{\sigma} = \frac{0.187}{\sigma} \tag{2-46}$$

用高斯脉冲半极大全宽度（FWHM）$\Delta\tau = 2\sqrt{2\ln 2}\sigma = 2.355\sigma$，代入式(2-46)，得到

$$f_{3\text{dB}} = \frac{0.44}{\Delta\tau} \tag{2-47}$$

式(2-46)和式(2-47)中的脉冲宽度 σ 和 $\Delta\tau$ 是信号通过光纤产生的脉冲展宽，单位为 ns。

输入脉冲一般不是 δ 函数。设输入脉冲和输出脉冲为式(2-44)表示的高斯函数，其 rms 脉冲宽度分别为 σ_1 和 σ_2，频率响应分别为 $H_1(f)$ 和 $H_2(f)$，根据傅里叶变换特性得到

$$H(f) = \frac{H_2(f)}{H_1(f)} \tag{2-48}$$

由此得到，信号通过光纤后产生的脉冲展宽 $\sigma = \sqrt{\sigma_2^2 - \sigma_1^2}$ 或 $\Delta\tau = \sqrt{\Delta\tau_2^2 - \Delta\tau_1^2}$，$\Delta\tau_1$ 和 $\Delta\tau$ 分别为输入脉冲和输出脉冲的 FWHM。

光纤 3dB 光宽度 $f_{3\text{dB}}$ 和脉冲展宽 $\Delta\tau$、σ 的定义示于图 2-12。

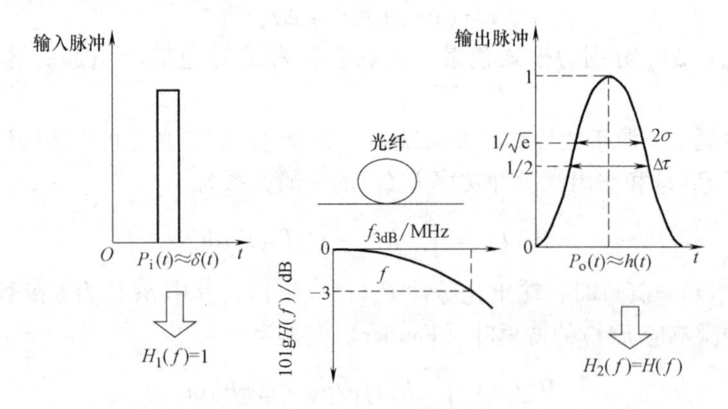

图 2-12 光纤带宽和脉冲展宽的定义

2. 多模光纤的色散

在多模光纤中，上述的模式色散、材料色散和波导色散均存在。只是模式色散占主要地位。从射线光学的观点，模式色散就是多模光纤中各个子午光线的群时延差。从波动光学的理论来分析，多模光纤中各模式在同一频率下有不同的群速度，因而形成模式色散。适当地选择光纤折射率的分布形式，使所有模式的群速度近乎相等，可以大大减小模式色散，这便是由多模阶跃光纤发展成多模渐变光纤的缘由。

3. 单模光纤的色散

理想的单模光纤没有模式色散，只有材料色散和波导色散，都是由于光的不同频率分量的时间延迟不同而引起的，故也统称为频率色散（或群速度色散）。

由于光源产生的光并不是单一频率的单色光，而是含有一定谱宽的光谱分量，当频率为 ω 的光谱分量通过长度为 L 的单模光纤时，产生的时延为 $\tau = L/v_g$，v_g 为群速度，它定义为

$$v_g^{-1} = \mathrm{d}\beta/\mathrm{d}\omega \tag{2-49}$$

将 $\beta = \bar{n}k_0 = \bar{n}\omega/c$ 代入上式，可得到 $v_g = c/n_g$，这里 n_g 为群折射率，定义为

$$n_g = \bar{n} + \omega\mathrm{d}\bar{n}/\mathrm{d}\omega \tag{2-50}$$

群速度与频率的相关性导致光脉冲展宽，如果光脉冲谱宽为 $\Delta\omega$，则光脉冲展宽为

$$\Delta\tau = \frac{\mathrm{d}\tau}{\mathrm{d}\omega}\Delta\omega = L\frac{\mathrm{d}}{\mathrm{d}\omega}\left(\frac{1}{v_g}\right)\Delta\omega = L\frac{\mathrm{d}^2\beta}{\mathrm{d}\omega^2}\Delta\omega = L\beta_2\Delta\omega \tag{2-51}$$

式中，β_2 叫做群速度色散参数。此式也可以用光脉冲的波长范围 $\Delta\lambda$ 来表示

$$\Delta\tau = -\frac{2\pi c}{\lambda^2}\beta_2 L\Delta\lambda = DL\Delta\lambda \tag{2-52}$$

式中，$D = -2\pi c\beta_2/\lambda^2$ 称为光纤的色散参数，简称为色散，单位为 ps/(nm·km)。

色散效应对系统码速率的限制，可用 $B\Delta\tau < 1$ 来估算，从而得到

$$BL|D|\Delta\lambda < 1 \tag{2-53}$$

对于工作波长为 1.3μm 的单模光纤，D 值可达到 1ps/(nm·km)，如果半导体激光器的 $\Delta\lambda$ 取 2~4nm，则系统的 BL 值可以超过 100Gbit/s·km，这比多模系统要大得多。

当工作波长偏离 1.3μm 时，色散 D 可能大幅度地增加，D 与波长的关系由模折射率 $\bar{n}$ 与频率的关系确定

$$D = -\frac{2\pi c}{\lambda^2}\beta_2 = -\frac{2\pi c}{\lambda^2}\frac{\mathrm{d}}{\mathrm{d}\omega}\left(\frac{1}{v_g}\right) = -\frac{2\pi}{\lambda^2}\left(2\frac{\mathrm{d}\bar{n}}{\mathrm{d}\omega} + \omega\frac{\mathrm{d}^2\bar{n}}{\mathrm{d}\omega^2}\right) = D_M + D_w \tag{2-54}$$

式中，

$$D_M = -\frac{2\pi}{\lambda^2}\frac{\mathrm{d}n_g}{\mathrm{d}\omega} = \frac{1}{c}\frac{\mathrm{d}n_g}{\mathrm{d}\lambda} \tag{2-55}$$

$$D_w = -\frac{2\pi\Delta}{\lambda^2}\left[\frac{n_{2g}}{n_2\omega}\frac{V\mathrm{d}^2(Vb)}{\mathrm{d}V^2} + \frac{\mathrm{d}n_{2g}}{\mathrm{d}\omega}\frac{\mathrm{d}(Vb)}{\mathrm{d}V}\right] \tag{2-56}$$

式中，D_M 为材料色散；D_w 为波导色散；n_{2g}为包层材料的群折射率。

材料色散是由制造光纤的材料的折射率 n 随光频的变化而改变所引起的，由式（2-55）可知，材料色散的大小决定于 $\mathrm{d}n_g/\mathrm{d}\lambda$，即决定于 $n_g-\lambda$ 曲线的斜率，图 2-13 给出了石英光纤在 0.5~1.6μm 波长范围内 n 和 n_g 与波长 λ 的关系曲线。由图可见，当 $\lambda = 1.276\mu m$ 时，$\mathrm{d}n_g/\mathrm{d}\lambda = 0$，则 $D_M = 0$，所以该波长称为零色散波长 λ_{ZD}。材料色散在 $\lambda < \lambda_{ZD}$时为负值，而在 $\lambda > \lambda_{ZD}$时为正值。

波导色散决定于光纤的结构参数 V，而 V 随频率或波长的变化而改变，图 2-14 给出了 $\mathrm{d}(Vb)/\mathrm{d}V$ 和 $V\mathrm{d}^2(Vb)/\mathrm{d}V^2$ 随 V 的变化情况，两者都为正，所以由式(2-56)可知，D_w 在0~1.6μm 范围内都为负值。

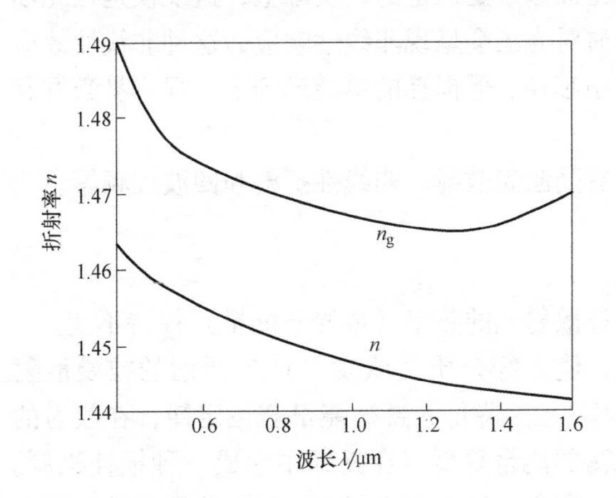

图 2-13 石英光纤折射率及群折射率随波长的变化关系

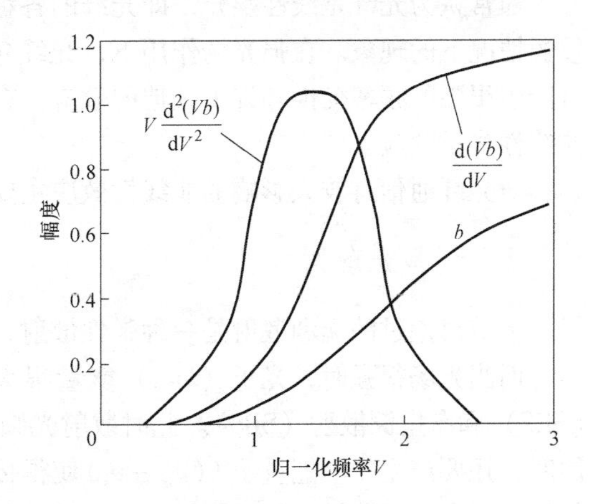

图 2-14 b 及 $\mathrm{d}(Vb)/\mathrm{d}V$ 和 $V\mathrm{d}^2(Vb)/\mathrm{d}V^2$ 随 V 的变化关系

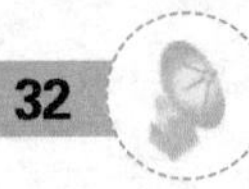

单模光纤色散 D 为材料色散 D_M 与波导色散 D_w 之和，即 $D = D_M + D_w$，图 2-15 给出了典型光纤的 D_M、D_w 以及 $D = D_M + D_w$ 随波长 λ 的变化情况。从中可以看到，波导色散的作用是将 λ_{ZD} 向长波方向移动了 30～40nm，因而总的零色散波长接近于 1.31μm。波导色散在光纤通信感兴趣的 1.3～1.6μm 波长范围内也使总的色散得到减小，在 1.55μm 波长附近，D 值为 15～18ps/(nm·km)，而在此波长附近光纤的损耗最小。为了使零色散波长 λ_{ZD} 移至损耗最小的 1.55μm 处，可改变 D_w（即改变芯径 a 和相对折射率差 Δ 等参数）以设计出所谓的“色散位移光纤”，使这种光纤的损耗和色散在 1.55μm 处都达到最小值。也可以设计出“色散平坦光纤”，使得总的色散在整个 1.3～1.6μm 波长范围内都具有较小值。图 2-16 给出了常规光纤、色散位移光纤和色散平坦光纤的色散随波长的变化情况。ITU 推荐标准中几种光纤的色散特性参数请参考表 2-1。

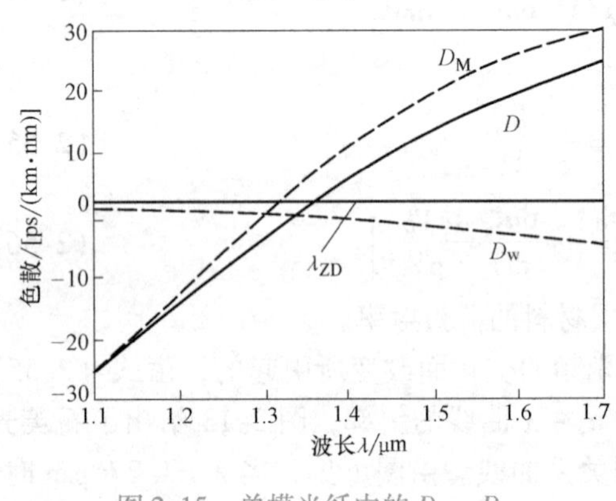

图 2-15 单模光纤中的 D_M、D_w 及 D 随波长的变化关系

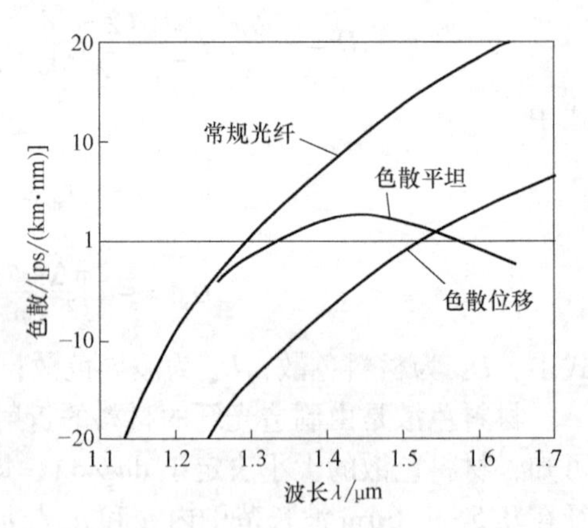

图 2-16 各种单模光纤的色散随波长的变化曲线

2.5 光纤中的非线性光学效应

通常认为光纤是线性媒介，即光纤的各种特征参量是恒定的，实际上，这仅仅是在光场较弱情况下的现象。在强光场作用下，光纤介质对光场会呈现非线性响应，这种非线性效应可产生很强的频率变换和许多其他的效应。在小芯径、低损耗的单模光纤中，很容易激发起非线性光学效应。

对光纤通信有较大影响的非线性效应主要有受激光散射、非线性折射和四波混频等。

2.5.1 受激光散射

上节讨论过的瑞利散射是一种弹性散射，被散射光的频率（或光子能量）保持不变。

而当光场很强时，光子（$h\nu_{in}$）能量很大，使光纤介质“激发”产生所谓的拉曼散射（SRS）和布里渊散射（SBS）。此时散射光频率（ν_s）降低，遵循能量守恒定律，在散射的同时，还要产生一个能量子 $h(\nu_{in} - \nu_s)$ 使得传输的能量降低，在光纤中形成一种损耗机制。拉曼散射和布里渊散射的区别就在于拉曼散射的剩余能量转变为频率较高的分子振动，而布里渊散射的剩余能量转变为频率很低的声子振动。

在较高功率作用下，受激拉曼散射和受激布里渊散射可以导致较大的光损耗。当入射光功率超过一定阈值后，这两种散射的散射光强都随入射光功率成指数增加。对于受激拉曼散射的阈值功率 P_{th}（它定义为在长度为 L 的光纤输出端有一半功率损失于受激拉曼散射的入射光功率）可估算为

$$g_R P_{th} L_{eff} / A_{eff} \approx 16 \tag{2-57}$$

式中，g_R 为拉曼增益系数；A_{eff} 为有效横截面积（也叫有效芯区）；L_{eff} 为有效长度，其定义为

$$L_{eff} = [1 - \exp(-\alpha L)] / \alpha \tag{2-58}$$

这里，α 为光纤的衰减系数，当光纤的长度 L 有足够长的情况下，$L_{eff} = 1/\alpha$，有效面积可表示为 $A_{eff} = \pi w^2$（w 为模场半径），则

$$P_{th} \approx 16\alpha(\pi w^2) / g_R \tag{2-59}$$

按此公式计算，工作在 1.55μm 波长的单模光纤的 P_{th} 大约为 570mW，而在光纤通信系统中发射光功率通常小于 10mW，所以受激拉曼散射对光纤损耗一般没有贡献。

同样，受激布里渊散射的 P_{th} 可用下式近似

$$g_B P_{th} L_{eff} / A_{eff} \approx 21 \tag{2-60}$$

式中，g_B 为布里渊增益系数，像上面一样可得

$$P_{th} \approx 21\alpha(\pi w^2) / g_B \tag{2-61}$$

由于 g_B 比 g_R 大两个数量级，所以受激布里渊散射的 P_{th} 只有 1mW 数量级。因此，它对光纤的损耗有明显的影响。

然而，这种受激光散射效应在光纤通信系统中还可得到利用，例如通过它们将特定波长的泵浦光能量转变到信号光中，以实现对信号光的放大作用。

2.5.2 非线性折射

一般在光功率较低的情况下，石英介质的折射率与作用的光功率无关。但在较高功率作用下，出现非线性，即折射率与光功率有关

$$n_j' = n_j + \bar{n}_2 P / A_{eff} \tag{2-62}$$

式中，$\bar{n}_2$ 为非线性折射系数；j 表示第 j 个信号。由于折射率与光功率有关，所以使光在介质的传输常数亦与光功率有关，可以表示为

$$\beta' = \beta + \gamma P \tag{2-63}$$

这里，$\gamma = k_0 \bar{n}_2 / A_{eff}$。由于非线性折射效应，将会产生一个非线性相位移 φ_{NL}

$$\varphi_{NL} = \int_0^L (\beta' - \beta) dZ = \int_0^L \gamma P(Z) dZ = \gamma P_{in} L_{eff} \tag{2-64}$$

式中，$P(Z) = P_{in}\exp(-\alpha Z)$，$L_{eff}$ 由式(2-58)定义。对于强度调制直接检测系统，这种相移不会产生影响，但在相干光纤通信系统中，相位的稳定性十分重要，要求 $\varphi_{NL} \ll 1$，如令 $L_{eff} \approx 1/\alpha$，则相位稳定条件为

$$P_{in} \ll \alpha / \gamma \tag{2-65}$$

当 $\gamma = 1/(\mathrm{W \cdot km})$、$\alpha = 0.2\mathrm{dB/km}$ 时，得到输入功率被限制在 $P_{in} \ll 45\mathrm{mW}$。可见，在相干光通信系统中，折射率的非线性将限制系统的传输功率。由于相移 φ_{NL} 是由光场自身引起的，所以这种非线性机理叫做自相位调制（SPM）。SPM 会导致光脉冲的光谱大大地展宽。

当两个或两个以上的信号使用不同的载频同时在光纤中传输时，由于非线性折射还可以

导致一种叫做交叉相位调制（XPM）的非线性现象，也就是某一信号的非线性相移不仅与本信号的功率有关，而且与其他信号的功率有关，第 j 个信号的非线性相移可写成

$$\varphi_{NLj} = \gamma L_{eff}\left(P_j + 2\sum_{m\neq j}^{M} P_m\right) \tag{2-66}$$

式中，M 为总的信号数；P_j 为第 j 个信号功率（$j=1, 2, \cdots, M$）。式中的系数 2 表示对于相同的功率来说，XPM 是 SPM 的两倍。

2.5.3 四波混频

四波混频是由三阶非线性极化系数引起的非线性效应。如果三个频率 ω_1、ω_2、ω_3 的光场同时在光纤中传输，由于非线性将引起频率为 $\omega_4=\omega_1\pm\omega_2\pm\omega_3$ 的光场。因为四波混频过程需要相位匹配条件，所以实际上大多数“±”组合的光场都不能产生。在多信道复用系统中，$\omega_1+\omega_2-\omega_3$ 形式的组合最为不利，特别是当信道间隔相当小时，相位匹配条件很容易满足，有相当大的信号功率可能通过四波混频被转换到新的光场中去，这种能量的转换不仅导致信道的光能损耗，而且还会产生信道干扰。

2.6 光缆及连接技术

在实际工程中，必须把若干根光纤绞合成光缆，以防止外界各种机械压力和施工中可能发生的损伤。虽然光纤可以拉制得很长，但是为了制造、运输和施工的方便，光缆的出厂长度一般在 1～5km 之间，因此在实际的通信系统中存在着光纤和光缆的连接问题。

2.6.1 光缆及其结构

根据不同的用途，通信光缆可分为野外（或室外）光缆、局内（或室内）光缆、海底光缆、软光缆、设备内光缆和特殊光缆等。

光缆主要是由光纤芯线、加强构件、护套、填料以及外护套或铠装等部分组成，这些部分的合理布局便是光缆的结构。光缆的结构按光纤的排列方式不同分为很多种类型，最常用的是层绞式和骨架式两种，其结构如图 2-17 所示。层绞式光缆和电缆十分相似，只是其中增加有一根加强芯，以增强光缆的抗拉强度，特别是经受施工时的拉力。骨架式结构性能比

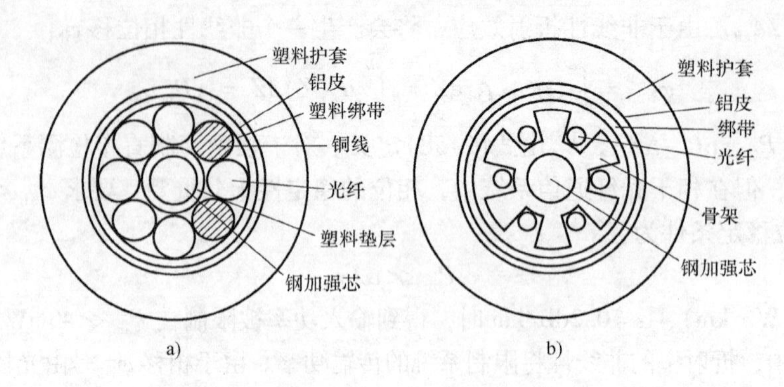

图 2-17 光缆的结构
a）层绞式光缆 b）骨架式光缆

较好，尤其是抗侧压力较强，但它的制造工艺比层绞式复杂，因此成本较高。

根据不同的应用，又可以把光缆分成筒式光缆、无金属光缆（用聚合物加强芯代替钢质加强芯）、铠装光缆、海底光缆、地下光缆等。

2.6.2　光纤及光缆的连接

光纤的连接分为固定连接和活动连接两种。固定连接是用于光纤线路上的永久性连接，主要采用熔接法，即采用电弧熔接，如图2-18所示，将端面处理好的两根光纤在显微镜下对准，利用高压在两电极之间放电产生的电弧把光纤熔化而熔接在一起。实践证明，这种熔接法牢固可靠，所以人们研制出了各种不同形式的熔接法光纤焊接机，实现了光纤端面对准、预热时间、预热电流、熔接时间、熔接放电电流以及连接过程中推进等的自动控制，并通过显示屏可随时在多维方向观察到光纤熔接的效果，使每个接头的损耗在0.1dB以下。

活动连接是可以拆卸的连接，需要采用活动光纤连接器，多用于端机与光纤线路的连接。对于活动光纤连接器，要求其损耗尽量小，重复性和互换性好，反射小，并且要求可靠耐用。目前各种类型的活动光纤连接器都已达到相当高的水平，满足实用化的要求。无论是哪一种活动光纤连接器，其基本结构都是一致的，如图2-19所示，它由一个套筒和两个光纤插针组成。套筒和插针要求精度很高，尤其是单模光纤连接器，微米数量级的偏差都会引起相当大的损耗，目前活动光纤连接器的损耗可以做到1dB/个以下。

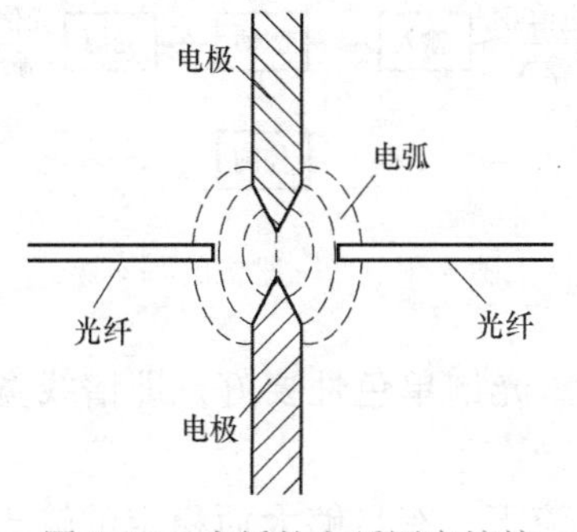

图2-18　光纤的电弧固定熔接

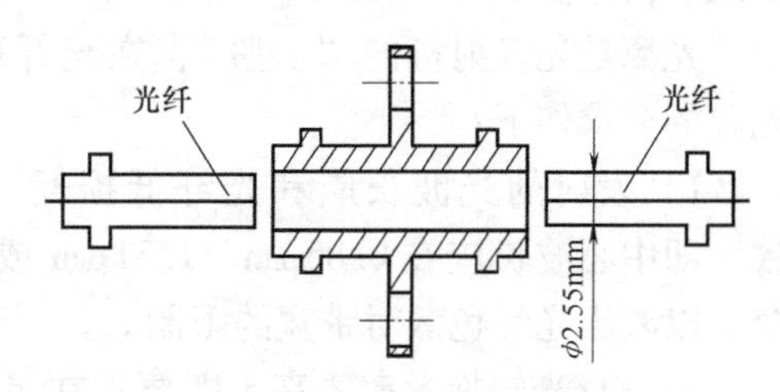

图2-19　活动光纤连接器

在实际工程中，把光缆中的光纤熔接好后，还必须把它们放在一个光缆接头保护盒中加以保护，如图2-20所示。接头保护盒中应有足够的空间以安放多余的光纤，这个空间不能太小，否则因光纤的弯曲半径过小而带来弯曲损耗。光缆的加强芯也必须连接起来，并固定在盒上以保证光缆的连接强度，连接盒两端应与光缆的塑料护套熔化在一起并密封好。

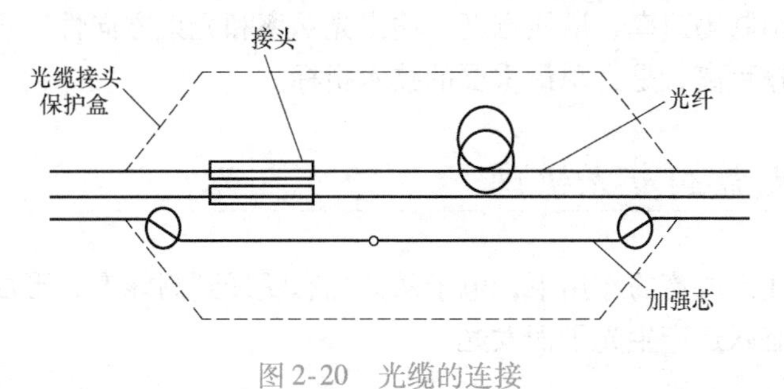

图2-20　光缆的连接

第3章　光源和光发射机

在光纤通信系统中，必须将电信号经过光发射机变换为光信号耦合进光纤传输到接收端。因此，光发射机是光纤通信系统的重要组成部分。

光源是发射机的主要部件，最常用的光源是半导体激光器（LD）和发光二极管（LED）。

本章首先着重介绍半导体光源的工作原理和特性，在此基础上讨论光源调制以及光发射机电路。

3.1　光发射机的基本组成

光发射机的基本组成如图3-1所示，主要有光源和电路两部分。光源是实现电/光转换的关键器件，在很大程度上决定着光发射机的性能。电路的设计应以光源为依据，使输出光信号准确反映输入电信号。

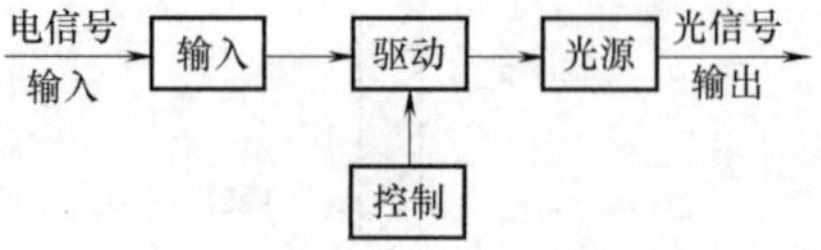

图3-1　光发射机的基本组成

光源是光发射机的“心脏”，在光纤通信中，对光源的要求如下：

1）发射的光波长应和光纤低损耗“窗口”一致，即中心波长应在0.85μm、1.31μm或1.55μm附近。光谱单色性要好，即谱线宽度要窄，以减小光纤色散对带宽的限制。

2）电/光转换效率要高，即要求在足够低的驱动电流下，有足够大而稳定的输出光功率，且线性良好。发射光束的方向性要好，即远场的辐射角要小，以利于提高光源与光纤之间的耦合效率。

3）允许的调制码速率要高或响应速度要快，以满足系统的大传输容量的要求。

4）器件应能在常温下以连续波方式工作，要求温度稳定性好，可靠性高，寿命长。

5）器件体积小，重量轻，安装使用方便，价格便宜。

以上各项中，调制码速率、谱线宽度、输出光功率和光束方向性，直接影响光纤通信系统的传输容量和传输距离，是光源最重要的技术指标。

3.2　半导体光源的发光机理

半导体光源在注入电流的作用下，电子从低能态跃迁到高能态，形成粒子数反转，电子再从高能态向低能态跃迁产生光子而发光。

3.2.1　光辐射和粒子数反转分布

在任何物质中，电子在分立的特定轨道上绕原子核运动，这些特定的轨道称为能级，对半导体材料，电子的能级重叠在一起，形成能带，图3-2给出了一个本征半导体材料的能带结构。

图3-2　本征半导体材料的能带结构

通常处于高能态（导带）的电子是不稳定的，它们会向低能态（价带）跃迁，而将能量以光子的形式释放出来，发射光子的能量 $h\nu$ 等于导带和价带的能量差，即

$$h\nu = E_c - E_v = E_g \tag{3-1}$$

式中，h 为普朗克常数 $h = 6.626 \times 10^{-34}$ J·s；ν 为光辐射频率；E_g 为禁带能量。这种发光过程可分为自发辐射和受激辐射两种形式。在自发辐射中，产生的光子是随机的，即其方向、相位和偏振态彼此无关，出射光为非相干光，LED 正是利用了这种自发辐射效应而发光。在受激辐射中，处于高能态的电子受到入射光子的激发跃迁回到低能态而发射光子，发射的光子与入射光子具有相同的频率、方向、偏振态和相位，即入射光得到了放大，因此出射光为相干光，LD 正是利用这个原理制成的。

处于低能态的电子如果受到外来光的照射，当光子的能量等于或大于禁带能量时，光子将被吸收而使电子跃迁到高能态，这个过程为光吸收。跃迁到高能态（导带）的电子，如果在外加电场作用下，会形成电流，即产生光生电流，半导体光检测器正是基于这种光电效应。光检测器的原理见4.2节。

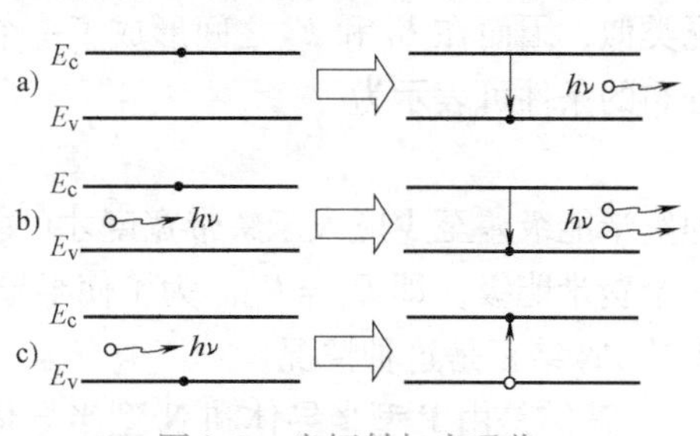

图3-3　光辐射与光吸收

a）自发辐射　b）受激辐射　c）光吸收

图3-3给出了自发辐射、受激辐射和光吸收这三个过程的示意图。在正常情况下，低能级上的电子比高能级上的电子多，因此总是表现出光吸收效应。为实现光放大效应，必须使得高能级的电子数大于低能级的电子数，这就是所谓的粒子数反转分布条件。

3.2.2　PN 结的能带和电子分布

在半导体中，电子在各能级上是如何分布呢？这是一个量子统计问题，根据费米-狄拉克统计，电子在能级中的分布服从费米分布，即能级被电子占据的概率表示为

$$f(E) = \{1 + \exp[(E - E_f)/(kT)]\}^{-1} \tag{3-2}$$

式中，E_f 为费米能级，它并不是实在的能级，而是反映电子在各能级中分布情况的参量，具有能级的量纲。

对于本征半导体，在较低温度下，费米能级的位置处于禁带中心，如图3-4a所示。由费米分布函数式(3-2)可知，当 $E = E_f$ 时，$f(E) = 1/2$，即在费米能级处被电子占据的概率和空着的概率相等；当 $E < E_f$ 时，$f(E) > 1/2$，即能级 E 被电子占据的概率大于空着（或称被空穴占据）的概率；如果 $E_f - E >> kT$，则 $f(E) \to 1$，这样的能级几乎都被电子占据。因此在图3-4a中，位于 E_f 之下的价带中所有的状态都由电子（图中用黑点表示）填充。当

$E>E_f$时，$f(E)<1/2$，即能级 E 被电子占据的概率小于空着的概率。如果 $E-E_f>>kT$，$f(E)\to 0$，这样的能级基本上都被空穴所占据。因此在图 3-4a 中，位于 E_f 之上的导带中所有的状态都空着（图中用小圆圈表示）。

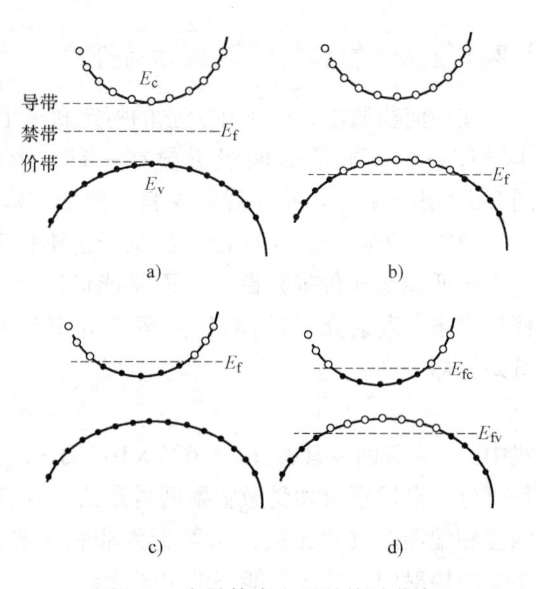

图 3-4 半导体中电子的统计分布
a）本征半导体 b）兼并型 P 型半导体
c）兼并型 N 型半导体 d）双兼并型半导体

对于 P 型半导体，由于掺入受主杂质，产生多数载流子空穴，使费米能级的位置比本征半导体要低，对于重掺杂的 P 型半导体，费米能级进入价带，这种半导体称之为兼并型 P 型半导体，其电子分布如图 3-4b 所示。

图 3-4c 表示兼并型 N 型半导体中电子的分布，在这种半导体中，费米能级进入导带。图 3-4d 表示双兼并型半导体，这是一种非热平衡状态下的情况，因而用两种费米能级 E_{fc} 和 E_{fv} 来表征载流子的统计分布。在价带中，载流子的统计分布和兼并型 P 型半导体的分布相似，而导带中则和兼并型 N 型半导体的情况类似，因而在 E_{fc} 和 E_{fv} 之间形成了一个粒子数反转分布区域。由此可见，满足粒子数反转分布的条件可表示为

$$E_{fc}-E_{fv}>E_c-E_v>E_g \tag{3-3}$$

即费米能级差至少应大于禁带宽度才可能实现粒子数反转分布。而在热平衡状态下，只能有一个费米能级，即 $E_{fc}=E_{fv}$。为了使半导体的费米能级分开，可以外加能量驱使，正向偏置下的 PN 结正是这种情况。

PN 结是由 P 型半导体和 N 型半导体结合而成的，当将 P 型半导体与 N 型半导体接触时，P 区的空穴向 N 区扩散，而 N 区的电子向 P 区扩散，这样在接触面附近的 P 区留下了不能移动的带负电荷的电离受主，而在 N 区留下不能移动的带正电荷的电离施主，因而在接触区附近形成一个内建电场。在内建电场的作用下，载流子产生与扩散运动相反的漂移运动。开始时，扩散运动占优势，但随着载流子的扩散，内建电场逐渐增加，漂移运动也增加，最后漂移运动增强到与扩散运动相等时，达到动态平衡，在宏观上没有电流流过接触面，此时在接触区附近形成一个相对稳定的空间电荷区，这就是 PN 结，空间电荷区也称为势垒区。处于动态平衡的 PN 结的费米能级应该沿整个半导体材料都相等，如图 3-5a 所示。

当 PN 结加上正向偏压（P 接正，N 接负）时，在势垒区产生一个与内建电场方向相反的电场，因此使内建电场减弱，结区附近的空间电荷及势垒区宽度都相应地减小，破坏了原来的动态平衡。这时，削弱了漂移运动，使扩散运动超过了漂移运动，形成了流过 PN 结的净扩散电流。在这种情况下，N 区电子流向 P 区，在 P 区边界附近形成电子积累，成为非平衡少数载流子，而 P 区空穴流向 N 区，在 N 区边界附近形成空穴积累而成为非平衡少数载流子，如图 3-5b 所示，从而形成一个双兼并的增益区（也叫有源区），满足粒子数反转分布条件。这些非平衡载流子可以通过自发辐射或受激辐射复合而发光，这正是半导体光源在正向偏压下发光的原理。

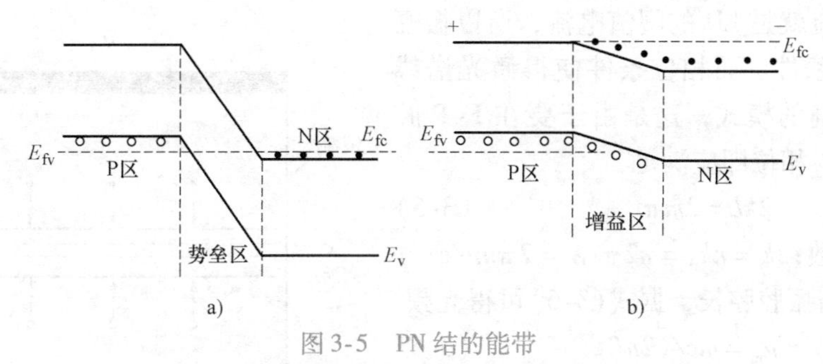

图 3-5 PN 结的能带

a）热平衡时 PN 结的能带 b）加正向偏压时 PN 结的能带

3.3 半导体激光器

在高码速率、长距离的光纤通信系统中，必须使用半导体激光器（LD）作为光源。LD 通过正向偏压下 PN 结中载流子的受激辐射复合而发出相干光，不仅具有输出功率高、谱宽很窄、辐射角小等特点，而且调制带宽可高达几十 GHz。

3.3.1 形成激光振荡的条件

任何激光器为了实现激光振荡，必须满足两个条件，一是具有增益介质，可产生粒子数反转分布，二是具有正反馈的光学谐振机制。

对于第一个条件，在上节已讨论过，重掺杂的 PN 结在正向偏压作用下，可满足粒子数反转分布条件。但是激光器初始的光场来源于导带和价带之间的自发辐射，为了得到单色性和方向性好的激光输出，必须有光学谐振机制产生光反馈，以形成稳定的光振荡。

对于第二个条件，光反馈可由增益区（有源层）两端的自然解理面构成的法布里-珀罗（F-P）谐振腔来提供，这种激光器称为 F-P 腔半导体激光器。另外还有一种谐振机制，就是利用有源区一侧的周期性波纹结构（光栅）提供光耦合来形成光振荡，如分布反馈（DFB）激光器。

3.3.2 F-P 腔半导体激光器

1. 基本结构

F-P 腔半导体激光器的基本结构如图 3-6 所示，其光学谐振机制是由 PN 结有源层两端平行的自然解理面构成的 F-P 谐振腔。在自然解理面上，由于增益区折射率 n 与空气的折射率 $n_0=1$ 不同而构成反射镜，其反射率 R 为

$$R=\left(\frac{n-1}{n+1}\right)^2 \tag{3-4}$$

用于制作 LD 的半导体材料的折射率 n 的典型值为 3.5，因此 LD 端面的反射率 R 约为 30%，尽管由两个这种端面而构成的 F-P 腔具有较大的腔损耗，但由于材料增益高，足以形成激光振荡。要使光在谐振腔里建立起稳定的振荡，必须满足振幅条件和相位条件。振幅条件就是由于 LD 增益区损耗及 F-P 腔损耗的存在，注入电流必须大于一定值才能够引起激光振荡，

该最小注入电流就是LD的阈值电流，所以振幅条件就是阈值条件。而相位条件使得激光谱线尖锐，具有明确的模式，这是由于要在F-P腔内满足正反馈，相位即应满足

$$2kL = 2m\pi \tag{3-5}$$

式中，m为整数；$k = nk_0 = n2\pi/\lambda = 2\pi n\nu/c$；$\nu$为光频；$L$为谐振腔腔长，据式(3-5)可得光频

$$\nu = \nu_m = mc/(2nL) \tag{3-6}$$

只有确定的频率（或波长）的光才能在谐振腔里建立稳定的振荡，当m取不同值时，对应于激光器的不同纵模，纵模间隔$\Delta\nu_c = c/(2nL)$，所以这种激光器为多纵模激光器，如果采用特殊结构只对某一模式提供正反馈，则可以实现半导体激光器的单模工作。

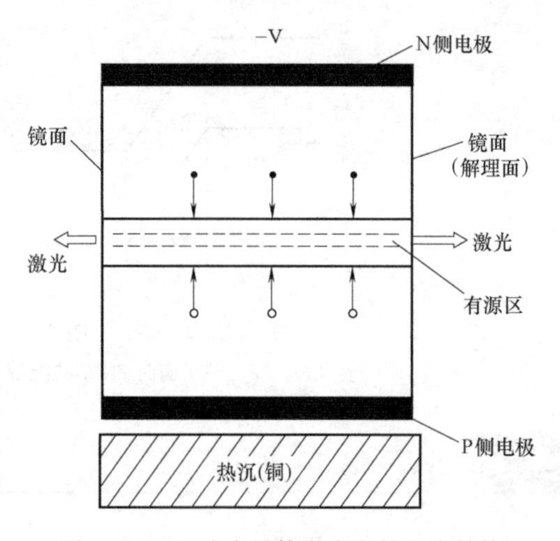

图3-6　F-P腔半导体激光器的基本结构

2. 双异质结（DH）结构

由于同质结（即由相同材料P型半导体和N型半导体组成的PN结）结构有源层对载流子及光子的限制作用很弱，致使阈值电流密度很大。所以同质结激光器是不能实现室温下连续工作的。目前光纤通信中使用的F-P腔激光器，基本上都采用双异质结（DH）结构。

最简单的DH半导体激光器由带隙能量较高的P型和N型半导体材料中间夹一层很薄的带隙能量较低的另一种半导体材料而构成，如图3-7所示，激光由激活区的两个解理面输出，在垂直于结平面的方向上，载流子和光子都被限制在很窄的范围内，其原理如图3-8所示。

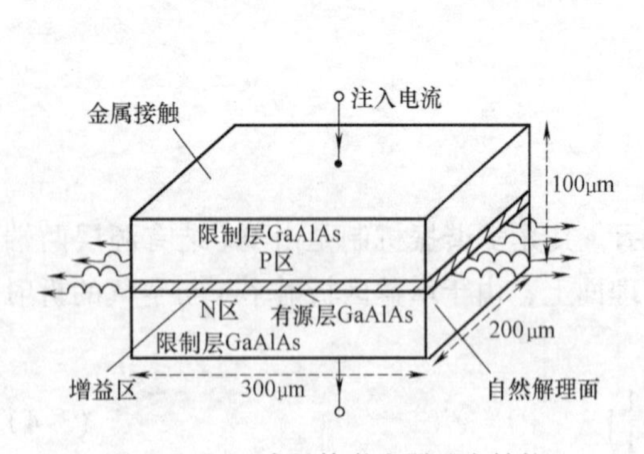

图3-7　DH半导体激光器基本结构

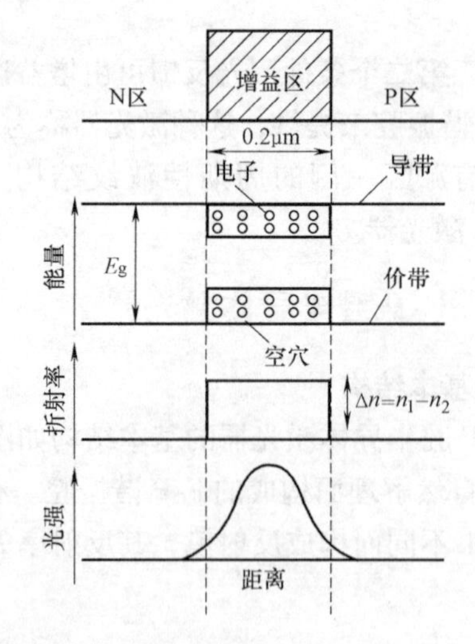

图3-8　双异质结对载流子和光子的限制作用

但是在图3-7所示的激光器结构中，平行于结平面的方向上光子和载流子没有受到限制，因此输出的光斑具有椭圆的形状，这种激光器称为宽面半导体激光器。由于电流沿整个平行于结的增益区平面注入，所以这种激光器的阈值电流很高，而其输出光斑又是椭圆形状

且随注入电流而发生不能控制的变化，因此在实用中并不宜采用这种结构的激光器。

为了降低激光器的阈值电流，采用某种方法使平行于结平面的增益区由平面结构变成条形结构，即在输出平面的横向方向（横截面）上再对载流子和光子进行限制，使载流子和光子被局限在一个较窄且很薄的条形区域内，以提高载流子和光子浓度，降低激光器的阈值，同时激光器的输出光斑能较好地与光纤端面匹配，增大耦合进光纤的功率，这种激光器称为条形激光器。目前，条形激光器有两种结构类型，即增益导引型和折射率导引型。

3.3.3　分布反馈激光器

分布反馈（DFB）激光器是随着集成光学的发展而出现的，由于其动态单模特性和良好的线性，已在高码速率数字光纤通信系统和 CATV 光纤传输系统（HFC）中得到了广泛应用。

1. 结构特点

DFB 激光器结构上的特点是：激光振荡不是由反射镜面来提供，而是由折射率周期性变化的波纹结构（波纹光栅）来提供，即在有源区的一侧生长波纹光栅，如图 3-9 所示。

还有一种结构和原理与 DFB 类似的激光器，称为分布布拉格反射（DBR）激光器。与 DFB 不同之处是，DBR 激光器的波纹光栅在有源区的外面，如图 3-10 所示，从而避免了在制作光栅过程中造成的晶格损伤。

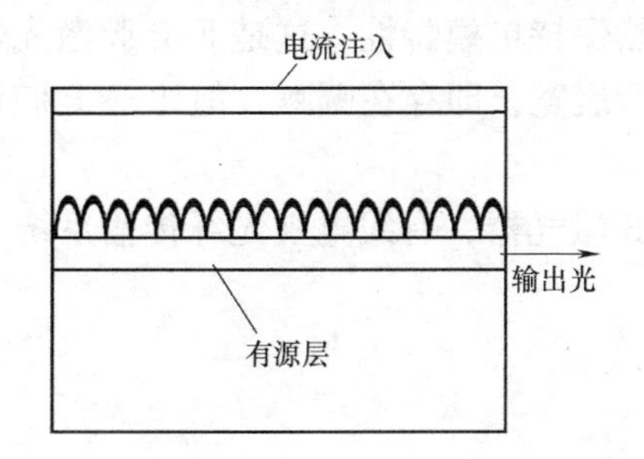

图 3-9　DFB 激光器的结构

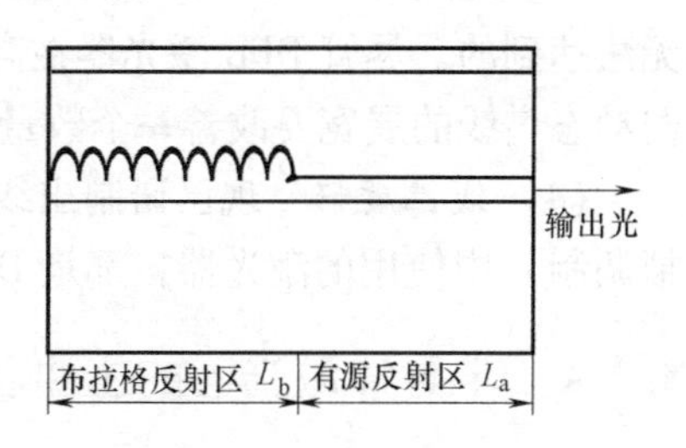

图 3-10　DBR 激光器的结构

2. 工作原理

DFB 激光器的基本工作原理可以用布拉格（Bragg）反射来说明。波纹光栅是由于材料折射率的周期性变化而形成的，它为受激辐射产生的光子提供周期性的反射点，在一定的条件下，所有的反射光同相相加，形成某方向光的主极强。波纹结构可以取正弦波形或非正弦波（如方波、三角波）。考虑图 3-11 所示的布拉格反射，I、I′、I″等光束满足同相位相加的条件为

$$2n\Lambda + B = m\lambda/n \qquad (3\text{-}7)$$

式中，Λ 是波纹光栅的周期，也称为栅距；m 为整数；n 为材料等效折射率；λ 为波长。

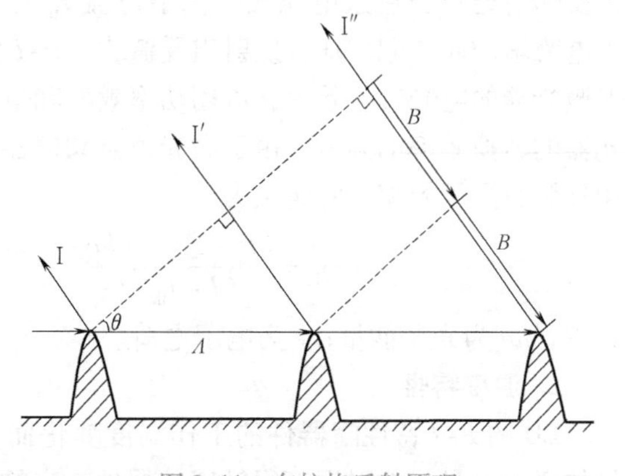

图 3-11　布拉格反射原理

由图中所示 B、Λ、θ 的几何关系，式(3-7)也可以表示为

$$n\Lambda(1+\sin\theta)=m\lambda \tag{3-8}$$

式(3-8)即为布拉格反射条件，即对应特定的 Λ 和 θ，有一个对应的 λ，使各个反射波为相长干涉。DFB 激光器的分布反馈是 $\theta=\pi/2$ 的布拉格反射，这时有源区的光在栅条间来回振荡。此时的布拉格条件是

$$2n\Lambda=m\lambda \tag{3-9}$$

3. DFB 激光器的优点

DFB 激光器较 F-P 激光器具有以下特点：

(1) *单纵模振荡* F-P 腔激光器的发射光谱，由增益谱和激光器纵模特性共同确定。由于谐振腔的长度较长，导致纵模间隔小，相邻纵模间的增益差别小，所以得到单纵模振荡非常困难。DFB 激光器的发射光谱，主要由光栅周期 Λ 决定，Λ 对应 F-P 腔 LD 的腔长 L，每一个 Λ 形成一个微型谐振腔。由于 Λ 的长度很小，所以 m 阶和 $m+1$ 阶模之间的波长间隔比 F-P 腔大得多，加之多个微型谐振腔的选模作用，很容易设计成只有一个模式能获得足够的增益。因此，DFB 激光器总是设计成单纵模振荡。

(2) *谱线窄，波长稳定性好* 由于 DFB 激光器的每一个栅距 Λ 相当于一个 F-P 腔，因此，布拉格反射可比作多级调谐，使谐振波长的选择性大大提高，谱线明显变窄，DFB 激光器的谱线宽度可以窄到只有几 GHz。光栅的作用有助于使发射波长锁定在谐振波长上，使波长的稳定性改善。

(3) *动态谱线好* DFB 激光器在高速调制时仍然保持单模特性，这是 F-P 腔激光器所无法达到的。尽管 DFB 激光器在高速调制时谱线有所展宽，即存在啁啾，但比 F-P 腔激光器动态谱线的展宽要改善一个数量级左右。

(4) *线性度好* 现已研制出线性度非常好的 DFB 激光器，有线电视光纤传输系统（模拟调制）中使用的激光器，都是 DFB 型激光器。

3.3.4 半导体激光器的主要特性

下面主要讨论 LD 的 P-I 特性、调制响应特性和激光噪声特性。

1. 输出光功率特性

半导体激光器是一个阈值器件，它的光功率特性通常用 P-I 曲线表示，如图 3-12 所示，存在一个阈值电流 I_{th}，当注入电流小于阈值电流时，LD 发出的是光谱很宽、相干性很差的自发辐射光；当注入电流大于阈值电流 I_{th}后，输出功率随注入电流增加而急剧增加，发射出受激光。P-I 曲线的斜率表征着激光器的电光转换效率，可用功率效率和量子效率来衡量激光器的转换效率的高低，由于激光器是阈值器件，所以更常采用外微分量子效率，它定义为

$$\eta_D=\frac{(P-P_{th})/(h\nu)}{(I-I_{th})/e} \tag{3-10}$$

式中，$h\nu$ 为光子能量；e 为电子电荷。

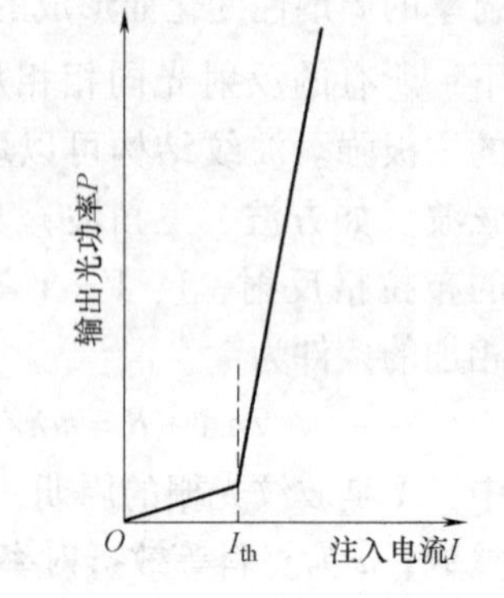

图 3-12 半导体激光器的典型 P-I 特性曲线

2. 温度特性

LD 的 P-I 特性随器件的工作温度变化而变化，这表明半导体激光器是一个对温度很敏感的器件，它的输出功率随温度

发生很大的变化。图3-13给出了一只激光器在温度变化时的 P-I 特性曲线。由图可见，半导体激光器的外微分量子效率（P-I 曲线的斜率）和阈值电流都随温度的变化而变化。外微分量子效率随温度的升高而下降，而阈值电流随温度的升高而加大，阈值电流与温度 T 的关系可表示为

$$I_{th}(T) = I_0 \exp(T/T_0) \tag{3-11}$$

式中，T_0 为器件的特征温度，T、T_0 都以绝对温度表示；I_0 为常数。特征温度表征了LD的阈值电流对温度的敏感性，T_0 越大，器件的温度稳定性越好。

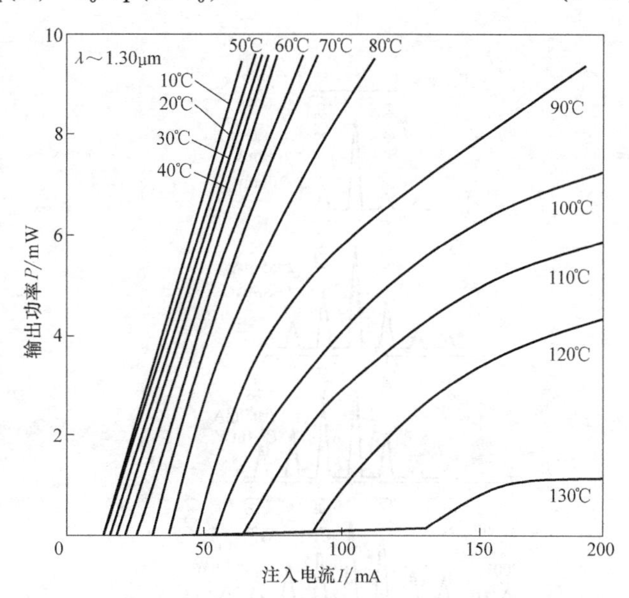

图3-13　InGaAsP半导体激光器的 P-I 特性随温度的变化的关系

器件温度的变化，还会影响到LD的发射波长，因为温度的变化将会改变材料的带隙和折射率，使得随着温度的增加，激光器的输出波长向长波长方向漂移。

LD的 P-I 特性曲线是系统设计和选择器件的重要依据，由于 P-I 特性受温度的影响较大，所以一般需要采用致冷器使LD在恒温情况下工作。LD的阈值电流越低越好，并且要求在阈值时的自发辐射较小以保证足够的消光比。在直接注入电流调制时，由于调制依赖于阈值以上 P-I 曲线的线性关系，要求激光器具有良好的线性关系，尤其在模拟调制时对线性的要求更高。在图3-13中，当输出功率较高时，P-I 曲线出现弯曲是由于结区温度升高和腔内损耗及漏电流的增加所致。

3. 激光器的模式性质

从半导体激光器的结构可知，它相当于一个多层介质波导谐振腔，当注入电流大于阈值电流时，激光器呈一定的模式振荡。在分析LD的模式时，把模式分为纵模和横模。纵模表示在谐振腔方向上光波的振荡特性，即激光器发射的光谱特性，它由光波在谐振腔方向满足相位条件和净增益条件而决定。横模表示在谐振腔横截面上光场分量的分布，它由谐振腔的横向结构决定。

激光器的纵模反映激光器的光谱特性，对于半导体激光器，当注入电流低于阈值时，属于自发辐射，谱线较宽；只有当激光器的注入电流大于阈值后，谐振腔里的增益才大于损耗，产生受激辐射，使激光器的输出光谱呈现出以一个或几个模式振荡，称为激光器的纵模，图3-14给出了一种激光器的光谱随注入电流变化的情况（波长1Å=0.1nm）。由图可清楚地看出，随注入电流的增加纵模数减少，当注入电流刚达到阈值时，激光器呈多纵模振荡，随注入电流的增加，主模的增益增加，而边模的增益减小，振荡模数减少。有些激光器在高注入电流时可呈现出单纵模振荡，例如分布反馈（DFB）激光器、分布布拉格反射（DBR）激光器、解理耦合腔（C^3）激光器等都是近年研制出的单纵模半导体激光器。

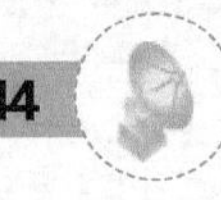

激光器的横模决定了激光光束的空间分布，常用近场图和远场图表示横向光场的分布。激光器输出镜面上光强的分布图样称为近场图，近场图由激光器的横模所决定。激光器的远场图不仅与激光器的横模有关，而且与光束的辐射角有关。图 3-15 表示出半导体激光器在不同注入电流下沿垂直和平行于结平面方向的远场分布。

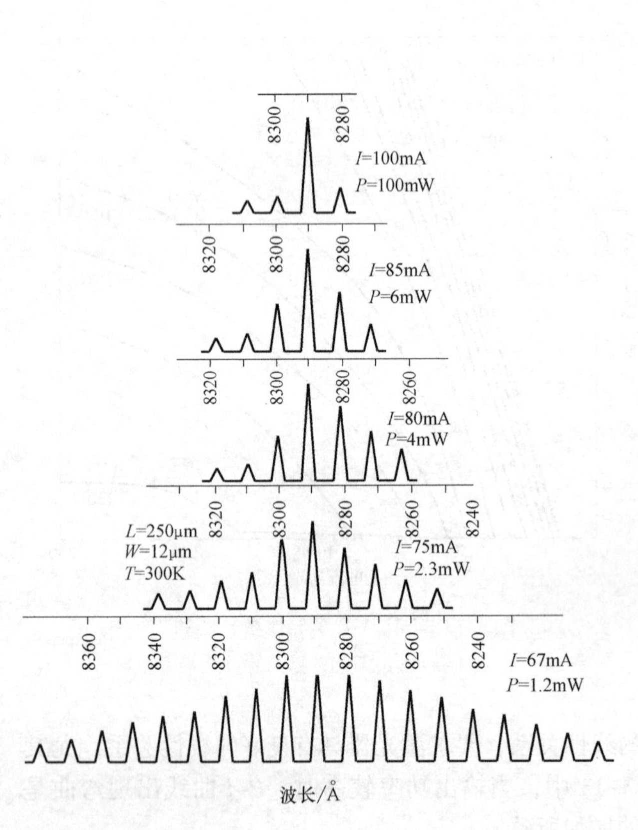

图 3-14　激光器的发射光谱

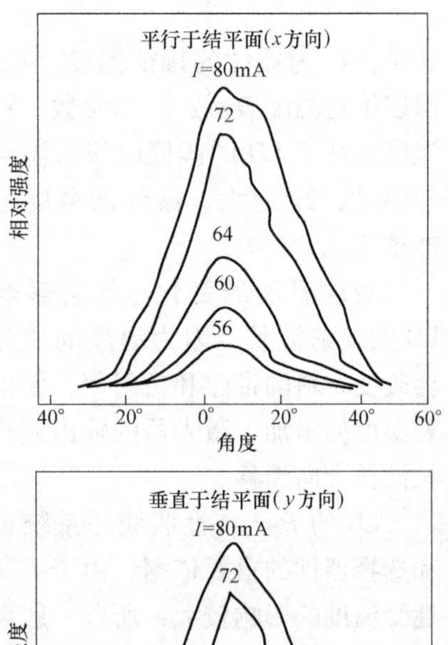

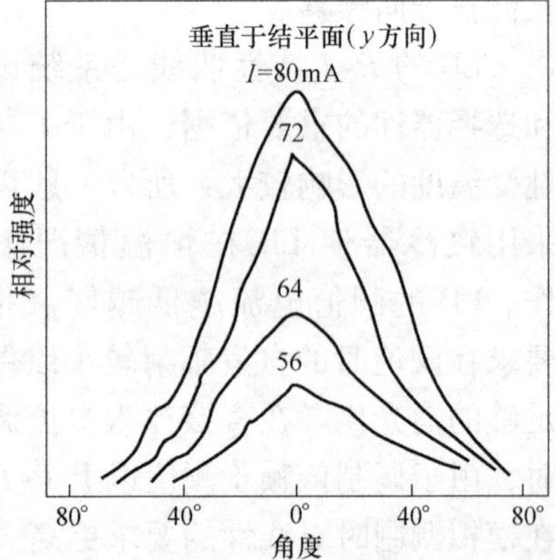

图 3-15　半导体激光器的远场分布图

4. 调制响应特性

LD 的调制响应特性决定了可以调制到半导体激光器上的最高信号频率。

根据分析计算，LD 的 3dB 调制带宽可表示为

$$f_{3\mathrm{dB}} \approx \frac{\sqrt{3}}{2\pi}\Omega_{\mathrm{R}} \approx \left(\frac{3G_{\mathrm{N}}G_0}{4\pi^2\tau_{\mathrm{p}}}\right)^{1/2} = \left[\frac{3G_{\mathrm{N}}\eta_{\mathrm{int}}}{4\pi^2 eV}(I_{\mathrm{b}}-I_{\mathrm{th}})\right]^{1/2} \tag{3-12}$$

式中，Ω_{R} 为张弛振荡角频率；G_{N} 为微分净增益系数；G_0 为透明载流子浓度；τ_{p} 为光子寿命；η_{int}为内量子效率；V 为增益区体积。

式(3-12)表明，LD 的 3dB 调制带宽随着偏置电流的增加而按 $(I_{\mathrm{b}}-I_{\mathrm{th}})^{1/2}$ 关系增大。对于特殊设计的高速半导体激光器，带宽可达 24GHz，但实际的半导体激光器的调制频率通常都小于 10GHz，主要是受限于电子线路而不是激光器芯片本身。

在数字光纤通信系统中，半导体激光器是受到脉冲调制，激光器将呈现复杂的动态性质，输出的光脉冲并不表现为矩形脉冲，而是具有一定的上升时间和下降时间，如图 3-16 中实线所示。这是由于激光输出与注入电脉冲之间都存在一个时间延迟，称为电光延迟时

间，一般为ns的量级。输出脉冲前沿的上冲尖峰是由于激光器的张弛振荡所致，张弛振荡是激光器内部光电相互作用所表现出来的固有特性。

半导体激光器受注入电流调制时，由于注入电流使激光器的载流子浓度发生变化，也不可避免地引起折射率的变化，从而对光信号形成一个附加的相位调制。光波相位随时间发生变化表明激光器发射频率将随时间变化而偏离其稳态值，这种频率随时间发生变化的光脉冲称为啁啾脉冲，频率啁啾的大小与调制脉冲幅度有关。图3-16中的虚线表示了沿该光脉冲的频率啁啾情况，在脉冲前沿频率发生蓝移，而在脉冲后沿发生红移，啁啾的存在使得光信号的频谱大大展宽。如果激光器工作在直流情况而利用外调制器，则可以消除因调制引起的频率啁啾。

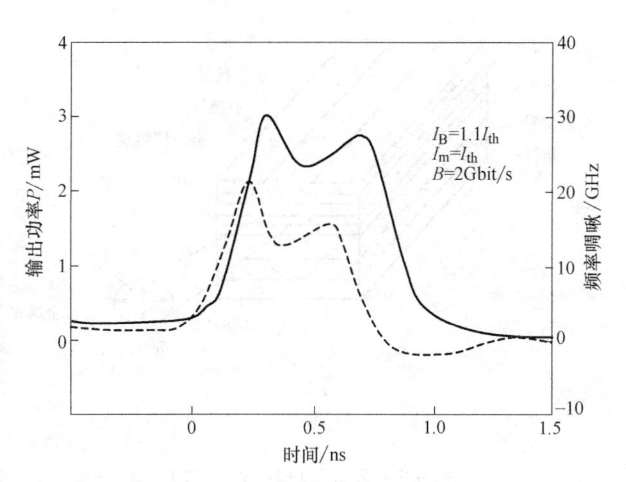

图3-16　半导体激光器的矩形脉冲响应

3.4　发光二极管

发光二极管（LED）是利用正向偏压下的PN结，在增益区中载流子复合而发出自发辐射光，因此LED产生的是一种非相干光。和激光器相比，发光二极管输出功率较小，谱线宽度较宽，调制频率较低。但发光二极管性能稳定，寿命长，输出光功率线性范围宽，而且制造工艺简单，价格低廉。因此，发光二极管在小容量、短距离系统中得到广泛的应用。

3.4.1　发光二极管的结构

LED的结构和LD相似，大多采用双异质结（DH）结构，但不同之处是LED不需要谐振腔。

根据其发光面与PN结的结平面平行或垂直，LED分为面发光二极管和边发光二极管两种类型，如图3-17所示。

由于是自发辐射，LED输出光的辐射角很大，对于面发光二极管，在平行于PN结的方向和垂直PN结的方向，辐射图形都按$\cos\theta$的形式分布，每一方向的辐射角都约为120°；而边发光二极管，在垂直于结平面的方向上辐射角只有约30°，所以边发光二极管与光纤的耦合效率较高。

3.4.2　发光二极管的工作特性

LED的工作特性主要包括P-I特性、光谱特性和调制特性。

1. P-I特性

LED的P-I特性是指输出光功率随注入电流的变化关系，由LED的工作原理可知，其输出光功率基本上与注入电流成正比，即LED的P-I曲线应该具有线性关系。但实际上只

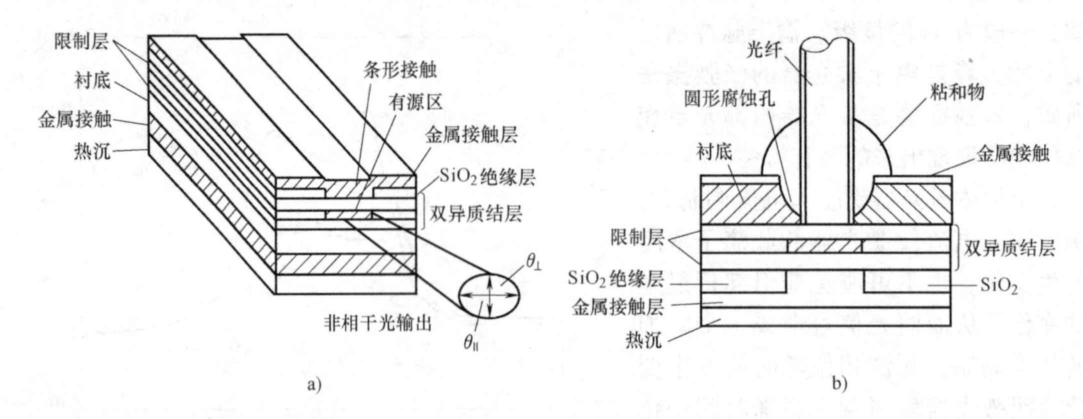

图 3-17 LED 结构

a）边发光双异质结 LED $\theta_\parallel \approx 120°$ $\theta_\perp \approx 30°$ b）面发光 LED $\theta_\parallel \approx 120°$ $\theta_\perp \approx 120°$

有在注入电流较小时才具有近似的线性关系，当注入电流较大时，*P-I* 曲线会出现饱和现象。图 3-18 给出了一只典型的 LED 在不同温度下的 *P-I* 曲线。因为 LED 没有阈值，温度变化对 LED 的 *P-I* 特性影响并不大。

LED 的发射功率尽管可达 10mW 左右，但因与光纤的耦合效率很低，入光纤功率最大也只能达到 100μW 左右。

2. 光谱特性

LED 的出射光是自发辐射光，因此其光谱较宽，并且由计算可知，谱宽随着发射波长 λ 的平方增加而增加，所以发射波长在 1.3μm 的 LED 的谱宽要比发射波长在 0.85μm 的 LED 宽约 1.7 倍。图 3-19 给出了 GaAs 和 InGaAsP 发光管的典型光谱特性，短波长的 GaAs-LED 谱线宽度一般为 30～50nm，而长波长的 InGaAsP-LED 谱线宽度一般为 50～80nm。

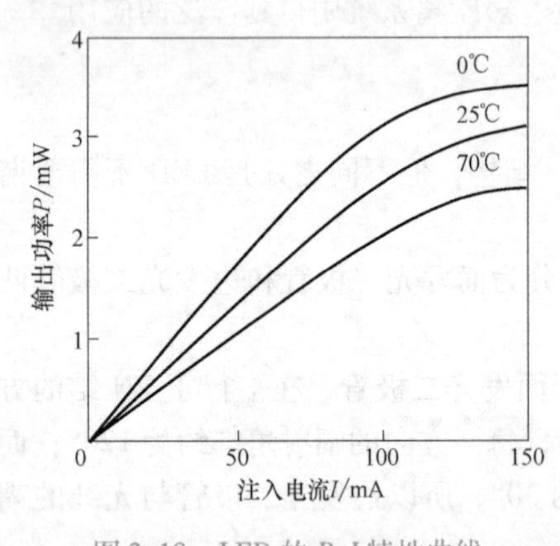

图 3-18 LED 的 *P-I* 特性曲线

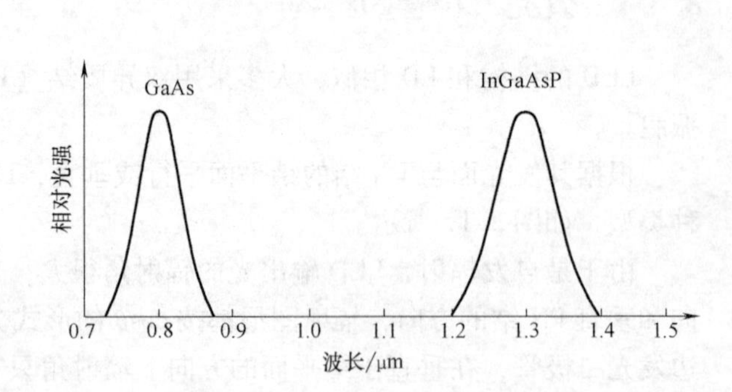

图 3-19 GaAs 和 InGaAsP-LED 的典型光谱特性

3. 调制特性

用电流信号调制发光二极管时，调制信号的码速率将受到 LED 响应速度的限制。LED 的响应速度由注入有源区的载流子寿命 τ_c 决定，据计算 LED 的 3dB 调制响应带宽为

$$f_{3dB} = \sqrt{3}/(2\pi\tau_c) \tag{3-13}$$

为减小载流子的寿命，有源区采用高掺杂，或使 LED 工作在高注入电流密度下。目前

InGaAsP-LED 可做到 $\tau_c=(2\sim5)$ns，相应的调制带宽在 50～140MHz 的范围。

3.5 光源的调制及驱动电路

要实现光纤通信，首先要解决如何将电信号加载到光源的发射光束上，即需要对光源进行光调制。调制后的光波经过光纤线路传送至接收端，由光接收机进行光检测（解调），再现出原来的信息。

3.5.1 光源的调制方式

根据调制与光源的关系，光调制可分为直接调制和间接调制两大类。直接调制方法仅适用于半导体光源（LD 和 LED），这种方法是把要传送的信息转变成电流信号注入 LD 或 LED，从而获得相应的光信号，所以是采用电源调制方法。直接调制后的光波电场振幅的平方与调制信号幅度成比例变化，是一种光强调制（IM）的方法。

间接调制是利用晶体的电光效应、磁光效应、声光效应等性质来实现对激光辐射的调制，这种调制方式既适用于半导体激光器，也适用于其他类型的激光器。间接调制最常用的是外调制的方法，即在激光形成以后加载调制信号。其具体方法是在激光器谐振腔外的光路上放置调制器，在调制器上加调制电压，使调制器的某些物理特性发生相应的变化，当激光通过它时，得到调制。对某些类型的激光器，间接调制也可以采用内调制的方法，即用集成光学的方法把激光器和调制器集成在一起，用调制信号控制调制元件的物理性质，从而改变输出特性以实现其调制。光源的调制方法及所利用的物理效应见表 3-1。

表 3-1　光源的各种调制方法

调制方式	调　制　法	所利用的物理效应
间接调制	电光调制	电光效应（普科尔效应、克尔效应）
	磁光调制	磁光效应（法拉第电磁场偏转效应）
	声光调制	声光效应（拉曼·布拉格衍射效应）
	其他	电吸收效应、共振吸收效应等
直接调制	电源调制	

下面着重讨论半导体激光器的直接调制原理及光发射机的一些问题。

3.5.2 直接调制及驱动电路

直接调制技术具有简单、经济、容易实现等优点，是光纤通信中最常采用的调制方式，这是因为发光二极管和半导体激光器的输出光功率（对激光器来说，是指阈值以上的线性部分）基本上与注入电流成正比，所以可以通过改变注入电流来实现光强度调制。驱动电路的作用是将要传送的信息转换为电流信号注入半导体光源（LD 或 LED），从而得到光信号输出。

对于不同的光源，即 LD 或 LED，需要不同的驱动电路，LED 的驱动电路比较简单，而在较高码速率下采用的 LD 的驱动电路可能变得相当复杂。

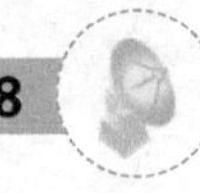

1. LED 的驱动电路

LED 用于模拟通信和数字通信，各有不同的驱动电路。模拟通信的驱动电路是要使 LED 输出的光功率依照输入电流波形而变化，如图 3-20 所示。满足此特性要求的驱动电路应是一个工作于甲类状态的电流放大器，最简单的电路如图 3-21a 所示。在此电路中，为了减小 LED 非线性的影响，扩大驱动范围，采用锗二极管 VD 和电阻 R 与 LED 并联。

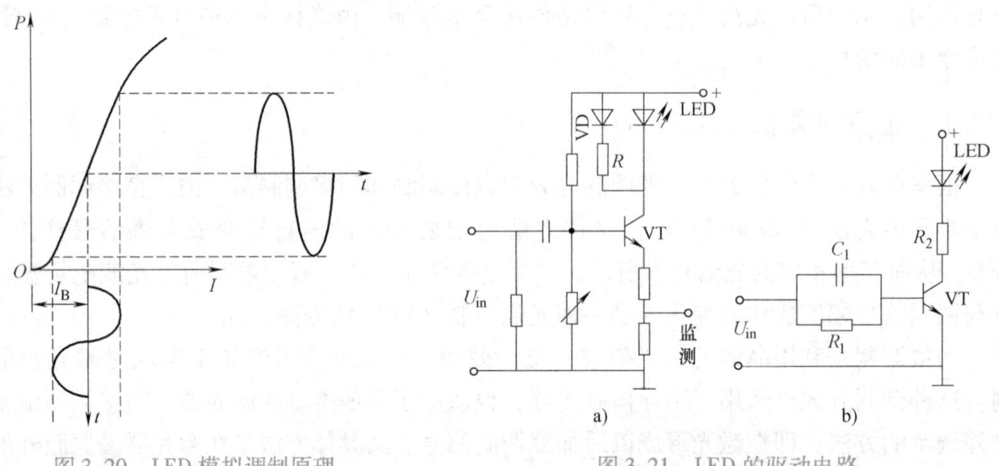

图 3-20 LED 模拟调制原理　　图 3-21 LED 的驱动电路

对于数字通信，驱动电路是使 LED 在驱动脉冲电流的作用下产生相应的光脉冲，如图 3-22所示。由此可见，驱动电路相当于一个开关，所以最简单的数字信号驱动电路就是一个脉冲开关电路，如图 3-21b 所示。这里，基极电路的 RC 并联组合用以加快码速率，但这种饱和开关电路的开关速率较低，在传输较高码速率的数字信号时，常采用射极耦合差分电流开关电路。

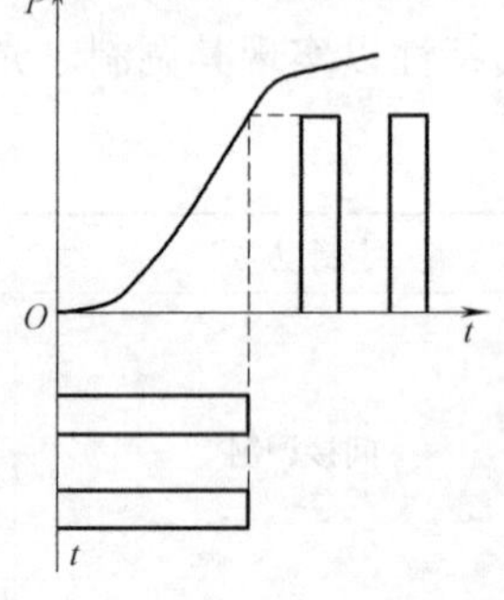

图 3-22 LED 数字调制原理

2. LD 数字通信的驱动电路

由于 LD 是阈值器件，因此在驱动之前必须先加直流偏置电流，后加电流脉冲驱动，如图 3-23 所示，偏置电流 I_B 略小于 LD 的阈值电流 I_{th}，这样可以大大减小电光延迟时间，还可抑制脉冲调制产生的张弛振荡，提高电光转换效率。图 3-24 给出了一个常用的射极耦合差分电流开关驱动电路，通过偏置电路使 LD 的偏置电流 I_B 在其阈值附近，晶体管 VT_3 构成一个恒流源，用以对 LD 提供调制电流，晶体管 VT_1 和 VT_2 构成差分开关电路，VT_2 的基极加有固定的参考电压 V_{BB}，当输入信号 U_{in} 为“0”码时，VT_1 的基极电位比 V_{BB} 低，因此 VT_1 截止而 VT_2 导通，使恒流源通过 VT_2 流过 LD 而发射出光脉冲；反之，当输入信号 U_{in} 为“1”码时，VT_1 基极的电位比 V_{BB} 高，因此 VT_1 导通而 VT_2 截止，恒流源的电流经过 VT_1 而流入地，LD 上只有原偏置电流流过，不发出光脉冲。如果在信号输入 VT_1 之前加一个反相器，则可以在 LD 上得到与电信号脉冲一致的光脉冲输出。

光发射机的码速率通常取决于驱动电路的电子器件，对于码速率高于 1Gbit/s 的系统，晶体管和其他电子元件的分布参数常常限制着发射机的性能，可以采用光电混合集成电路（OEIC）将驱动电路与激光器集成在一块半导体片子上，构成高速发射机组件，从而可以使光发射机的码速率提高到 Gbit/s 数量级。

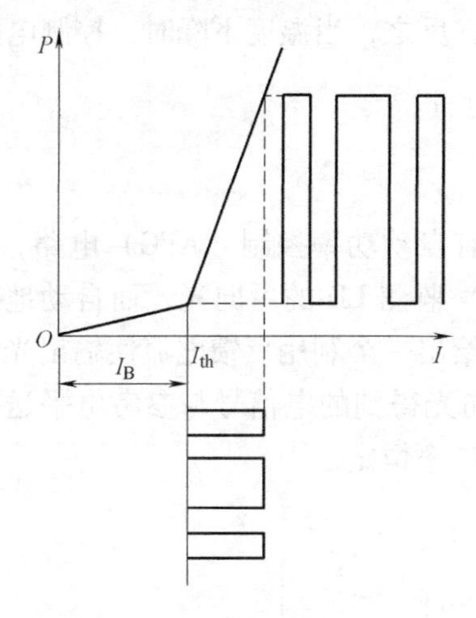

图 3-23 LD 数字调制原理

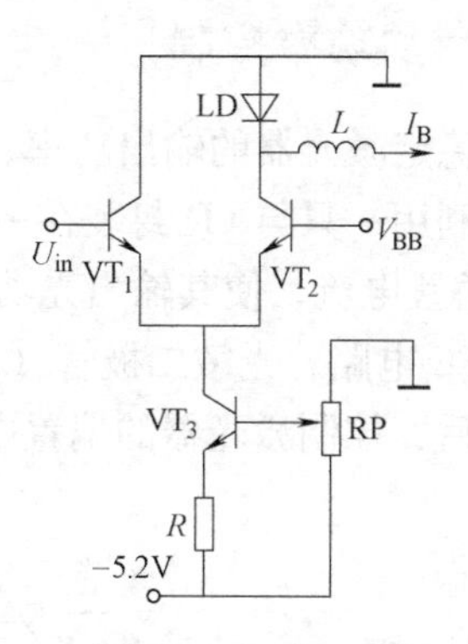

图 3-24 LD 的驱动电路

3.6 激光器的控制电路

半导体激光器（LD）是高速调制的理想光源，但是 LD 对温度的变化是很敏感的，因此温度的变化使 LD 光发射机的输出不稳定。另外，器件的老化也使光发射机的输出不稳定。为了消除温度变化和器件老化的影响，必须采用控制电路来稳定光发射机的输出光信号。目前，国内外主要采用的稳定方法有：自动温度控制（ATC）；自动功率控制（APC）。

3.6.1 自动温度控制

温度控制采用由微型制冷器、热敏元件以及控制电路组成的自动温度控制（ATC）系统来实现，如图 3-25 所示。通常，在实用化的半导体激光器封装中，都带有一个半导体制冷器和一只能够监测激光器芯片温度变化的热敏电阻，可采用图 3-26 所示的 ATC 电路来实现对激光器工作温度的稳定控制。图中，R_1、R_2、R_3 与热敏电阻 R_T 构成感温电桥，电桥中 $R_1=R_2$，选取不同的 R_3，可以使 LD 具有不同的控制温度。

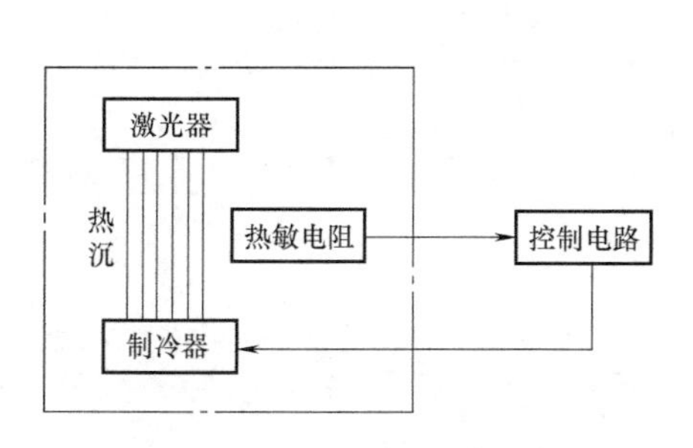

图 3-25 自动温度控制系统框图

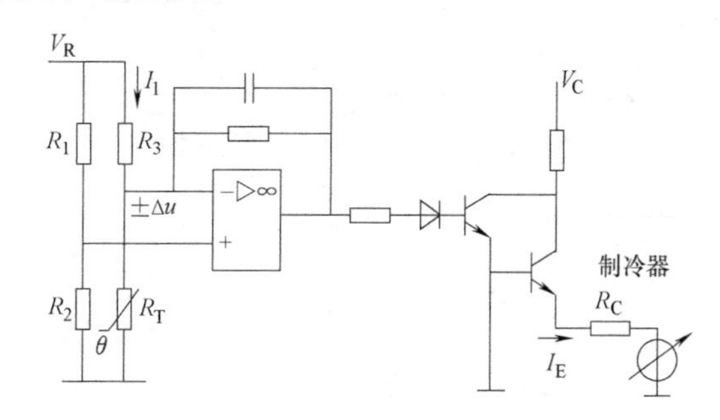

图 3-26 ATC 电路

在热平衡时，控制电路为制冷器提供一个恒定的电流，该电流用于补偿半导体激光器注入电流引起的热沉温度升高，结果使热沉温度保持恒定。当热敏电阻探测到热沉温度升高时，感温电桥产生一个误差信号，该信号经放大后使控制电路增大制冷器的制冷电流，制冷面温度下降而使热沉温度下降，恢复到原来的工作温度；反之，当温度下降时，控制电路可使制冷器电流降低，保证激光器工作在设定温度上。

3.6.2 自动功率控制

为了稳定激光器的输出功率，在光发射机中需要具有自动功率控制（APC）电路，APC电路一般利用一只与LD封装在一起的光敏二极管（PD）监测LD的后向光，而自动地改变对LD的偏置电流，使其输出光功率保持恒定。图3-27给出一个利用反馈电流使输出光功率稳定的APC电路，光敏二极管（PD）检测激光器的后向光得到的电信号与参考电平送到放大器放大后，控制激光器的偏置电流 I_B，以维持输出光功率恒定。

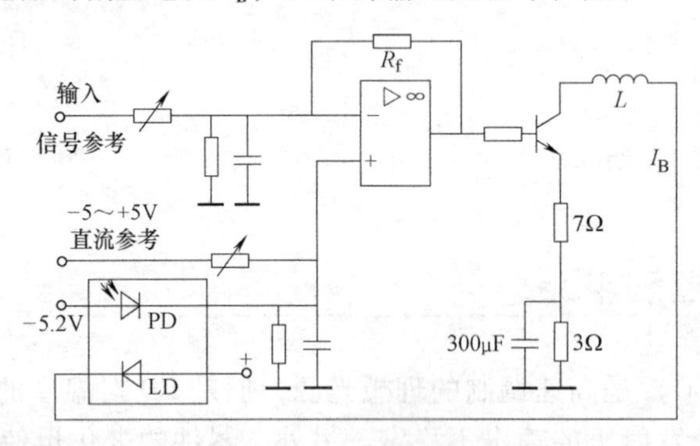

图3-27 APC电路原理

在反馈电路中引入输入信号参考的目的是由于信号脉冲序列的平均光功率往往会随码元组合情况而变化，在某一个时间间隔内，可能会有较长的连“0”序列（或较长的连“1”序列）出现，这时检测的平均光功率就会低于（或高于）正常的值，结果使控制电路产生误动作。为了避免这种情况发生，将信号序列送入运算放大器的反相输入端，这样就使检测到的光信号与输入信号进行比较，从而保证不论传输怎样的随机序列，控制电路都能正常工作。

第4章 光接收机

在光纤通信系统中，发送端光发射机发射的光信号，经光纤线路传输，送至接收端光接收机。光信号在光纤中传输时，不仅幅度被衰减，而且波形被展宽。因此光接收机的作用是：把经过传输到达的微弱光信号转换为电信号，并放大处理，恢复为原传输的信号。

本章主要围绕数字光接收机进行讨论，首先介绍数字光接收机的基本组成，然后介绍实现光/电转换的光检测器的工作原理和特性，最后讨论光接收机的组成部分的工作原理和主要性能指标。

4.1 数字光接收机的基本组成

对强度调制的数字光信号，在接收端采用直接检测（DD）时，光接收机的主要组成如图4-1所示。

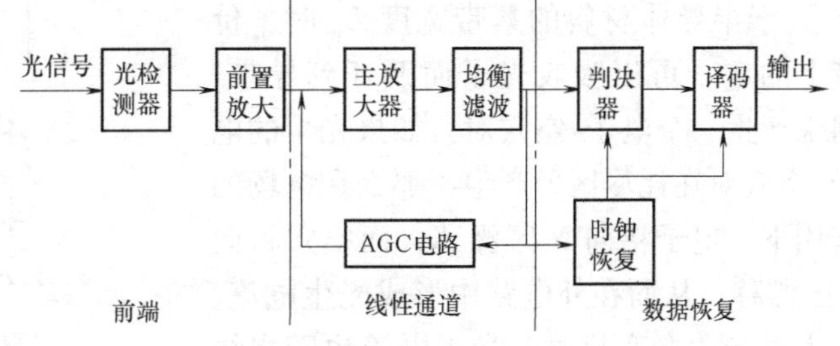

图4-1 数字光接收机的组成框图

在光接收机中，首先需要将光信号转换成电信号，即对光信号进行解调，这个过程是由光检测器（光敏二极管）来完成。光检测器把光信号转换成电流信号送入前置放大器。前置放大器的噪声对整个接收机的灵敏度影响很大，因此前置放大器应该是精心设计和制作的低噪声放大器。主放大器的作用除提供足够的增益外，它的增益还受AGC电路控制，使输出信号的电平在一定的范围内不受输入信号电平变化的影响，主放大器和AGC决定着光接收机的动态范围。均衡滤波器的作用是保证判决时不存在码间干扰。判决器和时钟恢复电路对信号进行再生。如果在发射端进行了线路编码（或扰码），那么在接收端要有相应的译码（或解扰）电路。

按数字光接收机的工作原理，可将其分为前端、线性通道和数据恢复三个部分。光接收机最主要的性能指标是灵敏度，光接收机的中心问题是如何降低输入端的噪声，提高接收灵敏度。

4.2 光检测器

光检测器是光接收机实现光/电转换的关键器件，其性能特别是响应度和噪声直接影响光接收机的灵敏度。对光检测器的要求如下：

1）波长响应要和光纤低损耗窗口（0.85μm、1.31μm 和 1.55μm）相一致。

2）响应度要高，在一定的接收光功率下，能产生最大的光电流。

3）响应速度快，满足高工作码速率要求。

4）噪声要尽可能低，能接收极微弱的光信号。

5）性能稳定，可靠性高，寿命长，功耗和体积小。

目前适合于光纤通信系统应用的光检测器有 PIN 光敏二极管和雪崩光敏二极管（APD）。

4.2.1 光敏二极管工作原理

光敏二极管（PD）是一个工作在反向偏压的 PN 结二极管，其工作原理可以用光电效应来解释，如图 4-2 所示。

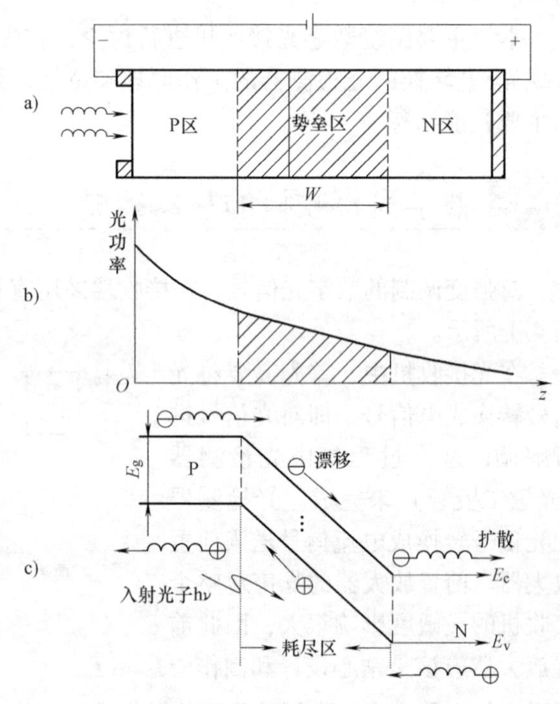

图 4-2 光敏二极管的工作原理
a）反向偏压下的 PN 结受到入射光照射
b）光功率分布 c）PN 结的能带

当 PN 结上加有反向偏压时，外加电场的方向和势垒区里内建电场的方向相同，外电场使势垒加强，PN 结的能带如图 4-2c 所示。由于光敏二极管加有反向电压，因此在势垒区里载流子基本上耗尽了，故这个区域又称为耗尽区。

当有光入射到 PN 结上，且光子能量 $h\nu$ 大于半导体材料的禁带宽度 E_g 时，价带上的电子可以吸收光子而跃迁到导带，结果产生一个电子-空穴对。如果光生的电子-空穴对在耗尽区里产生，那么在电场的作用下，电子将向 N 区漂移，而空穴将向 P 区漂移，从而在外电路中形成光生电流。当入射光功率变化时，光生电流也随之线性变化，从而把光信号转换成电信号。这就是光敏二极管的光电效应。

然而，当入射光子的能量小于 E_g 时，不论入射光多么强，光电效应也不会发生。也就是说，光电效应必须满足条件

$$h\nu > E_g \quad 或 \quad \lambda < hc/E_g \tag{4-1}$$

式中，ν 是光波频率；c 是真空中的光速；λ 是入射光波长；h 是普朗克常量；E_g 是半导体材料的禁带宽度。

但这种 PN 结光敏二极管由于响应速度慢不能在光纤通信系统中得到应用。PN 结光敏二极管的响应速度慢主要是由于电子和空穴在耗尽区以外的扩散运动，在 P 区由于光吸收而产生的电子需要扩散到耗尽区边界才能漂移到 N 区，而在 N 区由于光吸收而产生的空穴也需扩散到耗尽区边界才能漂移到 P 区。由于扩散过程是一个相当慢的过程，所以扩散电流分量使响应时间加长，而影响其响应速度。为了减小响应时间，可以通过减小 P 区和 N 区的厚度来减小扩散时间和在这两个区域光能被吸收的几率，以及增大耗尽区宽度

使大部分光能在耗尽区被吸收的方法来达到，这种结构的光敏二极管就是PIN光敏二极管。

4.2.2 PIN光敏二极管

PIN光敏二极管就是在PN结中间夹入一层轻掺杂本征半导体（称为I）。在这种结构中，由于I区具有较高的电阻,、因此电压基本上降落在该区，使得耗尽区宽度得到加宽，而零电场的P区和N区非常薄，图4-3为PIN光敏二极管的结构和它在反向偏压下的电场分布。这样的结构基本上消除了扩散电流分量，从而减小了响应时间，提高了响应速度。PIN光敏二极管势垒区的宽度可根据实际需要而设计，较宽的W可以获得较高的光电转换效率，因为W越宽，越多的光能将会在该区被吸收。但是随着W的增大，渡越时间也会增大，从而使PIN光敏二极管的响应速度下降，因此W需在效率和响应速度之间进行优化。

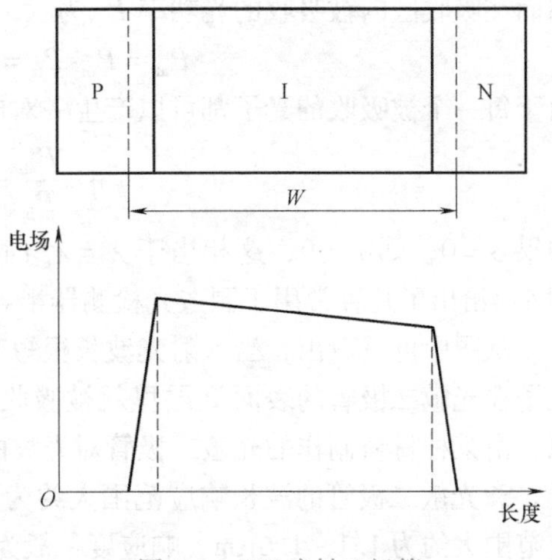

图4-3 PIN光敏二极管

PIN光敏二极管的主要特性参数包括有光电转换效率、响应速度和暗电流等。

1. 光电转换效率

在工程上常用响应度和量子效率来衡量光敏二极管的光电转换效率。

响应度表征光敏二极管宏观能量转换效率，它定义为

$$R=\frac{I_P}{P_{in}} \tag{4-2}$$

式中，P_{in}为入射到光敏二极管上的光功率；I_P为光敏二极管在该入射光功率下产生的光电流。R的单位为A/W(或μA/μW)。而量子效率从微观上反映了光敏二极管的光电转换效率，它定义为

$$\eta=\frac{\text{光生电子数}}{\text{入射光子数}}=\frac{I_P/e}{P_{in}/(h\nu)} \tag{4-3}$$

式中，$h\nu$为光子能量；e为电子电荷。

将此式代入式(4-2)，可得

$$R=\eta\frac{e}{h\nu}\approx\frac{\eta\lambda}{1.24} \tag{4-4}$$

这里，波长λ的单位为μm，当$\lambda=0.85\mu m$，$\eta=0.8$时，则$R=0.55A/W$，表明1mW的功率入射到该光敏二极管上，可以产生0.55mA的光电流。

式(4-4)表明，光敏二极管的响应度随入射光波长的增加而增大，这是因为在λ较大时光子的能量$h\nu$较低，也产生相同的光生电流。但这种关系只有在$h\nu>E_g$的前提下成立，一旦光子能量小于带隙能量E_g，则$\eta=0$。因此把$h\nu=E_g$所对应的波长，即

$$\lambda_c=\frac{hc}{E_g} \tag{4-5}$$

定义为光敏二极管的截止波长。

与量子效率相关的光敏二极管的另一个参数是吸收系数 α，假设光敏二极管的吸收宽度为 W，则通过吸收区后的光功率 P_{tr} 为（见图 4-2b）

$$P_{tr}=P_{in}\exp(-\alpha W) \tag{4-6}$$

因而在吸收区内被吸收的光功率 P_{ab} 为

$$P_{ab}=P_{in}-P_{tr}=P_{in}[(1-\exp(-\alpha W)] \tag{4-7}$$

由于每一个被吸收的光子都可以产生一对电子-空穴对，所以量子效率可以表示为

$$\eta=\frac{P_{ab}}{P_{in}}=1-\exp(-\alpha W) \tag{4-8}$$

如果 $\alpha=0$，则 $\eta=0$，这相当于 $\lambda=\lambda_c$ 时的情况，而在 $\alpha W>>1$ 的情况下，η 可以接近 1。图 4-4给出了几种常用于制造光检测器半导体材料的吸收系数随波长的变化情况。

从图中可以看出，当入射光波长很短时，材料的吸收系数变得很大，结果使大量的入射光子在光敏二极管的表面 P 层里就被吸收，从而使得光敏二极管的光电转换效率降低。所以，由某种材料制作的光敏二极管对光波的响应是具有一定范围的，如图 4-5 所示。由图可见，Si 光敏二极管的波长响应范围大约为 0.7～1.0μm，Ge 和 InGaAs 光敏二极管的波长响应范围大约为 1.1～1.6μm，响应度一般为 0.5～0.6μA/μW。

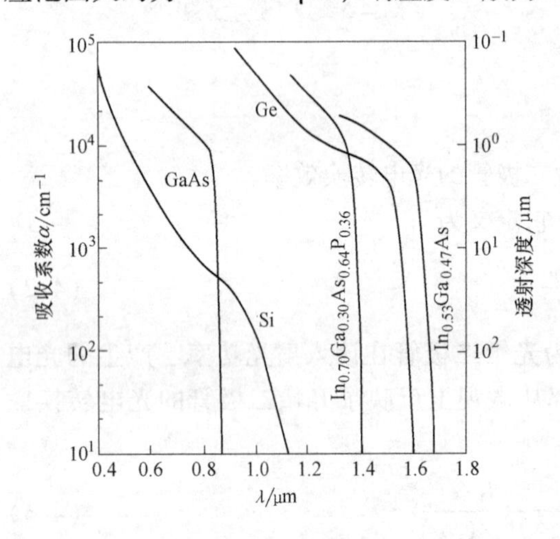

图 4-4 几种半导体材料的吸收系数 α 随波长 λ 的变化情况

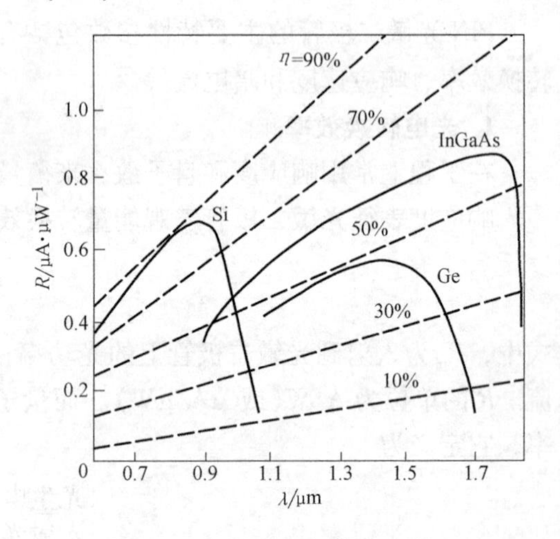

图 4-5 PIN 光敏二极管响应度 R、量子效率 η 与波长 λ 的关系

2. 响应速度

光敏二极管的另一重要参数是响应速度，响应速度常用响应时间来表征。响应时间由光生载流子在电场区的渡越时间 τ_{tr} 和包括光敏二极管在内的检测电路 RC 常数所决定。渡越时间 $\tau_{tr}=W/v_s$，这里 W 为耗尽层的宽度，v_s 是载流子的平均漂移速度，正比于电场强度。

光敏二极管的实际响应速度还常常受限于二极管本身的分布参数和负载电路参数，图4-6给出了光敏二极管的等效电路，其中 C_d 为二极管的结电容；R_S 为串联电阻，只有几个欧姆，可以忽略；R_P 为跨接电阻，由

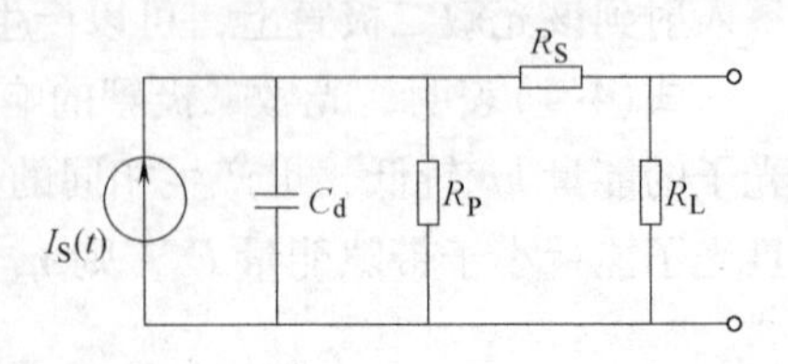

图 4-6 光敏二极管的等效电路

于数值很大，可以忽略；R_L 为负载电阻。

这样，响应速度主要由 C_d 和 R_L 的 RC 时间常数来决定，所以为了提高光敏二极管的响应速度，应尽量减小结电容 C_d。结电容 C_d 与耗尽区的宽度 W 及结面积 A 有关，可表示为

$$C_d = \frac{\varepsilon A}{W} \tag{4-9}$$

式中，ε 是介电常数。

PIN 光敏二极管是全耗尽型的，不仅量子效率高，而且响应速度快。在光敏二极管上加反向偏压，不仅可以提高漂移运动速度，而且可以使耗尽区展宽、结电容减小、零电场区的宽度也减小，这样既提高了量子效率也加快了响应速度。

3. 暗电流

光敏二极管的另一重要参数是暗电流 I_d。暗电流是指无光照时光敏二极管的反向电流，包括晶体材料表面缺陷形成的泄漏电流和载流子热扩散形成的本征暗电流。暗电流会产生噪声，影响光接收机的灵敏度。暗电流与光敏二极管的材料及结构有关，例如 Si-PIN 光敏二极管 $I_d < 1\text{nA}$，而 Ge-PIN 光敏二极管 $I_d > 100\text{nA}$。因此，在长波长波段不采用暗电流较大的 Ge-PIN 光敏二极管，而采用了 InGaAs-PIN 光敏二极管。

从光检测器的作用来说，在一定的信号光功率下，光生电流应越大越好，即要求其光电转换效率高。对于 PIN 光敏二极管来说，即使在最高的转换效率下，一个光子最多也只能产生一对电子-空穴对，因此它是一种无信号增益的器件，为了获得更高的转换效率，可以采用雪崩光敏二极管。

4.2.3 雪崩光敏二极管

雪崩光敏二极管（APD）在结构设计上使其能承受高反向偏压，从而在 PN 结内部形成一个高电场区，如图 4-7 所示，光生电子或空穴经过高电场区时被加速，从而获得足够的能量，它们在高速运动中与晶格碰撞，使晶体中的原子电离，从而激发出新的电子-空穴对，这个过程称为碰撞电离，通过碰撞电离产生的电子-空穴对称为二次电子-空穴对。新产生的电子和空穴在高场区中运动时又被加速产生新的碰撞电离，这种过程形成一种连锁反应，使载流子迅速增加，形成雪崩倍增效应。结果由于吸收一个光子，可以形成大量的电子-空穴对，从而产生较大的光生电流，于是提高了 APD 的光电转换效率。

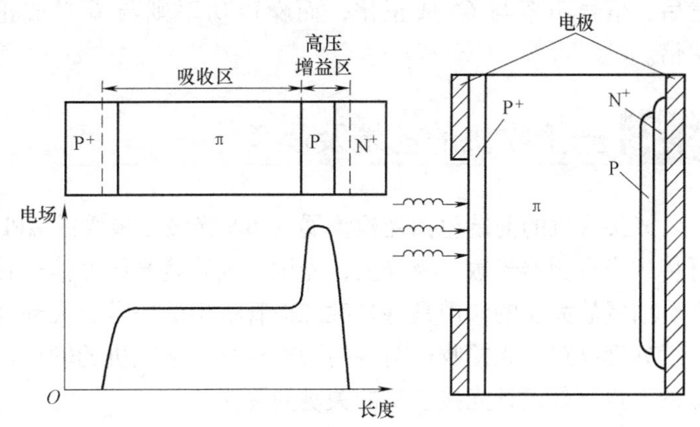

图 4-7　APD 的结构和电场分布

对于 APD 的特性参数，除了在 PIN 光敏二极管所讨论的特性参数外，还新引入了倍增因子和过剩噪声指数。

1. 倍增因子

由于雪崩倍增效应是一个复杂的随机过程，每一个初始光生电子-空穴对在什么位置产生，它们在什么位置发生碰撞电离，总共激发出多少二次电子-空穴对，都是随机的，因此只能用平均的雪崩增益来表示 APD 的倍增大小，故定义 APD 的倍增因子 G 为

$$G = I_p / I_0 \tag{4-10}$$

式中，I_p 是 APD 平均输出电流；I_0 是平均一次光生电流。由此可知，APD 的响应度 R_{APD} 将是 PIN 光敏二极管的 G 倍，即

$$R_{APD} = GR = G\eta e/(h\nu) \tag{4-11}$$

倍增因子 G 是反向偏压的函数，在偏压趋于其击穿电压 V_B 时，G 将按指数形式迅速上升。现有 APD 的 G 值可达几十甚至上百，并随反向偏压、波长和温度而变化。

2. 过剩噪声指数

正因为雪崩倍增过程是一个复杂的随机过程，必将引入随机噪声，其噪声功率谱密度可以表示为

$$\frac{\mathrm{d} < i^2 >}{\mathrm{d}f} = 2eI_0 < g^2 > \tag{4-12}$$

式中，g 是随机倍增数；$< g^2 >$ 是 APD 的倍增均方值，它可表示为

$$< g^2 > = F(< g >) < g > ^2 = F(G) G^2 \tag{4-13}$$

这里 $F(G)$ 是 APD 的过剩噪声系数，它可以近似表示为

$$F(G) \approx G^x \tag{4-14}$$

其中，x 称为 APD 的过剩噪声指数，$0 < x < 1$。将上式和式(4-13)代入式(4-12)，可得

$$< i^2 > = 2eI_0 G^{2+x} \Delta f \tag{4-15}$$

其中，Δf 为噪声带宽。由此式可知，噪声指数表示由于倍增作用而增加噪声，经过 APD 倍增后，信号功率与 G^2 成正比，而噪声功率则与 G^{2+x} 成正比，即噪声增大是信号增大的 G^x 倍。

4.3 光接收机的前端及噪声

光接收机的前端包括光检测器（PIN 光敏二极管或 APD）和前置放大器，光信号经过光纤传到光检测器光敏二极管上，光敏二极管将光脉冲信号转变成电流脉冲信号。

前置放大器的作用是将光敏二极管输出的信号放大到合适的程度，以便送入主放大器和后续处理电路。光接收机前端的噪声对整个接收机的输出信噪比影响很大，因此如何减小前端的噪声，是设计光接收机的关键问题。

4.3.1 等效电路

光接收机前端原理电路如图 4-8a 所示，图 4-8b 是前端的等效电路。图中光检测器等效为电流源 $i_p(t)$ 和结电容 C_d；R_b 和 C_b 分别为偏置电阻和偏置电路的杂散电容；R_a 和 C_a 分别是放大器的输入电阻和输入电容。

在等效电路中包括各种噪声源：光检测器的散粒噪声（或称点噪声）$i_s(t)$，电阻热噪声 i_T，以及放大器输入端等效电流噪声源 i_a 或等效电压噪声源 e_a。

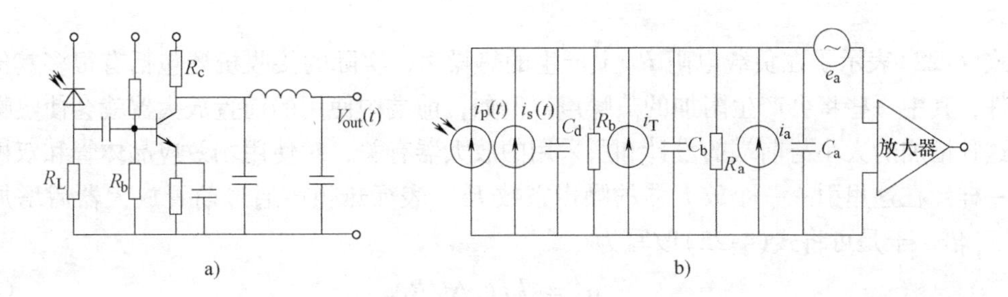

图4-8 光接收机的前端

a) 光接收机前端的原理图 b) 前端等效电路

4.3.2 光接收机的噪声与信噪比

光接收机的最基本噪声是点噪声和热噪声。

点噪声是由产生电子的随机性而引起的。对光检测器来说，在输入光功率 P_{in} 的入射下，考虑到点噪声后，光敏二极管上的电流为

$$I = I_p + i_s(t) \tag{4-16}$$

式中，$i_s(t)$表示点噪声而引起的电流起伏；I_p 为平均电流，$I_p = RP_{in}$，这里 R 为光敏二极管的响应度。点噪声电流 $i_s(t)$是一种平稳的随机过程，可用泊松统计分布来描述，在实际中常用高斯统计分布来近似。

点噪声的功率谱密度 $S_s(f)$ 实际上与频率无关，可表示为

$$S_s(f) = \mathrm{d} < i_s^2 > / \mathrm{d}f = eI_p \tag{4-17}$$

因此点噪声也常称为白噪声。点噪声的功率可表示为

$$\sigma_s^2 = < i_s^2(t) > = \int_{-\infty}^{+\infty} S_s(f)\,\mathrm{d}f = 2eI_p\Delta f \tag{4-18}$$

式中，Δf 为接收机的等效噪声带宽；σ_s^2 为随机变量 $i_s(t)$ 的方差，即 $\sigma_s^2 = < i_s^2(t) >$。

在没有光信号入射时，光敏二极管的暗电流 I_d 也会引起点噪声，因此总的点噪声应为

$$\sigma_s^2 = 2e(I_p + I_d)\Delta f \tag{4-19}$$

热噪声是由载流子热运动引起的噪声，在一定温度下，任何导体中的电子都进行着随机的热运动，光接收机前端负载电阻中电子的随机热运动形成热噪声。考虑到热噪声后，式(4-16)应该改写为

$$I(t) = I_p + i_s(t) + i_T(t) \tag{4-20}$$

式中，$i_T(t)$即为热噪声引起的电流起伏，它表现为一种平稳的高斯随机过程，其功率谱密度在一般情况下与频率无关（近似白噪声），可表示为

$$S_T(f) = 2kT/R_L \tag{4-21}$$

式中，k 为玻耳兹曼常数；T 为绝对温度；R_L 为负载电阻。

同理可得热噪声的大小

$$\sigma_T^2 = < i_T^2(t) > = \int_{-\infty}^{+\infty} S_T(f)\,\mathrm{d}f = 4kT\Delta f/R_L \tag{4-22}$$

式中，Δf 与点噪声情况一样，为等效噪声带宽。这里 ${\sigma_T}^2$ 与电流 I_p 无关，而点噪声 σ_s^2 与 I_p

有关。

式(4-22)表示了在负载电阻 R_L 上产生的热噪声，实际的接收机还包括有很多其他电子元器件，其中一些将会产生附加的热噪声，例如，前端中使用的前置放大器就会使热噪声增加。这种增加的大小与前端的设计和所采用的放大器有关，对使用场效应晶体管和双极晶体管不一样。在这里引入一个放大器的噪声系数 F_n，表征热噪声通过前置放大器后增加为原来的 F_n 倍，于是可将式(4-22)改写为

$$\sigma_T^2 = 4kTF_n\Delta f/R_L \tag{4-23}$$

由于点噪声和热噪声是彼此独立的随机噪声，所以光接收机的总噪声可以表示为两者之和

$$\sigma^2 = \sigma_s^2 + \sigma_T^2 = 2e(I_p + I_d)\Delta f + 4kTF_n\Delta f/R_L \tag{4-24}$$

式(4-24)表明，光接收机的噪声与等效噪声带宽 Δf 成正比，因此在接收机中可使用低通滤波器来降低噪声。

通过对光接收机的噪声分析，即可确定信噪比（SNR），其定义为

$$\mathrm{SNR} = \frac{\text{平均信号功率}}{\text{噪声功率}} = \frac{I_p^2}{\sigma^2} \tag{4-25}$$

将式(4-24)代入式(4-25)，对 PIN 光敏二极管而言 $I_p = RP_{in}$，则 SNR 成为

$$\mathrm{SNR} = \frac{R^2P_{in}^2}{2e(RP_{in} + I_d)\Delta f + 4kTF_n\Delta f/R_L} \tag{4-26}$$

式中，$R = \eta e/(h\nu)$ 为 PIN 光敏二极管的响应度。

一般情况下，热噪声为 PIN 光接收机的主要噪声，即 $\sigma_T^2 >> \sigma_s^2$，所以在式(4-26)中可忽略掉点噪声而成为

$$\mathrm{SNR} = P_{in}{}^2R_LR^2/(4kTF_n\Delta f) \tag{4-27}$$

式(4-27)表明，在以热噪声为主的情况下，SNR 与 P_{in}^2成正比，并且可以通过增加负载电阻 R_L 来提高，这正是大多数光接收机都采用高阻或跨阻前置放大器的原因。

由于点噪声与接收光功率有关，在接收光功率较高的情况下，点噪声可能成为光接收机的主要噪声，即 $\sigma_s^2 >> \sigma_T^2$，此时还可以忽略掉暗电流的影响，这样 SNR 成为

$$\mathrm{SNR} = \frac{RP_{in}}{2e\Delta f} = \frac{\eta P_{in}}{2h\nu\Delta f} \tag{4-28}$$

所以在点噪声为主情况下，SNR 随 P_{in}的增加而线性增加。

对于接收光功率 P_{in}，还可用一个脉冲所包含的光子数 N_p 来表示，脉冲的能量可定义为

$$E_p = P_{in}\int h_p(t)\,\mathrm{d}t = P_{in}/B \tag{4-29}$$

式中，$h_p(t)$为脉冲的形状；B 为脉冲的码速率，并且 $B\int h_p(t)\,\mathrm{d}t = 1$。而脉冲能量又可表示为

$$E_p = N_ph\nu \tag{4-30}$$

所以

$$P_{in} = N_ph\nu B \tag{4-31}$$

在式(4-28)中，如果取 $\Delta f = B/2$（等效噪声带宽的典型情况），再将式(4-31)代入，则可得

到在点噪声为主情况下用 N_p 表示的 SNR 为

$$\mathrm{SNR}=\eta N_p \tag{4-32}$$

在 $N_p=100$ 时，SNR 可达到 20dB。而在以热噪声为主情况下，为达到 SNR = 20dB，N_p 需要大于几千。

在相同的接收功率下，使用 APD 代替 PIN 光敏二极管通常可以获得较高的 SNR，这是因为在 APD 上产生的电流与 PIN 相比得到了 G 倍的倍增

$$I_p=GRP_{in}=R_{APD}P_{in} \tag{4-33}$$

如果接收噪声不受 APD 增益的影响，则 SNR 应该增大 G^2-1 倍，但实际上 APD 也使接收噪声增大，从而限制了信噪比的提高。

由于热噪声与平均电流 I_p 无关，所以 APD 光接收机的热噪声与 PIN 接收机的热噪声相同。但点噪声不同，利用上节中的式(4-15)，可得到 APD 接收机的点噪声（即倍增噪声）为

$$\sigma_s^2=2e(RP_{in}+I_d)G^{2+x}\Delta f \tag{4-34}$$

式中，x 为过剩噪声指数。

如果 APD 的倍增过程不引入附加的噪声（$x=0$），则 I_p 和 σ_s 都增大 G 倍，在只考虑点噪声的情况下，SNR 应不受影响。但实际上 APD 总会通过过剩噪声指数（$x\neq 0$）而引入附加噪声，因此，以点噪声为主的 APD 接收机的 SNR 实际上比 PIN 接收机还要低。APD 接收机对提高 SNR 的吸引力在于热噪声占主导地位的情况。

根据定义，APD 接收机的信噪比可表示为

$$\mathrm{SNR}=\frac{I_p^2}{\sigma_s^2+\sigma_T^2}=\frac{(GRP_{in})^2}{2e(RP_{in}+I_d)G^{2+x}\Delta f+4kTF_n\Delta f/R_L} \tag{4-35}$$

在以热噪声为主的情况下，ADP 接收机的信噪比为

$$\mathrm{SNR}=G^2P_{in}^2R_LR^2/(4kTF_n\Delta f) \tag{4-36}$$

与式(4-27)进行比较，可知在以热噪声为主的情况下，APD 接收机的 SNR 是 PIN 接收机的 G^2 倍。

而在以点噪声为主的情况下，并忽略掉暗电流后，式(4-35)成为

$$\mathrm{SNR}=\frac{RP_{in}}{2eG^x\Delta f} \tag{4-37}$$

与式(4-28)相比，可知在这种情况下，APD 接收机的 SNR 只有 PIN 接收机的 $1/G^x$，说明在接收光功率较强时，不宜采用 APD。

由式(4-35)表明，对于 APD 接收机，在给定接收光功率下，存在一个最佳倍增因子 G_{opt} 使得 SNR 最高，而 G_{opt} 随着 P_{in} 的增加而减小。这也说明，只有在接收光功率很微弱时，采用 APD 光接收机最为有利。

4.3.3 前置放大器的设计

由以上的噪声分析可以得知，光检测器的等效负载电阻越大，亦即前置放大器的输入电阻越高，前端的噪声就越小。然而，输入电阻的加大，势必使放大器输入端 RC 时间常数加大而使放大器的高频特性变差。因此，根据系统的要求适当地选择前置放大器的形式，使之能兼顾噪声和频带两个方面的要求是很重要的。前置放大器主要有以下三种类型。

1. 低阻型前置放大器

这种前置放大器从频带的要求出发选择偏置电阻，使之满足

$$R_t \leqslant \frac{1}{2\pi B_w C_t} \tag{4-38}$$

的要求。式中，B_w 为码速率所要求的放大器的带宽。低阻型前置放大器的特点是线路简单，接收机不需要或只需要很少的均衡，前置级的动态范围较大。但是，这种电路的噪声也较大。

2. 高阻型前置放大器

高阻型前置放大器的设计方法是尽量加大偏置电阻，把噪声减小到尽可能小的值。高阻型前置放大器不仅动态范围小，而且当码速率较高时，信号的高频分量损失太多，因而对均衡电路提出了很高的要求，这在实际中有时是很难做到的。高阻型前置放大器一般只在码速率较低的系统中使用。

3. 跨（互）阻型前置放大器

跨阻型（也称互阻型）前置放大器实际上是电压并联负反馈放大器，如图 4-9 所示。这是一个性能优良的电流-电压转换器，具有宽频带、低噪声的优点。对跨阻型前置放大器，当考虑其频率特性时，上截止频率为

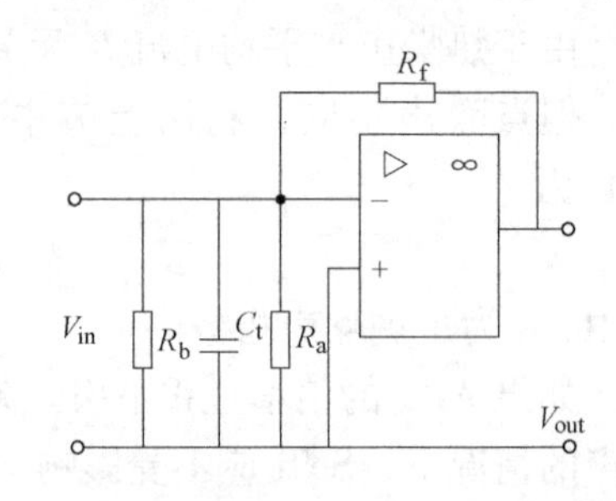

图 4-9 跨阻型前置放大器

$$f_H = \frac{1}{2\pi R_i C_t} \tag{4-39}$$

式中，R_i 是跨阻型放大器的等效输入电阻，为

$$R_i = \frac{R_f}{1+A} /\!/ R_b /\!/ R_a \approx \frac{R_f}{1+A} \tag{4-40}$$

这里，A 是放大器的增益。就是说，跨阻型放大器的输入电阻很小，它通过牺牲一部分增益，使放大器的频带得到明显的扩展。

再考虑跨阻型放大器的噪声性质。对这种放大器，偏置电阻 R_b（有时也可以省略，直接用反馈电阻作偏置）和反馈电阻 R_f 的值可以取得很大，从而使电阻的热噪声大为减小。同时由于负反馈的作用，在考虑串联电压噪声源时，满足

$$R_t = R_f /\!/ R_b /\!/ R_a >> R_i \tag{4-41}$$

因此，跨阻型前置放大器不仅具有宽频带、低噪声的优点，而且它的动态范围也比高阻型前放有很大改善，在光纤通信中得到广泛的应用。图 4-10、图 4-11、图 4-12 分别是 45Mbit/s、400Mbit/s 和 2Gbit/s 的光接收机的互阻型前置放大电路。在图 4-11 电路中，放大器的第一

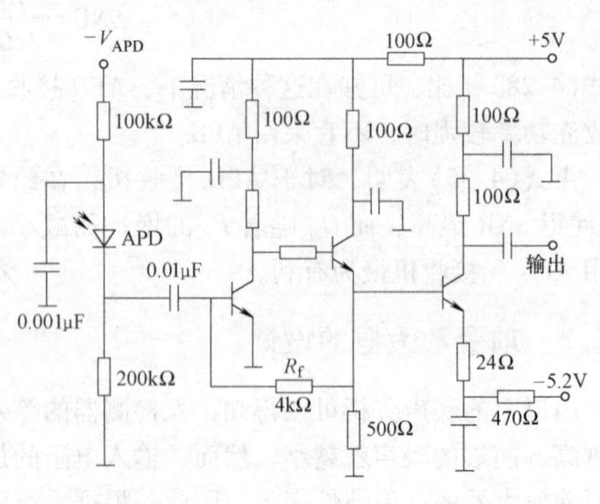

图 4-10 45Mbit/s 前置放大器

级采用电压负反馈电路，第二级采用射极补偿电路，以提升高频分量。图4-12是用微波晶体管采用薄膜混合集成技术制成，混合集成技术可以减小电路的分布参数，从而获得良好的性能。尤其在长波长波段，用 InGaAs 光敏二极管和 GaAs-FET 混合集成制作的前置放大器的性能可能超过 Ge-APD。

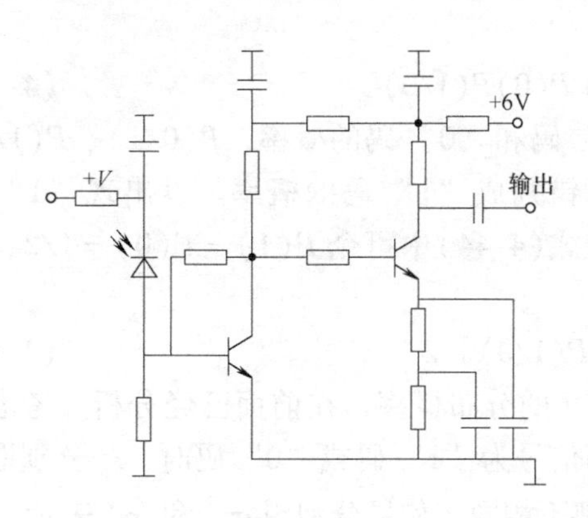

图4-11　400Mbit/s 前置放大器

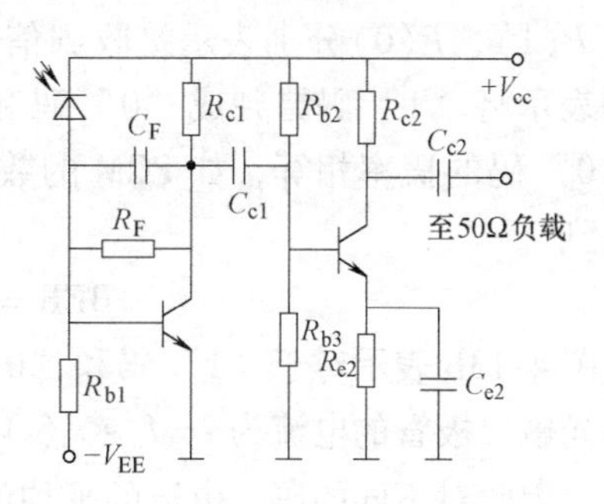

图4-12　2Gbit/s 光接收前放

4.4　光接收机的灵敏度

灵敏度是衡量光接收机性能的综合指标。灵敏度 P_r 的定义是，在保证通信质量（即一定的误码率或信噪比）的条件下，光接收机所需的最小平均接收光功率 $\overline{P}_{min}$，常以 dBm 为单位，即

$$P_r = 10\lg[\overline{P}_{min}/(mW)] \tag{4-42}$$

灵敏度表示光接收机调整到最佳状态时，能够接收微弱光信号的能力。提高灵敏度意味着能接收更微弱的光信号。

灵敏度的概念是和误码率联系在一起的，因此首先讨论有关误码率的问题。

4.4.1　误码率

在数字接收机中，由于噪声的存在，放大器输出的是一个随机过程，因此在判决电路进行判决时可能发生误判，把发射的“0”码误判为“1”码，或把“1”码误判为“0”码。光接收机对接收码元误判的概率称为误码率，在二元制的情况下，即为误比特率 BER。

码元被误判的概率，可以用噪声电流（或电压）的概率密度函数来计算。要确定误码率，不仅要知道噪声功率的大小，而且要知道噪声的概率分布。光接收机输出噪声的概率分布十分复杂，一般假设噪声电流（或电压）的瞬时值服从高斯分布，其概率密度函数为

$$f(x) = \frac{1}{\sqrt{2\pi}\sigma}\exp\left(-\frac{x^2}{2\sigma^2}\right) \tag{4-43}$$

式中，x 代表噪声这一高斯随机变量的取值，其均值为零，方差为 σ^2。

在已知光检测器和前置放大器的噪声功率，并假设了噪声的概率分布后，就可以计算误码率了。图4-13a 给出了在判决电路上的随时间发生起伏的信号的情况，该信号在由时钟提

取电路决定的时刻 t_D 被取样，取样值 I 的大小在平均电流 I_1 或 I_0（分别对应于“1”码或“0”码）附近起伏，判决电路将该取样值与一个判决电平 I_D 进行比较，并在 $I>I_D$ 或 $I<I_D$ 的情况下分别判定信号为“1”码或“0”码。既然取样值 I 的大小发生着起伏，就会存在一定的判决错误概率，错判发生在对“1”码 $I<I_D$ 和对“0”码 $I>I_D$ 的情况，因此误码率可表示为

$$\mathrm{BER}=P(1)P(0/1)+P(0)P(1/0) \tag{4-44}$$

这里 $P(1)$、$P(0)$ 分别表示接收到信号流中“1”码和“0”码的概率，$P(0/1)$、$P(1/0)$ 分别表示将“1”码错判成“0”码和将“0”码错判成“1”码的概率。设出现“1”码和“0”码的概率相等，如 PCM 的数据，所以在式(4-44)中可令 $P(1)=P(0)=1/2$，这样得到

$$\mathrm{BER}=[P(0/1)+P(1/0)]/2 \tag{4-45}$$

图 4-13b 表示对于“1”码和“0”码取样值 I 的分布概率，在前面已经分析，考虑噪声的光敏二极管的电流为 $I=I_p+i_s(t)+i_T(t)$，当信号为“1”码或“0”码时，I_p 分别取 I_1 和 I_0，因此对不同的码，电流的平均值和其噪声都不相同，如果分别用 $\sigma_1{}^2$ 和 $\sigma_0{}^2$ 表示“1”码和“0”码时的噪声，则可以得到

$$P(0/1)=\frac{1}{\sigma_1\sqrt{2\pi}}\int_{-\infty}^{I_D}\exp\left[-\frac{(I-I_1)^2}{2\sigma_1^2}\right]\mathrm{d}I=\frac{1}{2}\mathrm{erfc}\left(\frac{I_1-I_D}{\sigma_1\sqrt{2}}\right) \tag{4-46}$$

$$P(1/0)=\frac{1}{\sigma_0\sqrt{2\pi}}\int_{I_D}^{\infty}\exp\left[-\frac{(I-I_0)^2}{2\sigma_0^2}\right]\mathrm{d}I=\frac{1}{2}\mathrm{erfc}\left(\frac{I_D-I_0}{\sigma_0\sqrt{2}}\right) \tag{4-47}$$

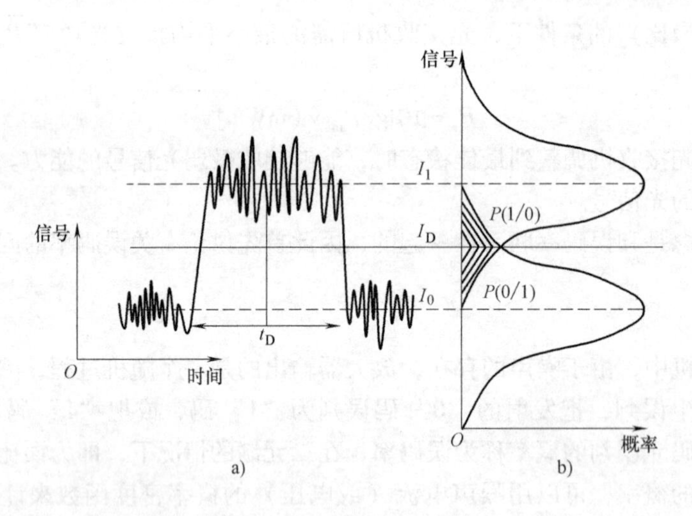

图 4-13 计算误码率的示意图

a）判决电路上信号的起伏 b）概率密度分布

这里，erfc 为误差函数，其定义为

$$\mathrm{erfc}(x)=\frac{2}{\sqrt{\pi}}\int_x^{\infty}\exp(-y)^2\mathrm{d}y \tag{4-48}$$

将式(4-46)和式(4-47)代入式(4-45)可得到

$$\mathrm{BER}=\frac{1}{4}\left[\operatorname{erfc}\left(\frac{I_1-I_D}{\sigma_1\sqrt{2}}\right)+\operatorname{erfc}\left(\frac{I_D-I_0}{\sigma_0\sqrt{2}}\right)\right] \tag{4-49}$$

式(4-49)表明，BER 与判决阈值电流 I_D 有关，实际上可以选择最佳的 I_D 使得 BER 达到最小。因为当 $P(0/1)=P(1/0)$ 时，BER 最小，所以最佳的 I_D 应满足

$$\frac{I_1-I_D}{\sigma_1}=\frac{I_D-I_0}{\sigma_0}=Q \tag{4-50}$$

式中，Q 称为接收机的 Q 参数，含有信噪比的概念。由式(4-50)可得到最佳 I_D 及 Q 的表达式

$$I_D=\frac{\sigma_0 I_1+\sigma_1 I_0}{\sigma_0+\sigma_1} \tag{4-51}$$

$$Q=\frac{I_1-I_0}{\sigma_0+\sigma_1} \tag{4-52}$$

由式(4-51)可见，若 $\sigma_0=\sigma_1$，则 $I_D=(I_1+I_0)/2$，表明判决电流应该设置在中间，这与大多数 PIN 光接收机（主要噪声为热噪声）的情况相对应，因为热噪声与平均电流无关（因此 $\sigma_0=\sigma_1=\sigma_T$）；相反，由于点噪声 σ_s^2 与平均电流成正比，所以在考虑点噪声的情况下 $\sigma_1^2>\sigma_0^2$，对于 APD 接收机，常常具有不能忽略的点噪声，因此应根据式（4-51）来选择判决电流的大小。当 I_D 设置为最佳判决电流后，BER 可表示为

$$\mathrm{BER}=\frac{1}{2}\operatorname{erfc}\left(\frac{Q}{\sqrt{2}}\right)\approx\frac{\exp(-Q^2/2)}{Q\sqrt{2\pi}} \tag{4-53}$$

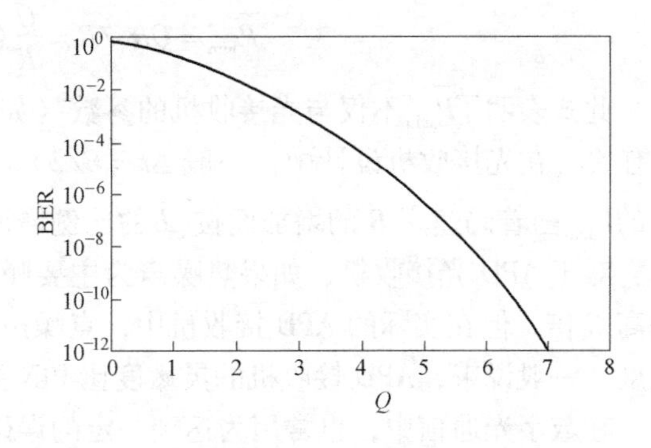

图 4-14　光接收机的误码率随 Q 参数的变化

式中利用了 $\operatorname{erfc}(Q/\sqrt{2})$ 的近似展开，在 $Q>3$ 的情况下具有足够的精确度。图 4-14 给出了 BER 随 Q 参数的变化情况，BER 随着 Q 值的增加而得到改善，并在 $Q>7$ 时，BER $<10^{-12}$，而在 BER$\leqslant10^{-9}$下，要求 $Q>6$。

4.4.2　灵敏度

根据灵敏度的定义可知，确定光接收机的灵敏度，就是在一定的误码率的条件下求出光接收机的最小平均接收光功率。

由式(4-53)可知，在给定误码率要求下，可确定接收机的 Q 参数值，再由 Q 参数表示式(4-52)来求出接收机的最小平均接收光功率，此即光接收机的灵敏度。

假设光源的消光比 EXT＝0，则当入射光信号在“0”码时，光功率 $P_0=0$，所以 $I_0=0$，而在“1”码时光功率为 P_1 时，平均电流 I_1 可表示为

$$I_1=GRP_1=2GR\overline{P} \tag{4-54}$$

式中，R 为光检测器的响应度；$\overline{P}=(P_1+P_2)/2$ 为平均接收光功率；G 为 APD 的倍增系数，对 PIN 可取 $G=1$。

在“1”码和“0”码时的电流噪声 σ_1、σ_0 可表示为

$$\sigma_1=(\sigma_s^2+\sigma_T^2)^{1/2} \tag{4-55}$$

$$\sigma_0 = \sigma_T \tag{4-56}$$

由于在“0”码时 $P_0 = 0$，所以只存在热噪声。上两式中的点噪声和热噪声由式（4-34）和式(4-23)给出，即

$$\sigma_s^2 = 2eR(2\overline{P})G^{2+x}\Delta f \tag{4-57}$$

$$\sigma_T^2 = 4kTF_n\Delta f/R_L \tag{4-58}$$

在式(4-57)中用 $2\overline{P}$ 代替了 P_{in}，并忽略了暗电流的影响。将式(4-54)、式(4-55)、式(4-56)及 $I_0 = 0$ 代入式(4-52)可得

$$Q = \frac{2GR\overline{P}}{(\sigma_s^2 + \sigma_T^2)^{1/2} + \sigma_T} \tag{4-59}$$

对于给定的BER，可以由式(4-53)求出 Q（见图4-14），再由式(4-59)求出最小的平均接收光功率 $\overline{P}_{min}$（即接收灵敏度）

$$\overline{P}_{min} = \frac{Q}{2GR}[(\sigma_s^2 + \sigma_T^2)^{1/2} + \sigma_T] \tag{4-60}$$

对于以热噪声为主的PIN光接收机有

$$\overline{P}_{min} = Q\sigma_T/R = \frac{Q}{R}(4kTF_n\Delta f/R_L)^{1/2} \tag{4-61}$$

此式表明了 $\overline{P}_{min}$ 不仅与光接收机的参数（如 R_L，F_n 等）有关，而且还通过 Δf 与码速率 B 有关（在光接收机设计中，一般 $\Delta f = B/2$），所以在以热噪声为主的情况下，PIN光接收机的 $\overline{P}_{min}$ 随着码速率 B 的增加而按 $\sqrt{B}$ 的比例增加。

对于APD光接收机，如果热噪声为主要噪声，则其接收灵敏度与PIN光接收机相比将提高 G 倍，但在实际的APD接收机中，点噪声往往很大，因此必须根据式(4-60)求出其灵敏度。一般说来，APD接收机的灵敏度比PIN接收机的灵敏度高6~8dB。

在数字光通信中，也常用为达到一定的误码率所要求的一个脉冲内的平均光子数 N_p 来表示接收灵敏度。在以点噪声为主的情况下，由式(4-53)和式(4-58)可得到BER与 N_p 的关系

$$\mathrm{BER} = \frac{1}{2}\mathrm{erfc}\left(\sqrt{\frac{\eta N_p}{2}}\right) \tag{4-62}$$

如果 $\eta = 1$，则在 $\mathrm{BER} = 10^{-9}$ 要求下，$N_p = 36$。实际上，大多数光接收机由于受到热噪声的影响，通常要求 $N_p \approx 1000$ 才能达到 $\mathrm{BER} = 10^{-9}$。实际上，式(4-62)只是一种近似关系，因为它是在接收机噪声为高斯分布的近似假设下求出的。

4.4.3 理想光接收机的灵敏度

现在讨论理想光接收机的光检测的量子极限，对理想光接收机，其热噪声为零，无暗电流存在，光敏二极管的量子效率 $\eta = 1$，只存在产生一次电子的随机性而引起的点噪声。在这种情况下，$\sigma_0 = 0$，接收机的判决阈值电流 I_D 可以设置接近于零，因此只要光脉冲能产生一对电子-空穴对，就会被判决为“1”码，在这样小数目的光子和电子的情况下，不能再利用高斯统计分布来近似，而必须用泊松统计分布。若用 N_p 表示一个光脉冲内的平均光子数，则该脉冲产生 m 对电子-空穴对的概率可用泊松分布表示为

$$p_m = \exp(-N_p)N_p^m/m! \tag{4-63}$$

利用式(4-63)及式(4-45)可以求出误码率，当输入信号为“0”码时，$N_p=0$，没有电子-空穴对产生，不可能检测到电流，因此$P(1/0)=0$；而在输入信号为“1”码时，N_p个光子不能产生一对电子-空穴对（因此会误将“1”码误判为“0”码）的概率可由式(4-63)令$m=0$而得到，此概率为

$$P(0/1)=P_0=\exp(-N_p) \tag{4-64}$$

因此由式(4-45)有

$$\mathrm{BER}=\frac{1}{2}[P(0/1)+P(1/0)]=\frac{1}{2}\exp(-N_p) \tag{4-65}$$

为使$\mathrm{BER}<10^{-9}$，要求$N_p>20$，即每个光脉冲至少应该包含21个光子，才能达到误码率$\mathrm{BER}<10^{-9}$的要求，这就是光检测的量子极限。该极限也可以用功率P_1的形式来表示，如果用B表示码速率，则

$$P_1=N_p h\nu B \tag{4-66}$$

于是，在量子极限下的接收灵敏度，即最小平均接收光功率$\overline{P}_{\min}$可表示为

$$\overline{P}_{\min}=\frac{1}{2}(P_1+P_0)=\frac{P_1}{2}=\frac{1}{2}N_p h\nu B=\overline{N}_p h\nu B \tag{4-67}$$

式中，$\overline{N}_p$为每比特数据信号的平均光子数，$\overline{N}_p=1/2N_p$。在量子极限下，$\overline{N}_p>10$，接收灵敏度可由式(4-67)求出。例如，对1.55μm波长的光接收机，$h\nu=0.8\mathrm{eV}$，在码速率$B=1\mathrm{Gbit/s}$下，$\overline{P}_{\min}=1.3\mathrm{nW}$（即$-58.9\mathrm{dBm}$）。实际的光接收机的灵敏度大多数都比量子极限大20dB以上，即$\overline{N}_p$一般都大于1000。

上面计算光接收机的灵敏度是一种粗略的方法，其中没有考虑下列因素：波形引起的码间干扰的影响，均衡器频率特性的影响，光检测器暗电流和信号含直流光的影响。这些使灵敏度降低的影响一般是不可忽略的。S. D. Personick考虑上述因素，提出了一套修正参数，ITU采纳了这种方法，并加以修改和推荐，获得了广泛应用。由于计算复杂，这里省略不作介绍。

4.5 光接收机的线性通道及数据恢复

前面已经分析了光接收机前端的噪声和灵敏度的计算，本节讨论数字光接收机的其他几个问题。

4.5.1 自动增益控制和动态范围

主放大器是一个宽带高增益放大器，由于前置放大器输出信号幅度较大，所以主放大器的噪声通常不予考虑。主放大器一般由多级放大器级联构成，其功能是提供足够的增益，以满足判决所需要的电平。主放大器的另一个功能是实现自动增益控制（AGC），使光接收机具有一定的动态范围，以保证在入射光强度变化时输出电流基本恒定。

动态范围（DR）的定义是：在限定的误码率条件下，光接收机所能承受的最大平均接收光功率$\overline{P}_{\max}$和所需最小平均接收光功率$\overline{P}_{\min}$（即光接收机的灵敏度）的比值，用dB表示。根据定义有

$$DR = 10\lg \frac{\overline{P}_{max}}{\overline{P}_{min}} \tag{4-68}$$

动态范围是光接收机性能的另一个重要指标，它表示光接收机接收强光和弱光的能力，数字光接收机的动态范围一般应大于15dB。

4.5.2 码间干扰与均衡滤波

码间干扰是影响数字通信系统可靠性的重要因素。根据通信理论，满足奈奎斯特第一准则的等效基带系统输出的时域波形可以实现判决点无码间干扰。在光接收机中，就是要求线性通道的输出信号或数据恢复的输入信号要满足奈奎斯特第一准则。通信系统常用的判决器输入的基带脉冲波形的频谱是升余弦（Raised cosine）谱函数，其频谱表达式为

$$H_{RC}(\omega)=\begin{cases} T_b, & 0\leqslant|\omega|\leqslant\pi(1-\alpha)/T_b \\ \frac{T_b}{2}\left\{1+\cos\left[\frac{T_b}{2\alpha}\left(|\omega|-\frac{\pi(1-\alpha)}{T_b}\right)\right]\right\}, & \frac{\pi(1-\alpha)}{T_b}\leqslant\omega\leqslant\frac{\pi(1+\alpha)}{T_b} \\ 0, & \omega\geqslant\frac{\pi(1+\alpha)}{T_b} \end{cases} \tag{4-69}$$

式中，α 称为滚降系数，$0\leqslant\alpha\leqslant1$；$T_b$ 表示码元时间宽度。取上式的傅里叶反变换，可以得到升余弦系统的冲激响应 $h_{RC}(t)$

$$h_{RC}(t)=\frac{\sin(\pi t/T_b)}{\pi t/T_b}\frac{\cos(\pi\alpha t/T_b)}{1-(2\alpha t/T_b)} \tag{4-70}$$

根据式(4-69)和式(4-70)绘出升余弦系统的频谱图 $H_{RC}(\omega)$ 和时域脉冲波形 $h_{RC}(t)$ 如图4-15所示。

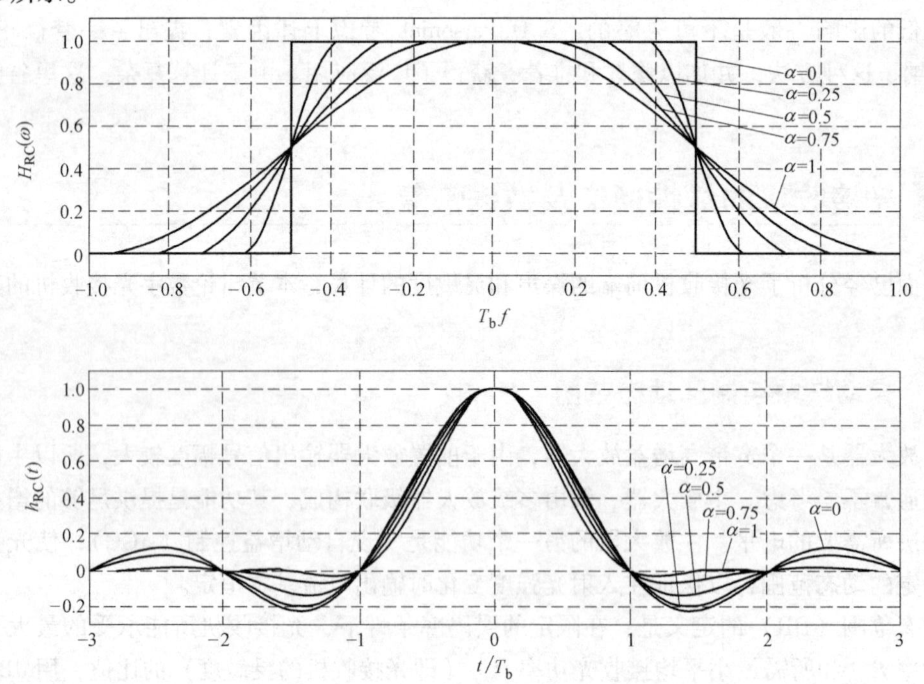

图4-15 升余弦系统的频谱和时域脉冲波形

但是，在实际的传输系统中，由于信道传输特性的畸变，可能会破坏线性通道输出信号的波形，使其不能满足奈奎斯特第一准则，产生码间干扰。此时需要在信号输入到数据恢复电路前，对其采取信道均衡措施，通常是使用时域均衡滤波器来补偿信道特性的畸变，减小或消除码间干扰。

时域均衡器可以分两大类：一是线性均衡器；二是非线性均衡器。如果接收机中判决的结果经过反馈用于均衡器的参数调整，则为非线性均衡器；反之，则为线性均衡器。在线性均衡器中，最常用的均衡器结构是线性横向均衡器，线性横向均衡器由若干个抽头延迟线组成，延时时间间隔等于码元间隔 T_b。非线性均衡器的种类较多，包括判决反馈均衡器（DFE）、最大似然（ML）符号检测器、最大似然序列估计等。

4.5.3 数据恢复

接收机的数据恢复部分由时钟提取电路和判决电路构成，其作用是把均衡滤波器输出的具有升余弦频谱的信号恢复成数字信号。时钟提取电路从接收信号中提取出频率 $f=B$ 的分量，从而得到比特时间 $T_b=1/B$，以作为判决电路的同步判决信号。从接收信号中提取时钟，一般可采用锁相环路和滤波器来完成。对于归零码，信号中本身包含有 $f=B$ 的频谱分量，只需要使用一个窄带滤波器，例如声表面波滤波器，就可以提取这个分量。而对于非归零码，时钟提取过程稍微复杂一些，一般是先利用一个高通滤波器获得 $f=B/2$ 的频率分量，然后通过倍频而获得 $f=B$ 的分量。

判决电路是一个带有选通输入的比较器，以由时钟提取电路提供的时钟脉冲作为取样时间，将线性通道输出的信号与一个阈值判决电平进行比较，根据信号电平是大于或小于阈值判决电平而决定信号是“1”码或“0”码。由于接收机存在多种噪声，使判决电路对某一比特数据的判决存在一定的错判概率，一般说来，该概率应该小于 10^{-9}。

第5章　光纤通信系统及新技术

由光收发端机和光纤线路组成的光纤通信系统，按传输信号的形式可分为数字光纤通信系统和模拟光纤通信系统。本章着重讨论数字光纤通信系统的组成、基本原理和总体设计，以及SDH传送网，并介绍模拟光纤通信系统和光纤接入网的概况。

光纤通信是一个发展迅速、技术更新快、新技术不断出现的技术领域，本章对一些已经实用化或者有重要应用前景的新技术，如光放大技术、光波分复用技术、相干光通信、光孤子通信、全光通信以及光时分复用等技术进行介绍。

5.1　系统结构与类型

5.1.1　光纤通信系统的结构

从结构上，光纤通信系统可以分成三种不同的结构形式，即点对点的传输、光纤分配网及局域网。

1. 点对点的传输

利用光纤进行点对点的信息传输是光纤通信系统最简单的一种结构形式，传输距离可以是几千米直到成千上万千米的跨洋传输。当传输距离超过一定值后，需要对光纤的损耗进行补偿，否则信号功率将十分微弱以致不能恢复原有信息，因此对长距离光纤通信系统需采用中继器接力方式，如图5-1所示。中继距离 L 是系统的一个重要设计参数，它决定着系统的成本，由于光纤的色散，使 L 与系统码速率 B 有关。在点对点的传输中，码速率、中继距离乘积 BL 是表征系统性能的一个重要指标，由于光纤损耗和色散都与波长相关，所以 BL 也与波长有关。

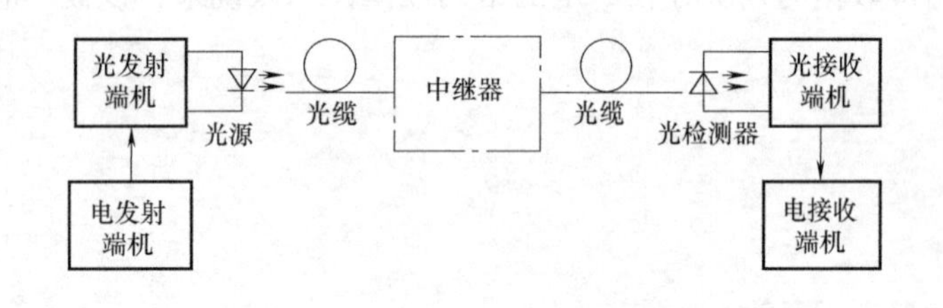

图5-1　点对点的光纤通信系统

2. 光纤分配网

在许多应用中，不仅要求光纤通信系统能够传输信号，而且能将信号分配给多个用户，例如，市内电话网络、有线电视（CATV）网及宽带综合业务数字网（B-ISDN）。在光纤分配网中，传输距离一般不长（小于50km），但传输码速率很高，可高达10Gbit/s。

图5-2给出了两种光纤分配网的拓扑结构，其中图5-2a为中心站结构，图5-2b为总线型结构。在中心站结构中，信号的分配在中心站内实现，光纤的作用是在中心站之间传输信号，类似于点对点的传输，几个中心站可以利用单根光纤采用光分路的方法从主中心站获得

信号。市内电话网络可以采用这种结构，它的一个缺点是只要一根光纤出现故障，就会影响网络中的许多用户，为了避免这种情况，可以在各主要中心站之间增加一条备用光缆。

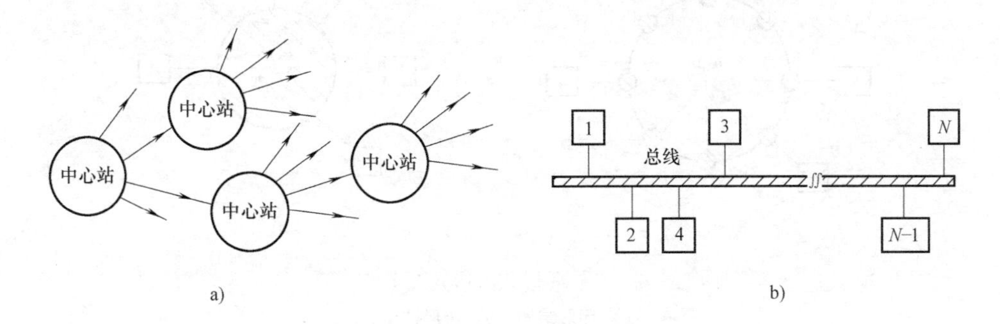

图5-2　两种光纤分配网的拓扑结构
a）中心站结构　b）总线型结构

在总线型结构中，在整个服务区域内由一根光纤传输多路信号，通过使用光分支器而实现信号分配，分支器从传输光纤中分取少量光信号到用户进行接收。城市内的光纤CATV分配可以采用这种结构，由于光纤具有很宽的带宽，所以传输的电视频道数目可以很大。

实际的光纤分配网要综合考虑地域分布、成本、传输质量等多种因素，可以采用多种拓扑结构的组合形式，一般都采用光缆网与电缆网混合的形式，主干线采用光纤分配，而小区内则采用电缆分配。

3. 局域网（LAN）

光纤局域网是利用光纤将相对位置较近的用户（小于10km）的数据终端连接起来，实现互相间的数据通信，校园网就是局域网的一个典型例子。由于网径不长，损耗不是局域网络的主要问题，采用光纤的主要目的是利用光纤的巨大带宽潜力和优良的抗恶劣环境的能力。

光纤局域网与光纤分配网不同，在LAN中，要求对每一个用户能提供随机的发送/接收数据功能，因此存在一个网络协议问题。在LAN中，网络的拓扑结构十分重要，常见的三种拓扑结构分别是总线型、环形和星形。总线型结构的LAN与图5-2b类似，以太网就是一个例子。以太网常用于连接多台计算机和终端设备，码速率为10Mbit/s或100Mbit/s。

环形和星形LAN的拓扑结构如图5-3所示。在环形结构中，通过光纤将多个节点依次连接成环，每个节点都包含一对光接收/发送机以接收和发送数据，同时节点也相当于一个光电中继器，在环形传输线上不断地有一个“令牌”通过。每个节点都对接收信号的地址进行分析，一旦数据的地址与本身的地址相符，节点即将该数据信息接收下来，对其他地址的数据，节点像中继器一样使信号继续往下传输。当某一用户需要发送数据时，首先申请租用空闲的令牌，然后将数据填充到令牌上，发送到传输线上。环路拓扑结构的光纤LAN已经得到了很大的发展，它采用了标准的光纤分布数据接口（FDDI）。FDDI的工作码速率为100Mbit/s，采用1.30μm的多模光纤和LED光发射机。

在星形拓扑结构光纤LAN中，利用点对点的光纤传输将所有节点与一个中心节点相连，根据中心节点是有源或无源器件，又可分为有源星形网络和无源星形网络。在有源星形网络中，所有达到中心节点的光信号都通过光接收机转变成电信号，然后对信号进行处理，根据

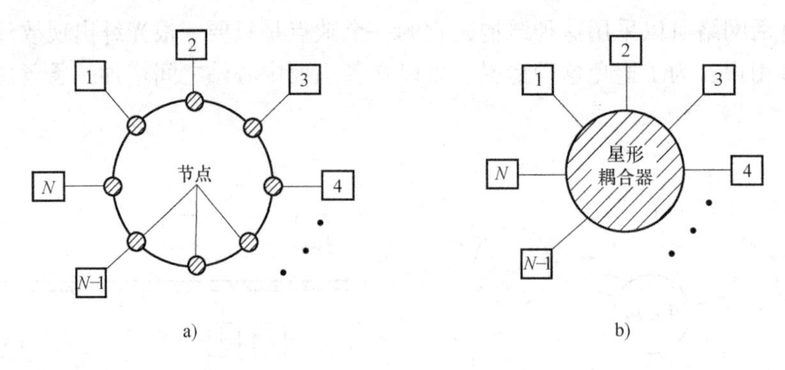

图 5-3 环形和星形光纤 LAN
a）环形结构 b）星形结构

信号的地址进行信号分配，驱动发向某一个（或几个或全部）节点的光发射机。在无源星形网络中，来自某一节点的光信号在中心节点上利用无源光器件（如光星形耦合器）进行光信号分配，然后传向所有其他各节点，由于是进行无源分配，传向节点的光功率决定于总节点数的多少，因此在无源星形网络中，节点数目可能受到一定限制。

5.1.2 光纤通信系统的类型

光纤通信系统可以从不同的角度对其分类，可以按传输信号形式、按光纤传输特性对系统的限制等进行不同的分类。

1. 按传输信号分类

按传输信号分类，可将光纤通信系统分为数字系统和模拟系统。

(1) 数字光纤通信系统 数字光纤通信系统是目前光纤通信的主要通信系统。数字通信系统的优点是抗干扰能力强、传输质量好，可以采用再生中继、传输距离长，适用各种业务的传输、灵活性大，容易实现高强度的保密通信，数字电路易于集成、减少设备体积和功耗、增强设备可靠性、便于与计算机结合。但是数字通信的缺点是占用频带较宽，数字通信的许多优点是以牺牲频带为代价得到的，然而光纤通信的频带很宽，完全能够克服数字通信的缺点，因此光纤通信采用数字传输成为最有利的技术。目前，在公用通信网中的长途干线和市内局间中继线路都采用数字光纤通信系统，以便实现传输网的数字化。

(2) 模拟光纤通信系统 模拟光纤通信系统除占用频带较窄外，还有电路简单、价格便宜等优点，因此，有线电视传输网（CATV）曾广泛采用模拟通信系统，系统将每路电视信号经过 VSB-AM 调制，然后通过副载波复用（SCM）成多路电视信号，再将其转变为光信号通过光纤进行传输。

2. 按光纤传输特性对系统限制分类

按光纤传输特性对系统传输距离的限制分类，可将光纤通信系统分为损耗限制系统和色散限制系统。

(1) 损耗限制系统 如果光纤的带宽足够宽，即便经过较长距离传输以后，光脉冲的畸变并不严重。在这种情况下，传输距离 L 主要受光纤损耗限制，这种系统称为损耗限制系统。

在短波长 0.85μm 波段上，由于光纤损耗较高（典型值为 2.5dB/km），根据码速率的不同，中继距离通常被限制在10~30km，而在长波长1.3μm和1.55μm波段上（光纤在1.3μm处损耗值为0.5dB/km，1.55μm处为0.25dB/km），中继距离可以达到100~200km。

（2）色散限制系统 当光纤的损耗很小，而系统的码速率又足够高时，中继距离取决于光纤的总色散，这种系统称为色散限制系统。

由于色散的影响，光脉冲在传输过程中被展宽，脉冲的展宽不仅使接收机灵敏度降低，而且使接收机均衡困难。色散严重时，会使整个系统的传输性能变坏，因而影响中继距离。

对于工作波长为0.85μm的光纤通信系统，通常采用多模光纤。对阶跃光纤，即使是在1Mbit/s的较低码速率下，这种系统的L值都被限制在10km以下而成为色散限制系统，因此在光纤通信系统设计中，除了短距离的低速数据传输外，基本上不采用多模阶跃型光纤。而利用多模渐变型光纤，其BL值可得到明显增大，即使是码速率高达100Mbit/s的系统，也为损耗限制系统，损耗限制使这种系统的BL值在2Gbit/s·km左右。

对于1.3μm波长的单模光纤通信系统，在较高码速率下，如果光源的谱宽较宽，色散导致的脉冲展宽可能成为系统的限制因素。一般来说，1.3μm的单模光纤通信系统在$B<$1Gbit/s以下为损耗限制系统，码速率在1Gbit/s以上时可能成为色散限制系统。

由于在1.55μm波长处光纤具有最小的损耗，而色散参数D较大，典型值为15ps/(nm·km)，所以1.55μm波长的光纤通信系统主要受限于光纤的色散。为了减小色散，常采用窄谱宽的光源，如单纵模半导体激光器，此时，只有当码速率超过5Gbit/s时才可能成为色散限制系统。但是，由于光源在受调制产生光脉冲过程中不可避免地产生频率啁啾，导致光谱展宽，色散使BL值通常限制在小于等于150Gbit/s·km，因此对$B=2$Gbit/s的系统，光源频率啁啾使得L只能达到75km左右。解决频率啁啾导致1.55μm波长系统色散限制的一个方法是采用色散位移光纤，在这种系统中，光纤的色散和损耗在1.55μm波长都成为最小值，系统的BL值可以达到1600Gbit/s·km，即在码速率为20Gbit/s以下，中继距离可以达到80km。

5.2 数字光纤通信系统

5.2.1 数字光纤通信系统的组成

数字光纤通信系统的基本框图如图5-4所示。下面简单叙述框图中的各个部分。

1. 光发射端机

通信中传送的许多信号（如语音、图像信号等）都是模拟信号。电发射端机的任务是把模拟信号转换为数字信号（A-D），完成PCM编码，并且把多路信号复接、合群，从而输出高比特率的数字信号。

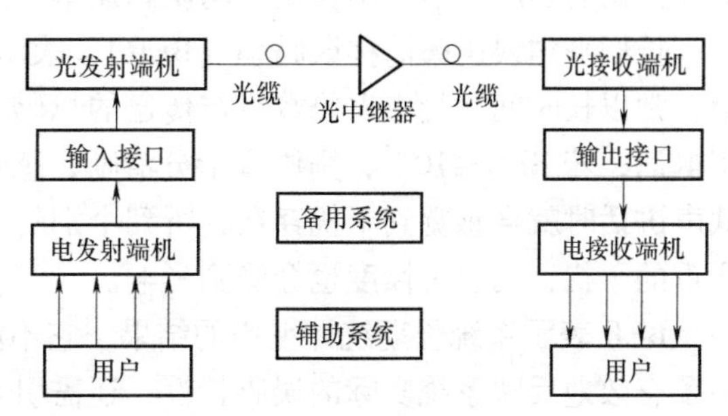

图5-4 数字光纤通信系统的基本框图

电发射端机的输出信号，通过光发射端机的输入接口进入光发射机。输入接口的作用不仅保证电、光端机间的幅度、阻抗匹配，而且要进行适当的码型变换，以适合光发射端机的要求。在第3章中已对光发射机进行了详细的讨论。

2. 光中继器

在长途光纤通信线路中，由于光纤本身存在损耗和色散，造成信号幅度衰减和波形失真，因此每隔一定距离（50~70km）就要设置一个光中继器。

传统的光中继器采用光—电—光的转换方式，即先将接收到的弱光信号经过光电(O/E)变换、放大和再生后恢复出原来的数字信号，再对光源进行调制（E/O），发射光信号送入光纤继续传输。自20世纪80年代末掺铒光纤放大器（EDFA）问世并很快实用化，光放大器已经开始代替O/E/O式中继器。但目前的光放大器尚没有整形和再生的功能，在采用多级光放大器级联的长途光通信系统中，需要考虑色散补偿和放大的自发辐射噪声积累的问题。有关光放大器的原理和应用，将在5.7节中讲述。

3. 光接收端机

在接收端，光接收机将光信号转换为电信号，再进行放大、再生，恢复出原来传输的信号，送给电接收端机。电接收端机的任务是将高速数字信号时分解复用，然后再还原成模拟信号，送给用户。光电接收端机之间，经过输出接口实现码型变换、电平和阻抗的匹配。

4. 备用系统与辅助系统

（1）备用系统　由于光器件的可靠性比电子器件差，为了保证通信系统的畅通，光路(包括光端机、光纤和光中继器）应设置备用系统。当主用系统出现故障时，可人工或自动切换到备用系统上工作。可以几个主用系统共用一个备用系统，当只有一个主用系统时，可采用1+1的备用方式。

（2）辅助系统　辅助系统包括监控管理系统、公务通信系统、自动倒换系统、告警处理系统、电源供给系统等。

5.2.2　系统的性能

目前，ITU-T已经对光纤通信系统的码速率、光接口和电接口的各种性能给出具体的建议，系统的性能参数也有很多，这里介绍系统最主要的两大性能参数：误码性能和抖动性能。

1. 误码性能

系统的误码性能是衡量系统优劣的一个非常重要的指标，它反映数字信息在传输过程中受到损伤的程度，通常用长期平均误码速率、误码的时间百分数和误码秒百分数来表示。

长期平均误码率简称误码率（BER)，表示传送的码元被错误判决的概率，在实际测量中，常以长时间测量中误码数目与传送的总码元数之比来表示BER，对于一路64kbit/s的数字电话，若BER$\leqslant 10^{-6}$，则语音十分清晰，感觉不到噪声和干扰；若BER达到10^{-5}，则在低声讲话时就会感觉到干扰存在，听到个别的“喀喀”声；若BER高达10^{-3}，则不仅感到严重的干扰，而且可懂度也会受到影响。

BER表示系统长期统计平均的结果，它不能反映系统是否有突发性、成串的误码存在，为了有效地反映系统实际的误码特性，还需引入误码的时间百分数和误码秒百分数。

在较长时间内观察误码，设T（1min或1s）为一个抽样观察时间，设定BER的某一门限值为M，记录下每一个T内的BER，其中BER超过门限M的T次数与总观察时间内的可用时间的比，称为误码的时间百分数，常用的有劣化分百分数（DM）和严重误码百分数

(SES)。

通信中有时传输一些重要的信息包，希望一个误码也没有。因此，人们往往关心在传输成组的数字信号时间内有没有误码，从而引入误码秒百分数的概念。在1s内，只要有误码发生，就称为1个误码秒。在长时间观测中误码秒数与总的可用秒数之比，称为误码秒百分数（ES）。

2. 抖动性能

抖动是数字信号传输过程中产生的一种瞬时不稳定现象。抖动的定义是：数字信号在各有效瞬时对标准时间位置的偏差。偏差时间范围称为抖动幅度（J_{P-P}），偏差时间间隔对时间的变化率称为抖动频率（F）。这种偏差包括输入脉冲信号在某一平均位置左右变化，和提取时钟信号在中心位置左右变化，如图5-5所示。抖动现象相当于对数字信号进行相位调制，表现为在稳定的脉冲图样前沿和后沿出现某些低频干扰，其频率一般为0～2kHz。抖动单位为UI，表示单位时隙。当脉冲信号为二电平NRZ时，1UI等于1bit信息所占时间，数值上等于传输速率f_b的倒数。

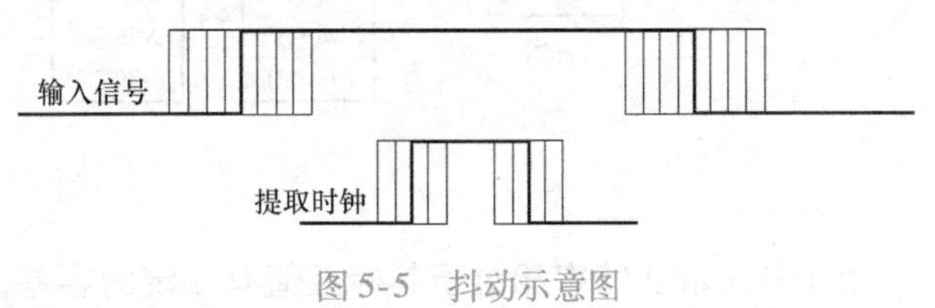

图5-5 抖动示意图

产生抖动的原因很多，主要与定时提取电路的质量、输入信号的状态和输入码流中的连"0"码数目有关。抖动严重时，使得信号失真、误码率增大。完全消除抖动是困难的，因此在实际工程中，需要提出容许最大抖动的指标。根据ITU-T建议和我国国家标准，抖动性能参数有：输入抖动容限、输出抖动和抖动转移特性等。

5.3 光同步数字传输网

光同步数字传输网（SDH/SONET）是新一代的传输网，它的出现和发展适应了长距离、大容量数字电路的建设，以及网络控制的宽带综合业务数字网的发展需要。在光纤通信技术和大规模集成电路高速发展的条件下，这种新一代的理想传输网体制已被ITU-T接受，并成为不仅适用于光纤也适用于微波和卫星传输的通用技术体制。

5.3.1 SDH的产生

在数字光纤通信系统中，多路复接都是采用同步时分复用（TDM）形式，由于历史的原因，在20世纪90年代之前采用的是准同步数字体系（PDH）的传输体制。

准同步数字体系有两种制式：一种是以1.544Mbit/s为第一级（一次群，或称基群）的系列，采用的国家有北美各国和日本；另一种是以2.048Mbit/s为第一级（一次群或基群）的系列，采用的国家有西欧各国和中国。图5-6给出PDH体系构成。在图中表示出两种制式各次群的码速率、话路数及其关系。

对于以2.048Mbit/s为基础码速率的制式，各次群的话路数按4倍递增，而码速率的关系略大于4倍，这是因为复接时插入了一些相关的比特。对于以1.544Mbit/s为基础码速率的制式，在3次群以上，日本和北美各国又不相同，看起来很杂乱。

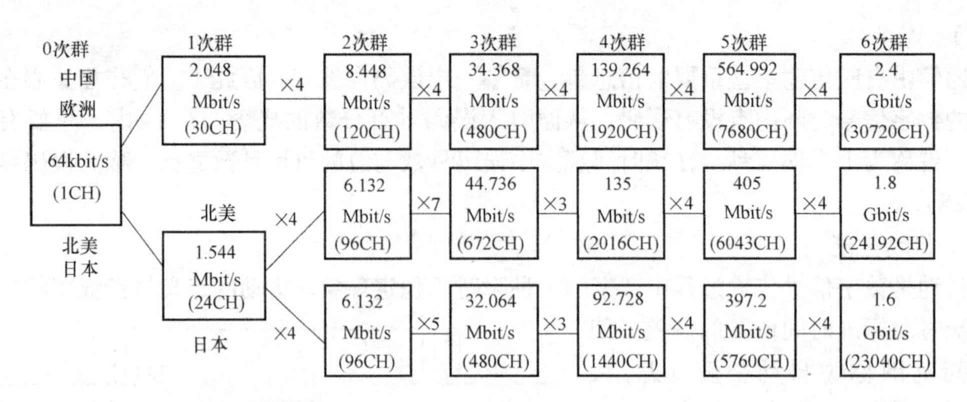

图 5-6　PDH 体系构成

由于各次群比特率相对于其标准值有一定的容差，而且是异源的，通常采用正码速率调整方法实现同步，故称之为准同步数字体系。1 次群至 4 次群接口比特率早在 1976 年就实现了标准化，并得到各国广泛采用。PDH 主要适用于中、低码速率点对点的传输。随着技术的进步和社会对信息的需求，数字系统传输容量不断提高，网络管理和控制的要求日益重要，宽带综合业务数字网和计算机网络迅速发展，迫切需要建立在世界范围内统一的通信网络。在这种形势下，现有 PDH 的许多缺点就逐渐暴露出来，主要有：

1）北美、西欧和亚洲所采用的三种数字系列互不兼容，没有世界统一的标准光接口，使得国际电信网的建立及网络的营运、管理和维护变得十分复杂和困难。

2）各种复用系列都有其相应的帧结构，没有足够的开销比特，使网络设计缺乏灵活性，不能适应电信网络不断扩大、技术不断更新的要求。

3）由于是异步复接，低码速率信号插入到高码速率信号，或从高码速率信号分出，都必须逐级进行，不能直接分插，因而复接/分接设备结构复杂，上下话路价格昂贵，如图 5-7a所示。

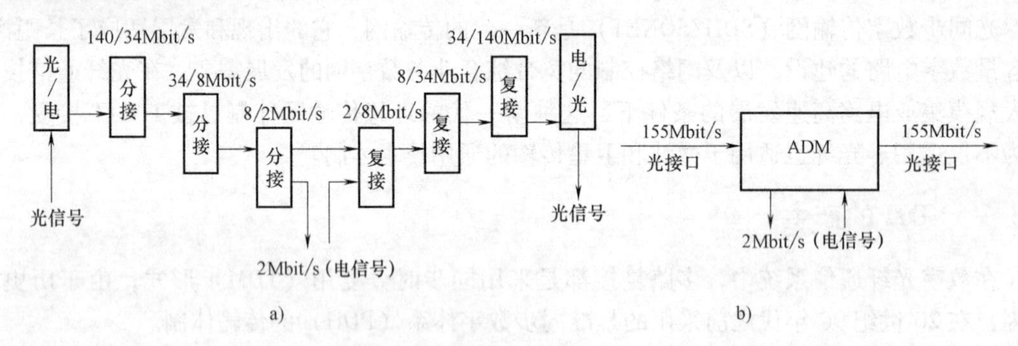

图 5-7　分插信号流程的比较
a）PDH　b）SDH

由上可见，PDH 不能满足电信网演变及向智能化网管系统发展的需要，一种结合高速大容量光纤传输技术和智能化网络技术的新体制——光同步传输网应运而生。光同步传输网的概念最早是由美国贝尔通信研究所提出来的，称为 SONET。SONET 的概念被当时的 CCITT 接受，更名为同步数字体系（SDH），并批准了一系列有关 SDH 的标准。

5.3.2　SDH 的特点

与 PDH 相比，SDH 具有下列特点：

1）SDH 采用世界上统一的标准传输速率等级。最低的等级也就是最基本的模块称为 STM-1，传输速率为 155.520Mbit/s；4 个 STM-1 同步复接组成 STM-4，传输速率为 4 × 155.52Mbit/s = 622.080Mbit/s；16 个 STM-1 组成 STM-16，传输速率为 2488.320Mbit/s，以此类推。一般为 STM-N，N = 1，4，16，64。由于码速率等级采用统一标准，SDH 就具有统一的网络节点接口，并可以承载现有的 PDH（如 E_1、E_3）和各种新的数字信号（如 100Mbit/s 以太网信号、ATM 信元等），有利于不同通信系统的互连。

2）SDH 各网络单元的光接口有严格的标准规范。因此，光接口成为开放型接口，任何网络单元在光纤线路上可以互连，不同厂家的产品可以互通，这有利于建立世界统一的通信网络。另一方面，标准的光接口综合进各种不同的网络单元，简化了硬件，降低了网络成本。

3）在 SDH 帧结构中，丰富的开销比特用于网络的运行、维护和管理，便于实现性能检测、故障检测和定位、故障报告等管理功能。

4）采用数字同步复用技术，其最小的复用单元为字节，不必进行码速率调整，简化了复用分接的实现设备，由低速信号复接成高速信号，或从高速信号分出低速信号，不必逐级进行。图 5-7 示出了 PDH 和 SDH 分插信号流程的比较。在 PDH 中，为了从 140Mbit/s 码流中分出一个 2Mbit/s 的支路信号，必须经过 140/34Mbit/s、34/8Mbit/s 和 8/2Mbit/s 三次分接。而若采用 SDH 分插复用器（ADM），可以利用软件一次直接分出和插入 2Mbit/s 支路信号，十分简便。

5）采用数字交叉连接设备 DXC 可以对各种端口码速率进行可控的连接配置，对网络资源进行自动化的调度和管理，既提高了资源利用率，又增强了网络的抗毁性和可靠性。SDH 采用了 DXC 后，大大提高了网络的灵活性及对各种业务量变化的适应能力，使现代通信网络提高到一个崭新的水平。

5.3.3　SDH 的帧结构

SDH 帧结构是实现数字同步时分复用、保证网络可靠有效运行的关键。图 5-8 给出了 SDH 帧的一般结构。一个 STM-N 帧有 9 行，每行有 270 × N 个字节组成。这样每帧共有 9 × 270 × N 个字节，每个字节为 8bit，而帧周期为 125μs，所以每秒传输 8000 帧。对于 STM-1 而言，传输速率为 9 × 270 × 8 × 8000bit/s = 155.520Mbit/s。字节发送顺序为：由上往下逐行发送，每行先左后右。

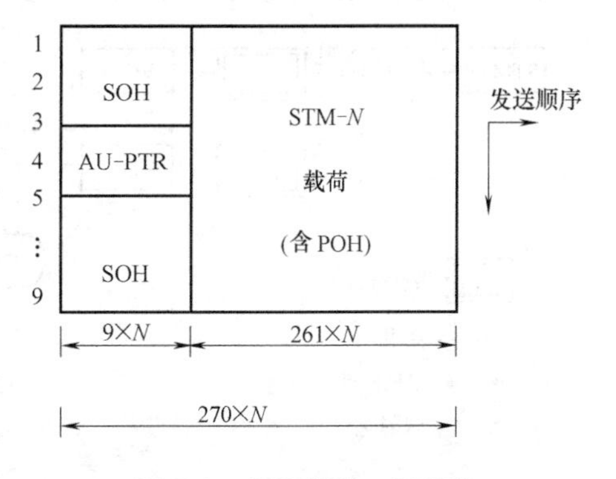

图 5-8　SDH 帧的一般结构

SDH 帧大体可分为三个部分：

（1）段开销（SOH）　段开销是在 SDH 帧中为保证信息正常传输所必需的附加字节（每字节含 64kbit/s 的容量），主要用于运行、维护和管理，如帧定位、误码检测、公务通信、自动保护倒换以及网管信息传输。对于 STM-1 而言，SOH 共使用 9×8B（第 4 行除外）=72B，相应于 576bit。由于每秒传输 8000 帧，所以 SOH 的容量为 576×8000bit/s=4.608Mbit/s。

段开销又细分为再生段开销（RSOH）和复接段开销（MSOH）。前者占前 3 行，后者占 5~9 行。

（2）信息载荷（Payload） 信息载荷是 SDH 帧内用于承载各种业务信息的部分。对于 STM-1 而言，Payload 有 9×261B=2349B，相应于 2349×8×8000bit/s=150.336Mbit/s 的容量。

在 Payload 中包含少量字节用于通道的运行、维护和管理，这些字节称为通道开销（POH）。

（3）管理单元指针（AU-PTR） AU-PTR 是一种指示符，主要用于指示 Payload 第一字节在帧内的准确位置（相对于指针位置的偏移量）。对于 STM-1 而言，AU-PTR 有 9 个字节（第 4 行），相应于 9×8×8000bit/s=0.576Mbit/s。SDH 采用指针技术并结合虚容器（VC）的概念，解决了低速信号复接成高速信号时，由于小的频率误差所造成的载荷相对位置漂移的问题。

5.3.4 SDH 的复用映射结构

SDH 通过同步复用和映射方法使数字信号的复用由 PDH 僵硬的大量硬件配置转变为灵活的软件配置。对于 155.520Mbit/s 以上的信号，采用同步复接方法，而对于低速支路信号[包括不同制式的 PDH 低速信号和异步转移模式（ATM）信元]采用固定位置映射法，都能映射进 SDH 的帧结构中去。

ITU-T 规定了 SDH 的一般复用映射结构。所谓映射结构，是指把支路信号适配装入虚容器的过程，其实质是使支路信号与传送的载荷同步。这种结构可以把目前 PDH 的绝大多数标准速率信号装入 SDH 帧。图 5-9 示出了 SDH 一般复用映射结构，图中的 C-n 是标准容器，用来装载现有 PDH 的各支路信号，即 C-11、C-12、C-2、C-3 和 C-4 分别装载 1.5Mbit/s、2Mbit/s、6Mbit/s、34Mbit/s、45Mbit/s 和 140Mbit/s 的支路信号，并完成码速率适配处理的功能。在标准容器的基础上，加入少量通道开销（POH）字节，即组成相应的虚容器 VC。VC 的包络与网同步，但其内部则可装载各种不同容量和不同格式的支路信号。所以引入虚容器的概念，使得不必了解支路信号的内容，便可以对装载不同支路信号的 VC 进行同步复用、交叉连接和交换处理，实现大容量传输。

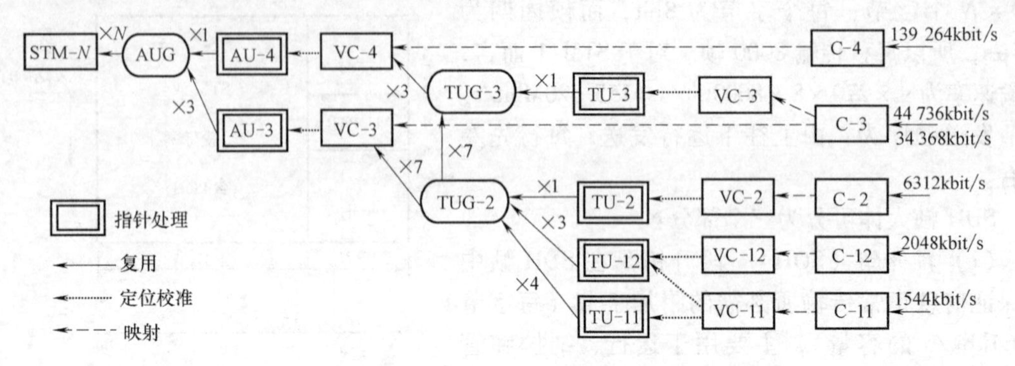

图 5-9 SDH 的一般复用映射结构

由于在传输过程中，不能绝对保证所有虚容器的起始相位始终都能同步，所以要在VC的前面加上管理单元指针（AU-PTR），以进行定位校准。加入指针后组成的信息单元结构分为管理单元（AU）和支路单元（TU）。AU由高阶VC（如VC-4）加AU指针组成，TU由低阶VC加TU指针组成。TU经均匀字节间插后，组成支路单元组（TUG），然后组成AU-3或AU-4。3个AU-3或1个AU-4组成管理单元组（AUG），加上段开销SOH，便组成STM-1同步传输信号；N个STM-1信号按字节同步复接，便组成STM-N。

最简单的例子是，由PDH的4次群信号到SDH的STM-1的复接过程。把139.264Mbit/s的信号装入容器C-4，经速率适配处理后，输出信号码速率为149.760Mbit/s；在虚容器VC-4内加上通道开销POH（每帧9B，相应于0.576Mbit/s）后，输出信号码速率为150.336Mbit/s；在管理单元AU-4内，加上管理单元指针AU-PTR（每帧9B，相应于0.576Mbit/s），输出信号码速率为150.912Mbit/s；由1个AUG加上段开销SOH（每帧72B，相应于4.608Mbit/s），输出信号码速率为155.520Mbit/s，即为STM-1。

5.3.5　SDH传输网

SDH不仅适合于点对点传输，而且适合于多点之间的网络传输。图5-10示出SDH传输网的拓扑结构，它由SDH终接设备（或称终端复用器）TM，分插复用设备ADM、数字交叉连接设备DXC等网络单元以及连接它们的物理链路（光纤）构成。SDH终端的主要功能是复接/分接和提供业务适配，例如将多路E_1信号复接成STM-1信号及完成其逆过程，或者实现与非SDH网络业务的适配。ADM是一种特殊的复用器，它利用分接功能将输入信号所承载的信息分成两部分：一部分直接转发，另一部分卸下给本地用户。然后信息又通过复接功能将转发部分和本地上送的部分合成输出。DXC类似于交换机，它一般有多个输入和输出，通过适当的适配可提供不通的端到端连接。

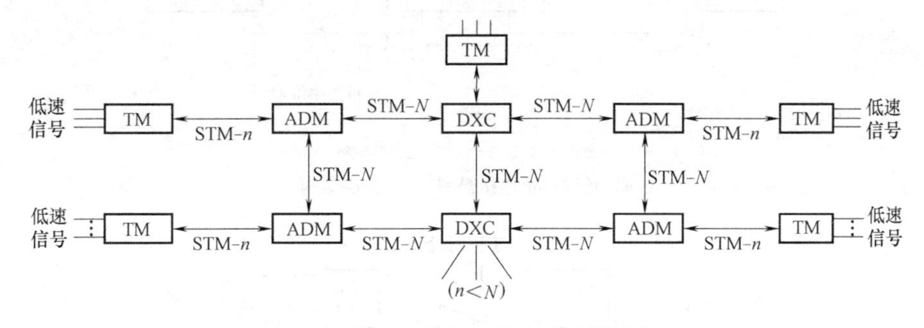

图5-10　SDH传输网的典型拓扑结构

上述TM、ADM和DXC的功能框图分别如图5-11a、图5-11b、图5-11c所示。通过DXC的交叉连接作用，在SDH传输网内可提供许多条传输通道，每条通道都有相似的结构，其连接模型如图5-12a所示，相应的分层结构如图5-12b所示。每个通道（Path）由一个或多个复接段（Line）构成，而每一复接段又由若干个再生段（Section）串接而成。

SDH最大的优势体现在组网上，SDH可用于点对点传输（见图5-13）、链形网（见图5-14）和环形网（见图5-15）。SDH环形网的一个突出优点是具有“自愈”能力，当某节点发生故障或光缆中断时，仍能维持一定的通信能力。所以，SDH环网目前得到广泛的应用。

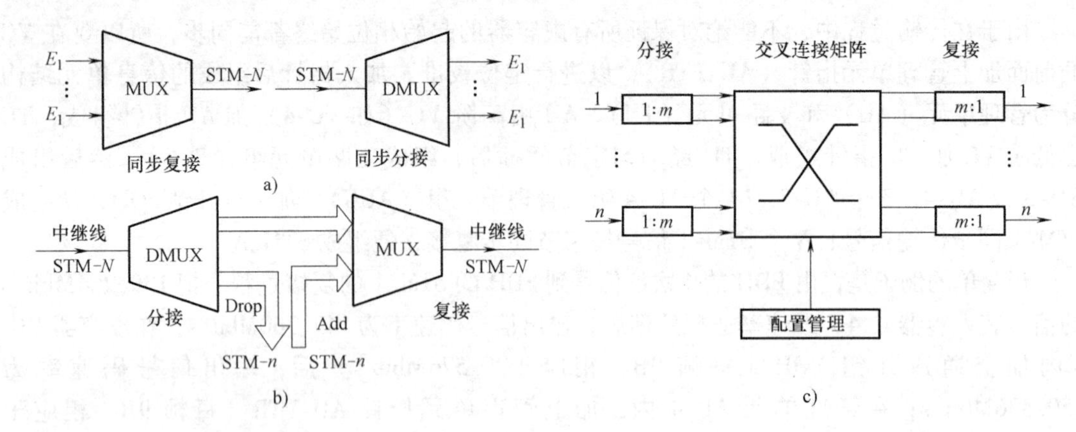

图 5-11 SDH 传输网络单元的功能框图

a) TM b) ADM c) DXC

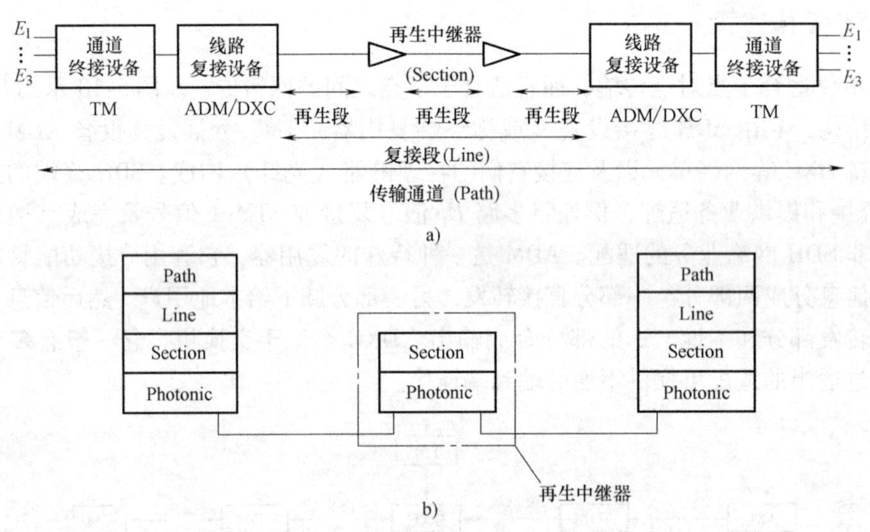

图 5-12 传输通道的结构

a) 传输通道连接模型 b) 分层结构

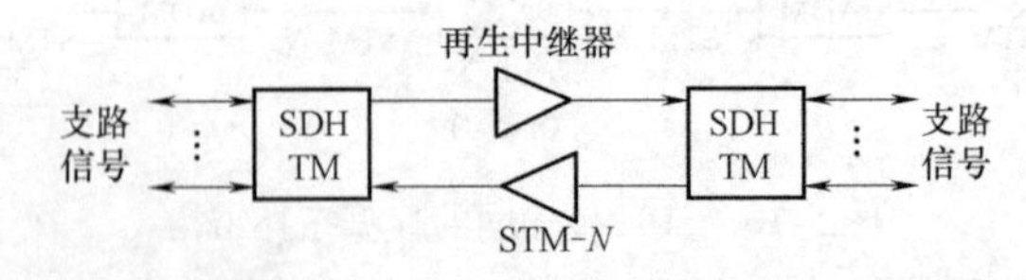

图 5-13 SDH 用于点对点传输

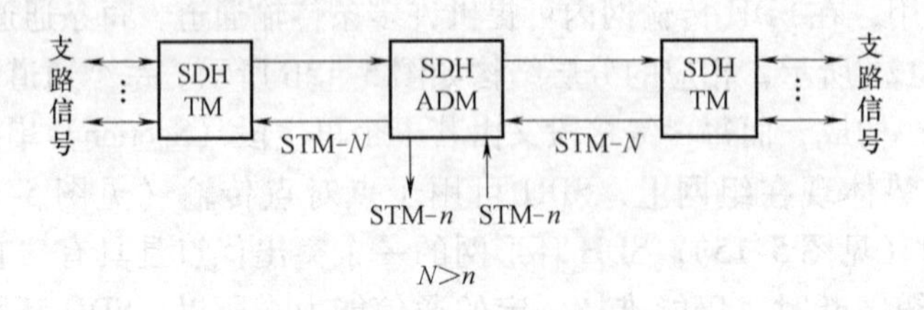

图 5-14 SDH 链形网

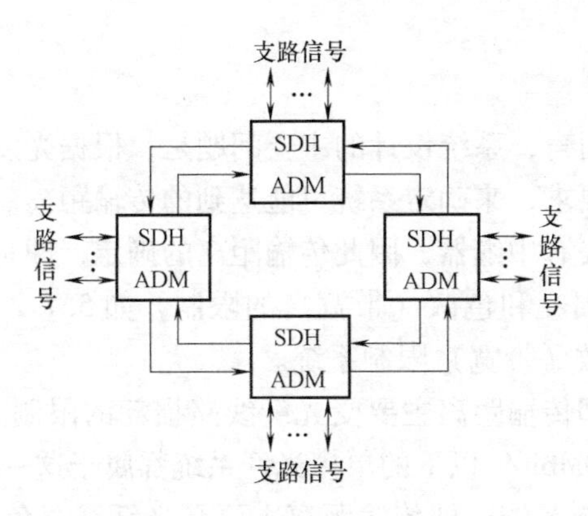

图5-15 SDH 环形网（双环）

5.4 光纤通信系统的设计

5.4.1 总体考虑

要设计一个光纤通信系统，需要考虑的问题是多方面的。在技术上要考虑工作波长的选择，光源、光检测器和光纤的选择，确定光发射机、光接收机的电路结构，预算光接收机的灵敏度等。概括起来，系统设计工作主要围绕着如何选用最合适的光源-光纤-光检测器的组合形式，来满足系统的通信距离和性能的要求，使系统既稳定可靠，又成本合理。

1. 工作波长的选择

光纤通信可以采用0.85μm、1.31μm和1.55μm三个低损耗波长传输窗口。光波长的选择主要取决于系统通信距离的要求和带宽的要求，应在保证系统性能的基础上，使系统成本最低。一般说来，工作在短波长0.85μm的系统成本最低，随着波长向长波长1.31μm和1.55μm移动、成本将会增加。但在长波长时光纤的损耗远低于短波长，因此长距离的通信系统一般采用长波长以减少中继器的数目或实现无中继传输。一般对于低码速率、短距离的系统（$B \leqslant 10$Mbit/s，$L < 20$km），采用0.85μm的系统较为合算，而对于$B > 100$Mbit/s的长途传输需要用长波长系统。

2. 预选光源-光纤-光检测器的组合

当工作波长确定以后，就可以选择适当的光源-光纤-光检测器的组合形式了。具体的形式可以是各种各样的：

LED-多模光纤-PIN光敏二极管；

LED-多模光纤-APD；

LD-多模光纤-PIN光敏二极管；

LD-多模光纤-APD；

LD-单模光纤-APD。

实质上是对光纤和光端机的选择，原则是既满足系统的要求，又做到高可靠性和低成本。

5.4.2 中继距离的计算

对数字光纤通信系统而言，系统设计的主要问题是，根据光发射机功率、光接收机灵敏度、系统码速率和误码率要求，来确定系统可能达到的传输距离。

在长距离传输中，需要有中继器，因此传输距离的确定，即是中继段传输距离的计算。

中继距离受光纤线路损耗和色散（带宽）的限制，如5.1.2中所述，可将光纤通信系统分为损耗限制系统和色散（带宽）限制系统。

所谓损耗限制系统，即传输距离主要受光纤线路损耗的限制。一般传输速率为8Mbit/s以下的多模光纤系统和140Mbit/s以下的单模光纤系统都属于这一类。

所谓色散（带宽）限制系统，即传输距离主要受光纤线路色散（带宽）的限制。如传输速率34～140Mbit/s的多模光纤系统和高码速率的单模光纤系统。

在设计系统时，两种受限情况有时会发生矛盾，即若依据系统损耗来设计系统的传输距离，结果不是光纤色散过大（带宽不够），就是光纤色散过小（带宽有余）造成浪费。若根据系统色散（带宽）来设计，对系统的损耗也会有同样的矛盾，因此传输距离的计算是光纤通信线路总体方案的一个主要环节。首先应根据给定的系统码速率、误码率和线路长度选择系统的工作波长，然后选择光源、光检测器件以及光纤类型，再根据损耗限制和色散（带宽）限制预算传输距离，通过反复计算最后确定系统的光源器件、光纤和光检测器件，所以中继距离的设计是一个需要反复计算的过程。对于实际的系统，需要进行功率预算和色散预算。

1. 功率预算——损耗限制系统中继距离的计算

图5-16示出了无中继器和中间有一个中继器的数字光纤系统的示意图，图中，T′、T为光端机和数字复接分接设备的接口；T_x为光发射机或中继器发射端；R_x为光接收机或中继器接收端；C_1、C_2为光纤连接器；S为靠近T_x的连接器C_1的接收端；R为靠近R_x的连接器C_2的发射端；S→R为光纤线路，包括接头。

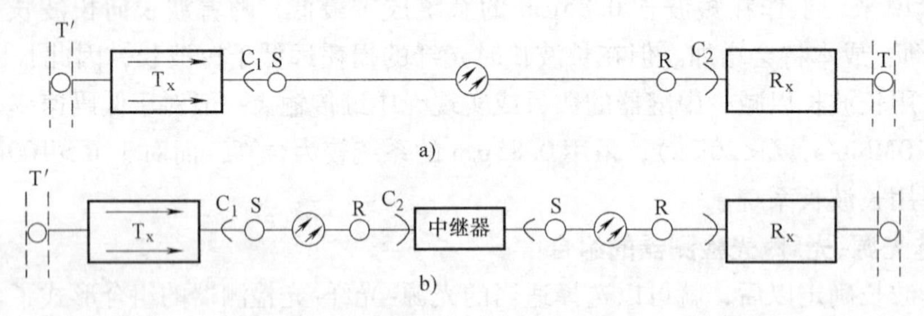

图5-16 数字光纤系统示意图

a）无中继器 b）一个中继器

如果系统传输速率较低，光纤损耗系数较大，中继距离主要受光纤线路损耗的限制，在这种情况下，要求S和R两点之间光纤线路总损耗必须不超过系统的总功率衰减，即

$$L(\alpha_f+\alpha_s+\alpha_m)\leqslant P_t-P_r-2\alpha_c-M_e$$

或

$$L\leqslant\frac{P_t-P_r-2\alpha_c-M_e}{\alpha_f+\alpha_s+\alpha_m} \tag{5-1}$$

式中，P_t 为平均发射光功率，单位为 dBm；P_r 为接收灵敏度，单位为 dBm；α_c 为连接器损耗，单位为 dB/个；M_e 为系统余量，单位为 dB；α_f 为光纤损耗系数，单位为 dB/km；α_s 为每千米光纤平均接头损耗，单位为 dB/km；α_m 为每千米光纤线路损耗余量，单位为 dB/km；L 为中继距离，单位为 km。

式(5-1)的计算是简单的，式中参数的取值应根据产品技术水平和系统设计需要来确定。平均发射光功率 P_t 取决于所用光源，对单模光纤通信系统，LD 的平均发射光功率一般为 $-3 \sim -9$dBm，LED 平均发射光功率一般为 $-20 \sim -25$dBm。光接收机灵敏度 P_r 取决于光检测器和前置放大器的类型，并受误码率的限制，随传输速率而变化。表 5-1 示出了长途光纤通信系统平均误码率 $BER_{av} \leqslant 1 \times 10^{-10}$时的接收灵敏度 P_r。

表 5-1　$BER_{av} \leqslant 1 \times 10^{-10}$时的接收灵敏度 P_r

传输速率/(Mbit/s)	标称波长/nm	光检测器	灵敏度 P_r/dBm
8.448	1310	PIN	−49
34.368	1310	PIN-FET	−41
139.264	1310	PIN-FET APD	−37 −42
4×139.264	1310	PIN-FET APD	−30 −33

连接器损耗一般为 0.3～1dB/个。设备余量 M_e 一般包括由于时间和环境的变化而引起的发射光功率和接收灵敏度下降，以及设备内光纤连接器性能劣化，M_e 一般不小于 3dB。

光纤损耗系数 α_f 取决于光纤类型和工作波长，例如单模光纤在 1310nm，α_f 为 0.4～0.45dB/km；在 1550nm，α_f 为 0.22～0.25dB/km。光纤损耗余量 α_m 一般为 0.1～0.2dB/km，但一个中继段总余量不超过 5dB。平均接头损耗可取 0.05dB/个，每千米光纤平均接头损耗 α_s 可根据光缆生产长度计算得到。根据 ITU-T G.955 建议，用 LD 作光源的常规单模光纤（G.652）系统，在 S 和 R 之间数字光纤线路的容限见表 5-2。

表 5-2　S 和 R 之间数字光纤线路的容限

标称速率/(Mbit/s)	标称波长/nm	$BER \leqslant 1 \times 10^{-10}$	S 和 R 之间的容限
		最大损耗/dB	最大色散/(ps/nm)
8.448	1310	40	不要求
34.368	1310	35	不要求（多纵模）
139.264	1310 1550	28 28	300 （多纵模）
4×139.264	1310 1550	24 24	120 （多纵模）

2. 色散计算——色散（带宽）限制系统中继距离的计算

对于色散（带宽）限制系统，可达到的最大中继距离可用下式估算

$$L_{max} = D_{SR}/D_m \tag{5-2}$$

式中，D_{SR}为S点和R点之间允许的最大色散值，单位为ps/nm，可由ITU-T建议的容限表5-2查出；D_m为工作波长范围内的光纤色散，单位为ps/(nm·km)。

若光设备的参数为非标准值，根据ITU-T建议，对于实际的单模光纤通信系统，色散限制系统中继距离L可以表示为

$$L_{max}=\frac{\varepsilon\times10^6}{F_b D_m \sigma_\lambda} \tag{5-3}$$

式中，F_b为线路码速率，单位为Mbit/s，它与系统码速率不同，它随线路码型的不同而有所变化；D_m是光纤的色散系数，单位为ps/(nm·km)，它取决于工作波长下的光纤色散特性；σ_λ为光源谱线宽度，单位为nm；ε为与功率代价和光源特性有关的参数，对于多纵模激光器，$\varepsilon=0.115$，而对于单纵模激光器，$\varepsilon=0.306$。

3. 系统的带宽

系统的带宽Δf应满足传输一定码速率B的要求，即使系统各个部件的带宽都大于码速率，但这些部件构成的系统的总带宽有可能不满足传输该码速率信号的要求，对于线性系统来说，常用上升时间来表示各组成部件的带宽特性，上升时间定义为系统在阶跃脉冲作用下，响应从最大值的10%上升到90%所需要的时间。上升时间T_r与系统的带宽Δf成反比关系，由RC电路的上升时间T_r与带宽Δf之关系可知

$$T_r=\frac{2.2}{2\pi\Delta f}=\frac{0.35}{\Delta f} \tag{5-4}$$

对于任何线性系统，上升时间都与带宽成反比，只是$T_r\Delta f$的值有所不同而已，在光纤通信系统中常利用$T_r\Delta f=0.35$作为系统设计的标准。码速率B对带宽Δf的要求依据码型的不同而不同，对于归零码（RZ），$\Delta f=B$，因此$BT_r=0.35$；而对于非归零码（NRZ），要求$BT_r=0.7$，因此光纤通信系统的设计必须保证系统的上升时间满足

$$T_r\leqslant\begin{cases}0.35/B & \text{对 RZ 码}\\ 0.70/B & \text{对 NRZ 码}\end{cases} \tag{5-5}$$

光纤通信系统的三个组成部分（光发射机、光纤和光接收机）具有各自的上升时间，系统的总上升时间T_r与这三个上升时间有关，可表示为

$$T_r^2=T_1^2+T_2^2+T_3^2 \tag{5-6}$$

式中，T_1、T_2和T_3分别为光发射机、传输光纤和光接收机的上升时间。光发射机的上升时间主要由驱动电路的电子元器件和光源的电分布参数决定，对LED光发射机，T_1为几个纳秒，而对LD光发射机，T_1可短至0.1ns；接收机的上升时间主要由接收前端的3dB电带宽决定，在该带宽为已知时，可由$T_r=0.35/\Delta f$求出接收机的上升时间。

传输光纤的上升时间T_2是由光纤色散引起的，光纤的色散包括有模间色散和模内色散（主要是材料色散），因此光纤的上升时间T_2可表示为

$$T_2^2=T_{mod}^2+T_{mat}^2 \tag{5-7}$$

式中，T_{mod}为模间色散引起的上升时间；T_{mat}为材料色散引起的上升时间。对单模光纤来说，$T_{mod}=0$，所以$T_2=T_{mat}$，在不存在模式混合的情况下，对于多模阶跃光纤，可利用求最大时延差的式(2-6)来近似估算T_{mod}

$$T_{mod}=\frac{n_1\Delta}{c}L \tag{5-8}$$

对于多模渐变型光纤，T_{mod}的近似公式为

$$T_{mod} \approx \frac{n_1 \Delta^2}{8c} L \tag{5-9}$$

如果考虑在连接点和焊接点上的模式混合效应，可将式(5-8)和式(5-9)中的L用L^q来代替，q值取0.7左右。材料色散引起的上升时间T_{mat}可用脉冲展宽$\Delta\tau$的式(2-52)来估算

$$T_{mat} \approx |D| L \Delta\lambda \tag{5-10}$$

式中，$\Delta\lambda$为光源的谱宽；D为光纤的平均色散参数。

5.5 模拟光纤通信系统

模拟光纤通信系统是一种通过光纤信道传输模拟信号的通信系统，目前主要用于模拟电视传输。自20世纪80年代末，广播电视业务发展很快，尤其是有线电视（CATV）需要将几十路电视信号送至千家万户。如果将这些电视信号都采用数字方式传输，则设备复杂而成本偏高。为了解决这个问题，人们一方面研究压缩编码技术，设法降低其成本；另一方面研究副载波复用（SCM）技术，寻求用较简单的设备和低廉的价格传输大量视频信号的可能性。

SCM技术具有容量大、应用灵活、设备简单、价格低廉等优点，因而引起人们的广泛关注，并很快开发出SCM-FM、SCM-AM光纤电视传输设备，在国内外得到广泛应用。本节首先介绍模拟光纤传输系统的调制方式，然后重点讨论SCM光纤传输系统的组成和特性。

5.5.1 调制方式

模拟光纤传输系统目前使用的主要调制方式有模拟基带直接光强调制、模拟间接光强调制和频分复用光强调制三种。

1. 模拟基带直接光强调制

模拟基带直接光强调制（D-IM）是用承载信息的模拟基带信号，直接对发射机光源（LED或LD）进行光强调制，使光源输出光功率与输入模拟基带信号的幅度成比例变化。

20世纪70年代末期，光纤开始用于模拟电视传输时，采用一根多模光纤传输一路电视信号的方式，就是这种基带传输方式。用模拟基带信号对发射机光源（线性良好的LED）进行直接光强调制，若光载波的波长为0.85μm，传输距离不到4km，若波长为1.3μm，传输距离也只有10km左右。这种D-IM光纤电视传输系统的特点是设备简单、价格低廉，因而在短距离传输中得到广泛应用。

2. 模拟间接光强调制

模拟间接光强调制方式是先用模拟基带信号对载波进行电的预调制，然后用这个预调制的电信号对光源进行光强调制（IM）。这种系统又称为预调制直接光强调制光纤传输系统，预调制又有多种方式，主要有以下三种。

(1) 频率调制（FM） 频率调制方式是先用承载信息的模拟基带信号对正弦载波进行调制，产生等幅的频率受调的正弦信号，其频率随输入的模拟基带信号的瞬时值而变化。然后用这个正弦调频信号对光源进行光强调制，形成FM-IM光纤传输系统。

(2) 脉冲频率调制（PFM） 脉冲频率调制方式是先用承载信息的模拟基带信号对脉冲

载波进行调频，产生等幅、等宽的频率受调的脉冲信号，其脉冲频率随输入的模拟基带信号的瞬时值而变化，然后用这个脉冲调频信号对光源进行光强调制，形成 PFM-IM 光纤传输系统。

(3) 方波频率调制（SWFM） 方波频率调制方式是先用承载的模拟基带信号对方波进行调制，产生等幅、不等宽的方波脉冲调频信号，其方波脉冲频率随输入的模拟基带信号的幅度而变化，然后用这个方波脉冲调频信号对光源进行光强调制，形成 SWFM-IM 光纤传输系统。

采用模拟间接光强调制的目的是提高传输质量和增加传输距离。由于模拟基带直接光强调制传输系统的性能受到光源非线性的限制，一般只能使用线性良好的 LED 作光源，而 LED 入纤功率很小，所以传输距离很短。在采用模拟间接光强调制时，例如采用 PFM-IM 光纤电视传输系统，由于驱动光源的是脉冲信号，它基本上不受光源非线性的影响，所以可以采用线性较差、入纤功率较大的 LD 器件作光源。因而 PFM-IM 系统的传输距离比 D-IM 系统的更长。对于多模光纤，若波长为0.85μm，传输距离可达10km；若波长为1.3μm，传输距离可达30km。对于单模光纤，若波长为1.3μm，传输距离可达50km。

SWFM-IM 光纤电视传输系统不仅具有 PFM-IM 系统的传输距离长的优点，还具有 PFM-IM 系统所没有的独特的优点，即在光纤上传输的等幅、不等宽的方波调频（SWFM）脉冲包含基带成分，因而这种模拟光纤传输系统的信号质量与传输距离无关。此外，SWFM-IM 系统的信噪比也比 D-IM 系统的信噪比高得多。

上述光纤电视传输系统的传输距离和传输质量都达到了商用水平，而且技术比较简单，容易实现，成本低廉。尽管如此，这些传输方式都存在一个共同的问题：一根光纤只能传输一路电视。这种情况满足不了现代社会对电视频道日益增多的要求，也没有充分发挥光纤大带宽的独特优势。因此，开发多路模拟电视光纤传输系统，就成为技术发展的必然。

实现一根光纤传输多路电视有多种方法，目前现实的方法是先对电信号复用，再对光源进行光强调制。对电信号的复用可以是频分复用（FDM），也可以是时分复用（TDM），对模拟信号的复用只能是 FDM。和 TDM 系统相比，FDM 系统具有电路结构简单、制造成本较低以及模拟和数字兼容等优点。而且，FDM 系统的传输容量只受光器件调制带宽的限制，与所用电子器件的关系不大。这些明显的优点，使 FDM 多路电视传输方式受到广泛的重视。

3. 频分复用光强调制

频分复用光强调制方式是用每路模拟电视基带信号，分别对某个指定的射频（RF）电信号进行调幅（AM）或调频（FM），然后用组合器把多个预调 RF 信号组合成多路宽带信号，再用这种多路宽带信号对发射机光源进行光强调制。光载波经光纤传输后，由远端接收机进行光/电转换和信号分离。因为传统意义上光纤通信的载波是光载波，为区别起见，把受模拟基带信号预调制的 RF 电载波称为副载波，这种复用方式也称为副载波复用（SCM）。

5.5.2 副载波复用光纤传输系统

1. 系统的组成

图5-17 给出了 SCM 光纤传输系统的示意图。在副载波复用（SCM）光纤传输系统中，信号经过两次调制，第一次对副载波进行调制，副载波可以是射频信号，也可以是微波信

号，传输的信号可以是模拟信号或数字信号，或者是模拟和数字混合的信号，各信道的调制方式也彼此独立。SCM系统的最大优点是可以利用已经成熟的射频或微波通信技术和设备，以较为简单的方式实现宽带、大容量的光纤传输，构成灵活方便的多路信号光纤传输系统，可以对多个用户提供语音、数据和图像等多种业务。

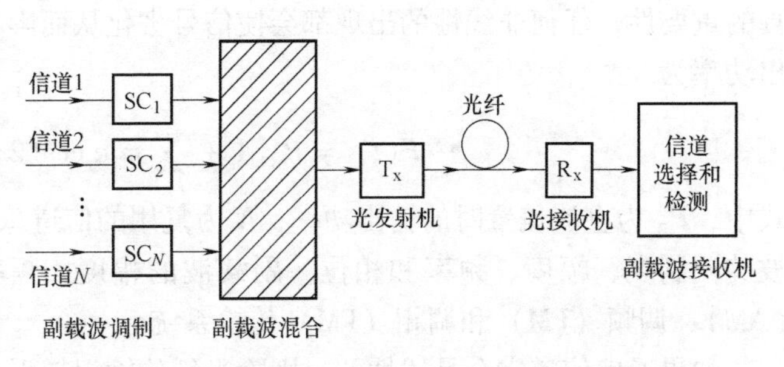

图5-17　副载波复用光纤传输系统示意图

图5-18示出了副载波复用（SCM）模拟电视光纤传输系统框图。N个频道的模拟基带电视信号分别调制频率为f_1、f_2、f_3、…、f_N的射频（RF）信号，把N个带有电视信号的副载波f_{1s}、f_{2s}、f_{3s}…、f_{Ns}组合成多路宽带信号，再用这个宽带信号对光源（一般为LD）进行光强调制，实现电/光转换。光信号经光纤传输后，由光接收机实现光/电转换，经分离和解调，最后输出N个频道的电视信号。

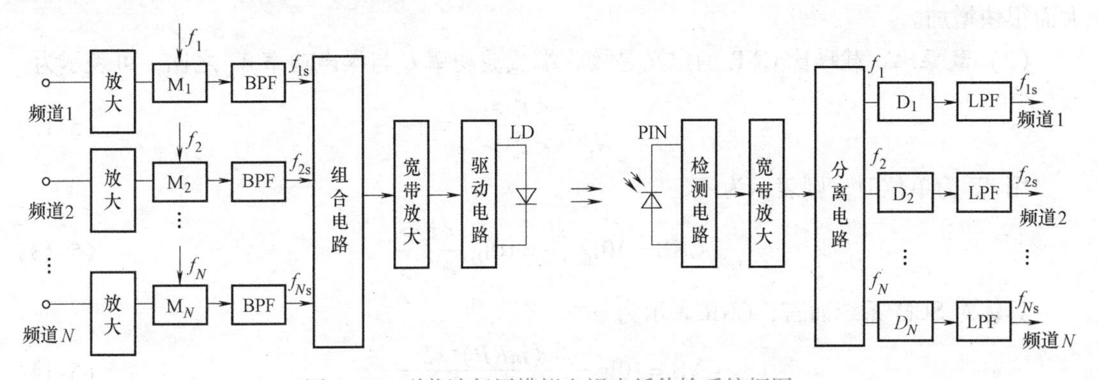

图5-18　副载波复用模拟电视光纤传输系统框图

M_N—调制器　D_N—解调器　BPF—带通滤波器　LPF—低通滤波器

模拟基带电视信号对射频的预调制，通常用残留边带调幅（VSB-AM）或调频（FM）方式。

2. 特性参数

对于副载波复用光纤传输系统，评价其传输质量的特性参数主要是信号失真和载噪比。

（1）*信号失真*　副载波复用模拟光纤传输系统产生信号失真的原因很多，但主要原因是作为载波信号源的半导体激光器在电/光转换时的非线性效应。

图5-19给出了通过半导体激光器注入电流的调制而将多路复用的副载波信号调制成相应的光载波信号的过程。由此可见，半导体激光器输出功率与注入电流的线性对保证信号不失

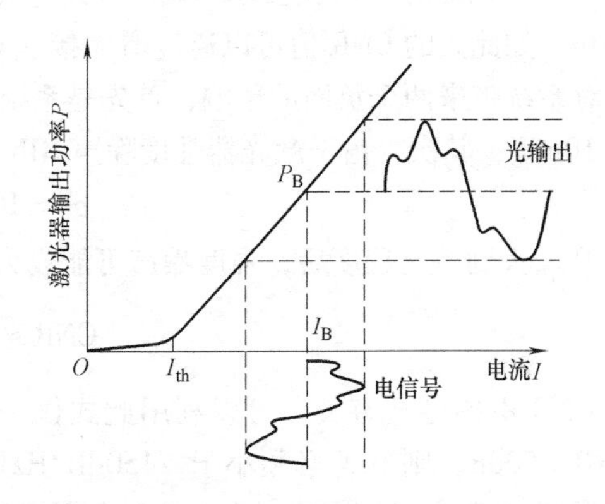

图5-19　半导体激光器模拟信号调制过程

真的重要性，任何非线性的出现都会使信号劣化从而影响系统的性能。经过调制后的激光输出功率为

$$P(t) = P_B[1 + \sum_{j=1}^{N} m_i a_j \cos(2\pi f_j t + \varphi_j)] \tag{5-11}$$

式中，P_B 为直流偏置时的输出功率；N 为复用的信道总数；m_j、a_j、f_j、φ_j分别为第j个副载波的调制度、幅度、频率和相位。副载波的幅度、频率和相位都可以被调制而构成调幅（AM）、调频（FM）和调相（PM）传输系统。

如果通信信道完全是线性的，则除光纤传输损耗引起总功率有所下降外，接收功率仍然可用式（5-11）来表示。但实际的信道总存在有一定的非线性，它使信号发生畸变，这种非线性引起的对信号的干扰叫做交调干扰。交调干扰可以是由发射机激光器或信号在沿光纤传输过程中产生，它使得信号出现$f_i \pm f_j$和$f_i \pm f_j \pm f_k$（i、j、k 可取$1 \sim N$）的新频率分量，前者叫二阶交调，后者叫三阶交调。如果这些新频率分量位于信号的带宽内，则它们会对模拟信号形成干扰。在实际中常用组合二阶交调（CSO）和组合三阶差拍（CTB）来表示在某一特定信道信号带宽内的二阶和三阶干扰的和，CSO 和 CTB 对信号功率归一化后用 dB_c 来表示，通常 CSO 和 CTB 都应小于 $-60dB_c$ 才不会对系统性能产生影响，它们都随调制度的增大而很快增加。

（2）载噪比　载噪比 CNR 的定义是接收端载波功率 C 与噪声功率 N_p 之比，可表示为

$$\frac{C}{N_p} = \frac{\langle i_c^2 \rangle}{\langle i_n^2 \rangle} \tag{5-12}$$

用 dB 为单位时，则表示为

$$\text{CNR} = 10\lg\frac{C}{N_p} = 10\lg\frac{\langle i_c^2 \rangle}{\langle i_n^2 \rangle} \tag{5-13}$$

具体对 SCM 系统而言，CNR 表示为

$$\text{CNR} = 10\lg\frac{(mR\overline{P})^2/2}{\sigma_s^2 + \sigma_T^2 + \sigma_I^2 + \sigma_{IMD}^2} \tag{5-14}$$

式中，m 为信道的调制度（假定各信道具有相同的调制度）；R 为光检测器的响应度；$\overline{P}$ 为平均的接收光功率；σ_s^2、σ_T^2、σ_I^2 和 σ_{IMD}^2分别为点噪声、热噪声、强度噪声和交调噪声的有效值。

SCM 系统对 CNR 的要求与调制方式有关，对 AM-VSB（残留边带调幅）通常要求 CNR > 50dB，如此大的 CNR 值可以通过增大接收光功率（0.1 ~ 1mW）来实现。但增大接收光功率对系统带来两个负面的影响，首先是系统的功率容限降低，除非将发射机光功率提高到大于 10mW；其次，由于激光器强度噪声 RIN 与功率 $\overline{P}$ 有关

$$\sigma_I^2 = \text{RIN}(R\overline{P})^2 \Delta f \tag{5-15}$$

当 $\overline{P}$ 增大到一定程度后，强度噪声可能成为系统的主要噪声，此时式(5-14)可表示为

$$\text{CNR} \approx 10\lg\frac{m^2}{2\text{RIN}\Delta f} \tag{5-16}$$

即 CNR 不再与 $\overline{P}$ 有关。可以利用此式作一个估算，假定 $m = 0.1$，$\Delta f = 50\text{MHz}$，如果要求 CNR > 50dB，则 RIN 必须小于 -150dB/Hz。在 RIN 较大的情况下，只能通过增大调制度 m 来保证 CNR 大于一定值。由于 RIN 与激光器的直流偏置功率 P_B 的三次方成反比，所以一般

都将激光器偏置在远大于阈值以上，以使 P_B 超过 5mW，同时较高的偏置也允许有较大的调制度。

5.6 光纤接入网

5.6.1 接入网概述

一个传统的电信网是由传输网、交换网和接入网组成的，如图 5-20 所示。

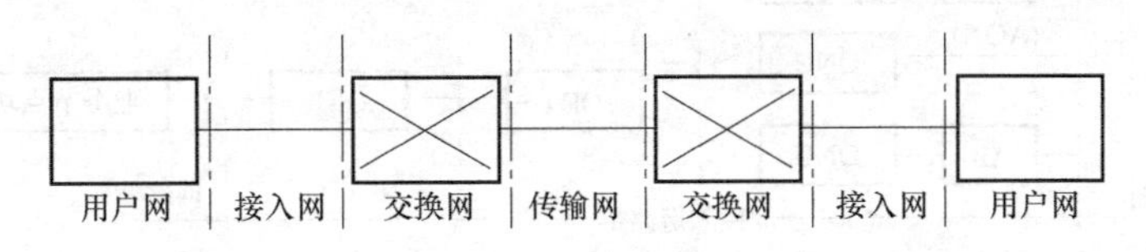

图 5-20　传统电信网示意图

近年来，高速数据和高质量视频通信需求的增长，推动了宽带综合业务网的研究与开发。接入网作为交换局与用户终端间的连接部分，是整个电信网的重要组成部分，它的数字化和宽带化已被提上重要的议程。随着社会的发展，用户线所传送的信号已由单一的电话信号变为多种业务信号，传送媒质已由单一的双绞线铜线发展为铜线、光纤和无线等多种传输媒质。

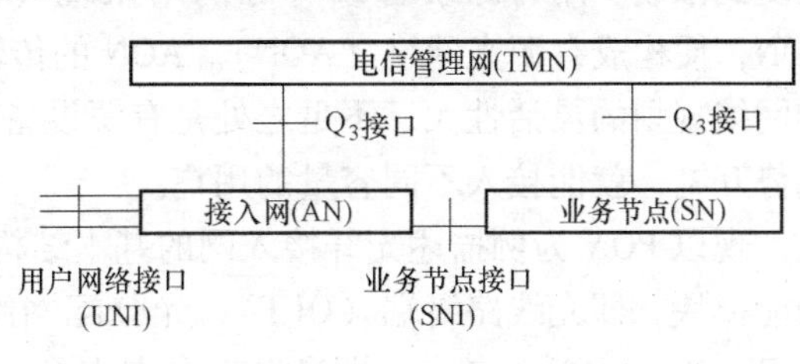

图 5-21　接入网的界定

ITU-T 的 G. 902 建议（见图 5-21）对接入网给出如下定义：接入网由业务节点接口（SNI）和用户网络接口（UNI）之间的一系列传送实体（如线路设施和传输设施）组成，为供给电信业务而提供所需的传送承载能力，可经由网络管理接口（Q_3）配置和管理。原则上对接入网可以实现的 UNI 和 SNI 的类型和数目没有限制。

接入网研究的重点是围绕用户对语音、数据和视频等多媒体业务需求的不断增长，提供具有经济优势和技术优势的接入技术，满足用户需求。就目前的技术研究现状而言，接入网主要分为有线接入网和无线接入网。

有线接入网是指铜线接入网和光纤接入网（包括混合光纤同轴缆接入网）。由于光纤具有频带宽、容量大、损耗小、不易受电磁干扰等优势，因此光纤接入网将成为宽带综合业务网的主要接入网。

5.6.2 光纤接入网的基本结构和应用类型

光纤接入网与传统意义上的光纤传输系统不同，它是一种针对接入网环境所设计的特殊光纤传输网络。图 5-22 给出了一个与具体业务应用无关的光纤接入网的参考配置，根据分路方式的不同可分为无源光网络（PON）和有源光网络（AON）。图中，ODN 为光分配网络，是 OLT 和 ONU 之间的光传输媒质，由无源光器件组成；OLT 为光线路终端，提供 OAN 网络侧接口，并且连接一个或多个 ODN；ODT 为光远程终端，由光有源设备组成；ONU 为光网络单元，提供 OAN 用户侧接口，并且连接到一个 ODN 或 ODT；UNI 为用户网络接口；

SNI 为业务节点接口；S 为光发送参考点；R 为光接收参考点；AF 为适配功能；V 为与业务节点间的参考点；T 为与用户终端间的参考点；a 为 AF 和 ONU 之间的参考点。

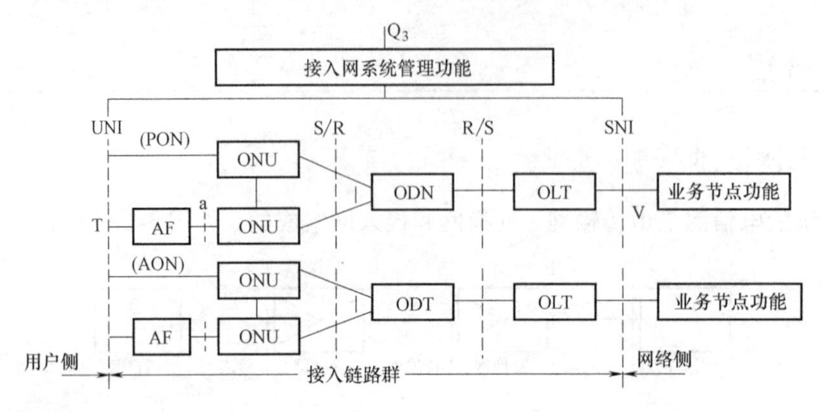

图 5-22 光纤接入网的参考配置

在 OLT 和 ONU 之间没有任何有源电子设备的光接入网称为无源光网络（PON）。PON 对各种业务是透明的，易于升级扩容，便于维护管理，缺点是 OLT 和 ONU 之间的距离和容量受到限制。用有源设备或有源网络系统（如 SDH 环网）的 ODT 代替无源光网络中的 ODN，便构成有源光网络（AON）。AON 的传输距离和容量大大增加，易于扩展带宽，运行和网络规划的灵活性大，不足之处是有源设备需要供电、机房等。如果综合使用两种网络，优势互补，就能接入不同容量的用户。

现以 PON 为例描述光纤接入网的基本结构。从图 5-22 可以看出，光纤接入网包含 4 种功能模块，即光线路终端（OLT）、光分配网络（ODN）、光网络单元（ONU）和适配功能（AF）；5 个主要参考点，即光发送参考点 S、光接收参考点 R、与业务节点间的参考点 V、与用户终端间的参考点 T 和 AF 与 ONU 间的参考点 a；3 个接口，即网络维护管理接口 Q_3、用户网络接口 UNI 和业务节点接口 SNI。由于目前交换机交换的信号和用户发送、接收的信号均为电信号，因此在光纤接入网的网络侧和用户侧都需要进行光/电和电/光转换。

目前，接入网光纤化的途径主要有两个：一是在现有电话铜缆网的基础上，引入光纤传输技术改造成光纤接入网；二是在现有有线电视（CATV）同轴电缆网的基础上，引入光纤传输技术使之成为光纤/同轴缆混合网（HFC）。

光纤接入网的应用类型，根据 ONU 的位置不同，有 4 种基本应用类型：光纤到路边（FTTC）、光纤到大楼（FTTB）、光纤到办公室（FTTO）和光纤到户（FTTH）。

在 FTTC 结构中，ONU 设置在路边的入口或电线杆上的分线盒处，有时也可以设置在交接箱处。FTTC 一般采用双星形结构，从 ONU 到用户之间采用双绞线铜缆，若要传送宽带业务则要用高频电缆或同轴电缆。

FTTB 是将 ONU 直接放在大楼内（如企业、事业单位办公楼或居民住宅公寓内），再由铜缆将业务分配到各个用户。FTTB 比 FTTC 的光纤化程度更进一步，更适合高密度用户区，也更容易满足未来宽带业务传输的需要。

如果将 FTTC 结构中设置在路边的 ONU 换成无源光分路器，将 ONU 移到大企业事业单位（如公司、政府机关、大学或研究所）的办公室内就成了 FTTO。将 ONU 移到用户家里就成了 FTTH。FTTH 是一种全透明全光纤的光接入网，适于引入新业务，对传输制式、带宽和波长等基本上没有限制，并且 ONU 安装在用户处，供电、安装维护等都比较方便。

5.6.3　无源光网络

1. 网络结构

无源光网络的信号由端局和电视节目中心通过光纤和光分路器直接分送到用户，其网络结构如图 5-23 所示。其下行业务由光功率分配器以广播方式发送给用户，在靠近用户接口处的滤波器让每个用户接收发给它的信号。在上行方向，用户业务是在预定的时间发送，目的是让它们分时地发送光信号，因此要定期测定端局与每个用户的延时，以便上行传输同步，这是 PON 技术的难点。由于光信号经过分路器分路后，损耗较大，因而传输距离不能很远。

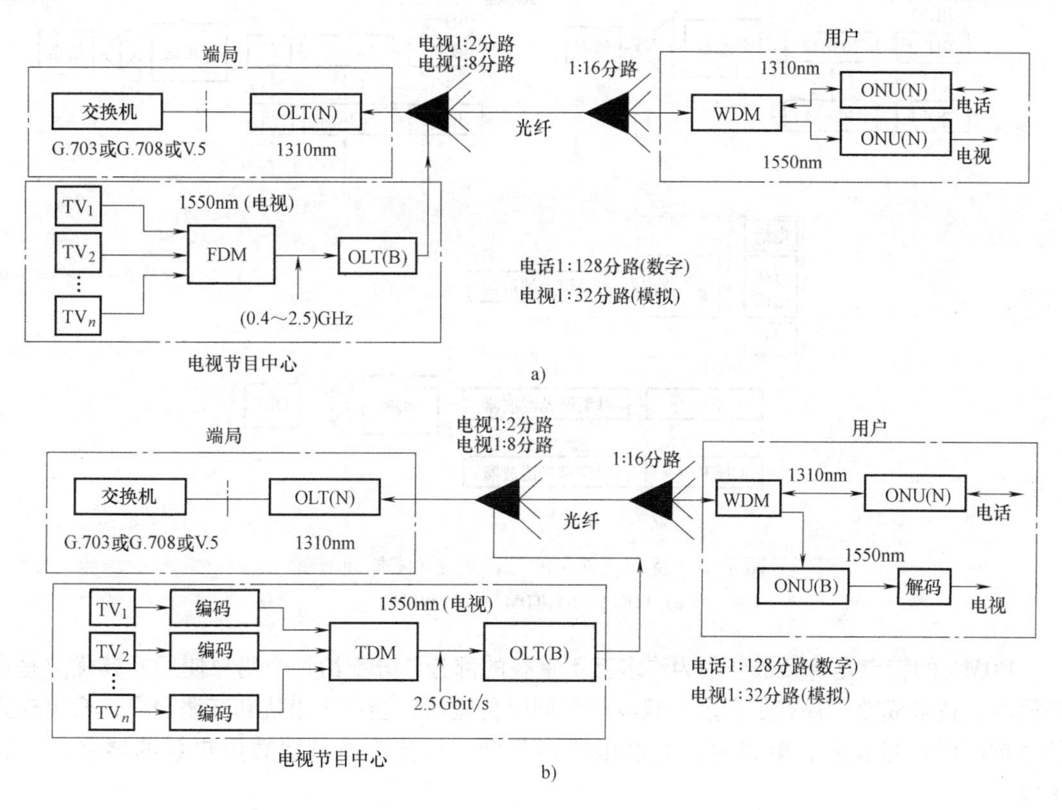

图 5-23　无源光网络结构

PON 的一个重要应用是传送宽带图像业务（特别是广播电视）。这方面尚无任何国际标准可用，但已形成一种趋势，即使用 1310nm 波长区传送窄带业务，而使用 1550nm 波长区传送宽带图像业务（主要是广播电视业务）。原因是 1310/1550nm 波分复用（WDM）器件已很便宜，而目前 1310nm 波长区的激光器也很成熟，价格便宜，适于经济地传送急需的窄带业务；另一方面，1550nm 波长区的光纤损耗低，又能结合使用光纤放大器，因而适于传送带宽要求较高的宽带图像业务。具体的传输技术主要是频分复用（FDM）、时分复用（TDM）和密集波分复用（DWDM）三种。图 5-23a 使用 1310/1550nm 两波长 WDM 器件来分离宽带和窄带业务，其中 1310nm 波长区传送 TDM 方式的窄带业务信号，1550nm 波长区传送 FDM 方式的图像业务信号（主要是 CATV 信号）。图 5-23b 也使用 1310/1550 两波长 WDM 器件来分离宽带和窄带业务，与图 5-23a 不同之处在于先将电视信号编码为数字信号，再用 TDM 方式传输。

2. 多址技术

PON 中常用的多址技术有三种：频分多址（FDMA）、时分多址（TDMA）和波分多址（WDMA），它们的原理框图如图 5-24 所示。

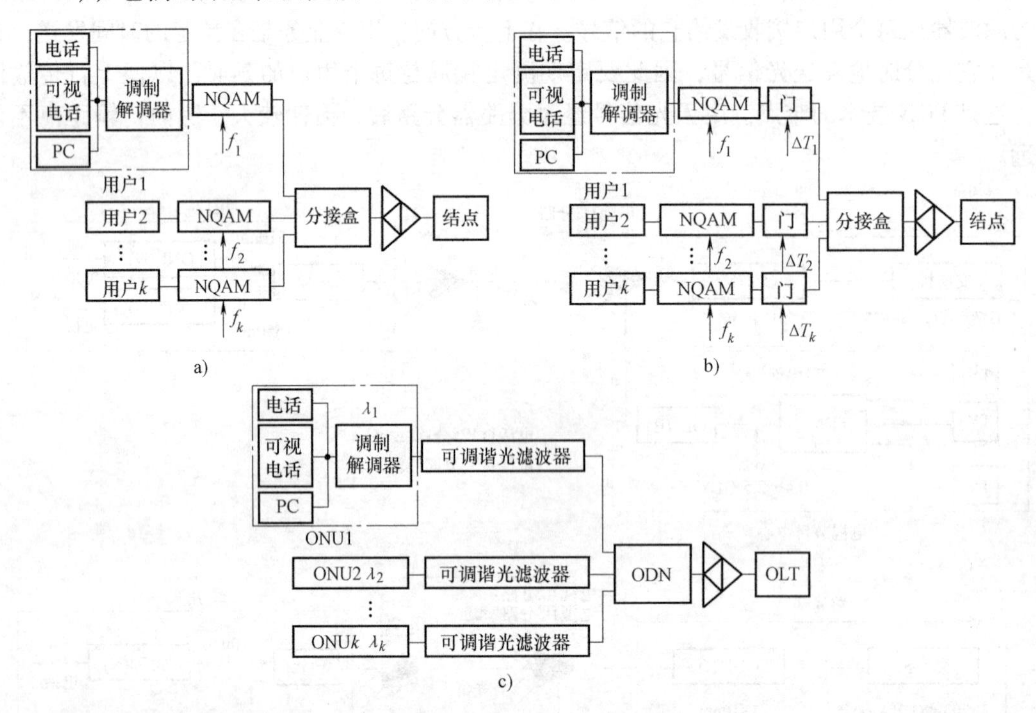

图 5-24 无源光网络的三种多址技术原理框图

a）FDMA b）TDMA c）WDMA

FDMA 的特点是将频带分割为许多互不重叠的部分，分配给每个用户使用。其优点是设备简单，技术成熟；缺点是当多个载波信号同时传输时，会产生串扰和互调噪声，会出现强信号抑制弱信号现象，单路的有效输出功率降低，且传输质量随着用户数的增多而急剧下降。

TDMA 的特点是将工作时间分割成周期性的互不重叠的时隙，分配给每个用户。其优点是在任何时刻只有一个用户的信号通过上行信道，可以充分利用信号功率，没有互调噪声；缺点是为了分配时隙，需要精确地测定每个用户的传输时延，并且易受窄带噪声的影响。

WDMA 的特点是以波长作为用户的地址，将不同的光波长分配给不同的用户，用可调谐滤波器或可调谐激光器来实现波分多址。其优点是不同波长的信号可以同时在同一信道上传输，不必考虑时延问题；缺点是目前可调谐滤波器或可调谐激光器的成本还很高，调谐范围也不宽。

5.6.4 有源光网络

在一些土地辽阔的国家，用户线有时比较长，在接入网中也用有源光网络（AON）。如

图 5-22 所示，有源光网络由 OLT、ODT、ONU 和光纤传输线路构成，ODT 可以是一个有源复用设备、远端集中器（HUB），也可以是一个环网。一般有源光网络属于一点到多点光通信系统，按其传输体制可分为 PDH 和 SDH 两大类。通常有源光网络采用星形网络结构，它将一些网络管理功能（如倒换接口、宽带管理）和高速复分接功能在远端终端中完成，端局和远端间通过光纤通信系统传输，然后再从远端将信号分配给用户。

5.6.5　光纤同轴电缆混合网

接入网除了电信部门的环路接入网以外，还有广播电视部门的 CATV 接入网。随着社会的发展，要求在一个 CATV 网内能够传送多种业务并且能够双向传输，为此一种新兴的光接入网——HFC 网应运而生。从传统的同轴电缆 CATV 网到 HFC 网，经历了单向光纤 CATV 网，双向光纤 CATV 网最后发展到 HFC 网。

HFC 网的基本原理是在双向光纤 CATV 网的基础上，根据光纤的宽频带特性，用空余频带来传输语音业务、数据业务，以充分利用光纤的频谱资源。HFC 的原理如图 5-25 所示，由前端出来的视频业务信号和由电信部门中心局出来的电信业务信号在主数字终端（HDT）处混合在一起，调制到各自的传输频带上，通过光纤传输到光纤节点，在光纤节点处进行光/电转换后由同轴电缆分配到每个用户。每个光纤节点能够服务的用户数大约 500 个。

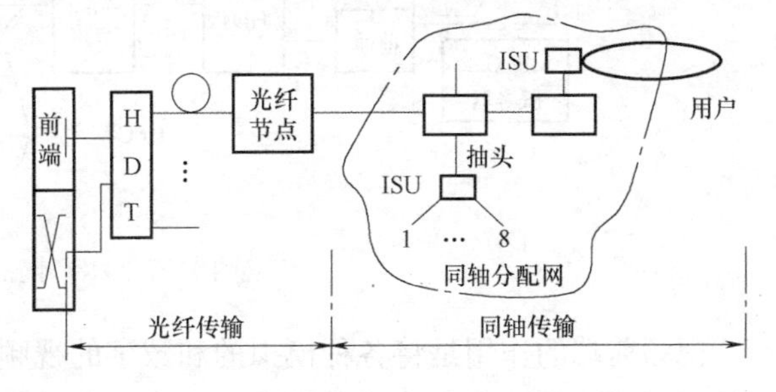

图 5-25　HFC 原理图

1. HFC 系统的频谱安排

HFC 采用副载波频分复用方式，其频谱安排目前国际上还没有统一标准，但在实际应用中存在一种趋势：HFC 系统有 750MHz 系统，也有 1000MHz 系统，其频率资源采用低分割分配方案，将上行和下行的各种业务信息划分到不同的频段，如图 5-26 所示。通常安排 50～750MHz（或 1000MHz）为下行通道，5～40MHz 为上行通道。50～550MHz 这段频谱用来传输模拟电视，对于 PAL 制式每个信道的频带为 8MHz，这段频谱能传输（550－50）/8≈60 信道的模拟电视。550～750MHz 这段频谱用来传输数字电视，也可以用其中一部分来传输数字电视，另一部分来传输下行电话和数据信号。5～30MHz 这段频谱用来传输上行电话信号，由于每个光纤节点能够服务的用户数约为 500 个，所以每个用户的上行回传信道频带为 25MHz/500＝50kHz；也有另一种分配上行频段的方法，将其扩展为 5～42MHz，其中5～8MHz传输状态监视信息，8～12MHz 传输 VOD（视频点播）信令，15～40MHz 用来传输上行电话信号。750～1000MHz 这段频谱用于各种双向通信业务，其中 695～735MHz 和970～1000MHz 可用于个人通信业务，其他未分配的频段可以有各种应用，也可用于将来可能

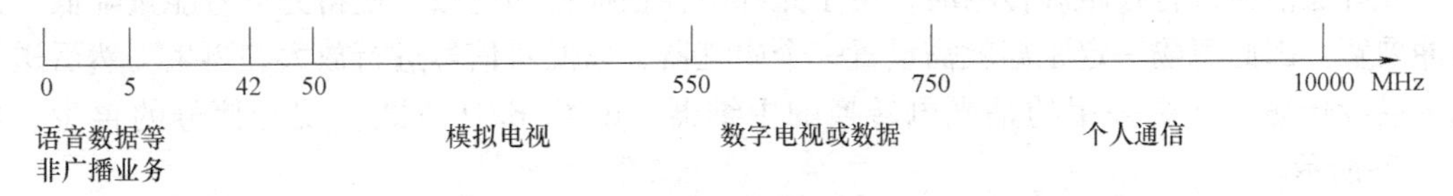

图 5-26　HFC 系统频谱安排

出现的新业务。

2. HFC 的调制和复用方式

对模拟视频信号的调制，主要采用模拟的 VSB 调制方式和 FDM 复用方式，便于与家庭使用的电视机兼容；对于长距离传输，也可采用 FM-SCM（副载波调频）方式，对于数字视频信号的调制，可以将数字视频进行 BPSK、QPSK 或 64QAM 调制到载波上，再使用 FDM 或 SCM 复用方式。下行的数字语音或数据经 QPSK 调制到下行副载波上，上行的数字语音或数据经 QPSK 调制到上行副载波上。

经 FDM 或 SCM 复用后的射频信号或微波信号再对光源进行直接强度调制，经光纤传输后再在接收端解调。当然，光信号也可采用 WDM、DWDM 甚至 OFDM 复用方式。

3. HFC 网的结构和功能

HFC 网主要由前端（HE）、主数字终端（HDT）、传输线路、光纤节点（FN）和综合业务单元（ISU）等组成，如图 5-27 所示。

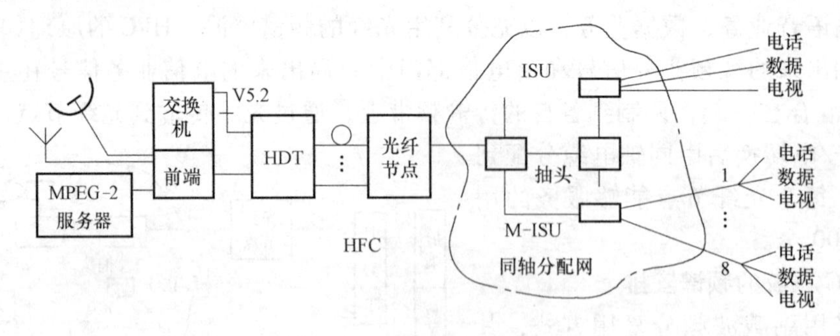

图 5-27　HFC 网的结构图

视频前端的作用是将各种模拟的和数字的视频信号源处理后混合起来。主数字终端的作用是将 CATV 前端出来的信息流和交换机出来的电话业务信息流合在一起。其主要功能有：通过 V5.2 接口与交换机进行信令转换，对网络资源进行分配，对业务信息进行调制与解调和合成与分解，光发送与光接收，提供对 HFC 网进行管理的接口。

光纤节点的作用主要是接收来自 HDT 的光形式的图像和电话信号，将其转换为射频电信号，再由射频放大器放大后送给各个同轴电缆分配网；并且还能对上行信号进行射频安排，对信令进行转换。

综合业务单元（ISU）是一个智能的网络设备，分为单用户的 ISU 和多用户的 ISU，主要提供各种用户终端设备与网络之间的接口，实现信令转换，对各种业务信息进行调制与解调和合成与分解。

5.7 光放大技术

光纤通信在进行长距离传输时，由于光纤中存在损耗和色散，使得光信号能量降低、光脉冲展宽。因此每隔一定距离就需设置一个中继器，以便对信号进行放大和再生，然后送入光纤继续传输。传统采用的是光电转换的中继器，即 O/E/O 方式实现光信号的再生，如图 5-28所示。

这种光电中继器具有设备复杂、体积大、功耗大等缺点，尤其是在多信道复用和双向复用光纤通信系统中，用这种中继方式将使系统复杂和成本上升。近几年来，由于光放大器的发展和成熟，更多的系统采用了光放大器作为中继器。

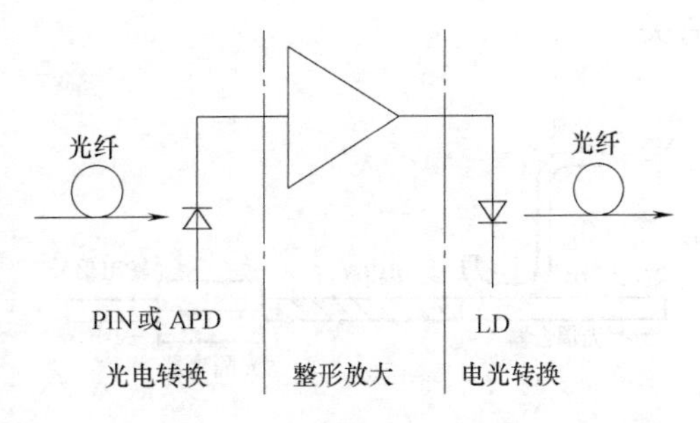

图5-28 光电中继器原理图

目前研制成功的光放大器包括半导体激光放大器、非线性光纤放大器和掺杂光纤放大器。半导体光放大器是在半导体激光器芯片两端镀上增透膜而形成，由于在半导体器件中载流子浓度很高，尤其是经增透膜后载流子浓度更高，因此半导体激光放大器的单程增益较高。

非线性光纤放大器利用光纤中的非线性效应，例如受激拉曼散射（SRS）和受激布里渊散射（SBS），这类光放大器需要对光纤注入泵浦光，泵浦光能量通过SRS或SBS传送到信号光上，同时有部分能量转换成分子振动（SRS）或声子（SBS）。SRS与SBS光纤放大器尽管很类似，但也有一些不同。对SRS光纤放大器来说，泵浦光与信号光可以同向或反向传输，而SBS光纤放大器只能进行逆向泵浦，SBS的斯托克斯移动要比SRS小三个量级，SRS光纤放大器的增益带宽约为6THz，而SBS光纤放大器的增益带宽却相当窄，只有30~100MHz。

掺杂光纤放大器在光纤通信中起着十分重要的作用，许多稀土离子（如Er^{3+}、Pr^{3+}、Nd^{3+}等）都被用作掺杂剂而构成掺杂光纤放大器。掺Er^{3+}光纤放大器工作波长为1.55μm，而掺Nd^{3+}和掺Pr^{3+}光纤放大器工作在1.3μm波段。掺杂光纤放大器利用掺杂离子在泵浦光作用下形成粒子数反转分布，当有入射光信号通过时，便实现对入射光信号的放大作用。

上述三种光放大器中，最为成熟、应用最广的光放大器是掺Er^{3+}光纤放大器。它已应用于商用光纤通信系统中，这里主要讨论掺铒（Er^{3+}）光纤放大器（EDFA）。

5.7.1 掺铒光纤放大器工作原理

掺铒光纤放大器（EDFA）由掺铒光纤、泵浦光源、光耦合器和光隔离器构成，如图5-29所示。掺铒光纤放大器是利用掺铒光纤中的铒离子在泵浦光作用下产生粒子数反转而对入射光信号提供光增益的。泵浦光源（光泵）采用的是1480nm的半导体激光器，波长为1.55μm的信号光通过光耦合器与泵浦光同时耦合进入掺铒光纤，在泵浦光作用下，铒离子产生粒子数反转分布，在信号光激励下，产生受激辐射，使信号光得以放大。放大器的增益特性和工作波长由掺杂的铒离子决定。图5-30给出了铒（Er^{3+}）离子的能级结构，在SiO_2受主杂质中，Er^{3+}的能级受到非晶态的影响，能级展宽为能带。$4I_{15/2}$能带为基态；$4I_{13/2}$能带称为亚稳态；$4I_{11/2}$能带为激发态。掺铒光纤放大器中受激光放大对应于$4I_{15/2}$到$4I_{13/2}$之间的跃迁。在泵浦方面，常采用980nm和1480nm两种泵浦方式，对1480nm波长的泵浦，泵浦能级与受激能级本身是处于同一能带（$4I_{13/2}$）内的，而在980nm波长泵浦时，铒离子吸收泵浦光跃迁到第三能级（$4I_{11/2}$），由于激发态是不稳定的，Er^{3+}很快返回到第二能级（$4I_{13/2}$）。当波长为1.55μm的信号光作用时，产生受激辐射，使信号光得到放大。EDFA的主要技术增益和噪声都与掺杂参数、掺铒光纤长度、光纤芯径、泵浦功率等诸因素有关。

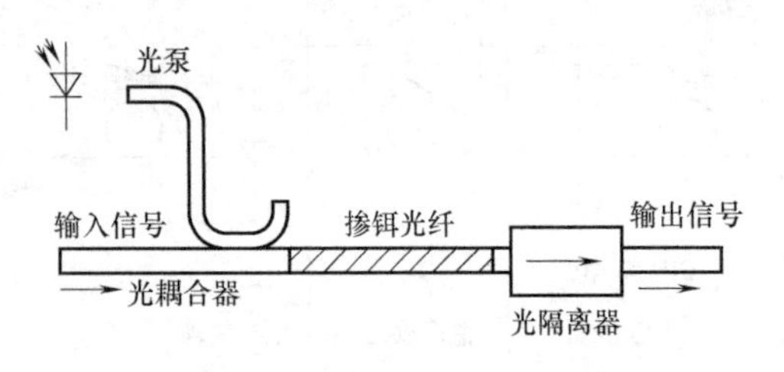

图5-29　掺铒光纤放大器

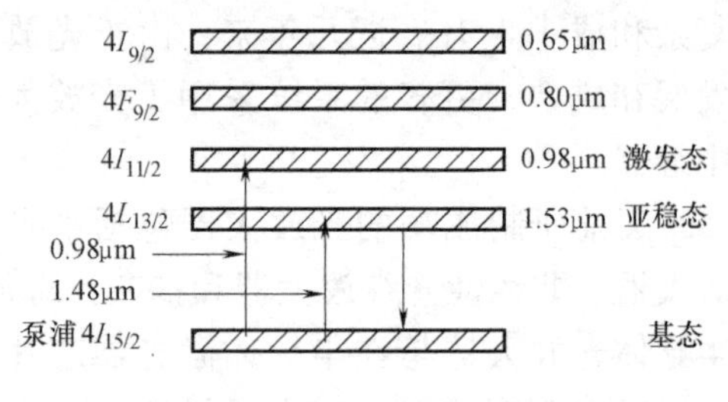

图5-30　Er^{3+} 的能级结构

5.7.2　掺铒光纤放大器的优点和应用

EDFA 的主要优点有：

1）工作波长正好落在光纤通信最佳波段（1500～1600nm）；其主体是一段光纤(EDF)，与传输光纤的耦合损耗很小，可达 0.1dB。

2）增益高，约为 30～40dB；饱和输出光功率大，约为 10～15dB；增益特性与光偏振状态无关。

3）噪声指数小，一般为 4～7dB；用于多信道传输时，隔离度大，无串扰，适用于波分复用系统。

4）频带宽，在 1550nm 窗口，频带宽度为 20～40nm，可进行多信道传输，有利于增加传输容量。

如果加上 1310nm 掺镨光纤放大器（PDFA），频带可以增加一倍。所以"波分复用＋光纤放大器"被认为是目前充分利用光纤带宽，增加传输容量最有效的方法。

1550nm EDFA 在各种光纤通信系统中得到广泛应用，并取得了良好效果。已经介绍过的副载波 CATV 系统、WDM 或 OFDM 系统、相干光系统以及光孤子通信系统，都应用了EDFA，并大幅度增加了传输距离。EDFA 的应用，归纳起来可以分为三种形式，如图 5-31所示。

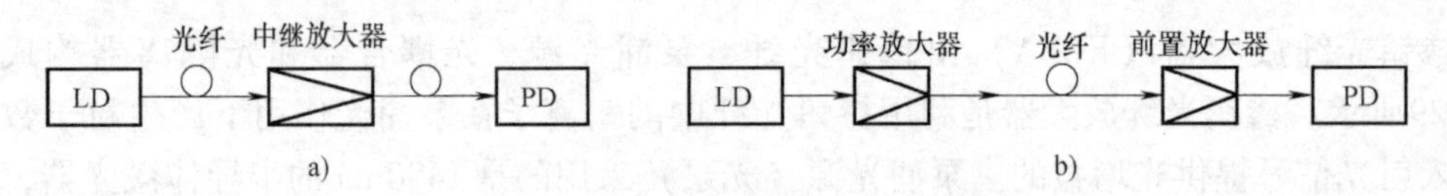

图5-31　光纤放大器的应用形式
a）中继放大器　b）前置放大器和功率放大器

（1）中继放大器　在光纤线路上每隔一定距离设置一个光纤放大器，以延长干线网的传输距离。

（2）前置放大器　此放大器置于光接收机前面，放大非常微弱的光信号，以改善接收灵敏度。作为前置放大器，对噪声要求非常苛刻。

（3）功率放大器　此放大器置于光发射机末端，以提高发射光功率。对功率放大器噪声要求不高，而饱和输出光功率是主要参数。

5.8 光波分复用技术

5.8.1 光波分复用概述

光波分复用（WDM）技术是在一根光纤中同时传输多个波长光信号的技术。

随着人类社会信息时代的到来，对通信的需求日益增长，光纤通信得到迅速发展，传统的电时分复用的光纤通信的传输速率几乎以每10年100倍的速度增长，但码速率的增长最终要受到电子器件响应速率瓶颈的限制，在高码速率上很难实现。光波分复用技术的出现，使光纤通信系统的传输容量成几倍、数十倍地增加，可以说没有波分复用技术也就没有现在蓬勃发展的光通信事业。

WDM技术对网络升级、发展宽带业务（如CATV、HDTV和IPover WDM等）、充分挖掘光纤宽带潜力、实现超高速光纤通信等具有十分重要的意义，尤其是WDM加上EDFA更是对现代信息网络具有强大的吸引力。

波分复用（WDM）、密集波分复用（DWDM）和光频分复用（OFDM）在本质上没有多大区别，都是光波长分割复用（或光频率分割复用），所不同的是复用信道波长间隔不同。在20世纪80年代中期，复用信道的波长间隔一般在几十到几百纳米，如在长波长1.3μm和1.55μm波分复用，当时被称为WDM。20世纪90年代后，EDFA实用化，为了能在EDFA的20~40nm带宽内复用多个波长的信号，信道的间隔必须缩小，波长间隔为纳米量级，这就是DWDM。ITU-T建议标准的波长间隔为0.8nm（在1.55μm波段对应100GHz频率间隔）的整数倍，如0.8nm、1.6nm、2.4nm等。由于目前在电信界应用中都采用DWDM，所以经常用WDM这个更广义的名称代替DWDM，即通常所说的WDM就是指DWDM。

如果光信道十分密集，信道间隔只有几十GHz、甚至几GHz时，称之为光频分复用（OFDM），要实现OFDM还比较困难，它有赖于相干光通信的发展，见第5.9节。

5.8.2 WDM系统的构成及特点

光波分复用传输系统的基本结构如图5-32所示，在发送端将不同波长的已调光信号λ_1、λ_2、…、λ_N通过复用器合在一起，经光纤将复合信号传输到接收端，然后用解复用器将不同光波长的信号分开，以达到在一根光纤上传输多个光载波信号的目的。如果具有N个信道，码速率分别为B_1、B_2、…、B_N，则系统的总码速率为$B=B_1+B_2+\cdots+B_N$。如果传输距离为L，则系统的容量$BL=(B_1+B_2+\cdots+B_N)L$，这样，在各信道码速率相同的情况下，与单信道系统相比，多信道系统容量增加N倍。

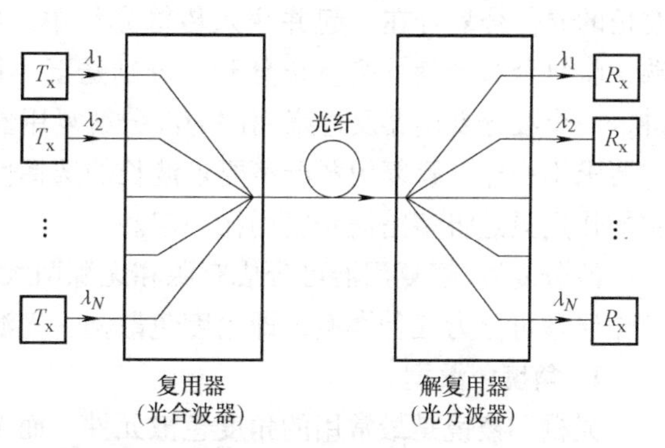

图5-32　光波分复用传输系统的基本结构

WDM系统的最小信道间隔由信道串扰决定，对于光强调制-直接检测（IM-DD）系统，信道间隔通常要求大于1nm，如果采用相干检测方式，信道间隔可以小到几 GHz。

WDM 系统容量受限于很多因素，诸如信道间隔、光纤带宽和光纤损耗。损耗决定了传输距离，而信道间隔和光纤带宽则决定了可以复用的最大信道数目。目前在 1.55μm 附近的光纤带宽可以做到 120nm 宽。如果采用相干检测方式，信道间隔在码速率为 2Gbit/s 下可以小到 10GHz，则在 120nm 范围内可以进行 1500 个信道的复用，这样有效码速率可达到 3Tbit/s。如果 WDM 相干检测系统与光放大器结合，则可以极大地提高系统的容量。

实现 WDM 的难点是多波长光源，光合波器和光分波器的制作，除了要求这些器件稳定可靠之外，还要求收、发端的光频互相对准。对于多波长的 WDM 光源当前正在发展可调谐的集成半导体激光器，它可把近 20～30 个不同波长的激光器集成一体，并包含光放大和光合波波导。

WDM 技术的主要特点可归纳为：

1）充分利用光纤的巨大带宽资源。光纤具有巨大的带宽资源（低损耗波段），WDM 技术使一根光纤的传输容量比单波长传输增加几倍至几十倍甚至几百倍，从而增加光纤的传输容量，降低成本，具有很大的应用价值和经济价值。

2）同时传输多种不同类型的信号。由于 WDM 技术使用的各波长的信道相互独立，因而可以传输特性和速率完全不同的信号，完成各种电信业务信号的综合传输，如 PDH 信号和 SDH 信号、数字信号和模拟信号、多种业务（音频、视频、数据等）的混合传输等。

3）节省线路投资。采用 WDM 技术可使 N 个波长复用起来在单根光纤中传输，也可实现单根光纤双向传输，在长途大容量传输时可以节约大量光纤。另外，对已建成的光纤通信系统扩容方便，只要原系统的功率余量较大，就可以进一步增容而不必对原系统做大改动。

4）降低器件的超高速要求。随着传输速率的不断提高，许多光电器件的响应速度已明显不足，WDM 技术可降低对一些器件在性能上的极高要求，同时又可实现大容量传输。

5）高度的组网灵活性、经济性和可靠性。WDM 技术有很多的应用形式，如长途干线网、广播分配网、多路多址局域网，可以利用 WDM 技术选择路由，实现网络交换和故障恢复，从而实现未来的透明、灵活、经济且具有高度生存性的光网络。

5.8.3 光波分复用器与解复用器

光波分复用器与解复用器是 WDM 系统中的关键器件。波分复用器用于发射端，将多个波长的光信号复合在一起并注入传输光纤中，所以又称合波器；而波分解复用器用于接收端，将复合的光信号按波长分开，分别送至不同的接收器上，所以又称分波器。从原理上讲，一个波分复用器反过来用即为波分解复用器，但应该注意的是，在 WDM 系统中对两者的要求不一样，解复用器严格要求波长的选择性，而复用器不一定要求波长的选择性，因为它的作用只是将多路信号复用在一起。

波分复用/解复用器可分成有源和无源两大类，在这里只介绍常用的无源器件，它按照工作原理可分为三种类型，即角度色散型、光滤波器型和光纤耦合器型。

1. 角度色散型

光栅和棱镜是最常用的角度色散元件，而 WDM 系统又常采用光栅作为解复用器件。

广义上讲，任何一个具有周期性空间结构或周期性光学性质的衍射屏都是一个光栅。

图5-33中的光栅是闪烁光栅的结构。它是以磨光了的金属板或镀上金属膜的玻璃板为坯子，用劈形钻石刀头在上面刻划出一系列锯齿状槽面。槽面和光栅宏观平面间的夹角叫做闪烁角（用 θ_b表示），图中所示的 d 叫做光栅常数。闪烁光栅的基本工作原理可用物理中的多槽衍射来解释，当单槽衍射的主极强正好落在槽间干涉的 k 级闪烁波长 λ_{kb}附近的 k 级光谱中去时，将使这一级光谱的强度大大增加，其他级几乎都落在单槽衍射的暗线位置而形成缺级，从而将 80%～90% 的光能量集中到 k 级光谱上。若光栅周围介质的折射率为 1，则 λ_{kb}应满足

$$kd\sin\theta_b = 2\lambda_{kb} \tag{5-17}$$

图 5-33 所示是光栅型解复用器的两种结构。一种结构用传统的透镜作准直器件，如图 5-33a所示；另一种用自聚焦透镜作准直器件。两种情况都采用 Littrow 安装方式。对这种结构，光栅方程为

$$\sin i + \sin\theta = k\lambda/d \qquad k = 1,2,3,\cdots \tag{5-18}$$

式中，i 和 θ 分别为入射光束和衍射光束与光栅平面的法线的夹角。对 Littrow 安装方式，$i \approx \theta$，因而可得到器件的角色散本领为

$$D_\theta = \frac{\partial\theta}{\partial\lambda} \approx \frac{k}{2d\cos\theta} \tag{5-19}$$

由以上分析可知，光栅的色散本领与光栅常数 d 成反比，与级数 k 成正比。光栅的色分辨本领与光栅的总槽数 N 和 k 成正比。因此，要得到性能好的光栅，总槽数 N 应尽量多，光栅常数 d 应尽量小，并尽量选用高的衍射级数。

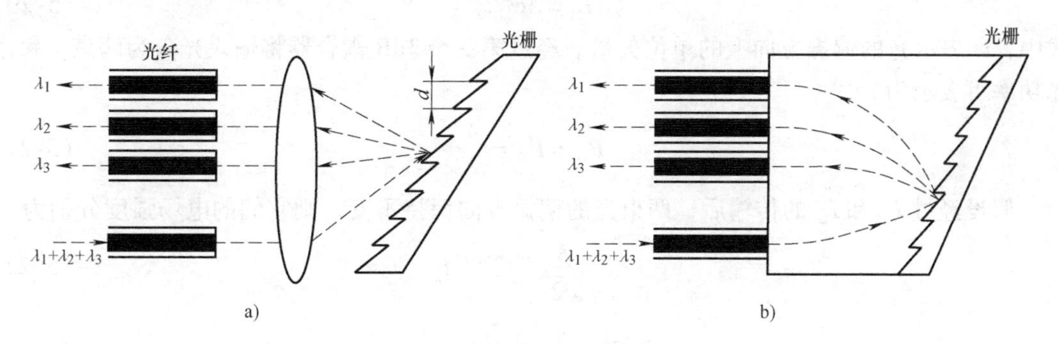

图 5-33　光栅型解复用器的两种结构

a）用传统的透镜作准直材料　b）用自聚焦透镜作准直材料

光栅型解复用器是一种并行器件，它可以同时分开多路不同波长的信号，使各路的插损都一样，具有解复用路数多、插损较小、分辨率较高等优点。目前利用光栅可分开 132 个信道，其分辨率小于 1nm，插损为 5～8dB，被广泛应用于 DWDM 系统中。

2. 光滤波器型

光滤波器在 WDM 系统中是一种重要元器件，常常用来构成各种各样的波分复用器和解复用器，常用的有干涉膜滤波器型、Mach-Zahnder 滤波器型和阵列波导光栅型以及声光可调谐滤波器等。

（1）干涉膜滤波器型　干涉膜滤波器型解复用器的基本结构如图 5-34 所示。滤光片由多层介质薄膜构成，它可以通过介质膜系的不同选择构成长波通、短波通和带通滤波器。其

基本原理可以通过每层薄膜的界面上多次反射和透射光的线性叠加来解释。以简单的两波分复用器为例，它是通过两个自聚焦透镜和中间的干涉滤光片来实现两个波长的分波和合波，如图5-35所示。

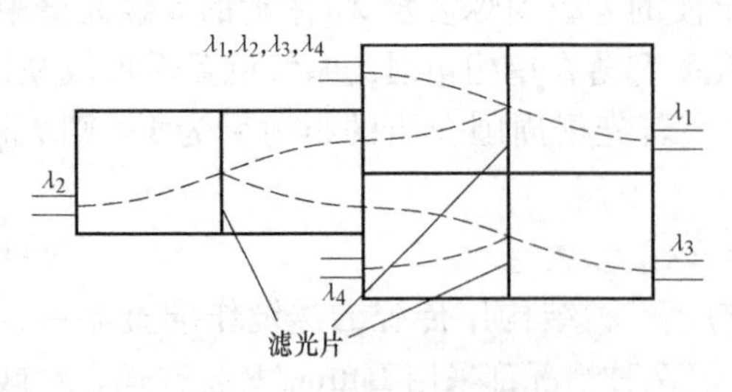

图5-34 离轴安装的干涉膜滤波器型解复用器

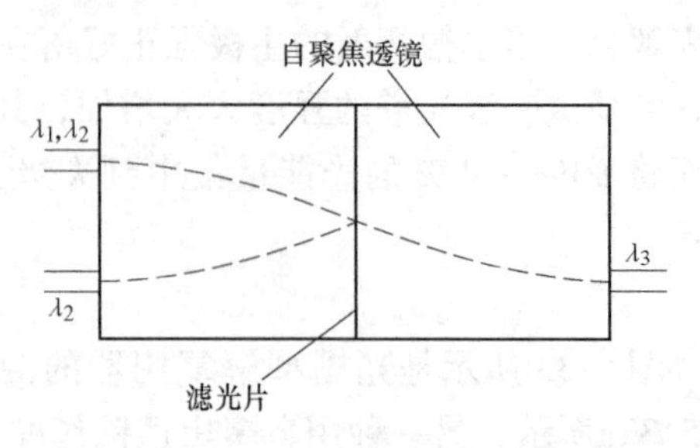

图5-35 干涉滤波器型波分复用器

（2）Mach-Zahnder滤波器型 Mach-Zahnder（M-Z）干涉结构可用作光调制器，也可用作光滤波器，其结构如图5-36所示。输入光功率 P_i 经第一个3dB耦合器等分为为 P_{i1} 和 P_{i2} 两部分，它们分别在长度为 L_1 和 L_2 的光波导中传输后，经过第二个3dB耦合器合在一起。下面分析其滤波原理。

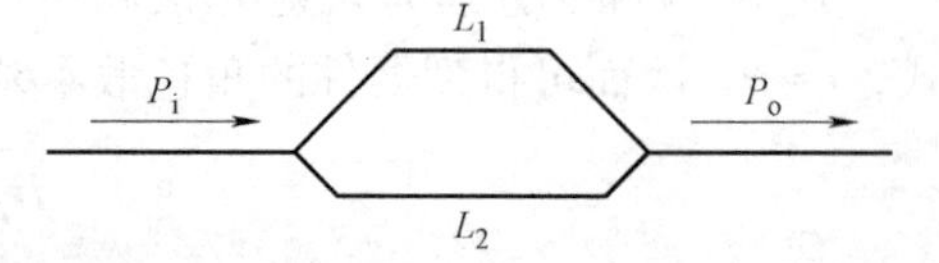

图5-36 Mach-Zahnder滤波器的结构

设输入光功率 $P_i \propto E_i E_i^*$，则输入光的电场强度可以表示为

$$E_i = A e^{j\omega t} i_\lambda \tag{5-20}$$

式中，i_λ 表示光的偏振方向上的单位矢量。经过第一个3dB耦合器将输入光分为两束，每束光功率可表示为

$$P_{i1} = P_{i2} = \frac{A}{2} \tag{5-21}$$

假设经过 L_1 和 L_2 的传输后，两束光的偏振方向保持不变，则它们的电场强度分别为

$$E_1 = \frac{A}{\sqrt{2}} e^{j\omega(t - L_1/v)} i_\lambda \tag{5-22}$$

$$E_2 = \frac{A}{\sqrt{2}} e^{j\omega(t - L_2/v)} i_\lambda \tag{5-23}$$

式中，v 为波导中光的传播速度。经过第二个耦合器后，总电场强度为

$$E = E_1 + E_2 = \frac{A}{\sqrt{2}}[e^{j\omega(t - L_1/v} + e^{j\omega(t - L_2/v)}] \tag{5-24}$$

输出光功率

$$P_o \propto EE^* = \frac{A^2}{2}[1 + \cos\frac{\omega(L_1 - L_2)}{v}] = A^2 \cos^2[\frac{\pi\nu}{v}(L_1 - L_2)] \tag{5-25}$$

M-Z滤波器的透射率为

$$T = P_o / P_i = \cos^2[\frac{\pi\nu}{v}(L_1 - L_2)] \tag{5-26}$$

图5-37给出透射率随光频变化的曲线，可以看出它的滤波效应。图5-38给出了一个基于M-Z干涉的集成四波分复用/解复用器。

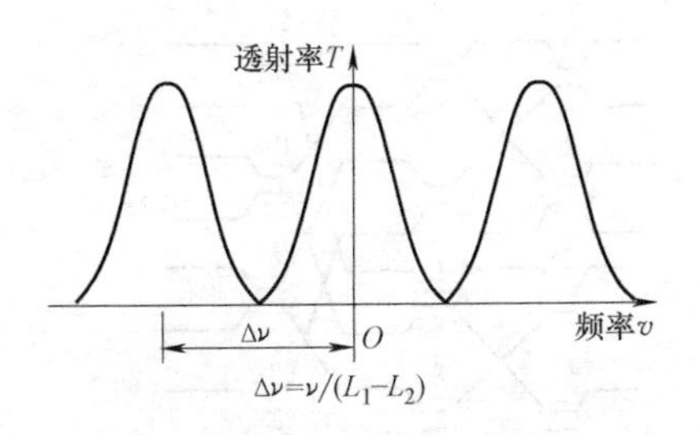

图5-37　M-Z滤波器的透射率随光频变化曲线

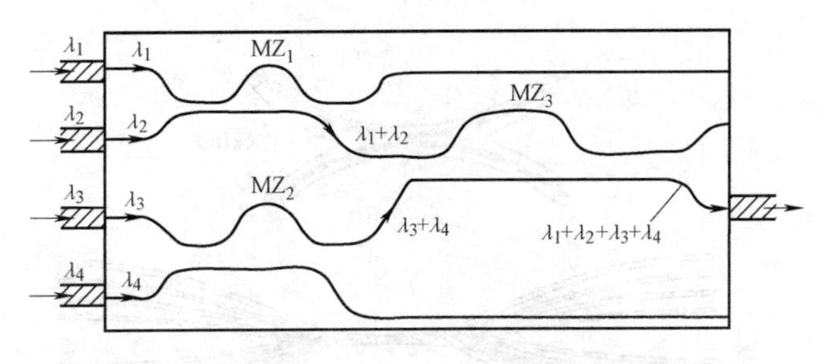

图5-38　基于M-Z干涉的集成四波分复用/解复用器

（3）**阵列波导光栅**　阵列波导光栅（AWG）是M-Z滤波器的推广和一般形式。图5-39是用集成光学方法研制的$N\times N$阵列波导光栅型复用/解复用器。它是由输入波导、两个平面耦合波导、阵列波导和输出波导构成的。当多波长信号被激发进某一输入波导时，此信号将在第一个平面耦合波导中发生衍射而耦合进阵列波导。阵列波导由很多长度依次递增的路径构成，光经过不同的波导路径到达第二个平面耦合波导时，产生不同的相位延迟，在第二个耦合波导中相干叠加。这种阵列波导长度差所引起的作用和光栅沟槽平面所起的作用相同，从而表现出光栅的功能和特性，这就是AWG名称的来源。

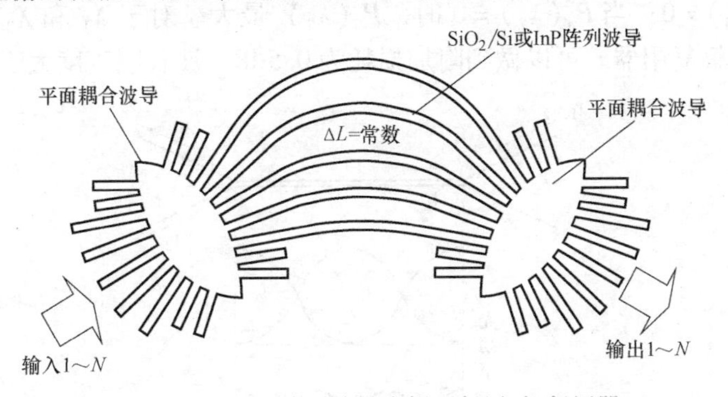

图5-39　$N\times N$阵列波导光栅型复用/解复用器

精确设计阵列波导的路径数和长度差，可以使不同波长的信号在第二个平面耦合波导输出端的不同位置形成主极强，分别耦合到不同的输出波导中，从而起到解复用器的作用。据报导，在几平方厘米的基片上，可以作出100条SiO_2-GeO_2波导通道，波导的长度差仅有100μm。可以在1.55μm波段分解出10个不同的光波长。

AWG在WDM全光网中具有多种用途，它的插损较小，但串扰就不易达到很小。

3. 光纤耦合器型

把两根或多根光纤排列，用熔融拉锥技术可以构成T形耦合器、定向耦合器、星形耦合器，以组成波分复用/解复用器。图5-40给出了光纤耦合器的基本结构。图5-40a、图5-40b分别示出单模2×2定向耦合器和多模$n\times n$星形耦合器的结构。单模星形耦合器的端口数受到一定限制，通常可以用2×2耦合器组成，图5-40c示出由12个单模2×2耦合器组成的8×8星形耦合器。

图5-40a所示定向耦合器可以制成波分复用/解复用器，其原理如图5-41所示，光纤a（直通臂）传输的输出光功率为P_a，光纤b（耦合臂）的输出光功率为P_b，根据耦合理论得到

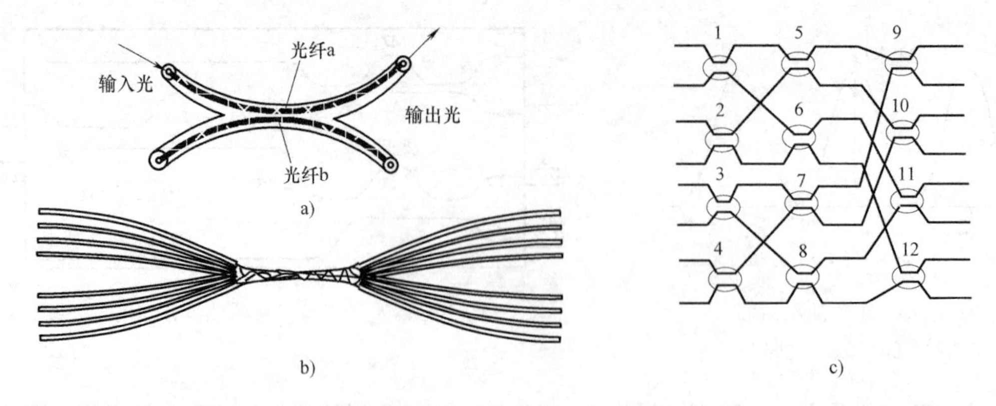

图 5-40 光纤形耦合器的基本结构

a）定向耦合器 b）8×8 星形耦合器 c）由 12 个 2×2 耦合器组成的 8×8 星形耦合器

$$P_a = \cos^2 C_\lambda L \tag{5-27}$$

$$P_b = \sin^2 C_\lambda L \tag{5-28}$$

式中，L 为耦合器有效作用长度；C_λ 为取决于光纤参数和光波长的耦合系数。设特定波长为 λ_1 和 λ_2，选择光纤参数，调整有效作用长度，使得当光纤 a 的输出 $P_a(\lambda_1)$ 最大时，光纤 b 的输出 $P_b(\lambda_1)=0$；当 $P_a(\lambda_2)=0$ 时，$P_b(\lambda_2)$ 最大。对于 λ_1 和 λ_2 分别为 1.3μm 和 1.55μm 的光纤型解复用器，可以做到附加损耗为 0.5dB，波长隔离度大于 20dB。

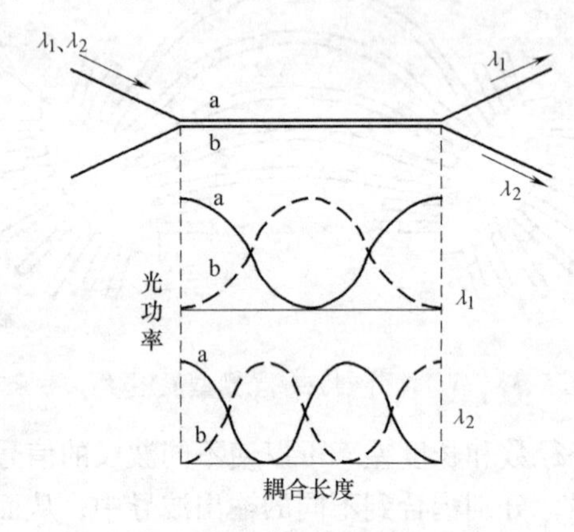

图 5-41 光纤型波分解复用器原理

5.9 相干光通信技术

自从光纤通信系统问世至今，所有的系统几乎都采用光强调制 - 直接检测（IM - DD）的方式，这种系统的优点是调制、解调容易，成本低。但由于没有利用光的相干性，从本质上讲，这还是一种噪声载波通信系统，不能充分利用光纤的带宽，接收灵敏度低，传输距离短。为了充分利用光纤通信的带宽，提高接收机的灵敏度，人们开始考虑无线电通信中使用的外差接收方式是否可以用于光纤通信？因为光波也是一种电磁波，所以应该可以采用在无线电通信中使用的调制方式（幅移键控 ASK、频移键控 FSK、相移键控 PSK）和外差接收方式，从而出现了一种新型系统——相干光通信系统。

所谓相干光，就是两个激光器产生的光场具有空间叠加、相互干涉性质的激光。实现相干光通信，关键是要有频率稳定、相位和偏振方向可以控制的窄线谱激光器。

5.9.1 相干光通信系统的组成与工作原理

图5-42给出了相干光通信系统的组成框图，在相干光通信系统中，信号对光源以适当的方式调制光载波。当信号光传输到达接收端时，首先与一本振光信号进行相干混频，然后由光检测器进行光电变换，最后由中频放大器对本振光波和信号光波的差频信号进行放大。中频放大输出的信号通过解调器进行解调，就可以获得原来的数字信号。

在图5-42所示的系统中，光发射机由光载波激光器、调制器和光匹配器组成。光载波激光器发出相干性很好的光载波，由数字信号经调制器进行光调制，经过调制的已调光波通过光匹配器进入单模光纤。在这里，光匹配器有两个作用：一是为了获得最大的发射效率，使已调光波的空间分布和单模光纤基模之间有最佳的匹配；二是保证已调光波的偏振状态和单模光纤的本征偏振状态相匹配。

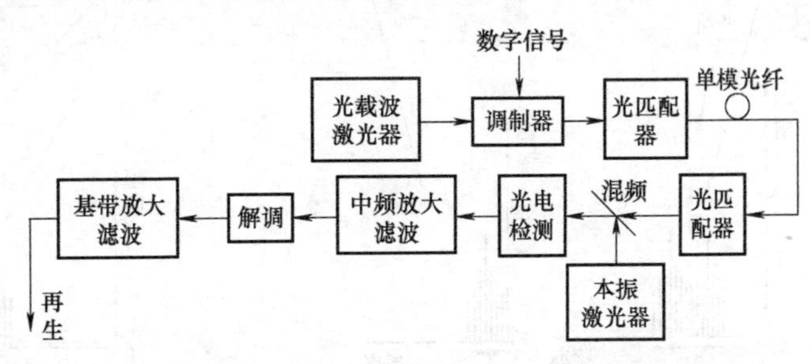

图5-42 相干光通信系统的组成框图

在接收端，光波首先进入光匹配器，其作用与光发射机的光匹配器相同，保证接收信号光波的空间分布和偏振方向与本振激光器输出的本振光波相匹配，以便得到高的混频效率。

设到达接收端的信号光场 E_s 表示为

$$E_s = A_s \exp[-j(\omega_0 t + \varphi_s)] \tag{5-29}$$

式中，A_s 为光信号的幅度；ω_0 为光载波频率；φ_s 为光场相位。本振光场 E_L 可表示为

$$E_L = A_L \exp[-j(\omega_L t + \varphi_L)] \tag{5-30}$$

由于光匹配器使信号光与本振光具有相同的偏振状态，所以两光场经相干混频后在光检测器上产生的光电流 I_s 正比于 $|E_s + E_L|^2$，即

$$I_s = R(P_s + P_L) + 2R\sqrt{P_s P_L}\cos(\omega_{IF} t + \varphi_s - \varphi_L) \tag{5-31}$$

式中，R 为光检测器的响应度；P_s 和 P_L 分别为信号光和本振光的光功率；ω_{IF}为信号光频与本振光频之差，$\omega_{IF} = \omega_0 - \omega_L$，称为中频。

一般情况下 $P_L >> P_s$，因此 $P_s + P_L \approx P_L$，在式(5-31)中第一项代表直流分量，而第二项包含了由发射端传来的信息，该信息可以是调幅、调频或调相的形式。由此可见，该信号电流与本振光信号成正比，可以等效地看成是本振光信号使接收光信号得到了放大，称之为本振增益，这使接收机的灵敏度大大提高。

在式(5-31)中，如果本振光频率 ω_L 与信号光频率 ω_0 相等，则中频 $\omega_{IF}=0$，这种检测方式称为零差检测。在零差检测中，信号电流 i_s 变成

$$i_s = 2R\sqrt{P_s P_L}\cos(\varphi_s - \varphi_L) \tag{5-32}$$

在这种检测方式中，光信号被直接转换成基带信号，但它要求本振光频率与信号光频率严格

匹配，并且要求本振光与信号光的相位锁定，图 5-43 给出了这种检测方式的结构和信号的频谱分布。

如果本振光频率 ω_L 与信号光频率 ω_0 不相等，而是差出一个中频 ω_{IF}，则这种检测方式称为外差检测。在外差检测中，信号电流

$$i_s = 2R\sqrt{P_s P_L}\cos(\omega_{IF}t + \varphi_s - \varphi_L) \tag{5-33}$$

图 5-44 给出了外差检测的结构和信号的频谱分布。

E_S
混合
E_S+E_L
光检测
基带信号
E_L
频谱
f_L
f_S
O
2B
频率
频谱
O
B
频率

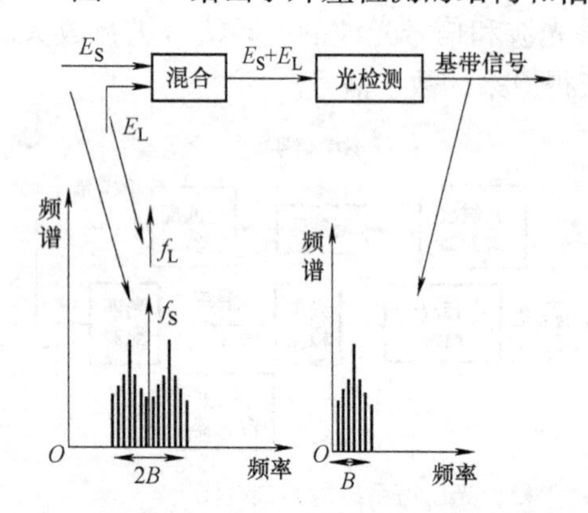

图 5-43　零差检测的结构和信号的频谱分布

E_S
混合
E_S+E_L
光检测
IF
中频检测
基带信号
E_L
频谱
O
2B
频率
频谱
f_S
f_L
O
2B
频率
频谱
O
B
频率

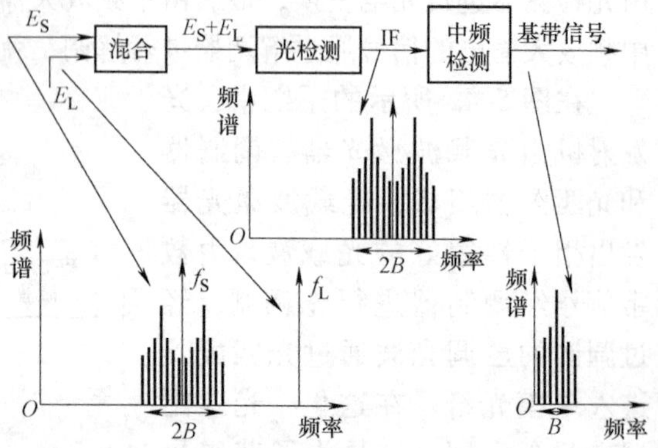

图 5-44　外差检测的结构和信号的频谱分布

与零差检测不同，外差检测不要求本振光与信号光之间的相位锁定和光频率严格匹配，但这种检测方式不能直接获得基带信号，信号仍然被载在中频上，因此需要对中频进行二次解调，根据对中频信号的解调方式不同，在外差检测中又分同步解调和包络解调。

外差同步解调如图 5-45 所示，光检测器上输出的中频信号首先通过一个中频带通滤波器（BPF，中心频率为 ω_{IF}），然后分成两路，其中一路用作中频载频恢复，恢复出来的中频载波与另一路中频信号进行混频，最后由低通滤波器（LPF）输出基带信号，这种同步解调方式具有灵敏度高的优点。在外差包络解调中（见图 5-46），没有中频载频的恢复过程，而是经带通滤波后由包络检波器后接一个低通滤波器而直接检测出基带信号。这种包络解调方式对信号光和本振光谱宽的要求不高，采用 DFB 激光器即可满足要求，因此这种方式在相干通信中很具有吸引力。

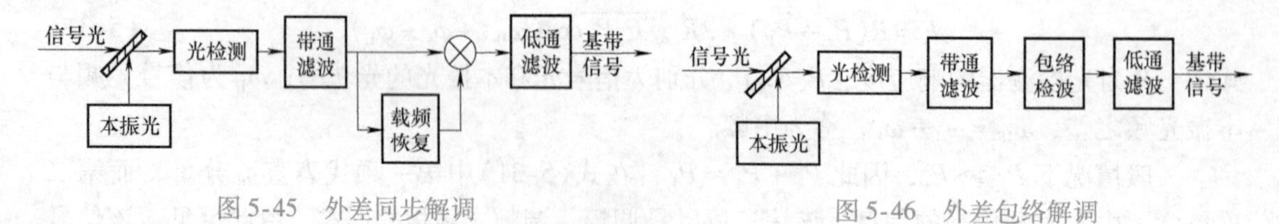

信号光
光检测
带通滤波
低通滤波
基带信号
载频恢复
本振光

图 5-45　外差同步解调

信号光
光检测
带通滤波
包络检波
低通滤波
基带信号
本振光

图 5-46　外差包络解调

5.9.2　相干光通信的优点和关键技术

与 IM－DD 系统相比，相干光通信最显著的优点就是接收灵敏度高，由于相干检测对中频信号起重要作用的本振光功率较大，使中频信号较强，从而使接收灵敏度比 IM-DD 系统高 10～25dB，使中继距离大大加长。相干光通信的第二个优点就是具有很好的频率选择性，通过对光接收机中本振光频率的调谐，对特定频率的光载波进行接收，可以实现信道间隔小

至1~10GHz的密集频分复用，从而有效地增加传输容量，实现超高容量的传输。

在IM-DD系统中，只能使用强度调制方式对光波进行调制，而在相干光通信系统中，可以采用调幅、调频和调相等多种调制方式。

但是，相干光通信对光源、调制、传输、接收的要求都要比IM-DD严格得多。实现相干光通信的关键技术主要有两个，首先要解决光源的频率稳定性问题，在相干光通信系统中，发射机的载波光源和接收机的本振光源的频率稳定性要求非常高，不容易实现。再一个问题就是接收信号光波和本振光波的偏振必须匹配，以保证接收机具有较高的灵敏度。

目前这些问题并没有得到完全解决，所以相干光通信系统尚不能进入实用化阶段，但是近些年来，已研制成功了一些相干光通信试验系统，通过这些实验，向人们展示了相干光通信系统的优越性，有理由相信，随着技术水平的提高，在不久的将来，相干光通信将在光纤通信中发挥重要作用。

5.10 光孤子通信

光纤的损耗和色散是限制系统传输距离的两个主要因素，尤其是在Gbit/s以上的高速光纤通信系统，色散将起主要作用，由于脉冲展宽效应使系统的传输距离受到限制，那么，能不能设法保持脉冲形状，在传输过程中不使其展宽，从而提高通信距离呢？近年来出现了解决这一问题的新型通信方式——光孤子通信。所谓光孤子是经过光纤长距离传输后，其幅度和宽度都不变的超短光脉冲（ps数量级）。光孤子的形成是光纤的群速度色散和非线性效应相互平衡的结果。利用光孤子作为载体的通信方式为光孤子通信。

5.10.1 光孤子的形成与传输特点

1973年，首先由Hasegawa提出光纤中的孤立子，称之为光孤子；1980年由Mollenaner在实验上首次证实了光纤中光孤子的存在。这种光孤子与一般的光脉冲不同，它的脉冲宽度极窄，达到ps的数量级，而其功率又非常大。

那么，光孤子是如何形成的呢？在光纤中传输高功率窄脉冲光信号时，由于非线性效应（自相位调制SPM）和色散效应（群速度色散GVD）的相互抵消作用，可产生光孤子。

光纤的非线性效应和色散效应原本都是破坏波形稳定的因素，色散效应使波形有散开（展宽）的趋势，这是因为组成光波的各频率分量具有不同的群速度，因而传输一段距离后，波形便展宽了。而非线性效应与色散效应恰恰相反，它使得较高频率分量不断积累，使得光波在传输的过程中形状越来越陡。如果把这两种效应巧妙地结合，相互制约，相互平衡，就有可能保持波形的稳定不变，成为光孤子。

我们在讨论光纤中的非线性光学效应时（见第2.5节）指出：在强光作用下，光纤的折射率n将随光强而变化，即$n = n_0 + \bar{n}_2 |E|^2$，进而引起光场的相位变化

$$\Delta\phi(t) = \frac{\omega}{c}\Delta n(t) L = \frac{2\pi L}{\lambda}\Delta n(t) \tag{5-34}$$

这种使脉冲不同部位产生不同相移的特性，称为自相位调制（SPM）。如果考虑光纤损耗，式(5-34)中的L要用有效长度L_{eff}代替。SPM引起脉冲载波频率随时间的变化为

$$\Delta\omega(t) = -\frac{\partial\Delta\phi(t)}{\partial t} = -\frac{2\pi L}{\lambda}\frac{\partial}{\partial t}[\Delta n(t)] \tag{5-35}$$

如图 5-47 所示，在脉冲上升部分，$|E|^2$ 增加，$\frac{\partial \Delta n}{\partial t}>0$，得到 $\Delta\omega<0$，频率下移；

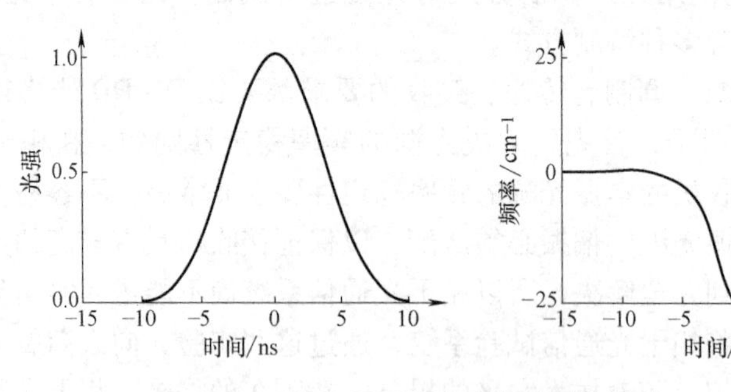

图 5-47　脉冲的光强频率调制

在脉冲顶部，$|E|^2$ 不变，$\frac{\partial \Delta n}{\partial t}=0$，得到 $\Delta\omega=0$，频率不变；在脉冲下降部分，$|E|^2$ 减小，$\frac{\partial \Delta n}{\partial t}<0$，得到 $\Delta\omega>0$，频率上移。频移使脉冲频率改变分布，其前部（头）频率降低，后部（尾）频率升高。这种情况称脉冲已被线性调频，或称啁啾（Chirp）。

设光纤无损耗，在光纤中传输的已调波为线性偏振模式，其场可以表示为

$$E(r,z,t)=R(r)U(z,t)\exp[-\mathrm{j}(\omega_0 t-\beta_0 z)] \tag{5-36}$$

式中，$R(r)$为径向本征函数；$U(z,\ t)$为脉冲的调制包络函数；ω_0 为光载波频率；β_0为调制频率 $\omega=\omega_0$ 时的传输常数。

设已调波 $E(r,\ z,\ t)$ 的频谱在 $\omega=\omega_0$ 处有峰值，频谱较窄，则可近似为单色平面波。由于非线性克尔效应，传输常数应写成

$$\beta=\frac{\omega}{c}n=\frac{\omega}{c}(n_0+\bar{n}_2\frac{P}{A_{\mathrm{eff}}}) \tag{5-37}$$

式中，P 为光功率；A_{eff}为光纤有效截面积。

由此可见，β 不仅是折射率的函数，而且是光功率的函数。在 β_0和 $P=0$ 附近，把 β 展开成级数，得到

$$\beta(\omega,P)=\beta_0+\beta_0'(\omega-\omega_0)+\frac{1}{2}\beta_0''(\omega-\omega_0)^2+\beta_2 P \tag{5-38}$$

式中，$\beta_0'=\left.\frac{\partial\beta}{\partial\omega}\right|_{\omega=\omega_0}=\frac{1}{v_{\mathrm{g}}}$，$v_{\mathrm{g}}$为群速度，即脉冲包络线的运动速度。$\beta_0''=\left.\frac{\partial^2\beta}{\partial\omega^2}\right|_{\omega=\omega_0}$，与一阶色散成比例，它描述群速度与频率之间的关系。$\beta_2=\frac{\partial\beta/\partial P\,|_{P=0}}{A_{\mathrm{eff}}}=\omega\bar{n}_2/cA_{\mathrm{eff}}$。令 $\beta_2 P=\frac{1}{L_{\mathrm{NL}}}$，$L_{\mathrm{NL}}$称为非线性长度，表示非线性效应对光脉冲传输特性的影响。

式(5-38)虽然略去了高次项，但仍较完整地描述了光脉冲在光纤中传输的特性，式中右边第三项和第四项最为重要，这两项正好体现了光纤色散和非线性效应的影响。如果$\beta_0''<0$，同时 $\beta_2 P>0$，适当选择相关参数，使两项绝对值相等，光纤色散和非线性效应便相互抵消，因而输入脉冲宽度保持不变，形成稳定的光孤子。

现在我们回顾一下光纤色散，波长为 λ 的光纤色散系数 $D(\lambda)$ 的定义为

$$D(\lambda)=\frac{\mathrm{d}\tau}{\mathrm{d}\lambda}=\frac{\mathrm{d}}{\mathrm{d}\lambda}\left(\frac{\mathrm{d}\beta}{\mathrm{d}\omega}\right)=-\frac{2\pi c}{\lambda^2}\beta_0'' \tag{5-39}$$

式中，$\tau = \mathrm{d}\beta/\mathrm{d}\omega = 1/v_g$为群时延；$\omega = 2\pi f = 2\pi c/\lambda$ 为光载波频率；c 为光速；$\beta_0'' = \mathrm{d}^2\beta/\mathrm{d}\omega^2$，与一阶色散成比例。

式(5-39)描述的单模光纤色散特性如图 5-48 所示，图中 λ_{ZD}为零色散波长。在 $\lambda < \lambda_{ZD}$时，$D(\lambda) < 0$，$\beta_0'' > 0$，称为光纤正常色散区；在 $\lambda > \lambda_{ZD}$时，$D(\lambda) > 0$，$\beta_0'' < 0$，称为光纤反常色散区。

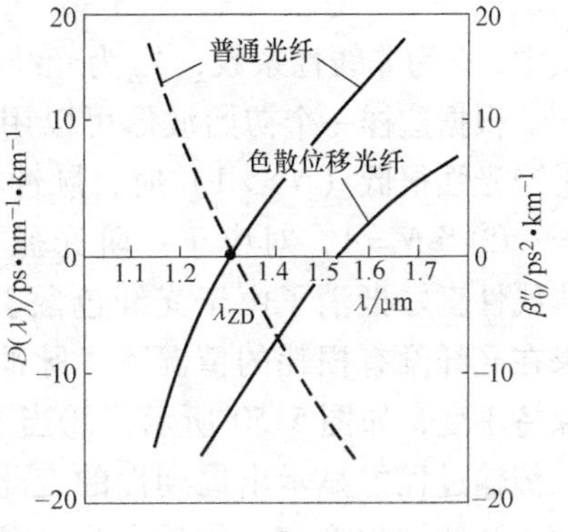

图 5-48　单模光纤的色散

图 5-49 示出了光脉冲在反常色散光纤中传输时，由于非线性效应产生的啁啾被压缩或展宽。对反常色散光纤，群速度与光载波频率成正比，在脉冲中载频高的部分传播得快，而载频低的部分则传播得慢。对正常色散光纤，结论正相反。因此，具有正啁啾的光脉冲通过反常色散光纤时，脉冲前部（头）频率低，传播得慢，而后部（尾）频率高，传播得快。这种脉冲形象地被称为“红头紫尾”光脉冲。在传播过程中，“紫”尾逐渐接近“红”头，因而脉冲被压缩，如图 5-49a 所示。相反，具有负啁啾的光脉冲通过反常色散光纤时，前部（头）传播得快，后部（尾）传播得慢，“紫”头“红”尾逐渐分离，结果脉冲被展宽，如图 5-49b 所示。由此可见，适当选择相关参数，可以使光脉冲宽度保持不变。

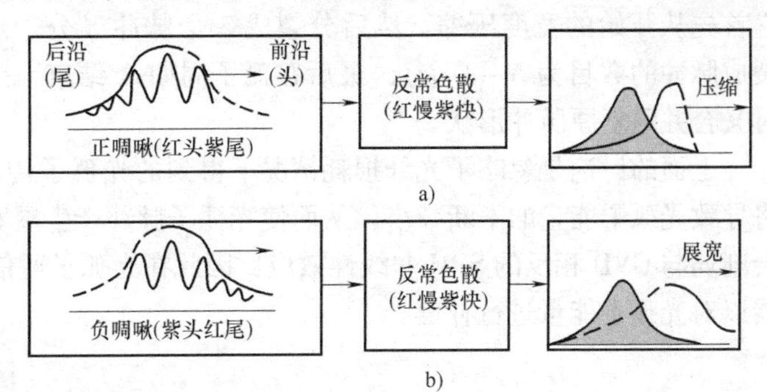

图 5-49　光脉冲在反常色散光纤中传输因啁啾效应可被压缩或展宽

为了得到光孤子沿光纤传播的传输特性，需要求解非线性薛定谔方程（NSE）。在无损耗光纤中，脉冲包络函数的非线性方程可以化成量纲为 1 的非线性薛定谔方程

$$\mathrm{j}\frac{\mathrm{d}q}{\mathrm{d}\xi} = \frac{1}{2}\frac{\mathrm{d}^2 q}{\mathrm{d}T^2} + |q|^2 q \tag{5-40}$$

式中，q 为归一化电场；ξ 为归一化距离；T 为归一化时间。并且

$$\xi = \frac{\pi}{2}\frac{z}{z_0}, \qquad z_0 = 0.322\frac{\pi^2 c^2 \tau^2}{D(\lambda)\lambda_0} \tag{5-41}$$

$$T = \frac{t}{t_0} = |t' - z/v_g|/t_0, t_0 = 0.568\tau \tag{5-42}$$

上边两式中，z 是光纤的纵向坐标；t'表示时间；$t = t' - z/v_g$ 表示时延变量；v_g 是群速度；τ 是实验脉冲的半强度宽度；c 为真空中光速；λ_0 是真空中波长；$D(\lambda)$ 是无量纲的色散参量

$$D(\lambda) = c\lambda_0 D \tag{5-43}$$

式中，D 是单模光纤的色散，单位为 ps/(nm·km)。

现可借助计算机求出式(5-40)的数值解，设光纤中输入脉冲为双曲正割形状时

$$q(z=0,t) = N\mathrm{sech}\left(\frac{t}{t_0}\right) \tag{5-44}$$

系数 N 对应于光功率，与 $N=1$ 相当的光功率（最低次的光孤子）为

$$P_1 = \frac{\lambda_0 A_{\text{eff}}}{4\gamma z_0} \tag{5-45}$$

式中，γ 为非线性系数；A_{eff}为光纤的有效芯区。

根据这样一个初始波形可以用数值法求出方程式(5-40)的解，其解有这样几个特点：①当光强很低（$N>>1$）时，脉冲在时域展宽，主要表现出光纤的色散效应，不存在光孤子；②当 $N=1$，对应于一阶光孤子，在这种情况下，非线性正好抵消了由于光纤色散引起的展宽效应，结果在光纤没有损耗的情况下，脉冲沿光纤传输时波形保持不变，如图 5-50 所示；③当 $N>1$ 时，脉冲形状在传输过程中显示出周期性的变化，若 N 为整数，则输入脉冲首先变窄，然后发生分裂，在特定的距离 z_0 上周期性地复原，z_0 称为孤子周期，由式(5-41)可知，它与脉冲宽度和色散有关。这种在 $N>1$ 时产生的光孤子叫高阶孤子，图 5-51 给出了一个三阶孤子($N=3$)在一个孤子周期内的变化过程：当脉冲沿光纤传输时，它首先从开始的宽度压缩，然后分裂成 2 个脉冲（分裂成脉冲的数目为 $N-1$ 个），最后在孤子周期 z_0 结束时又合并回复原脉冲形状。

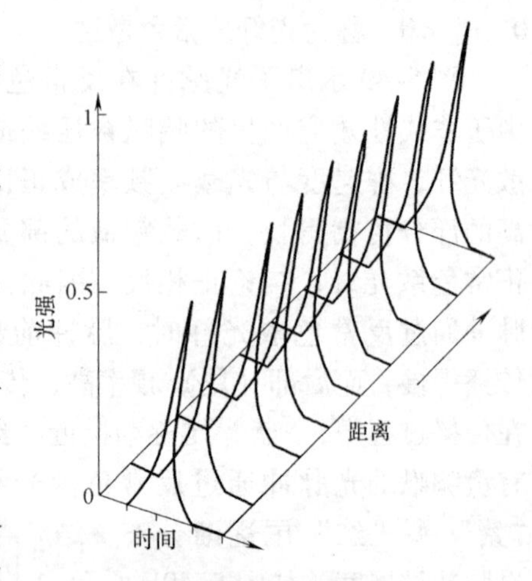

图 5-50 基本光孤子的传输波形

上面的讨论是忽略了光纤损耗情况下得到的光孤子传输特性，但由于光纤损耗的存在，将导致光孤子能量的不断减小，从而使光孤子脉冲产生展宽，这是因为脉冲峰值功率的减小会削弱与 GVD 相反的 SPM 非线性效应，因此在光孤子通信系统中需要周期性地加进光放大器以对光孤子能量进行补偿。

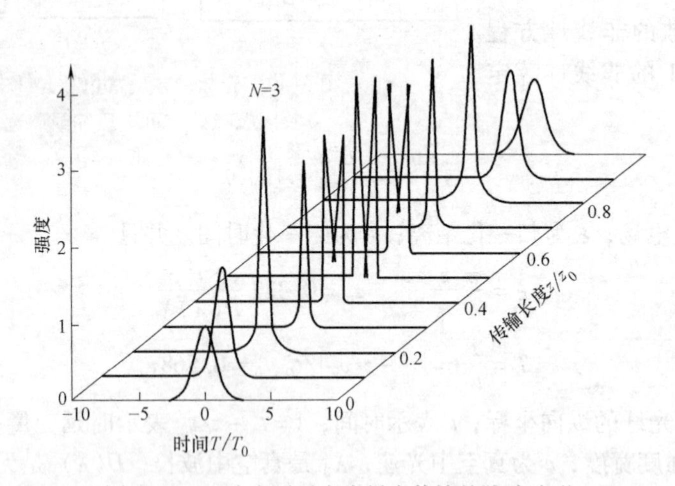

图 5-51 三阶光孤子在光纤中传输的脉冲波形

5.10.2 光孤子通信系统的构成

图 5-52a 示出了光孤子通信系统构成框图。光孤子源产生一系列脉冲宽度很窄的光脉冲，即光孤子流，作为信息的载体进入光调制器，使信息对光孤子流进行调制。调制的光孤

子流经掺铒光纤放大器和光隔离器后，进入光纤线路进行传输。为克服光纤损耗引起的光孤子减弱，在光纤线路上周期地插入 EDFA，向光孤子注入能量，以补偿因光纤而引起的能量损耗，确保光孤子稳定传输。在接收端，通过光检测器和解调装置，恢复光孤子所承载的信息。

光孤子源是光孤子通信系统的关键。要求光孤子源提供的脉冲宽度为 ps 数量级，并有规定的形状和峰值。光孤子源有很多种类，主要有掺铒光纤孤子激光器、锁模半导体激光器等。

光孤子通信系统已经有许多实验结果。例如，对光纤线路直接实验系统，在传输速率为 10Gbit/s 时，传输距离达到 1000km；在传输速率为 20Gbit/s 时，传输距离达到 350km。对循环光纤间接实验系统（见图 5-52b），传输速率为 2.4Gbit/s，传输距离达到 12000km；改进实验系统，传输速率为 10Gbit/s，传输距离达 10^6km。

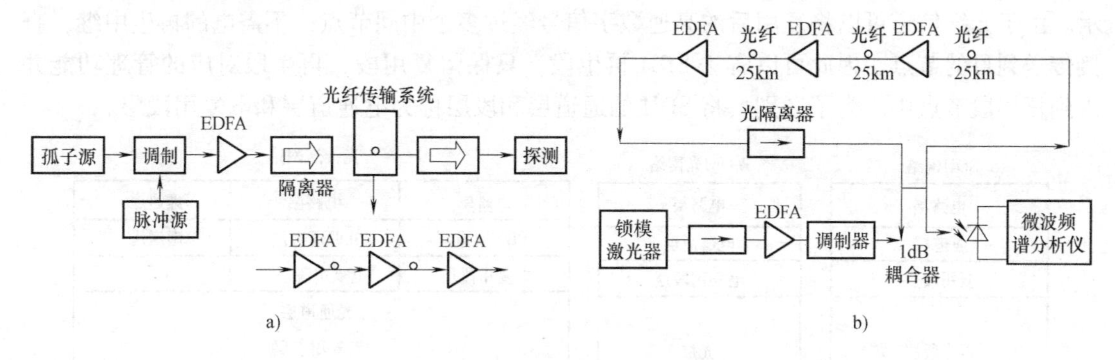

图 5-52　光孤子通信系统和实验系统

a）光弧子通信系统构成框图　b）循环光纤间接实验系统

5.11　全光通信网

5.11.1　光传送网的概念

随着信息社会的发展，人们对通信容量的需求急剧增长。这促使通信网的两大主要组成部分——传输和交换，都在不断地发展和革新。在传输方面，实现了光纤化，特别是随着波分复用（WDM）技术的成熟，极大地提高了传输系统的容量，这给通信网中的电交换带来了巨大的压力，要求处理的信息量越来越大，码速率越来越高，已接近电子速率的极限，限制了交换速率的提高。为了解决“电子瓶颈”限制问题，必须在交换系统中引入光子技术，从而引起全光通信的研究，提出了光传送网（OTN）的概念。

OTN 是一种以波分复用（WDM）与光信道技术为核心的新型通信网络传输体系，它由光分插复用（OADM）、光交叉连接（OXC）以及光放大（OA）等网元设备组成，具有超大传输容量、对承载信号透明性及在光层面上实现保护和路由选择（波长选路）功能。因此，这种光传送网又称为 WDM 全光通信网。在光网络中，信息流的传送处理过程主要在光域进行，由波长标识的信道资源成为光层联网的基本信息单元。

OTN 的出现不仅可以解决现行网络中由于电子器件处理能力的限制造成的“瓶颈”问

题，而且提供了一种用于管理多波长、多光纤网络宽带资源的经济有效的技术手段。OTN具有吞吐量大、透明度高、兼容性好和生存能力强等优点，将成为新一代国家、地区和城域主干传送网和宽带光接入网的主要升级技术，是国家信息高速公路畅通工程建设的关键，具有极其广阔的应用前景和市场潜力。

5.11.2 光传送网的分层结构

光传送网是随着WDM技术的发展，在SDH网络分层结构的基础上发展起来的，因此分层结构是定义和研究光传送网的基础。

ITU-T的G.872（草案）已经对光传送网的分层结构提出了建议。建议的分层方案是将光传送网分成光通道层（OCH）、光复用段层（OMS）和光传输段层（OTS）。与SDH传送网相对应，实际上是将光网络加到SDH传送网分层结构的段层和物理层之间，如图5-53所示。由于光纤信道可以将复用后的高速数字信号经过多个中间节点，不需电的再生中继，直接传送到目的节点，因此可以省去SDH再生段，只保留复用段，再生段对应的管理功能并入到复用段节点中。为了区别，将SDH的通道层和段层称为电通道层和电复用段层。

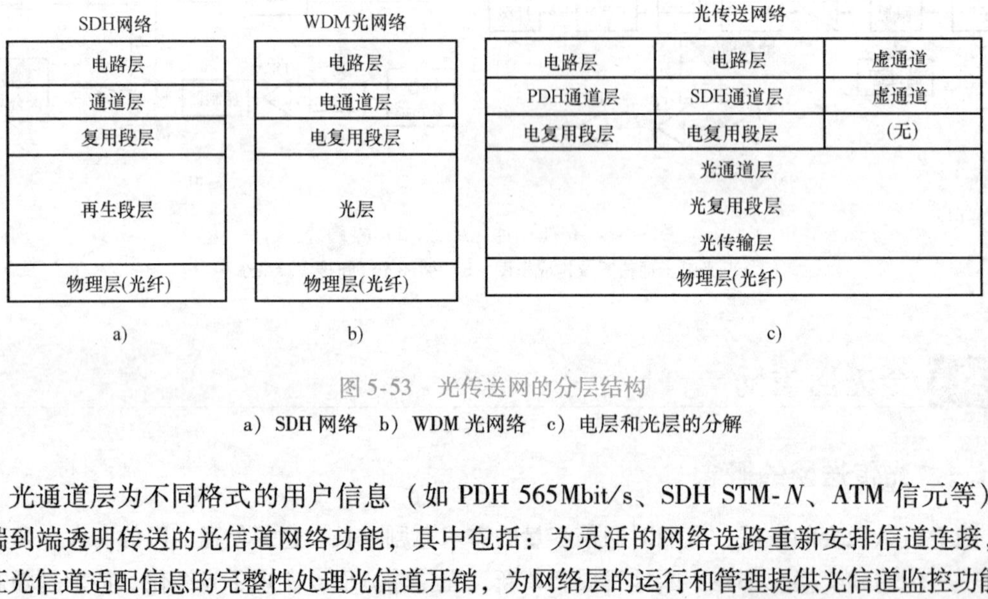

SDH网络
电路层
通道层
复用段层
再生段层
物理层(光纤)

a)

WDM光网络
电路层
电通道层
电复用段层
光层
物理层(光纤)

b)

光传送网络		
电路层	电路层	虚通道
PDH通道层	SDH通道层	虚通道
电复用段层	电复用段层	(无)
光通道层 光复用段层 光传输层		
物理层(光纤)		

c)

图5-53 光传送网的分层结构
a）SDH网络 b）WDM光网络 c）电层和光层的分解

光通道层为不同格式的用户信息（如PDH 565Mbit/s、SDH STM-N、ATM信元等）提供端到端透明传送的光信道网络功能，其中包括：为灵活的网络选路重新安排信道连接，为保证光信道适配信息的完整性处理光信道开销，为网络层的运行和管理提供光信道监控功能。

光复用段层为多波长信号提供网络功能，它包括：为灵活的多波长网络选路重新安排光复用段连接，为保证多波长光复用段适配信息的完整性处理光复用段开销，为段层的运行和管理提供光复用段监控功能。

光传输段层为光信号在不同类型的光媒质（如G.652、G.653、G.655光纤）上提供传输功能，包括对光放大器的监控功能。

WDM光网络的节点主要有两种功能，即光通道的上下路功能和交叉连接功能，实现这两种功能的网络元件分别是光分插复用器（OADM）和光交叉连接器（OXC）。

5.11.3 光分插复用器

在SDH传送网中，分插复用器（ADM）的功能是对不同的数字通道进行分下与插入操作。与此类似，在WDM光网络也存在光分插复用器（OADM），其功能是在波分复用光路中对不同波长信道进行分下与插入操作。无论ADM还是OADM，都是相应网络中的重要单元。

在WDM光网络的一个节点上，光分插复用器在从光波网络中分下或插入本节点的波长信号的同时，对其他波长的向前传输并不影响，并不需要把非本节点的波长信号转换为电信号再向前发送，因而简化了节点上信息处理，加快了信息的传递速度，提高了网络组织管理的灵活性，降低了运行成本。特别是当波分复用的波长数很多时，光分插复用器的作用就显得特别明显。

光分插复用器可以分为光/电/光和全光两种类型，光/电/光型光分插复用器是一种采用SDH光端机背靠背连接的设备。在已铺设的波分复用线路中已经使用了这种设备。但是光/电/光这种方法不具备码速率和格式的透明性，缺乏灵活性，难以升级，因而不能适应WDM光网络的要求。全光型光分插复用器是完全在光波域实现分插功能，具备透明性、灵活性、可扩展性和可重构性，因而完全满足WDM光网络的要求。光分插复用器的核心部件是一个具有波长选择能力的光学或光子学元件。下面介绍几种光分插复用器的实现方法。

1. 基于解复用/复用结构的OADM

这种光分插复用器采用解复用器和复用器背靠背的形式来实现，如图5-54所示。在这种结构中，可以把需要在本地节点分下的一路或多路光波长信号很方便地从多波长输入信号中分离出来并连接到本地节点的光端机上，同时将本地节点需要发送的光波长通过复用器插入到多波长输出信号中去，其他波长的光信号可以不受影响地透明通过该分插复用器。

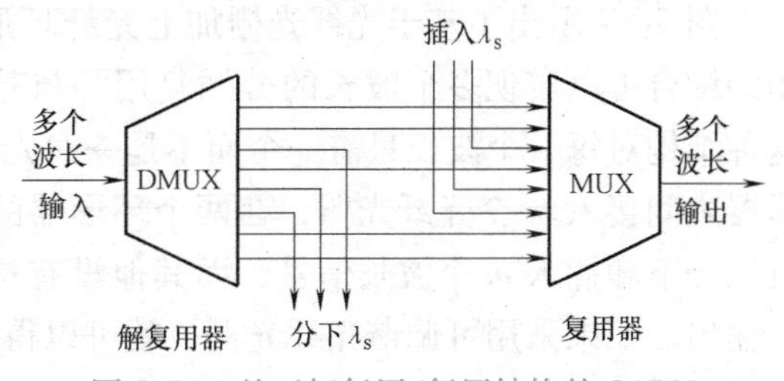

图5-54 基于解复用/复用结构的OADM

但是，随着波分复用的波长数的增加，用于连接每个波长的光纤连线也会相应地增加。例如，32路波长的光分插复用器，考虑到双向传输总共需要64根光纤连线，这肯定会给设备管理带来困难。在这种结构中，由于不需要做分插的波长不能直接地通过，而解复用器和复用器的滤波特性会改变传输光谱的形状，因而会影响整个系统的传输性能。由于这种光分插复用器使用了光解复用器和复用器，如果系统要增加波长，就必须改造甚至更换解复用器和复用器，因而这种光分插复用器不具备波长透明性。

2. 基于光纤马赫-泽德（Mach-Zahnder）干涉仪加上光纤布拉格光栅结构的OADM

图5-55所示是基于平衡的马赫-泽德干涉仪（MZI）加上光纤布拉格光栅（FBG）结构的全光纤型光分插复用器。在理想情况下，耦合器的分束比为1:1，MZI的两臂等长，两光栅写入在等长位置上并接近全反射，因此与光纤布拉格光栅的峰值波长相对应的光波长，将在分下（drop）口取出，而其他光波长信号将全部通过，并从输出（output）口输出。而且这种结构是左右对称的，同样可以插入与光栅峰值波长相对应的光波长信号。但是，实际上要做到两个耦合器、两个光栅和两臂长完全相同是很困难的，因此要实现它也很困难。

实现上述马赫-泽德结构可采用一种等效变通的方法：在双芯光纤上连续采用熔融拉锥方法制成有一定距离的两个3dB定向耦合器，然后在两个耦合器之间的光纤上一次写入光

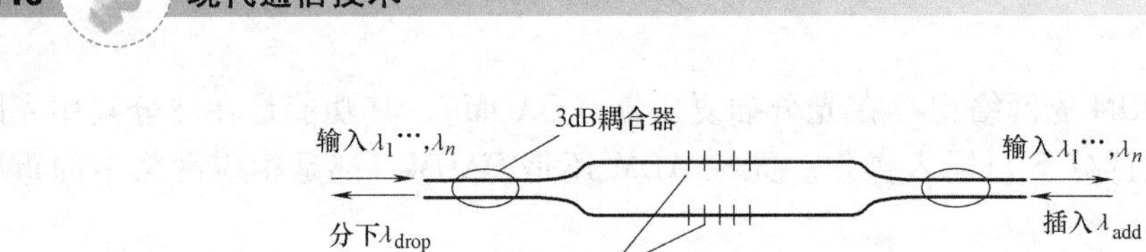

图 5-55 基于光纤马赫-泽德干涉仪加上光纤布拉格光栅结构的 OADM

栅。这种方法可以轻易地获得平衡的马赫-泽德结构和光栅反射路径，但是要从双芯光纤中引出光信号需要特殊的光纤连接线。

3. 基于光纤耦合器加上光纤布拉格光栅结构的 OADM

图 5-56 示出了基于光纤耦合器加上光纤布拉格光栅结构的 OADM。这种结构是在光纤定向耦合器的腰区嵌入光栅，如果在入射光中某一波长的光信号与光栅的峰值波长在波长上一致，就会形成选择性反射。此处定向耦合器中两根光纤中的一根已经过预处理（熔融拉细），使两根光纤的芯径略有差别，因此在两根光纤中模式传播常数稍微有些不同。选择适当的光栅常数，使反射模式的耦合恰好发生在入射光纤基模与另一根光纤的反方向传输基模之间。要实现这种结构需要复杂的特殊制作工艺，因而不适合批量生产。

4. 基于光纤光栅加上光纤环形器结构的 OADM

图 5-57 示出了基于光纤光栅加上光纤环形器结构的 OADM，采用光纤环形器和光纤光栅的结合可以实现多个波长的分插复用。与基于马赫-泽德加上光纤布拉格光栅结构相比，这种结构对每一个波长只需一个而不是一对光栅，结构较为简单，性能较为稳定。在两个环形器之间接入 m 个光纤光栅，在两个环形器的端口 3 分别接入解复用器和复用器，这样就可以分下和插入 m 个波长信号，而其他没有被光纤光栅反射的光信号，无阻挡地从输出端口输出。如果采用可调谐光纤光栅，就可以得到在调谐范围内的任意波长信号，最后还可以通过不同组合形式的光开关，从 m 个波长中选取任意的分插波长。在这种结构中，由于环形器的回波损耗很大，所以根本不需要外加隔离器。

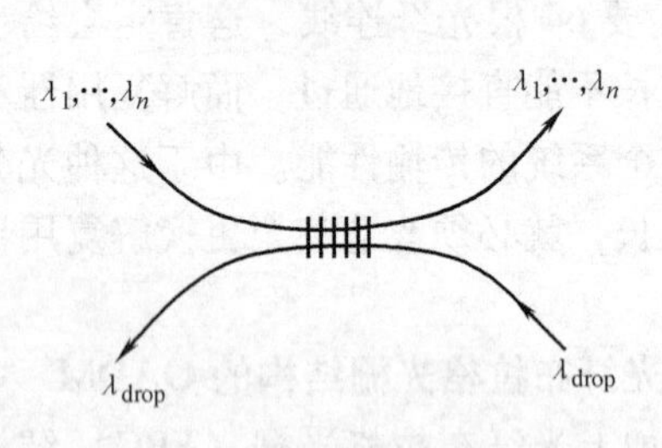

图 5-56 基于光纤耦合器加上光纤布拉格光栅结构的 OADM

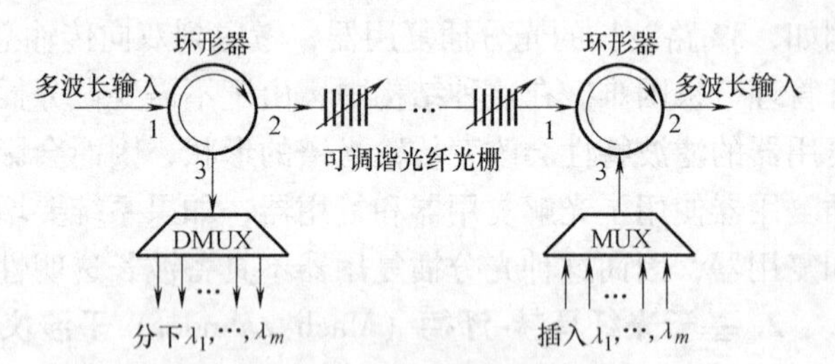

图 5-57 基于光纤光栅加上光纤环形器结构的 OADM

5. 基于介质膜滤波器加上光纤环形器结构的 OADM

图 5-58 示出了基于介质膜滤波器加上光纤环形器结构的 OADM，其中使用了多层介质膜滤波器、2×2 光开关和光纤环形器等。多层介质膜滤波器由于其良好的温度稳定性目前已经在商业的波分复用系统中使用。多波长光信号从输入端经环形器到达滤波器，由于介质膜滤波器属于带通滤波器，因此只有位于通带内的波长才可以通过滤波器，其他波长则被反射回环形器。通过滤波器的波长由光开关选择从分下口输出。插入的波长经过右边的同波长

滤波器再通过右边环形器而输出。从左面滤波器反射回左面环形器的光从端口2到端口3再进入下面环形器的端口1，重复以上过程，每经过一个环形器和滤波器组合后，其余波长则继续往下走。如果不在本节点做分插复用的波长就再连接到右侧的光纤环形器，然后依次经过环形器和多层介质膜带通滤波器，一直传输到多波长输出端口。

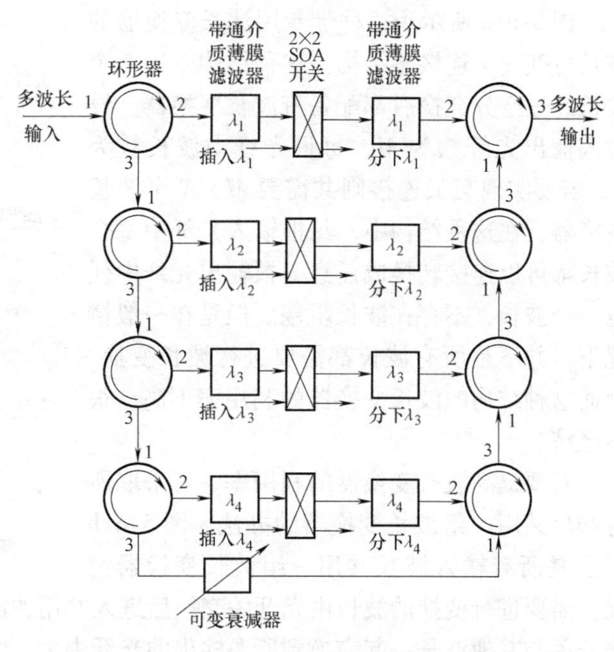

图5-58　基于介质膜滤波器加上光纤环形器结构的OADM

5.11.4　光交叉连接器

光交叉连接器（OXC）是光波网络中的一个重要网络单元，其功能可以与时分复用网络中的交换机类比，主要用来完成多波长环网间的交叉连接，作为网格状光网络的节点，目的是实现光波网的自动配置、保护、恢复和重构。

光交叉连接通常分三类，即光纤交叉连接（FXC）、波长固定交叉连接（WSXC）和波长可变交叉连接（WIXC）。

1. 光纤交叉连接

光纤交叉连接器连接的是多路输入输出光纤，如图5-59所示，每根光纤中可以是多波长光信号。在这种交叉连接器中，只有空分交换开关，交换的基本单位是一路光纤，并不对多波长信号进行解复用，而是直接对波分复用光信号进行交叉连接。但这种交叉连接器在WDM光网络中不能发挥多波长通道的灵活性，不能实现波长选路，因而很少在WDM网络节点中单独使用。

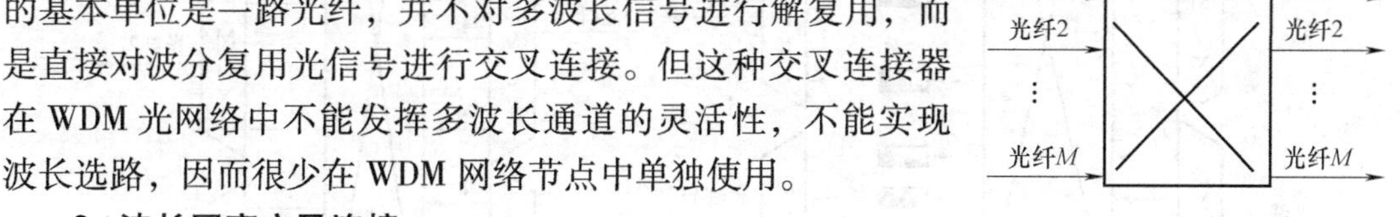

图5-59　光纤交叉连接

2. 波长固定交叉连接

波长固定交叉连接的典型结构如图5-60所示，多路光纤中的光信号分别接入各自的波分解复用器，解复用后的相同波长的信号进行空分交换，交换后的各路相同波长的光信号分别进入各自输出口的复用器，最后复用后从各输出光纤输出。在这种结构中，由于不同光纤中的相同波长之间可以进行交换，因而可以较灵活地对波长进行交叉连接，但是这种结构无法处理两根以上光纤中的相同波长光信号进入同一根输出光纤问题，即存在波长阻塞问题。而波长可变的交叉连接可以解决波长阻塞问题。

3. 波长可变交叉连接

在波长可变交叉连接器中，使用波长变换器对光信号进行波长变换，因而各路光信号可以实观完全灵活的交叉连接，不会产生波长阻塞。研究表明，在光交叉连接器中对各波长通路部分配备波长变换器和全部配备波长变换器所达到的通过特性几乎相同。

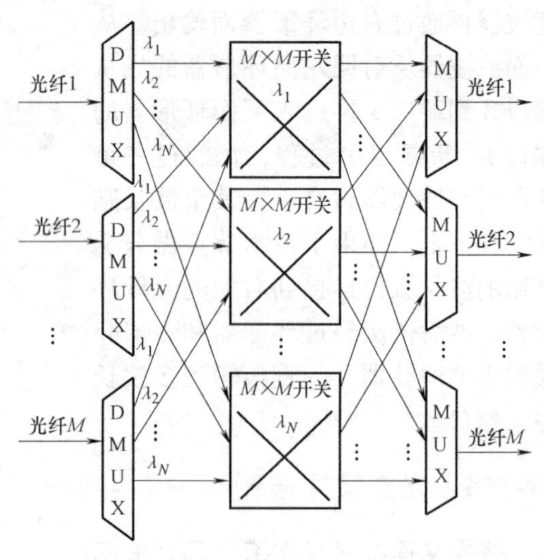

图 5-60　波长固定交叉连接的典型结构

图 5-61a 所示为一种带专用波长变换器的波长可变交叉连接器结构。这种结构中每一个波长经过空分交换后都配备有波长变换器。设输入输出光纤数为 M，每根光纤中波长数为 N，若要实现交叉连接则共需要 $M \times N$ 个波长变换器，在这种结构中，每根输入光纤中每个波长都可以连接转换成任意一根输出光纤中任意一个波长，不存在波长阻塞。但是在一般情况下，并不是所有波长都需要进行波长变换，因而这种结构的波长变换器的利用率不高，很不经济。

若要提高波长变换器的利用率，可采取所有端口共用一组波长变换器的办法，图 5-61b 所示是所有输入波长共用一组波长变换器情况。需要进行变换的波长由光开关交换后进入共用的波长变换器，经过变换的波长再次进入光开关与其他波长一起交换到所要输出的光纤中去。

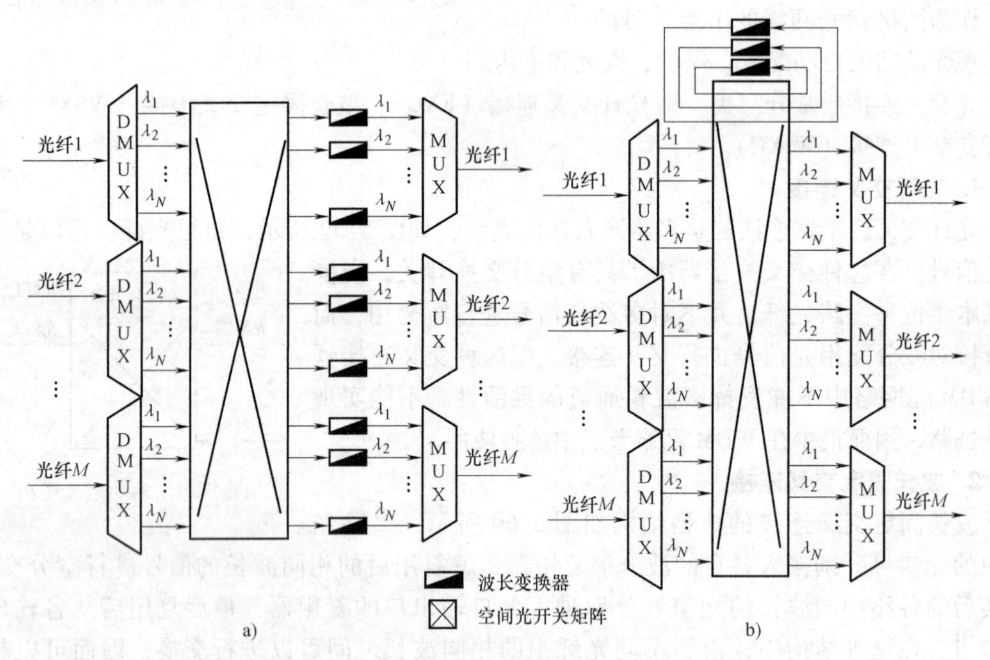

图 5-61　波长可变交叉连接器
a）带专用波长变换器　b）所有输入波长共用一组波长变换器

5.11.5　WDM 光网络示例

为了加深对 WDM 光网络的了解，我们将作简单的介绍。

北京大学、清华大学、北京邮电大学在 1998 年 3 月共同完成的 WDM 全光通信试验网，如图 5-62 所示，该光网络含有两个 OXC 节点和两个 OADM 节点，建网目的是演示光信号的

透明传输以及研究传输中可能出现的问题。第一个 OXC 节点交叉连接来自骨干网两条 WDM 链路上的信号，第二个 OXC 节点交叉连接骨干网和局域网之间的信号，局域网是一个含有 OADM 的 WDM 环形网。

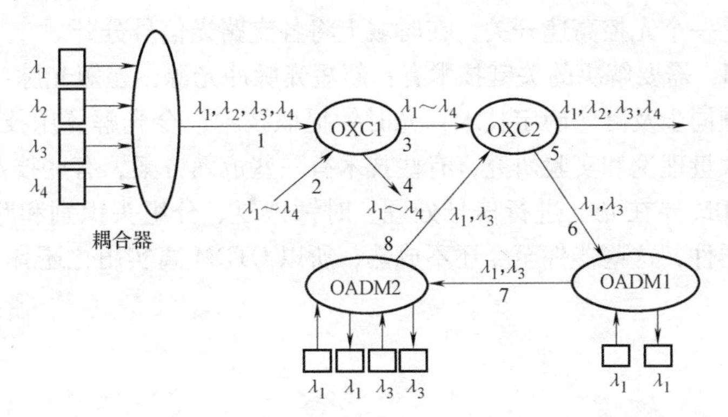

图 5-62　北大、清华、北邮三校建成的全光通信试验网

5.12 光时分复用技术

提高码速率和增大容量是光纤通信的目标。电子器件的极限速率在 40Gbit/s 左右，现在通过电时分复用（TDM）已经接近这个极限速率，若想要继续提高码速率，就必须在光域中想办法，一般有两种途径：波分复用（WDM）和光时分复用（OTDM）。如今 WDM 技术已经非常成熟并达到实用化，而 OTDM 技术还处于实验研究阶段，许多关键技术还有待解决。

OTDM 是在光域上进行时间分割复用，一般有两种复用方式：比特间插和信元间插。比特间插是目前广泛被使用的方式，信元间插也称为光分组复用。图 5-63 所示是 OTDM 系统框图。

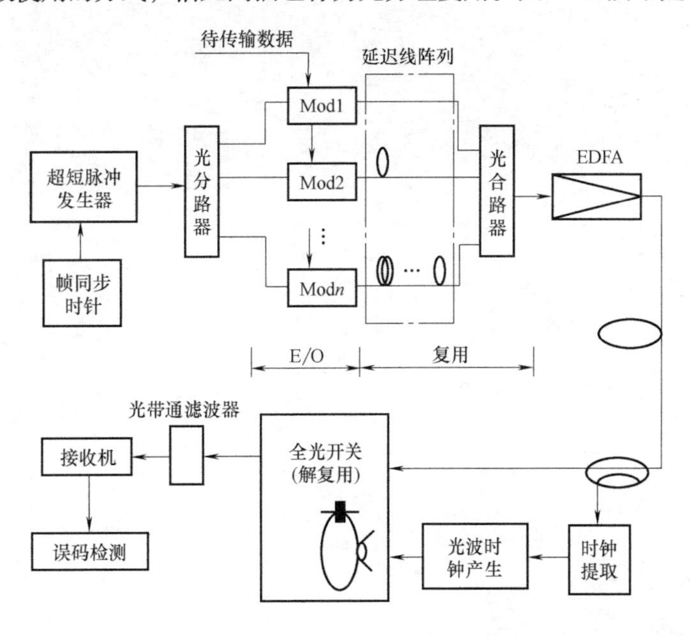

图 5-63　光时分复用系统框图

系统光源是超短光脉冲光源，由光分路器分成 N 束，待传输的电信号分别被调制到各束超短光脉冲上，然后通过光延迟线阵列，使各支路光脉冲精确地按预定要求在时间上错开，再由合路器将这些支路光脉冲复接在一起，于是便完成了在光时域上的间插复用。接收端的光解复用器是一个光控高速开关，在时域上将各支路光信号分开。

要实现 OTDM，需要解决的关键技术有：超短光脉冲光源，超短光脉冲的长距离传输和色散抑制技术，帧同步及路序确定技术，光时钟提取技术，全光解复用技术。对这些技术，国内外正在进行大量理论和实验研究，有些技术有一些成熟方案，有些技术还存在着相当大的困难。并且 OTDM 要在光上进行信号处理、时钟恢复、分组头识别和路序选出，都需要全光逻辑和存储器件，这些器件至今还不成熟，所以 OTDM 离实用化还有一定距离。

参考文献

[1] 冯锡钰. 现代通信技术 [M]. 北京：机械工业出版社，1998.
[2] 顾畹仪，李国瑞. 光纤通信系统 [M]. 北京：北京邮电大学出版社，1999.
[3] 邱昆. 光纤通信导论 [M]. 成都：电子科技大学出版社，1995.
[4] 李玲. 光纤通信 [M]. 北京：人民邮电出版社，1995.
[5] 张煦. 光纤通信原理 [M]. 上海：上海交通大学出版社，1985.
[6] S. Geckerler. 光波导论及光纤通信 [M]. 冯锡钰，等译. 大连：大连理工大学出版社，1991.
[7] 彭江得. 光电子技术基础 [M]. 北京：清华大学出版社，1988.
[8] 董孝义. 光波电子学 [M]. 天津：南开大学出版社，1987.
[9] 叶培大，吴彝尊. 光波导技术基本理论 [M]. 北京：人民邮电出版社，1981.
[10] Djafar K. Mynbaeu，Lowell L. Scheiner. 光纤通信技术（英文影印版）. 北京：科学出版社，2002.
[11] 樊昌信，张甫翊，等. 通信原理 [M]. 5 版. 北京：国防工业出版社，2001.
[12] 刘增荃，周洋溢，等. 光纤通信 [M]. 西安：西安电子科技大学出版社，2001.
[13] 纪越峰，等. 现代通信技术 [M]. 北京：北京邮电大学出版社，2002.
[14] 达新宇，孟涛，等. 现代通信新技术 [M]. 西安：西安电子科技大学出版社，2001.
[15] 黄章勇. 光纤通信用光电子器件和组件 [M]. 北京：北京邮电大学出版社，2001.
[16] 王秉钧，王少勇，等. 通信系统 [M]. 西安：西安电子科技大学出版社，1999.
[17] 纪越峰. 光波分复用系统 [M]. 北京：北京邮电大学出版社，1999.
[18] 韦乐平. 光同步数字传送网 [M]. 北京：人民邮电出版社，1998.
[19] 顾畹仪，等. 全光通信网 [M]. 北京邮电大学出版社，1999.
[20] 原荣. 光纤通信 [M]. 北京：电子工业出版社，2002.
[21] 解金山，陈宝珍. 光纤数字通信技术 [M]. 北京：电子工业出版社，2002.
[22] 杨祥林，温扬敬. 光纤孤子通信理论基础 [M]. 北京：国防工业出版社，1999.
[23] 吴彦文，郑大力，等. 光网络的生存性技术 [M]. 北京：北京邮电大学出版社，2002.
[24] 张宝富，等. 全光网络 [M]. 北京：人民邮电出版社，2002.
[25] Uyless Black. 现代通信最新技术 [M]. 贺苏宁，李立忠，译. 北京：清华大学出版社，2000.
[26] 马玉坤，苏新红，刘艳昌. 光纤通信 [M]. 西安：西北工业大学出版社，2013.
[27] 彭利标，管学斌，马严，等. 光纤通信技术 [M]. 北京：机械工业出版社，2012.
[28] 顾畹仪，黄永清，陈雪，等. 光纤通信 [M] 2 版. 北京：人民邮电出版社，2011.

参考文献

第2篇　卫星通信

卫星通信是在地面微波通信和空间技术的基础上发展起来的，它利用人造卫星作为中继站转发或反射无线电波，在两个或多个地球站之间进行通信。在卫星覆盖区域内，所有地面站都可以利用通信卫星进行相互间的通信，卫星通信具有覆盖区域大、通信距离远、通信移动便捷性等特点，已经成立人类信息社会活动中不可或缺的通信手段。

第6章 卫星通信概论

6.1 卫星通信的概念

6.1.1 基本概念

卫星通信是指利用人造地球卫星作为中继站来转发或反射无线电信号，在两个或多个地球站之间进行通信的技术。地球站是指设在地球表面（包括地面、海洋和低层大气中）上的无线电通信站。通信卫星是指用来实现通信目的的人造地球卫星。

以宇宙飞行体或通信转发体为对象的无线电通信称为宇宙通信，包括三种形式：地球站与宇宙站之间的通信，宇宙站与宇宙站之间的通信，通过宇宙站转发或反射实现的地球站之间的通信。卫星通信是宇宙通信的第三种形式。

卫星通信系统通常使用微波频段，而在微波频段，信号是以直线传输的，既不能像中长波那样可以靠衍射传播，也不能像短波那样可以通过电离层反射传播。所以，我们所熟悉的地面微波接力通信是一种“视距”通信。通信卫星相当于离地面很高的微波中继站，当卫星运行轨道较高时，相距较远的两个地球站均可“看”到卫星，卫星可将其中一个地球站发出的信号进行放大、频率变换和其他处理后，再转发给另一个地球站。

当卫星的运行轨道为圆形并与赤道共面、距离地面高度为35 786.5km、绕地球公转方向与地球自转方向相同时，其公转周期与地球自转周期相等，约为24h，从地面任何一点看去，卫星是“静止”的，这种对地球相对静止的卫星称为静止轨道（GEO或GSO）卫星，简称静止卫星或同步卫星。利用静止卫星作为中继站的卫星通信系统，称为静止卫星通信系统。

从静止卫星向地球引两条切线，切线夹角约为17.34°。两切点间的弧线长度约为18 101km。若在静止轨道上以120°等间隔配置三颗卫星，则在地球表面除了两极地区外，其他地区均可处在卫星波束覆盖范围内，而且其中一部分地区还是由两颗静止卫星波束覆盖的重叠区域，借助于重叠区域内地球站的中继，便可实现在不同卫星覆盖区的地球站间的通信，如图6-1所示。这样，利用三颗等间隔配置的静止卫星就可以实现全球通信。

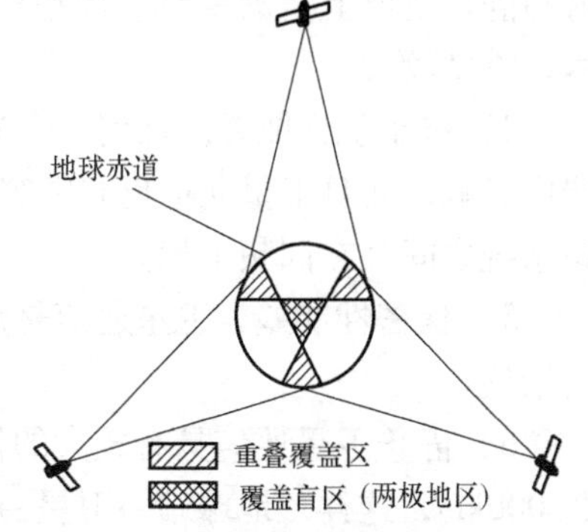

图6-1 静止卫星配置的几何关系

6.1.2 卫星通信的特点

卫星通信作为现代化的通信手段之一，在通信发展史上写下了崭新的一页。与其他通信手段相比，卫星通信具有以下优点：

1）通信距离远，且费用与通信距离无关。利用静止卫星可实现的最大通信距离达18 000km左右。只要在卫星波束覆盖范围内的地球站与卫星之间的信号传输条件满足技术要求，通信质量便有了保证。地球站的建设成本不因地球站之间距离的远近、两站之间地面自然条件的恶劣程度而变化。显然在远距离通信上，卫星通信与微波接力、电缆、光纤、短波通信等方式相比有明显优势。

2）覆盖范围大，且便于实现多址联接通信。一颗静止通信卫星波束可覆盖地球表面积的42.4%，在该覆盖区域内，卫星以广播方式工作，而不是“点对点”通信，所有地球站可共用一颗卫星实现站与站间的双边或多边通信，卫星通信系统这种能同时实现多方向、多地点的通信能力，称为“多址联接”。这个特点是卫星通信的突出优点，使卫星通信系统的组网具有高效率和灵活性。

3）通信频带宽，传输容量大，能传输的业务类型多。通信卫星的工作频段为300MHz以上的微波频段，可供使用的频带很宽。随着大功率卫星技术以及新体制、新技术的不断发展，包括基于点波束及赋形波束的空分复用技术、极化技术和开发使用更高的频段，使卫星通信容量越来越大，传输业务类型也越来越多样化。

4）便于地球站自行检测所发射信号的质量。地球站通过接收卫星转发回来的信号，可以检测自身所发射信号的质量，能够及时发现故障和问题，便于调整和控制处理。

5）机动灵活。卫星通信不仅能用于大型固定地球站之间的远距离干线通信，而且可以用于车载、船载、机载等移动地球站间的通信，还可以为个人移动通信提供接入服务。

6）通信线路稳定可靠，传输质量高。卫星通信中的电波主要在大气层以外的宇宙空间传输，而宇宙空间接近真空状态，可看作是均匀介质，因此介质特性比较稳定，传输质量高。同时，卫星不易受地面各种灾害的影响，因而可靠性高。

由于卫星通信具有上述这些突出优点，半个世纪以来得到了迅速发展，应用范围极其广泛，不仅用于传输电话、电报、传真、数据等业务，而且还广泛应用于民用广播电视节目的传送及移动通信业务。

当然，卫星通信在技术上还存在一些问题和缺点：

1）要有高可靠、长寿命的通信卫星。卫星与地面相距甚远，一旦出现故障，很难进行人工维修。卫星的位置和姿态控制要消耗燃料，而卫星的容积和质量有限，所装载的燃料是有限的，燃料耗尽，卫星的使用寿命也就结束了。

2）静止卫星在地球两极地区有通信盲区，在高纬度地区的通信效果不好。

3）静止卫星的发射与控制技术比较复杂。静止卫星与地面相距数万千米，要把卫星发射到静止轨道上精确定点、调整姿态，并长期保持位置和姿态的稳定，需要复杂的空间技术，难度较大。

4）抗干扰性能差。任何一个地球站发射的信号参数偏离正常范围都可能对其他地球站造成影响，而且卫星通信也非常容易遭到人为的干扰和破坏，另外还可能与地面其他无线通信系统之间存在同频干扰。

5）保密性能差。卫星通信是广播式的，非常不利于信息传输的保密，需采取专门的加密措施。

6）静止卫星通信具有较大的传输延迟和回声干扰。静止卫星通信系统的星站距离接近40 000km，这样，地球站→卫星→地球站单向传输延时约为0.2s以上，当进行双向通信时，延时接近0.5s，如果进行语音通信，会令人感到不自然。与此同时，卫星通信还会产生

“回波效应”，如果不采取有效的回波抵消措施，会造成严重干扰。

7）卫星存在星蚀和日凌现象。在每年春分和秋分前后，静止卫星进入星下点的当地时间中午前后，卫星处于太阳和地球之间，地球站天线对准卫星的同时也对准了太阳，强烈的太阳噪声会造成通信中断，这种现象称为日凌或日凌中断。日凌现象每年发生两次，每次约延续 6 天，最长持续时间可达 10min。而当静止卫星进入星下点当地时间午夜前后，卫星、地球、太阳共处在同一条直线上，地球挡住了阳光，卫星进入了地球的阴影区，造成了卫星的日蚀，卫星的太阳电池停止工作，卫星失去了主电源，称之为星蚀。一年中约有 52 天为星蚀期，在星蚀期内，每天发生星蚀的持续时间长度不等，可达 1h 左右，最长为 72min 左右。此时卫星所使用的电源完全由化学能电池供给。星蚀和日凌会导致卫星通信暂时中断，星蚀和日凌的示意图如图 6-2 所示，卫星处于 A 点会发生日凌，处于 B 点会发生星蚀。

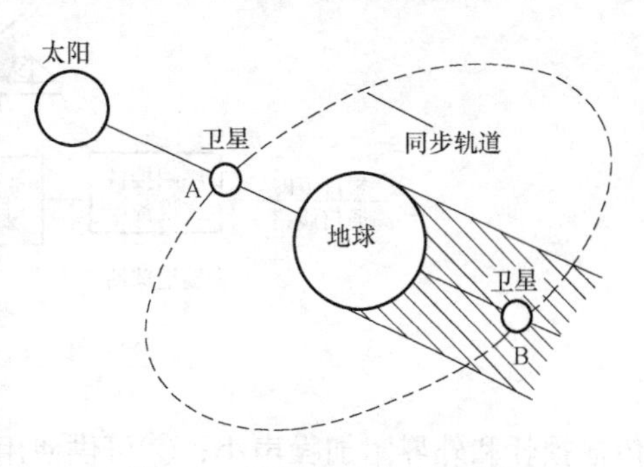

图 6-2　星蚀和日凌的示意图

6.1.3　卫星通信系统概述

1. 卫星通信系统

卫星通信系统由空间分系统、通信分系统、遥测跟踪指令分系统和监控管理分系统四大部分组成，如图 6-3 所示。其中遥测跟踪及指令分系统对卫星进行跟踪测量，在卫星发射时，控制其准确进入静止轨道上的指定位置，并定期对卫星进行位置修正和姿态调整。监控管理分系统的任务是对在轨卫星业务开通前后进行通信性能监测和控制，例如对卫星转发器功率、卫星天线增益以及各地球站发射功率、射频频率和带宽等基本参数进行监控，以保证正常通信。空间分系统主要指通信卫星，普通通信业务是在通信卫星和通信地球站之间完成的，图 6-4 所示为单向卫星通信线路示意图。它由发端地球站、上行传输路径、通信卫星转发器、下行传输路径和收端地球站组成。

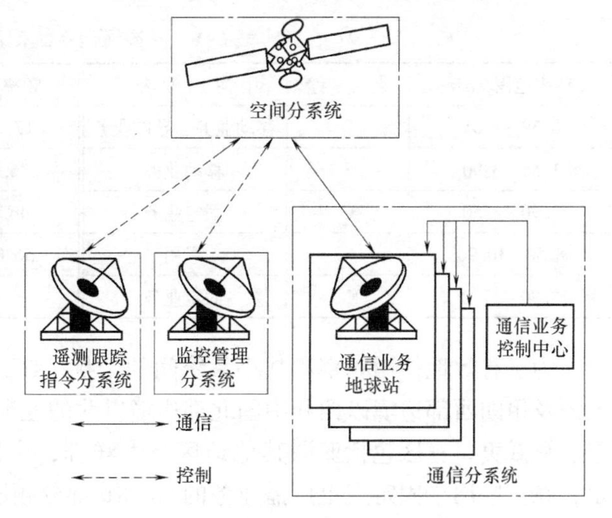

图 6-3　卫星通信系统组成框图

2. 使用的频段

选择合适的工作频段非常重要，它将直接影响到卫星通信系统的如下性能：①通信容量、通信质量；②通信可靠性；③设备的复杂程度，如天线尺寸、接收机的灵敏度等；④卫星转发器的发射功率等。

工作频段的选择应着重考虑以下因素：①该频段电磁波应能穿过电离层，大气吸收小，

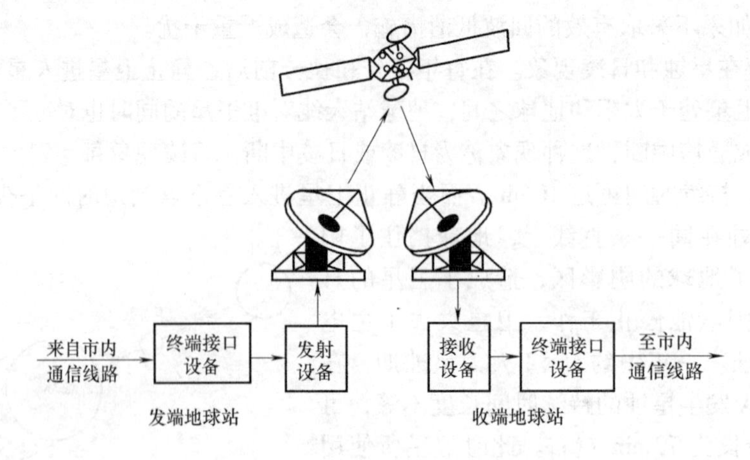

图 6-4 单向卫星通信线路示意图

传播损耗和外界附加噪声小；②可供使用的带宽大，以便尽可能增大通信容量；③较合理地使用无线电频谱，尽量避免与其他通信系统之间产生互相干扰；④能充分利用现有的成熟技术和设备，并便于与现有通信设备接口。

另外，卫星通信是超越国界的，必须在全球范围内对卫星通信使用的频段进行分配和控制，否则会产生互相干扰。频率的划分和协调由国际电信联盟（ITU）主持召开的世界无线电行政会议（WARC）和世界无线电通信大会（WRC）负责制订的《无线电规则》进行规范。卫星通信系统常用的部分频段见表 6-1。

表 6-1 卫星通信系统使用主要频段

频率范围/GHz	名　　称	使用业务	频率范围/GHz	名　　称	使用业务
0.39～1.55	L	移动业务、导航业务	17.25～36.0	Ka	宽带传输业务
1.55～3.90	S	移动业务	36.0～46.0	Q	
3.90～8.50	C	固定业务	46.0～56.0	V	
8.50～10.90	X	军用	56.0～100.0	W	
10.90～17.25	Ku	固定业务			

为了有效地使用频率和减小系统间的干扰，ITU 将全球划分为三个区域：一区为非洲、欧洲及伊朗西部边境以西和中国北部边境以北的亚洲地区，二区包括南美洲、北美洲、格陵兰、夏威夷，三区包括亚洲其他地区、大洋洲，中国处在三区。根据 WRC 有关文件的规定，在三区用于固定卫星广播业务的 C、Ku 部分频段见表 6-2。

表 6-2 固定卫星广播业务使用的部分 C、Ku 频段

频　　段	频率范围/MHz	带宽/MHz	使用方向
C	3400～4200	800	下行
C	5850～6650	800	上行
Ku	12250～12750	500	下行
Ku	14000～14500	500	上行

6.2 卫星通信的发展

自20世纪50~60年代以来，卫星通信作为一种现代化的通信手段，取得了突飞猛进的发展。其发展过程大致经历了以下几个阶段：

第一阶段是从1945—1964年，1945年英国人 Arthur C. Clarke 撰写了一篇题目为“The Future of World Communications”的论文，后被编辑更名为“Extra-Terrestrial Relays”发表在 Wireless World 杂志上，最早对利用卫星建立全球通信提出了科学设想。在此后近20年中，美国、前苏联先后研制出了低轨道无源、有源及准同步实验卫星，在1957年10月4日，前苏联成功发射了第一颗人造地球卫星 Sputnik，开创了人类走向太空的新纪元；1960年4月美国发射了 Echo-1，完成了无线电信号的反射和通信试验；1962年7月，美国 AT&T 发射了第一颗有源通信卫星 TelstarⅠ，1963年又发射了 TelstarⅡ，首次实现了跨越大西洋的电视信号和电话信号的传输；1963年，美国发射了第一颗静止卫星 SYNCOM-2；美国 NASA 在1964年8月发射了 SYNCOM-3，并成功地实现了 TV 转播，向全美转播了1964年在东京举行的奥运会。

第二阶段始于1965年，国际卫星通信组织（INTELSAT）开始通过静止卫星 EARLY BIRD（即 IS-Ⅰ）向全球提供商业服务，主要用于传输长途电话、传真和电视信号。

第三阶段大致为1973—1982年的约10年时间，卫星通信系统主要提供电话、电视和一些基本数据传输业务，并提供移动卫星业务，如 INTELSAT、INMARSAT、INTERSPUTNIC 等系统为陆地、空中、海上用户提供固定和移动卫星通信业务。

第四阶段是1982—1990年，由于卫星通信技术的发展和一些国家电信业务的开放，一方面卫星通信被逐步应用于专用数据网、数话兼容网，提供压缩视频和音频传输服务；另一方面，卫星直播业务发展很快，利用卫星可以播放大量的电视节目。在这一时期，小站设在用户端的 VSAT 网络得到了迅猛发展，它已广泛应用于公众电话/数据网、信息服务网、银行、证券、民航、石油、海关、交通、军事、教育、新闻、医疗和经贸等领域。

第五阶段为1990年起至今，卫星通信领域进入一个重要的发展时期，LEO、MEO 和混合式轨道卫星通信系统开始广泛应用于全球电信网，以满足宽带和移动用户的各种需求。尤其是 TCP/IP 技术、互联网业务的发展，给卫星通信注入了新的活力。

6.2.1 国际卫星通信的发展

1. 国际卫星通信组织

（1）国际通信卫星组织（国际通信卫星公司） 国际通信卫星组织（INTELSAT，简写为IS）是一个世界性的商业卫星通信组织，成立于1965年11月，总部设在美国华盛顿，国际电信联盟（ITU）的成员国可加入该组织，使用IS卫星；非成员国经申请批准，亦可租用IS卫星进行通信。IS系统是世界上建立最早、发展最迅速、服务遍及全球的国际卫星通信系统，自1965年发射IS-Ⅰ以来，已先后推出了九代（IS-Ⅰ~IS-Ⅸ）卫星，承担了大部分国际通信业务和全球性电视广播业务，为近200个国家和地区提供卫星通信服务。前后一共发射卫星近50颗，目前在轨卫星有20余颗。

根据各国、各地区用户（地球站）业务量的大小，IS系统分别在大西洋、太平洋、印度洋上空部署了若干颗通信卫星。IS 提供 100 多种可供选择的业务，包括电话、低中高速数据、用户电报、传真、海事移动业务、电话会议、停帧电视会议、实时电视会议、电路租用业务、含立体声的各种质量的无线电广播、各种质量的图像或电视信号传送、直播业务、电子印刷和文字转播、海缆修复、对 VSAT 终端的数据广播等。其中，国际电话、电视转播等传统业务仍然占相当的比重，但一些非语音新业务也得到了越来越广泛的应用，如宽带数据、Internet 等。

2001 年 7 月，INTELSAT 改组为一个商业公司（INTELSAT CO. LTD.）。

（2）INMARSAT 国际海事卫星通信组织　INMARSAT 由国际海事组织（International Maritime Organization，IMO）于 1979 年 7 月创立，是全球第一个提供卫星移动通信业务的国际性卫星组织，成立之初的目标是为海上船只提供商用通信、求救及救援服务。1999 年重组为商业公司（INMARSAT LTD.）。目前，INMARSAT 可以在全球提供海上、陆地和空中的移动通信服务。海事通信业务包括：GMDSS（Global Maritime Distress and Safety System，全球海上遇险与安全系统）业务、船舶自动驾驶、航海自动管理系统、即时语音和最高速率为 432kbit/s 的数据接入业务；陆地移动通信业务包括：政府及军用通信、救护系统、新闻媒体实时转播业务、即时语音和最高速率为 492kbit/s 的数据接入业务；航空通信业务包括：为航空器提供空中通信服务，包括语音及宽带数据接入等。其卫星已经发展到第五代（INMARSAT-5），目前在轨卫星从第二代到第五代共 11 颗，均为静止轨道卫星，其中首颗第五代卫星已于 2013 年 12 月发射升空。

（3）EUTELSAT 欧洲通信卫星组织　EUTELSAT（European Telecommunications Satellite Organization）成立于 1985 年，总部设在巴黎，由 47 个国家共同组建。主要服务区域包括欧洲、中东地区、亚洲西南部、南北美洲。2001 年重组为一个商业运营公司，目前在轨卫星 20 余颗，全部为静止卫星。其主要业务范围包括广播电视节目传送、专用通信网、Internet、移动通信等。

2. 国家和区域卫星通信系统

在许多国家，卫星通信是其国内通信系统的重要组成部分。目前在静止轨道上的 100 多颗通信卫星中，大多数属于国内或区域性卫星通信系统；而国际卫星通信系统（如 IS）中，也有相当数量的转发器或信道被租用于各国通信业务。美国是首先实现静止卫星通信的国家，在 20 世纪 60 年代中期，也公布过一些国内卫星通信系统的计划，但由于种种原因，特别是政府部门（FCC）的限制，计划一拖再拖。加拿大则于 1972 年 11 月发射 ANIK 卫星成功，建立了世界上第一个国内静止卫星通信系统。与此同时，前苏联利用非静止卫星 MOLNIYA 建立了自己的卫星通信系统。MOLNIYA 卫星的公转周期为 12h，倾斜椭圆轨道，其通信范围可覆盖处于高纬度的前苏联地区。此后，日本、西欧各国、巴西、印度、印度尼西亚和中国等都先后建立了为国内服务的卫星通信系统，如美国的 SBS、GTE、SPC、澳星、日本的 CS、意大利的 ITALSAT、阿拉伯的 Arabsat、巴西的 Brasisat、印度的 Insat、印度尼西亚的 Palapa，还有主要为我国提供服务的中国卫通集团公司、亚洲卫星公司（Asiasat）和亚太卫星公司（APT）。

各国卫星通信系统之所以能获得迅速的发展，一方面是由于国家政治、经济和文化发展的需要，在发达工业国家，信息流通量与日俱增，对通信的需求量急剧增加；在发展中国家，其经济和文化教育的发展，也迫切需要改善其通信网络。另一方面，卫星通信技术的不断发展，使卫星线路成本大幅度下降，为各国国内通信建设提供了一条现代化的、较为廉价、建设周期较短的途径。

6.2.2　中国卫星通信的发展

1970 年 4 月 24 日，我国自行研制、发射了第一颗实验卫星“东方红一号”（DFH-1）；1972 年，在上海虹桥建立了 10m 可搬运地球站；1973 年，分别在京沪等地建立了三个 30m 标准地球站，开通了国际卫星通信业务；1984 年 4 月 8 日，我国自行设计、制造的实验通信卫星“东方红二号”（DFH-2）发射成功；至 1990 年 2 月，先后共发射了五颗 DFH-2 卫星，并从实验试用阶段转入实用阶段；1997 年 5 月 12 日，以“东方红三号”（DFH-3）为平台的卫星成功发射（即中国通信广播卫星公司的中星-6（ChinaSat-6））；20 世纪 80 年代中期，原邮电部租用位于印度洋上空（E60°）的国际通信卫星，建立了由北京主站、乌鲁木齐、呼和浩特、拉萨和广州区域中心站组成的公用卫星通信网；20 世纪 90 年代起，又购买了中星-5（现已失效），并租用亚洲-1（ASIASAT-1）、二号（ASIASAT-2）及亚洲 3S（ASIASAT-3S）通信卫星、亚太卫星为国内公用和专用通信网络、卫星广播电视广播提供服务；新一代静止通信卫星平台“东方红四号”（DFH-4）于 2010 年 9 月发射成功（中星-6A）。中国通信卫星的研制和发射取得了显著进步，使用自行研制的长征系列火箭成功发射了多颗静止通信卫星，在国际卫星发射市场上占有一席之地。

经过 40 多年的发展，我国的卫星通信应用取得了长足发展。我国已经建成一个卫星资源较充足的卫星固定通信业务用的空间段，它正在为我国和亚太地区用户提供良好的服务；我国已经建成一定规模的基本满足各种业务需要的卫星通信网，较好地起到了地面通信网的补充、延伸和应急备份作用。目前，我国已经建成较大规模的卫星广播电视传输网，为扩大我国广播电视覆盖率做出了重要贡献。

在我国卫星通信发展过程中，从应用角度来看，卫星通信可分为四个阶段：第一阶段主要用于国际通信；第二阶段开始提供电视传送；第三阶段提供国内公众通信和各种专网通信；第四阶段提供卫星移动通信。固定通信业务空间段发展大致经历如下三个变化：①卫星转发器由无偿使用转为有偿服务；②国内卫星通信和电视传输业务由租用外商经营的卫星转发器为主转为租用由我国运营商经营的卫星转发器为主；③我国运营商经营的卫星转发器由供不应求已转为供求平衡并有较大富裕。

至 2013 年上半年，我国共有 18 颗用于广播电视业务的静止轨道卫星在轨运行，其中 C 频段转发器近 400 个，Ku 频段转发器 200 余个，转发器总带宽超过 20GHz。静止轨道商用卫星运营商有中国卫通集团有限公司、亚洲卫星公司、亚太卫星公司。

（1）中国卫通集团有限公司　在轨静止轨道卫星有 11 颗，分别是：中星-5A（中卫-1）、中星-5B（鑫诺-1）、中星-5C（鑫诺-3）、中星-5D、中星-5E、中星-6A（鑫诺-6）、中星-6B、中星-9、中星-10（鑫诺-5）、中星-11、中星-12，主要业务有电信干线通信、专用卫星通信、国内电视节目传输、公众 VSAT 通信、会议电视、数据广播等。

（2）亚洲卫星公司　1988 年在香港成立，目前在轨运行的 4 颗卫星为亚洲-3S（Asiasat-3S）、亚洲-4、亚洲-5 和亚洲-7，覆盖亚洲、大洋洲、中东、俄罗斯以及非洲东北部地区为全球超过 50 个国家和地区、世界三分之二人口提供卫星通信和广播电视服务。亚洲卫星公司在我国的业务运营由中信网络有限公司北京卫星通信分公司负责承担。

（3）亚太卫星公司　于 1992 年成立，目前在轨运行的 3 颗卫星为亚太-5（APStar-5）、亚太-6、亚太-7。覆盖亚洲、欧洲、非洲和大洋洲等全球约75%人口之地区，为这些地区广播电视和电信运营商客户提供卫星通信服务。

6.2.3 卫星通信技术的发展趋势

卫星通信作为一种重要的通信手段，有其他系统所无法比拟的独特优势，所以卫星通信在过去、目前乃至将来都会在各种信息传递手段中占有重要地位，人们对通信网络传输质量和效率的要求越来越高，要求网络能够支持各种速率、各种类型的业务。要求卫星通信系统既能够在通信距离上充分发挥长处，又能够进一步提供从语音到数据、从低速到高速、从电话到多媒体、从固定到移动等各种通信业务。卫星通信不仅要面向政府机关、企业、社会团体提供商用服务，也要在图像传输、数字电视直播、多媒体信息广播、宽带接入、交互式远程教育、远程医疗及移动通信等方面逐步向个人提供服务。在这些需求的推动下，卫星通信技术一定会取得进一步发展，其大致的发展方向如下：

1）开发和使用更高的频段。目前C波段、Ku波段的使用已经日趋饱和，将来考虑使用Ka波段（17.25～36.0GHz）、Q波段（36.0～46.0GHz）和V波段（46.0～56.0GHz）等。提高频率，可以获得更大的带宽和更高的天线增益，有利于扩大系统通信容量，以满足宽带卫星通信、Internet等业务的需要，并可以减小设备体积，降低干扰，提高通信质量。

2）发展大型同步通信卫星，向大容量、大功率、多波束覆盖、智能化发展。在卫星通信系统中，同步卫星依然占有主导地位，其发展趋势主要表现为：增加转发器数量以提高卫星信道容量；增大卫星的发射功率以降低地球站成本；采用多波束天线技术，从全球波束到半球波束，从赋形波束到点波束；与数字技术、计算机技术相结合，进一步提高卫星的智能化处理能力；采用先进的智能化网络管理手段，提高卫星通信网的运行效率；更多地采用卫星星上交换（SS）和TDMA技术；提高对宽带数字信号的处理能力，包括：更高效快速的交换能力，更先进的数字调制解调技术，数字信号的星上再生、复接/分接等；采用先进的天线技术，如智能天线技术，以实现波束可调、波束赋形可变；通过改进电池及采用离子推进等技术进一步延长卫星的使用寿命。

3）低轨道卫星群与蜂窝技术相结合，实现全球移动通信。甚小口径数据终端（VSAT）将得到更广泛的应用，数字卫星地球站小终端、卫星电视直播（或DTH）和数字音频广播（DAB）步入家庭和个人用户，实现数字、语音、图像多种信号兼容的综合业务；利用LEO卫星和小卫星星座实现卫星移动通信，研究解决小卫星之间星际激光链路传输技术，达到全球移动通信的无缝覆盖。

4）不断发展新业务，进一步降低通信费用，改善服务质量。开展无线Internet、交互式电视、移动数字音视频广播、多媒体通信与数据接入等新业务领域。另外，卫星通信系统面临地面光纤通信系统、移动通信系统、CATV及HFC网络的激烈竞争和挑战，必须充分发挥卫星通信的优势，从技术上、网络管理上进一步降低运营成本，从而降低通信费用，同时提高服务质量（QoS），以满足用户的需求。

5）保证卫星通信安全，提高卫星信号防护能力。卫星通信作为开放的无线通信系统，要对敏感信息使用高强度加密措施提高抗截获能力。通过调零天线等措施，防止干扰和恶意入侵，并配备入侵干扰告警设备。

第7章　卫星通信系统组成原理

7.1　通信卫星

7.1.1　卫星的分类

根据轨道的高度、运转周期、轨道倾角的不同，可对人造地球卫星做如下分类：

1. 按轨道距地面的高度分

分有三个轨道窗口：①低轨道（LEO）卫星，卫星轨道距地面的高度 $h<1500\text{km}$；②中轨道（MEO）卫星，卫星轨道距地面的高度为 $8000\text{km}\leqslant h<12000\text{km}$；③高轨道卫星，卫星轨道距地面的高度 $h\geqslant 20000\text{km}$。

2. 按运转周期分

①静止轨道（GSO）卫星，公转周期约为24h，与地球自转周期相同；②准静止卫星，公转周期为 $24\text{h}/N$，其中 $N=2,3,4,\cdots$；③非静止卫星，公转周期为其他值。

3. 按轨道倾角分

①赤道轨道卫星，卫星运行轨道与地球赤道平面重合；②极地轨道卫星，卫星运行轨道与地球赤道平面垂直；③倾斜轨道卫星，卫星运行轨道平面与地球赤道面夹角成锐角。

4. 按卫星的质量分

①卫星的质量 $m>3500\text{kg}$ 为巨卫星；②卫星的质量 $3500\text{kg}\geqslant m>1500\text{kg}$ 为大卫星；③卫星的质量 $1500\text{kg}\geqslant m>500\text{kg}$ 为中卫星；④卫星的质量 $500\text{kg}\geqslant m>100\text{kg}$ 为小卫星；⑤卫星的质量 $100\text{kg}\geqslant m>10\text{kg}$ 为微卫星；⑥卫星的质量 $m\leqslant 10\text{kg}$ 为纳卫星。

5. 按卫星的用途分

有空间探测卫星、气象卫星、资源勘察卫星、导航卫星、军事卫星等。

7.1.2　卫星的轨道

1. 卫星覆盖地球制式

（1）*随机卫星制*　在距地面几千到几万km上空布放多颗卫星，而地球站设有至少两副天线分别跟踪不同的卫星，因此地球站设备复杂、庞大。

（2）*相位制卫星*　在低轨道上（LEO）均匀配置10个左右的卫星供地球站交替使用。

低轨道卫星通信系统具有如下优点：

① 由于卫星轨道高度低，链路传播损耗小，有利于系统为手持移动终端用户提供服务。

② 传输延时小，对话音通信不存在回声问题；实时性较好。

③ 采用极地轨道或大倾角轨道时，可以为高纬度地区提供服务。

④ 可利用多普勒频移进行定位。

⑤ 星座能够对用户提供多重覆盖。因此可以采用分集接收技术，星座中的个别卫星失效，系统仍可运行。

⑥ 可以使用 VHF 和 UHF 频段，无线设备成本低。

⑦ 发射卫星所需的火箭推力小，发射费用低，可以用一箭多星方式发射卫星。

低轨道卫星通信系统也存在一些缺点，包括：

① 由于一颗卫星不能对某一地区进行连续覆盖，必须利用多卫星构成星座。

② 星座中的卫星对地面覆盖时间是有限的，为保证通信的连续性，可能需要切换卫星，技术复杂。

③ 对地非静止运动，地球站天线需要对卫星进行跟踪，驱动伺服系统复杂，成本高，而且传输无线射频信号存在多普勒频移问题。

④ 每天卫星都有若干段时间处于太阳阴影区，产生星蚀，对星载电池提出了更高的容量要求。

(3) *静止卫星* 是最经济、实用的一种卫星通信制式，与其他卫星制式相比具有如下优点：

① 地球站天线容易对准卫星，同时天线的跟踪系统比较简单，地球站的成本低。

② 卫星与地球站的相对位置固定，多普勒频移可以忽略。

③ 服务区域面积较大，一颗静止同步卫星可以覆盖大约地球表面的40%左右。

④ 通信连续，通信过程中不需要频繁更换卫星。

⑤ 信道的绝大部分处在地球外层空间，大气层只占信道很小一部分，外层空间信道性能稳定，通信质量高。

静止卫星也存在一些缺点，除了存在6.1.2内容中所提及的缺点外，由于静止轨道只有一条，为了避免互相干扰，要求同频同波束静止卫星间隔的角度为2°左右，则在静止同步轨道上一共能容纳卫星的数量不会超过200颗。

2. 运动轨道

卫星的运动轨道可由开普勒三定律描述。根据开普勒三定律可知：卫星运动轨道可以是圆形的，也可以是椭圆形的。卫星的运动服从万有引力定律，卫星所受的地球引力为

$$F = GMm/R^2 = \mu m/R^2 \tag{7-1}$$

式中，$G = 6.6725985 \times 10^{-11} \mathrm{m^3/(kg \cdot s^2)}$，称为万有引力常数；$M = 5.9742 \times 10^{24}\mathrm{kg}$ 为地球质量；m 为运动质点（卫星）的质量；R 为地球质心与运动质点间的距离；$\mu = GM = 398634.38\mathrm{km^3/s^2}$，为开普勒常数。对于静止卫星，卫星围绕地球在赤道平面内作匀速圆周运动，设它在轨的切线速度为 v，则它受到的对地球向心力为

$$F = mv^2/R = GMm/R^2 = \mu m/R^2 \tag{7-2}$$

而静止卫星在轨的切线速度 v 为

$$v = 2\pi R/T \tag{7-3}$$

式中，T 为静止卫星的公转周期，等于恒星日，即 $T = 23\mathrm{h}56\mathrm{min}4.09\mathrm{s} = 86164.09\mathrm{s}$，地球赤道的平均半径为 $R_\mathrm{E} = 6378.14\mathrm{km}$，另外已知

$$R = R_\mathrm{E} + h \tag{7-4}$$

则不难求出静止卫星距地面（星下点）的高度 $h = 35786.5\mathrm{km}$。

实际上卫星轨道高度 h 的确定还必须考虑范·艾伦辐射带（Van Allen Radiation Belts）的影响，范·艾伦带是指在外层空间绕地球有两条由带电质子和电子组成的辐射带，它以赤

道为中心分别向南北延伸至中纬度地区上空，这两条辐射带的带电粒子浓度分别在距地面高度为3700km和18500km处达到峰值。范·艾伦带中的带电粒子对卫星表现为强电磁辐射，其中的粒子、质子和高能粒子穿透能力强，会干扰卫星电子设备的正常工作，甚至会损坏卫星中的一些精密仪器及关键部件，引起卫星电路故障，降低卫星太阳能阵列的发电效率，卫星轨道必须避开这两个强辐射带，所以卫星轨道具有低、中、高三个窗口。

3. 卫星的摄动及在轨姿态变化

由于某些因素的影响，卫星轨道会发生偏离开普勒定律所确定的理想轨道的现象，称为摄动。在出现摄动的同时，卫星姿态也会发生变化，引起摄动和卫星姿态变化的主要因素有：①太阳和月球及其他行星的引力场，这些引力场会使卫星产生转矩，并造成卫星轨道的倾斜和漂移；②地球引力场的不均匀；③地球大气阻力；④太阳辐射压力；⑤地球磁场对带电卫星的作用等。

摄动和卫星姿态变化对卫星通信的影响非常严重，使地球站天线与卫星天线的指向精度产生较大误差，严重时会造成通信中断，因此必须对卫星采取相应的姿态及位置控制措施，使卫星姿态及位置误差始终保持在允许范围内。

4. 静止卫星的观察参数

观察参数是卫星相对地球站而言的，包括地球站天线指向静止卫星的方位角、仰角和地球站与卫星之间的距离等。

在图7-1中，S表示静止卫星，定点于赤道上空；D表示地球站；O为地球质心；M为SO连线与赤道的交点，称为星下点；K为连接DM的最短弧线，该弧线在地球表面，称为方位线；距离d是DS连线长度，表示卫星与地球站的距离。根据图7-1可定义方位角ϕ和仰角θ，方位角ϕ是指地球站所在经线正北方向按顺时针方向与方位线K所构成的夹角；仰角θ为方向切线（方位线DS的切线，切点在D点）与直视线DS的夹角。

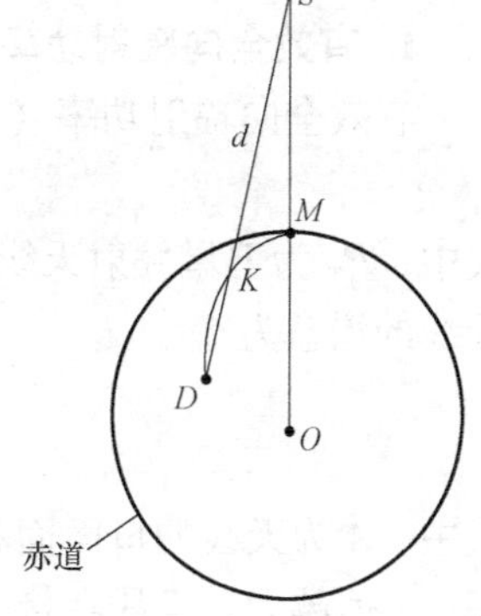

图7-1 静止卫星观察参数示意图

静止卫星的位置一般用星下点M的经度来表示。地球站的位置参数可用经度、纬度、偏离角$\angle MSD$表示。

5. 静止卫星的覆盖区和可通信区

在卫星下的地面区域有两个：覆盖区和可通信区。覆盖区是指仰角$\theta=0°$，刚好能“看到”卫星的边缘线所包围的地面区域。可通信区是指仰角$\theta>5°$所对应的地面区域。实际上仰角$\theta<5°$时，由于大气、雨、雪、雾及地面噪声的影响，不能进行有效通信。

7.1.3 静止卫星的发射

静止卫星的发射过程如图7-2所示，分为如下四个步骤。

1. 进入暂停轨道

用第1、2级火箭和第3级火箭的首次点火将卫星送到距地球几百千米的倾斜圆形暂停轨道，然后靠惯性漂移飞行。

2. 变换到过渡轨道

当卫星漂移到暂停轨道与赤道面的交点（近地点），第3级火箭二次点火，将卫星推入倾斜椭圆轨道——过渡轨道，至此发射火箭的任务完成。

3. 变换到漂移轨道

卫星在过渡轨道上漂移到远地点时，由地面控制卫星启动远地点发动机，将卫星推入一条圆形轨道——漂移轨道。

4. 进入静止轨道

当卫星缓慢漂移到定位点附近，卫星再次点火（倒车或加速）进入静止轨道。然后完成打开太阳电池帆板，调整姿态，微调位置，打开天线，进行测试调整等一系列动作。

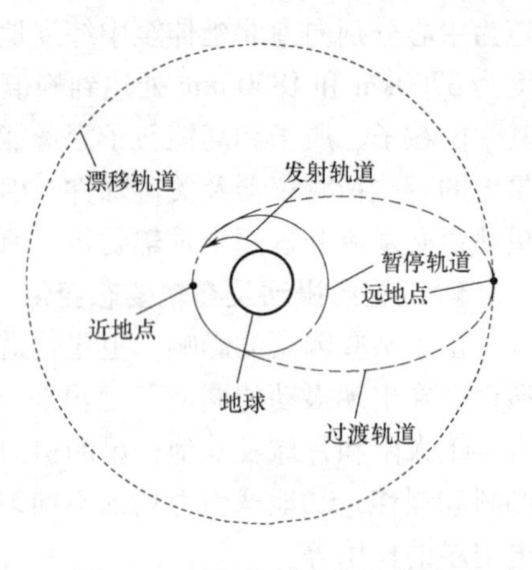

图 7-2　卫星发射过程示意图

7.1.4　通信卫星的基本技术参数

1. 有效全向辐射功率

有效全向辐射功率（EIRP）是通信卫星的一个很重要的参数，由下式定义：

$$\mathrm{EIRP} = P_{\mathrm{T}} G_{\mathrm{T}} \tag{7-5}$$

式中，P_{T} 为卫星发射天线辐射到空间的功率；G_{T} 为卫星发射天线的增益，由天线理论可得天线的增益为

$$G = \frac{4\pi A}{\lambda^2}\eta \tag{7-6}$$

式中，A 为天线的口面面积，单位为 m^2，A 定义为垂直于电磁波传播方向上的天线横截面积，A 值越大，天线在接收时所能接收的电磁波能量就越大，天线增益也就越高；λ 为工作波长，单位为 m；η 为天线效率，η 受很多因素的影响，这些因素包括：天线反射面的几何形状、馈源的方向性、馈源的安装位置、馈源的对称性、馈源支架对反射面的阻挡、反射面的加工精度等。由式(7-6)可知：天线增益 G 与天线口面面积 A 成正比，与信号波长的平方成反比（或与信号频率的平方成正比），所以要提高天线的增益可以通过加大天线的口面面积或提高信号频率来实现。

若用分贝表示 EIRP 值，则有

$$[\mathrm{EIRP}] = [P_{\mathrm{T}}] + [G_{\mathrm{T}}] \tag{7-7}$$

式中，[ ] 表示 10lg( )运算，显然 EIRP 是用来表示卫星转发器发射信号的能力。通常 C 波段转发器的 EIRP 在 30～40dBW 之间，Ku 波段转发器的 EIRP 为 40～60dBW。

2. 卫星覆盖波束分布图

为了方便卫星通信工程设计，通常将卫星的 EIRP 值标注在地图上，地球站的设计必须参考卫星 EIRP 分布图，卫星运营商会给出卫星的 EIRP 分布图。图 7-3a 所示为鑫诺 1 号（SINOSAT-1）卫星 Ku 波段的 EIRP 等值线分布图。

3. 品质因数（G/T）

卫星转发器的 G/T 值是用来衡量卫星转发器灵敏度大小的参量，由下式定义

$$G/T = G - 10\lg(T_{\mathrm{a}} + T_{\mathrm{t}}) \tag{7-8}$$

式中，G 为卫星通信天线的增益，单位为 dB；T_{a} 为卫星通信天线的等效噪声温度，单位为

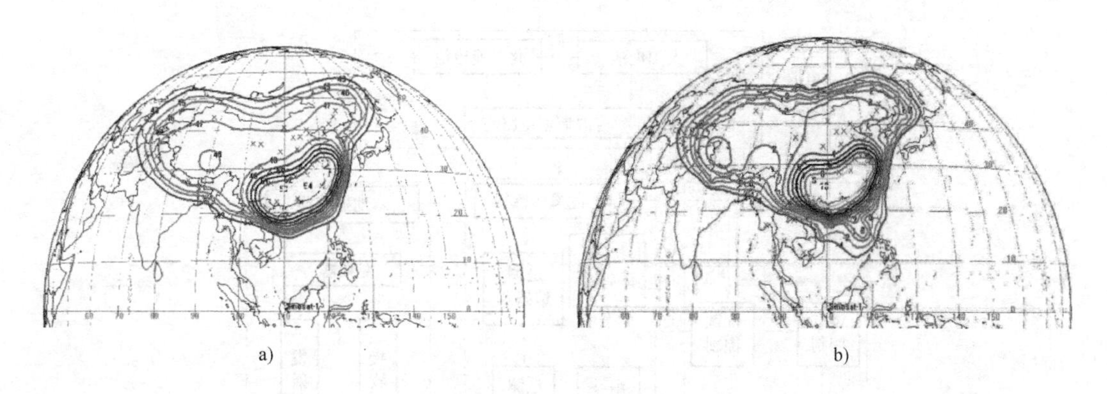

a)　　　　　　　　　　　　　　　　　　　　　　　　　　　　b)

图 7-3　卫星的 EIRP 等值线和 G/T 等值线分布图

a）SINOSAT-1 的 Ku 波段的 EIRP 等值线分布图　b）SINOSAT-1 的 Ku 波段的 G/T 等值线分布图

K；T_t 为转发器接收机前端放大器的等效噪声温度，单位为 K。

由于卫星的天线口径受限，故其天线增益 G 值较低，而接收机前端放大器的灵敏度也不可能很高，故其等效噪声温度较高，所以卫星的 G/T 值是比较低的，一般 C 波段转发器的 G/T 值为 -10dB/K，而 Ku 波段转发器的 G/T 值约为 $-5\sim10$dB/K。

同样设计卫星地球站也必须查阅所选用卫星的 G/T 等值线图，图 7-3b 所示为鑫诺卫星公司的鑫诺 1 号卫星 Ku 波段的 G/T 等值线分布图。

4. 极化方式

通信卫星发射电磁波的极化方式主要是线极化方式，如水平极化 H 和垂直极化 V。通过极化可以实现信道复用，提高频率资源利用率。

图 7-4 所示为亚洲卫星公司 ASIASAT-5 的 C 波段转发电视业务部分的频率分布及极化设置情况，图中 H 表示水平极化，V 表示垂直极化。

H	3640	3680	3713	3760	3780	3840	3880	3920	3960	4000	4094	4129	
V		3700	3743 3755	3780		3860	3900	3940	3980	4020	4100	4140	

图 7-4　ASIASAT-5 部分 C 波段转发器频道极化分布

7.1.5　通信卫星的组成

以静止卫星为例，如图 7-5 所示，静止通信卫星主要由天线分系统、通信分系统（转发器）、遥测指令分系统、控制分系统和电源分系统五部分组成。

1. 天线分系统

通信卫星的天线有两类：一类是遥测、指令和信标天线，它们工作于高频或甚高频频段，为保证与地面的可靠通信，这种天线一般是全向天线，常用天线形状有鞭状、螺旋形、绕杆式和套筒偶极子天线等。另一类是通信天线，按其波束覆盖区的大小和形状，可分为全球波束（或覆球波束）天线、点波束天线、赋形波束（区域波束）天线三种，通信天线的覆盖波束如图 7-6a 所示，全球波束是指能够覆盖地球除两极外约 1/3 表面的波束；由于静止卫星主要提供固定业务，所以其波束只需覆盖陆地即可，没有必要覆盖海洋和荒漠地区，而且对于区域性或国内通信，一般只要求卫星的波束能够覆盖指定的具有特殊形状的区域，

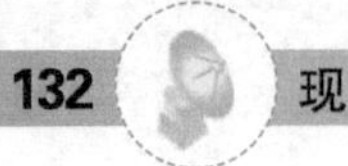

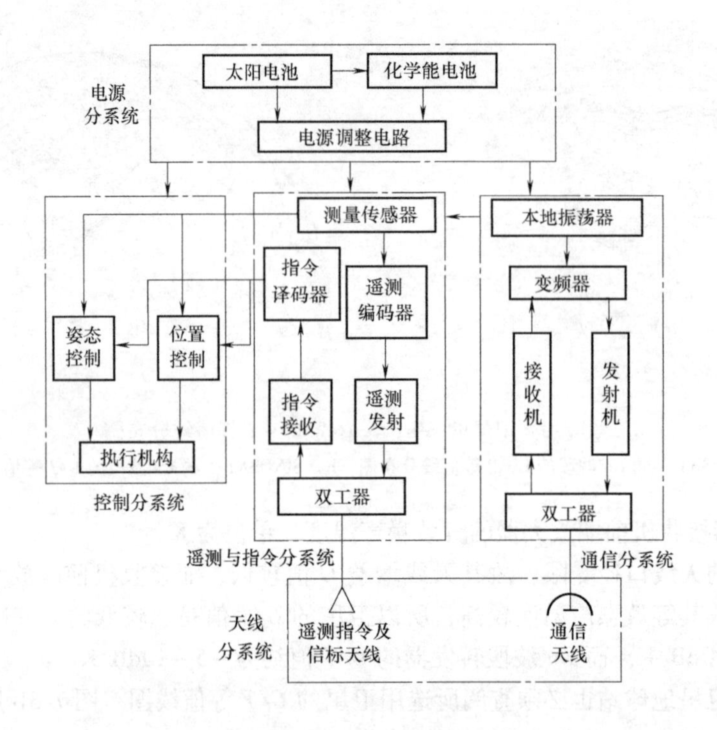

图 7-5 静止通信卫星的组成框图

于是在卫星的通信天线中就有满足上述要求的赋形波束天线及点波束天线。图 7-6b 所示为 2011 年 11 月发射的亚洲 7 号（ASIASAT-7）卫星的波束覆盖图，图中最大的波束为 C 波段波束，其余的三个波束均为 Ku 波段，为赋形波束。

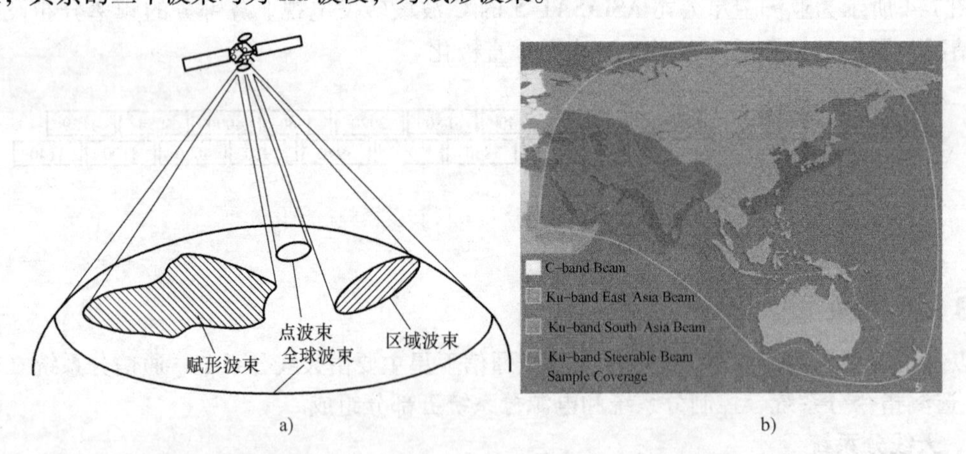

图 7-6 卫星覆盖的各种波束

a）卫星覆盖地球各种波束示意图 b）ASIASAT－7 覆盖地球各种波束示意图

对卫星通信天线的要求有：①有一定的指向精度；②足够的带宽，以满足大容量通信的要求；③必要的转接功能；④适当的极化方式；⑤必要的消旋措施（对自旋稳定卫星而言）。

2. 通信分系统

卫星的通信分系统也称为转发器，是通信卫星的核心，它实际上是一部宽带收发信机。

（1）基本组成　转发器主要由低噪声放大器（LNA）、混频器、功率放大器、功率合成器、双工器等部件组成，如图7-7a所示。LNA是将通信天线接收到的来自地球站的微弱信号放大，要求LNA的噪声温度尽量小；然后进行混频，将上行频率转换成下行频率，再经过预放大器（或称为激励放大器）、进入分波器，分波器实际上就是若干个带通滤波器，将下行信号按频率分开，分别输入行波管放大器（TWTA）进行功率放大；最后经过功率合成器馈入双工器，双工器是一种微波器件，用于实现收发信号共用一副天线，并隔离收发信号。

通常一颗静止通信卫星上配有若干个C波段和Ku波段转发器，每个转发器提供一定的带宽，带宽从34MHz至112MHz不等，通常转发器的标准带宽值为36MHz、54MHz、72MHz等。为了减小各转发器之间的邻道干扰，通常要在各转发器的工作频带之间留有保护频带。对转发器的基本要求是：最小的附加噪声和失真；足够的工作带宽和输出功率；工作性能稳定可靠。转发器通常分为透明转发器和处理转发器两种基本类型。

（2）透明转发器　透明转发器又称为弯管式转发器，卫星接收地面发来的信号后，透明转发器除了对信号进行预放大、变频和再放大以外不做其他处理，直接把信号发向地面，即相对所传输的信号来说是“透明”的。按照变频方式不同，透明转发器分为：单变频转发器和双变频转发器两种，分别如图7-7a、图7-7b所示。

单变频转发器由低噪声放大器（LNA）、混频器、本振电路、预放大器、分波器、TWTA、多工器组成。其中每一个TWTA的带宽即为一个卫星转发器的带宽。单变频转发器适用于载波数量多、通信容量大的多址联接系统。

双变频转发器由LNA、下变频混频器、分波器、中频放大器、多工器、上变频混频器、功率放大器组成。双变频转发器的转发增益高，容易实现自动增益控制，电路稳定，但中频带宽窄，非线性失真大，功率放大器同时放大多个载波，容易产生交扰调制干扰，所以主要用在早期的通信卫星中，目前通信卫星

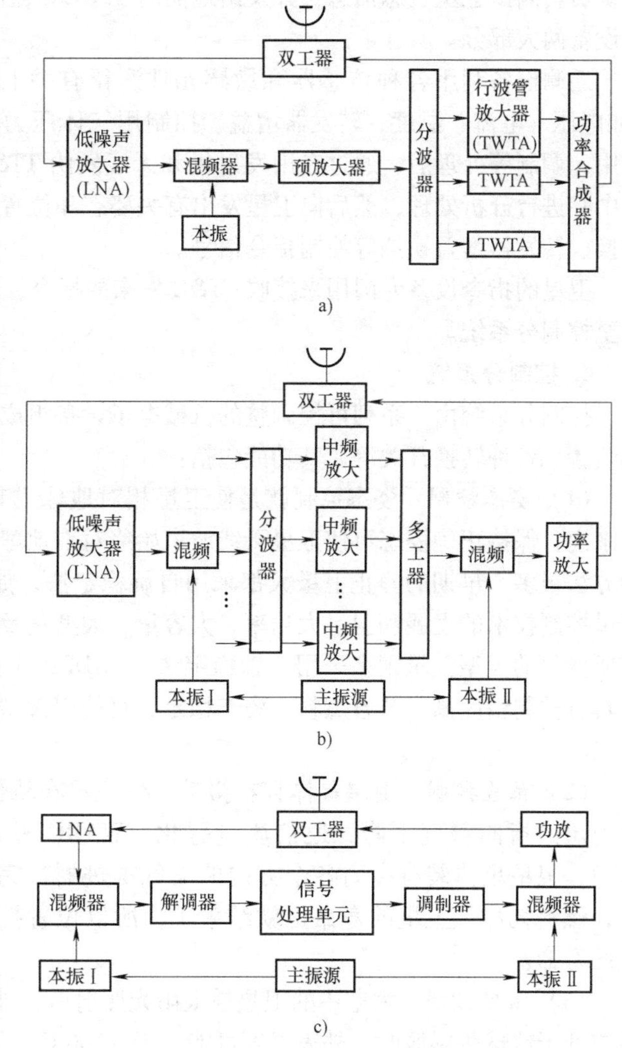

图7-7　卫星转发器组成框图
a）单变频转发器　b）双变频转发器　c）处理转发器

主要采用单变频转发器。

(3) 处理转发器　处理转发器通常用于数字卫星通信系统，其组成框图如图 7-7c 所示。首先将接收到的小信号通过低噪声放大器放大，再下变频为中频信号，并进行解调(解扩)、译码、纠错等处理，完成对数字信号的再生，然后再进行编码、调制（扩频)、中频放大、上变频为下行频率，最后经功率放大后由天线发向地球。与透明转发器相比，处理转发器可以减小噪声积累，提高卫星通信系统的抗干扰能力。但处理转发器只能对特定的数字信号实现转发，不“透明”，灵活性差。美国发射的 ACTS 卫星就是具有处理转发器的卫星，见 8.2.4 中内容。

3. 遥测指令分系统

为了保证卫星各部分能正常运转，地面遥测跟踪指令站（TT&C）需要获得卫星内部各种设备的工作状态数据，必要时通过遥控指令调整某些设备的工作状态。卫星的遥测指令分系统负责测试卫星状态信息，并发给地面的 TT&C。遥测指令分系统主要包括遥测设备和指令设备两大部分。

遥测设备利用各种传感器和敏感元件测得有关卫星姿态及其内部各分系统工作状态(如电压、电流、温度、转发器增益、控制用气体压力等)，这些数据经放大、编码、多路复用、调制等处理后，通过专用发射机和天线发给 TT&C。TT&C 将接收信号传送给卫星测控中心进行分析处理，然后向卫星发出有关姿态和位置校正、星体内温度调节、主备用部件切换、转发器增益换挡等控制指令信号。

卫星的指令设备专门用来接收 TT&C 发来的指令，经解调、译码、纠错后，将各种指令送至控制分系统。

4. 控制分系统

控制分系统由一系列可控调整的机械电子设备组成，如喷气推进器、驱动装置、加热散热装置、各种转换开关等。其功能包括：

(1) 姿态控制　姿态控制就是使卫星相对地球或其他参照物保持正确姿态。对静止卫星来说，保持正确姿态可使卫星天线波束始终对准地球，太阳电池帆板对准太阳。姿态控制的方法很多，早期的静止卫星大都采用自旋稳定法，如 DFH-2（东方红二号）卫星。随着卫星控制技术的发展和卫星大功率、大容量、大型化及天线指向高精度、窄波束的要求，目前所发射的大型卫星则多采用三轴稳定法，如 DFH-3 卫星。与自旋稳定法相比，三轴稳定法具有控制精度高、节省燃料、姿态稳定、可使用大型太阳帆板电池、星体结构设计方便等优点。

(2) 位置控制　卫星星体存在摄动，使卫星在轨位置发生变化，导致地球站通信天线对卫星的指向精度下降，通信质量恶化。WARC 规定允许卫星位置误差的角度应小于 0.1°，卫星星体装有指向各个方向的喷气推进器，完成位置控制。位置控制需要消耗燃料，燃料耗尽，卫星的寿命也就结束了，所以位置控制设备的工作效率将直接关系到卫星的寿命。

(3) 温度控制　太空中的卫星被太阳光照射后，外表温度可能超过 100℃，而无太阳光照或处于地球阴影区时，外表温度可能低于 -100℃。另外，卫星内部的大功率设备工作时，也会产生热量。这些因素都可能影响卫星的正常工作状态和安全。由于卫星星体内没有空气，所以热量的交换控制无法使用空气对流方式实现，只能依靠传导或辐射两种方式。卫星

的温度控制的方式有两种，一种是主动方式，用降温程序或温度调节设备，主动调节内部温度；另一种是被动方式，用隔热或反射材料作为星体外壳。

此外，控制分系统还具有星载发动机点火、转速控制、仪器工作状态调整、主备设备切换、太阳翼电池板对日定向控制驱动和转发器增益换挡等功能。

5. 电源分系统

通信卫星上有大量的电子电路和电子设备，要维持它们的正常运行，电源所起的作用是不言而喻的。通信卫星的电源，除了要求体积小、重量轻、效率高外，还应能在卫星的工作寿命内保持输出足够的电能。通信卫星的电源由太阳电池和化学电池组成。太阳电池是卫星的主电源，化学电池是辅助电源，平时化学电池由太阳电池充电，在星蚀期，太阳电池无法工作，由化学电池保证卫星的某些基本操作。

7.2　地球站系统

7.2.1　地球站的类型和基本要求

1. 地球站的类型

地球站是卫星通信系统的重要组成部分，是地面各种通信系统利用卫星进行通信的桥梁，可按如下方式进行分类：

（1）*按安装方式及设备规模*　地球站按安装方式及设备规模分为固定站、可搬动站、移动站等，其中移动站又可分为船载移动站、机载移动站、车载移动站和手持移动终端等。

（2）*按天线口径尺寸*　地球站按天线口径尺寸分为30m站、20m站、10m站、5m站、1m站等。

（3）*按用途*　地球站按用途分为民用（商用）通信站、军用通信站、广播站、航空站、航海站、实验站等。

（4）*按业务类型*　地球站按业务类型分为遥测站、遥控站、跟踪站、通信参数测量站、通信业务站、实验站等。

（5）*按传输信号特征*　地球站按传输信号特征分为模拟站、数字站。

（6）*按G/T值大小*　地球站按G/T值大小分为A、B、C、D、E、F类站等，见表7-1。

2. 对地球站的基本要求

标准的卫星地球站的一次性投资较大，因此其设计、建造必须满足一定的指标要求。对地球站的基本要求如下：

1）发射机能输出稳定的宽频带、大功率信号。

2）接收机能可靠地接收微弱的宽频带信号，引入噪声小。

3）业务种类上要求不仅能传输广播电视、电话等传统业务，还能传输高速数据，并能适应新的应用领域，如Internet、多媒体、移动通信等业务。

4）在使用及维护上要求高可靠、操作维护简便。

5）由于投资大，运行时间长，因而建站成本及运行、维护费用都要认真考虑，要求能适应未来新增业务类型和扩大业务量等需要。

表 7-1 INTELSAT 部分类型地球站的 G/T 值

地球站类型	工作频段/GHz（上行/下行）	G/T/(dB/K)	接收天线直径/m
A 类	6.0/4.0	$\geqslant 35+20\lg\frac{f}{4}$	15~18
B 类	6.0/4.0	$\geqslant 31.7+20\lg\frac{f}{4}$	11~14
C 类	14.0/11.0	$\geqslant 39+20\lg\frac{f}{11.3}$	16~20
D-1 类	6.0/4.0	$\geqslant 22.7+20\lg\frac{f}{4}$	5
D-2 类		$\geqslant 31.7+20\lg\frac{f}{4}$	11
E-1 类	14.0/11.0	$\geqslant 25+20\lg\frac{f}{11}$	3.4~4.5
E-2 类		$\geqslant 29+20\lg\frac{f}{11}$	5.5
E-3 类	14.0/11.0	$\geqslant 34+20\lg\frac{f}{11}$	8~10
F-1 类	6.0/4.0	$\geqslant 22.7+20\lg\frac{f}{4}$	4.5~5.0
F-2 类		$\geqslant 27+20\lg\frac{f}{4}$	7.5~8.0
F-3 类		$\geqslant 29+20\lg\frac{f}{4}$	9~10

注：表中 f 单位为 GHz。

7.2.2 地球站的主要性能指标

1. 地球站的 $[\mathrm{EIRP}]_E$

地球站的 $[\mathrm{EIRP}]_E$ 是地球站发射功率与天线增益的乘积，对于不同类型的地球站接收机及不同的业务量，要想使接收天线输入达到额定的 C/N，应在卫星上相应分配不同功率的转发器。但是，一旦卫星转发器功率分配确定，就只能靠控制卫星输入端的功率电平来达到额定指标，换句话说，就是靠地球站具有足够的 $[\mathrm{EIRP}]_E$ 来保证。若地球站的 $[\mathrm{EIRP}]_E$ 不稳定，就会使卫星的行波管的工作状态不是欠饱和就是过饱和，可能会使交扰调制增加，影响传输质量。一般要求 $[\mathrm{EIRP}]_E$ 的变化不超过 ±0.5dB/日。

2. 工作频率

工作频率包括带宽和频率范围两个指标。标准地球站的总工作带宽应达到 500~800MHz。工作频率范围应满足卫星的上行/下行频率的要求，如 C 波段地球站的发射频率范围为 5850~6650MHz 内的任意频带；接收频率范围为 3400~4200MHz 内的任意频带。

3. 品质因数 G/T 值

品质因数 G/T 值是衡量地球站接收性能（或灵敏度）的参量，其中 G 表示地球站接收天线增益，T 表示地球站的等效噪声温度。INTELSAT 对其各类标准地球站的 G/T 值的规定见表 7-1。

4. 发射载波频率容限

发射载波频率容限包括频率值的精度和稳定度两个参量，精度要求最大容差不超过

±3.5kHz/月，稳定度要达到 $\pm 1.82\times10^{-8}$/日。

5. 发射载波功率稳定度

地球站的发射载波功率稳定度主要受如下因素的影响：高功率放大器输出功率不稳定性、天线发射增益不稳定性、天线指向精度的不稳定性、天气变化等，要求地球站的EIRP值保持在规定值的±0.5dB以内。

6. 工作条件

一般地球站工作环境温度为－40～＋50℃；相对湿度为10%～90%；风速不大于49km/h，相当于六级风；一般电子设备工作环境温度为＋5～＋35℃。

7.2.3 地球站的组成

地球站是卫星通信系统的重要组成部分，用户终端要通过地球站接入卫星通信链路。如图7-8所示，标准通信地球站一般由以下几部分组成：天线系统、发射系统、接收系统、信道终端系统、通信控制系统、电源系统等。

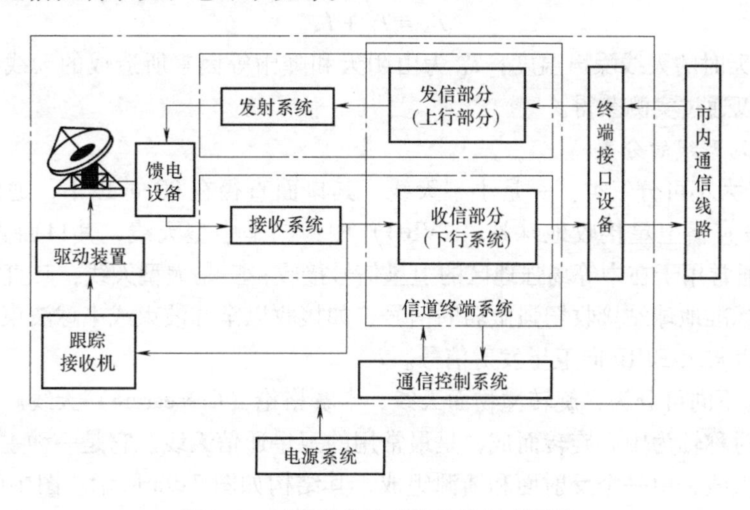

图7-8 标准通信地球站总体组成框图

1. 天线系统

天线系统包括天线、馈电设备和定向跟踪设备三部分。

天线是地球站与通信卫星联系的通道，天线既要把地球站发射机送来的射频功率信号辐射给卫星，又要接收卫星转发来的弱小信号并送给接收机，通常收发信机共用同一副天线。

（1）*地球站天线的主要参数* 天线的主要参数有天线增益、天线等效噪声温度、天线的方向图等。

1）天线增益 G 可按照接收天线和发射天线来定义

$$\text{发射天线增益 } G_T=\frac{\text{天线在某方向上某点辐射的功率通量密度}}{\text{理想各向同性天线在同一点辐射的功率通量密度}} \tag{7-9}$$

$$\text{接收天线的增益 } G_R=\frac{\text{接收机从某一天线接收的最大功率}}{\text{接收机从理想各向同性天线在同一点接收的功率}} \tag{7-10}$$

天线增益可用式(7-6)表示。

2）方向图与半功率角，天线方向图用于表示天线增益随方向变化的程度，可用相对增

益的概念来表示天线的方向图，天线的相对增益 G_r 定义为

$$G_r = G(\theta) - G_{max} \tag{7-11}$$

式中，G_{max}表示天线的最大方向上的天线增益；$G(\theta)$表示天线增益随方向角发生的变化。根据该式可以绘出天线的方向图。

半功率角 $\theta_{0.5}$用于衡量天线方向图的主瓣宽度，设 $G_{max} = 0\text{dB}$，则在天线方向图曲线中 G_{max}的两侧，天线增益下降 3dB 的两个点之间的角距离，就是主瓣宽度。半功率角 $\theta_{0.5}$可由下式估算

$$\theta_{0.5} \approx \frac{70\lambda}{D} \tag{7-12}$$

式中，λ 为天线的工作波长；D 为天线的口面直径。$\theta_{0.5}$越小说明天线方向性越尖锐，要求天线对卫星的指向精度也越高，可见天线口径 D 越大，天线的方向性越强。

3）等效噪声温度，它是接收天线的一个重要参数，天线噪声温度实际上是包含了天线接收的各种噪声所等效的噪声温度。天线等效噪声温度 T_A 可用下式表示

$$T_A = T_C + T_S \tag{7-13}$$

式中，T_S 为晴天时的天线噪声温度；T_C 为由阴天和降雨等因素所造成的天线噪声温度。天线噪声温度可以通过实测获得。

（2）地球站天线的分类

1）按口径大小可分三类：一是小型天线，其口面直径在 90cm 以下，通常使用在场强较高的 Ku 波段直播卫星接收地球站（TVRO）中；二是中型天线，其口面直径介于 90 ~ 240cm 之间，通常用于在中等场强地区的卫星信号接收；三是大型天线，其直径在 240cm 以上，通常用于标准地球站接收场强微弱的信号，如接收以全球波束或半球波束覆盖地球的卫星信号，并能以较大 EIRP 向卫星发射信号。

2）按结构不同可分为：旋转抛物面天线、卡赛格伦（Cassegrain）天线。旋转抛物面天线由抛物线以对称轴为中心旋转而成，是最常用的卫星通信天线。它是一种主瓣尖锐、副瓣较小的高增益天线，由一个反射面和馈源组成，其结构如图 7-9a 所示。图中的 D 表示天线的口面直径；F 为抛物面焦点；f 为抛物面焦距。馈源安装在焦点 F 处，图中还给出了当天线对准卫星时，天线与卫星之间收发信号会聚在焦点 F 处的示意图。旋转抛物面天线的焦距口径比是一个很重要的参数，该参数决定了反射面的曲率和形状。当 $f = 0.25D$ 时，为中焦天线，此时焦点位于天线口面上；$f < 0.25D$ 时称为短焦天线，焦点 F 位于天线口面和反射面之间；$f > 0.25D$ 时称为长焦天线，焦点 F 位于天线的口面之外。通常旋转抛物面天线的 f/D 在 0.3 ~ 0.4 之间，当 $f = 0.38D$ 时，天线的性能最佳。

卡赛格伦天线是一种双反射面天线。它由主反射面、副反射面和馈源组成，主要用于口面直径 $D > 4.5\text{m}$ 以上的大口径天线。如图 7-9b 所示，其主反射面是旋转抛物面，而副反射面是旋转双曲面；D 为主反射面直径；F 为主反射面焦点；f 为主反射面焦距；F_1 为副反射面虚焦点，F_2 为副反射面实焦点，F 与 F_1 重合；天线馈源安装在 F_2 处。图中也给出了当天线对准卫星时，天线与卫星之间的信号传输路径。与抛物面天线相比，卡赛格伦天线的优点是：设计灵活，两个反射面有多个独立的参数可以调整；利用短焦距抛物面实现了长焦距抛物面天线的性能，减小了纵向尺寸；并减少了馈源漏溢及旁瓣辐射；在接收时，由于馈源是指向天空的，来自地面噪声的影响减小了。

3）按馈源的安装方式可分为三种：一是前馈天线，其馈源位于反射面的前方，如旋转抛物面天线，通常天线口面直径 $D<4.5\text{m}$ 时采用前馈天线；二是后馈天线，天线的馈源位于副反射面的后面，如卡塞格伦天线，$D>4.5\text{m}$ 时采用这种天线；第三种是偏馈天线，即将馈源或副反射面移出天线主反射面的辐射区，这样可以消除馈源和反射面对信号的阻挡，这种天线一般用于小型、便携地球站如 VSAT 或卫星电视接收地球站（TVRO）。图 7-9c 所示是偏馈天线的结构示意图，由图可知：偏馈天线是截取前馈天线旋转抛物面的一部分构成的，其反射面仍然是旋转抛物面，而馈源仍然安装在旋转抛物面的焦点位置。由于馈源处在电磁波波束之外，所以馈源及其支架不会阻挡信号的传输，因而与前馈天线和后馈天线相比，偏馈天线的尺寸小、效率高、性能好（增益高、旁瓣小），并且不易积冰雪。也可以通过截取后馈天线的主反射面的一部分，获得具有双反射面的偏馈天线。

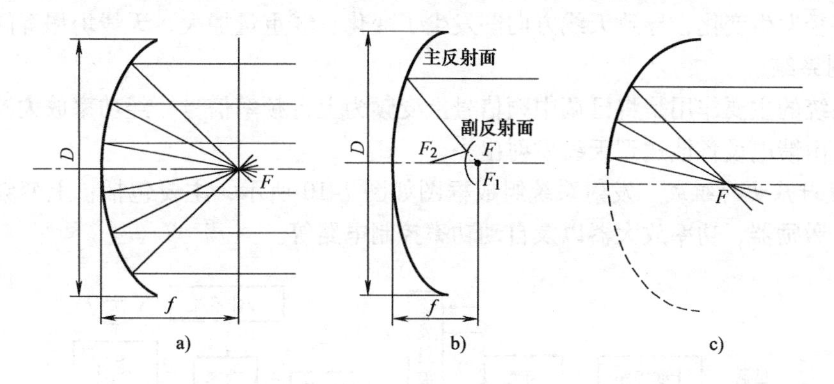

图 7-9 三种面天线的基本结构

a）旋转抛物面天线 b）卡赛格伦天线 c）偏馈天线

4）按天线的制造材料可分为：网状天线、铁盘天线、玻璃纤维天线、碳纤维天线等。

（3）*对地球站天线的基本要求* 地球站天线应具有较高的增益和效率、低的等效噪声温度、较高的对卫星的指向精度、足够的工作带宽和峰值发射功率。

（4）*馈电设备* 馈电设备主要包括：馈源、馈线和双工器等。

1）馈源实际上就是一副小型天线，通常使用喇叭天线作为馈源，对馈源的基本要求是：有确定的相位中心，以保证其相位中心与焦点重合时，反射面口径为同相场；尺寸尽量小，以减少可能对信号造成的阻挡；方向图与反射面张角配合，使天线方向系数最大；尽可能减少绕过反射面边缘的能量漏失；与馈线阻抗要匹配；工作带宽满足要求；满足发射功率容量要求。根据馈源安装位置的不同，馈源也分为前馈馈源和后馈馈源两种。

2）双工器用于实现收发信机共用天线及馈源，并保证收发信号的隔离。双工器是通过收发信号的频段不同来实现对收发信号的隔离（FDD），即利用上行、下行频率不同及收发信号的正交极化等手段实现的。对双工器的基本要求是：插入损耗小，一般要求不高于 0.1dB；收发通道的隔离度尽量大，通常要求达到 60dB 以上。

3）馈线一般是金属波导，位于馈源和收发信机之间，用于传输收发信号。实际上双工器也可以看成馈线。对馈线的要求是损耗小、频带宽、能够承受发射的峰值功率。

（5）*跟踪伺服系统* 对于大型标准地球站，其天线的口面直径可达 20m 以上，增益达 60dB，半功率点波束宽度约为 0.18°。这样窄的波束对天线的指向精度提出了很高要求，而且，受各种因素的影响，在轨卫星存在摄动，所以大型标准地球站的天线系统必须有一套对卫星进行自动跟踪的设备，连续检测天线指向卫星的误差，驱动天线辐射方向始终对准卫星。

跟踪的方式包括手动跟踪、程序跟踪、自动跟踪等；伺服系统则根据跟踪系统给出的误差信号通过方位步进电机和俯仰步进电机驱动天线对准目标卫星。

跟踪伺服系统的主要指标有：①指向精度，一般规定天线波束轴线与所要求方向之间的夹角要小于波束宽度的20%；②跟踪精度，在自动跟踪状态下，天线波束轴线与卫星地球站之间连线的夹角要小于波束宽度的10%。

另外在高纬度寒冷地区，地球站天线还必须装配消冰装置，否则在冬季天线反射面会堆积雪、雨水凝成的冰块，造成：①吸收损耗大，噪声温度高；②冰层覆盖，天线反射面变化，反射路径发生变化，导致天线方向图发生了变化；③重量加大，天线坍塌等问题。

2. 发射系统

发射系统的主要作用是将已调中频信号上变频为上行频率信号，经功率放大器放大到一定电平后，由馈电设备馈送到天线发射出去。

(1) 发射系统的组成　发射系统组成框图如图7-10所示，主要包括：上变频器、发射波合成器、激励器、功率放大器以及自动功率控制电路等。

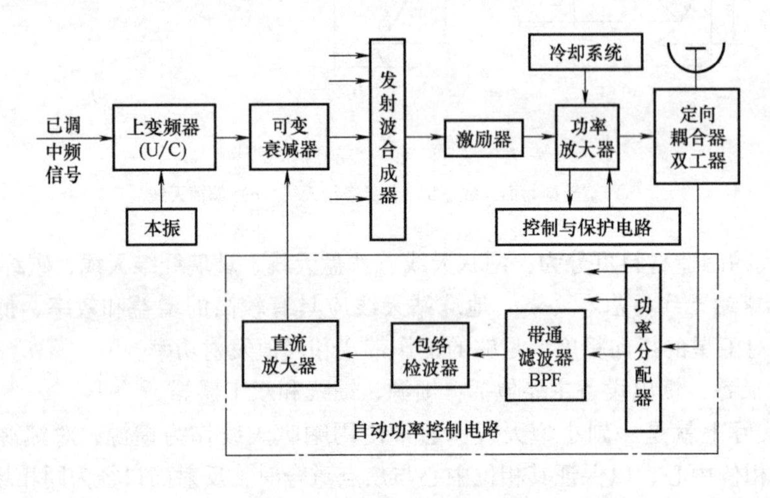

图7-10　地球站发射系统组成框图

上变频器通过频谱搬移将中频信号上变频为上行频率。上变频器分为：一次变频式、二次变频式、三次变频式，如图7-11所示。

功率合成器是一种微波器件，主要作用是将多路信号经过处理后叠加在一起，要求各路信号的输入端有良好的隔离度。

激励器即预放大器，其功能是推动主放大器，一般使用小功率行波管放大器或固态功率放大器。

功率放大器是最终的功率放大器件，主要有三种：速调管放大器、行波管放大器（TWTA）、固态功率放大器（SSPA）。

速调管放大器工作时，是通过对在真空管中电子束的速度进行调制放大实现高功率放大，在C波段的工作带宽约为45MHz，在Ku波段的带宽约为80MHz，速调管放大器的增益

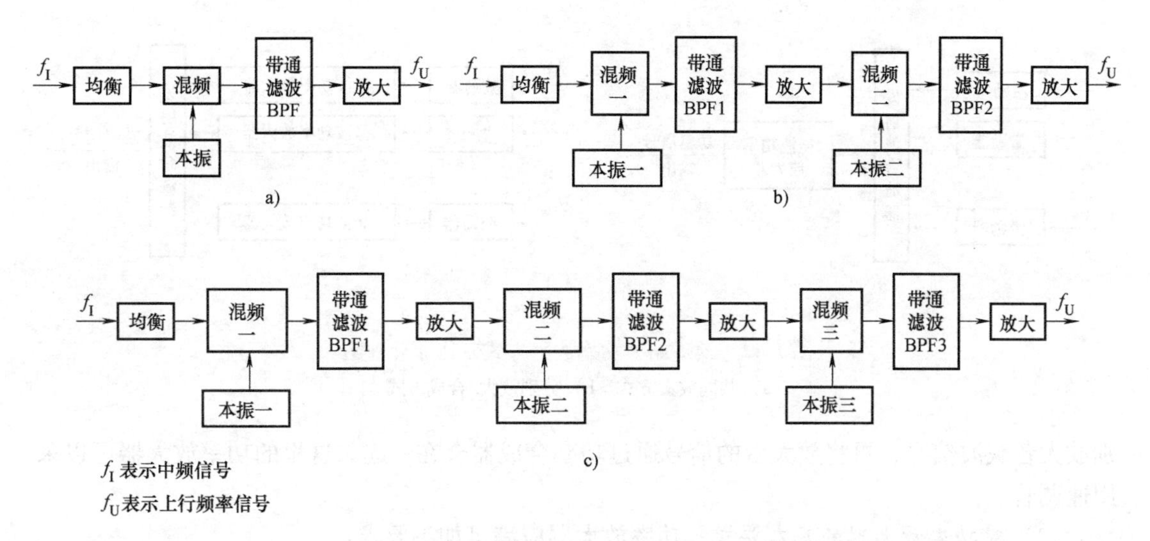

图 7-11　地球站发射系统上变频器原理框图

a）一次变频式　b）二次变频式　c）三次变频式

为 45dB 左右，其输出功率在 C 波段为 3000W 以上，在 Ku 波段可达 2000W 左右。速调管放大器的优点是输出功率大、工作效率高、工作电路简单、成本低以及工作稳定可靠；其缺点是工作带宽较小，只能覆盖一个转发器的工作频带。

TWTA 也是一种真空器件，工作原理与速调管放大器类似，是通过电磁场与电子束发生能量交换实现微波信号的功率放大。与速调管相比，TWTA 最显著的特点是工作带宽很大，可达 500 ~ 800MHz 甚至更高，增益为 45 ~ 75dB，在 C 波段输出功率达上千瓦，在 Ku 波段可达 700W 左右。行波管放大器的优点除了工作带宽很宽外，其结构较紧凑、增益高、使用方便；缺点是工作效率低（大约只有 10% ~ 15%）、工作电路复杂、成本较高以及输出功率比速调管放大器低。

固态功率放大器件是半导体器件，通常是 GaAs 场效应晶体管。一般用于中小型卫星地球站。它在 C 波段的输出功率可达 500W，在 Ku 波段的输出功率为 100W 左右。虽然其输出功率不大，但是工作寿命长、体积小、功耗低、工作电路简单、带宽大、可靠性高。除可用于小型站作为末级功率放大器外，还可以用作速调管放大器和 TWTA 的激励级放大器。

（2）*功率放大的方式*　通常卫星地球站工作在多载波状态，功率放大器放大多载波信号主要有两种方式：一是共同放大方式，即用一个大功率放大管共同放大多个载波；另一种是分别放大/合成方式，即用多个大功率放大管分别放大各个载波，然后将各自放大的功率信号合成。它们的工作原理框图如图 7-12 所示。

图 7-12a 所示为共同放大方式的工作原理框图。在信号进入末级功率放大器前，先把多个要发射的载波通过发射波功率合成器合在一起，然后输入到宽频带大功率放大器中进行共同放大。在这种放大方式中，功率放大器必须采用具有宽频带特性的 TWTA，而不能采用工作频带比较窄的速调管。由于 TWTA 的非线性特性，会产生交扰调制干扰，所以它在放大多个载波时不能工作在靠近饱和点附近，必须进行工作点回退。因此，该方式中的 TWTA 输出功率低于饱和输出功率，工作效率低。

图 7-12b 所示为分别放大/合成方式的工作原理框图。先用频带较窄的大功率放大器分

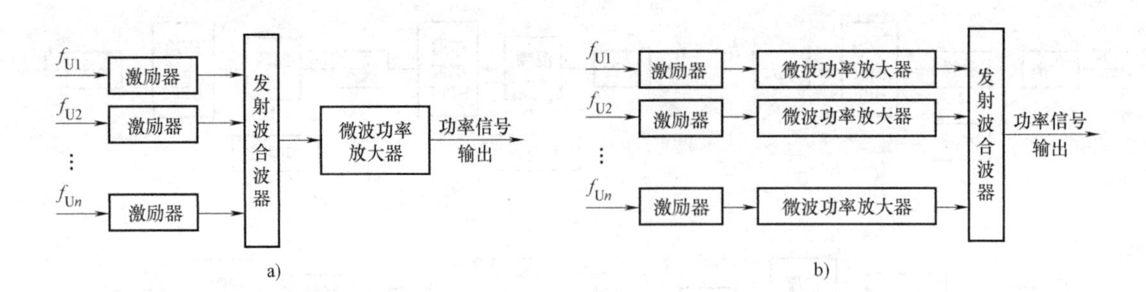

图 7-12 地球站大功率放大方式工作原理框图

a）共同放大方式 b）分别放大/合成方式

别放大各载波信号，再将放大后的信号通过功率合成器合在一起。这里的功率放大器可以采用速调管。

（3）*对功率放大器的基本要求* 功率放大器应满足如下要求：

1）要满足设计额定功率的要求，额定功率与卫星转发器的 *G/T* 值、卫星转发器的输入功率密度值以及地球站的天线增益等参数有关。

2）线性特性要满足要求，以避免放大多载波信号时产生过多的交扰调制产物。

3）增益稳定性要高。

4）工作带宽要满足设计要求，一般标准地球站的功率放大器工作带宽要求达到500MHz 以上，以满足大容量及多址通信的需要。

5）有较高的可靠性或较长的无故障运行时间。

3. 接收系统

接收系统由低噪声前置放大器（LNA）、接收波分离装置（用于多载波的情况）、下变频器、中频放大器、滤波器及解调器组成，如图 7-13 所示。

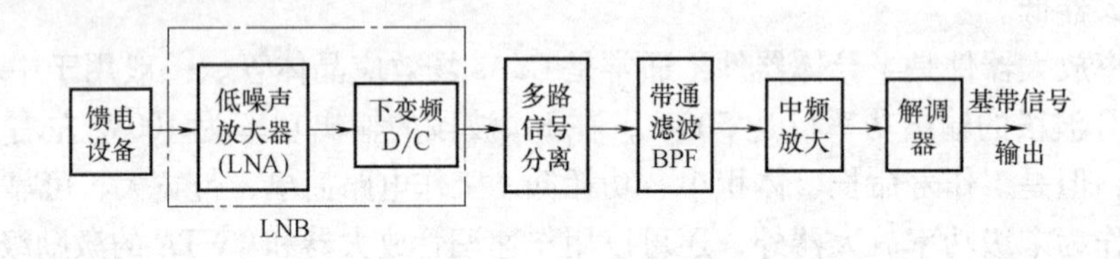

图 7-13 地球站接收系统的结构框图

其中 LNA 是接收系统的关键部分，它决定着系统的等效噪声温度，应尽可能靠近天线馈源，一般与天线一起安装在室外。对 LNA 的基本要求是：高增益、良好的增益稳定性、低噪声温度、较宽的工作频带、高可靠性等。静止卫星到地球站的距离长，信号衰减严重，所以地球站天线所接收到的信号十分微弱。LNA 的噪声温度是其最重要的指标，实际大型地球站经常都要在 LNA 中采取制冷措施，以降低噪声温度。另外为了提高可靠性，一般对 LNA 采取 1:1 备份。

卫星接收系统中，通常将 LNA 和下变频器集成在一起，称为低噪声下变频放大器（LNB），LNB 与天线一起安装在室外。LNB 按工作频率范围可分为 C 波段和 Ku 波段两大类；C 波段 LNB 的工作频率范围为 3.4～4.2GHz，总带宽为 800MHz，经过下变频后，输出中频频率范围为950～1750MHz，根据型号不同，中频范围有所不同，这就要求在室内单元所选配的卫星接收机的输入频率范围必须满足要求。C波段LNB还分为单极化型、双极化型、双本振双极化型等类型。Ku波段LNB工作频率范围为10.7～12.75GHz，总带宽为2GHz左右，实际上卫星系统常用的Ku频段的下行频率为12.25～12.75GHz（我国所在的区域三），带宽为500MHz。经过下变频后，输出的中频频率范围与C波段的LNB基本相同。Ku波段LNB也分为单极化型、双极化型、双本振双极化型等。

除LNB外，接收系统的其他部分可以安装在室内。卫星下行信号经天线接收，由LNB下变频为中频信号，再经过电缆馈送到室内单元，经过放大后送到解调器进行解调。对接收系统的基本要求是较高的灵敏度（或低等效噪声温度）和足够的工作带宽。

4. 信道终端系统

信道终端系统是地球站与地面通信网之间的接口。它的任务有两个：一是对地面线路送来的信号进行变换，处理成适于卫星信道传输的信号形式送给发射系统；二是要把接收系统解调出的信号变换成适于地面线路传输的信号形式，再把该信号送给地面通信网。

5. 通信控制系统

通信控制系统由系统监视设备、控制设备和测试设备组成。监视设备用来监视地球站各单元的工作状态，工作人员可通过它来了解各种设备的工作状态、故障情况等。控制设备能完成对站内各主要设备的遥控，如对在线设备和备用设备的切换。测试设备包括各种检测仪器仪表，用于测量各种设备的工作状态数据，为管理和控制地球站各个单元提供依据。

6. 电源系统

电源系统是地球站的重要组成部分，其可靠性直接关系到整个地球站的可靠性。

（1）*地球站使用电源的场合* 地球站使用电源的场合主要包括：

1）通信系统，如卫星接收机、大功率发射机等。

2）天线系统，包括：天线的馈电、天线驱动跟踪伺服系统、天线主反射面及馈源的消冰装置等。

3）通信控制系统，包括：各类控制计算机、控制终端等。

4）与地面通信系统的接口。

5）其他电路及设备，如：空调、照明等。

（2）*电源中断对通信的影响* 考查电源中断对地球站通信的影响可分为两种情况来考虑：一是以分钟计算的1min以上的长时间电源中断；另一种是以秒或毫秒计算的1min以内的短时间电源中断。

通常情况下，较长时间的电源中断会造成通信中断，特别是超过一定时间限度的电源中断，它所引起通信中断时间往往远大于电源中断时间。因为在一定条件下，地球站某些关键部分随着电源中断而立即停止工作，但它们却并不随着恢复供电而立即恢复到正常工作状态。比如接收系统的低噪声放大器，其制冷设备若停电1.5min，会造成温度失调；要恢复工作，就需要比停电时间长得多的恢复时间。再如对发射系统大功率TWTA来说，若电源中断时间超过100ms再恢复供电，就会造成比该中断时间大得多的通信中断，因为TWTA需要等到它的阴极在供电后达到炽热温度，才能发射电子恢复工作。电源中断对某一TWTA造成通信中断的时间关系见表7-2。而且对于TWTA来说，若电源中断超过1min，则发射机就会停机而不再自动开机。由此可见，地球站供电中断时间不能超过50s。所以地球站大功率发射机所需电源必须是定电压、定频率、高可靠性的不间断电源。另外，对于不同的通信业务，电源中断对通信质量的影响也是不同的。

表 7-2 电源中断时间与通信中断时间的关系

电源中断时间	造成通信中断的时间
0.1～1s	1～2s
10s	35s
30s	90s
1min	3min

（3）*地球站电源的基本要求* 地球站电源应不低于一般地面通信枢纽的供电要求，除了应具有一至两路市电供电线路外，还应另外设两路电源设备，即应急电源和交流不间断电源（UPS）。

市电供电线路应专线供电，并注意三相电源各相负载的平衡。一般采用大型蓄电池组和柴油发电机组作为后备的应急电源（UPS）。

7.2.4 地球站的站址选择及布局

地球站在整个卫星通信系统中的作用举足轻重，设计地球站要综合考虑各方面因素，如站址的周围环境、安全性、是否有利于维护等，要保证通信业务的畅通，同时还要考虑扩容、系统更新以适应未来的业务发展的需要。

1. 站址的选择原则

（1）*卫星波束覆盖区域的要求* 根据卫星公司提供的资料，计算地球站的方位角、仰角，在波束覆盖范围内，天线指向“视野”内不能有树林、塔、杆等障碍物。

（2）*避开其他无线电系统的干扰* 地球站在 C 波段、Ku 波段的下行频率范围内不能受到来自地面的微波通信、雷达、电视广播等无线电发射系统的干扰，或干扰的场强不能超过规定的指标要求；站址的地平线仰角（或称为天际线仰角）要低，以降低天线的等效噪声温度；站址最好选择在盆地中，利用盆地周围山峰对无线电波的屏蔽效应来抑制干扰。

（3）*方便供电和通信业务的接入* 地球站要尽量靠近通信总站和交换中心，以缩短地面传输距离；尽量选择靠近一级供电场所。

（4）*地质条件应满足要求* 站址所在地区的土质结构直接决定了地球站地基的牢固程度。因为大型地球站的天线系统和天线塔合在一起，其重量可达数百吨以上，所以站址所在地区不应有频繁的地层变动，更不能处于地震带上。

（5）*气象条件应满足要求* 频繁的雨雪天气会加大卫星信道的传输损耗和噪声；高纬度地区冬季降雪会产生积雪，造成天线重量加大甚至天线方向图变化；多风天气则会造成天线的指向精度下降，降低通信质量。选择站址应考虑尽量避免上述天气现象的影响。

（6）*充分考虑安全性及其他因素* 如必须考虑微波辐射对人身健康的危害；避开工业、天电的干扰及有化学污染、易燃易爆物品的场合；避开飞机航线等。

2. 地球站的布局

地球站的布局如同地球站选址一样重要。合理的地球站布局不仅有利于地球站的管理和维护，而且对保证通信质量也是至关重要的。决定地球站布局的因素归纳起来主要有：地球站规模、设备制式、管理和维护等。

（1）*地球站规模*　这是决定地球站布局的首要因素。只通过一颗静止卫星进行通信的地球站，仅需要一副天线和一套通信设备；如果地球站需要通过两颗或两颗以上静止卫星进行通信，就需要两副或多副天线及相应数量的通信设备。对LEO卫星系统中的地球站，则需要以站房为中心，设置多副间隔几百米的天线。天线之间之所以保持较大的距离，是为了防止跟踪处于任意轨道上的LEO卫星时，天线之间可能发生的相互干扰。

（2）*设备制式*　地球站的通信设备分别安装在天线塔和主机房里。其布局由设备制式决定。地球站的设备制式按信号传输形式可分为：基带传输、中频传输、微波传输、直接耦合以及混合传输等。目前地球站主要有这五种传输体制，其布局要求分别是：

1）对基带传输，需要在天线水平旋转部位设置较大的机房，并在机房需要安装发射和接收系统的大部分设备，并采用基带传输方法来与主机房的基带和基带后面的设备连接。

2）对中频传输，将调制、解调设备及其中频以下设备安装在主机房内，并通过同轴电缆与天线塔上机房的中频前面的设备相连。

3）对微波传输，将接收机低噪声放大器和发射功率放大器装在天线塔上的机房里，并采用微波传输方法与安装在主机房的其余设备连接。

4）对直接耦合，应将天线放在楼顶上，低噪声放大器放在天线初级辐射器底部承受仰角旋转的位置上，下面接功率放大器，再下面连其他设备。

5）如果是混合传输制，应将低噪声放大器放在天线辐射器底部承受仰角旋转的位置上，其余设备放在主机房内。

（3）*管理和维护*　地球站的布局除了要适应通信系统的需要，满足地球站的标准特性要求之外，还要利于维护和管理，有利于规划和发展，尽量使布局满足工作和生活的需要。地球站工作区要适当集中。在主机房附近要留出适当空地，工作大楼在不遮挡天线视野的前提下，尽量靠近机房。

7.3 传输线路的计算

根据通信理论，无论是模拟通信系统的输出信噪比，还是数字通信系统的误码率，都与接收系统的输入信噪比（载噪比）有关。卫星通信信道包括上行线路、转发器和下行线路等诸多环节。必须讨论一下在卫星线路中，有哪些因素影响接收机输入端的信噪比；要保证正常的信息传输，应对通信线路中的有关设备提出怎样的指标要求；当考虑某些不稳定因素以及降雨等因素后，进行通信线路计算时应留有多大的余量等。

7.3.1 基本概念

1. 接收信号的功率和功率通量密度

虽然卫星通信系统的传播路径很长，但物理信道的主要部分是外层空间，所以可先按在自由空间传播这一简单情况考虑，可以求得接收点的信号功率通量密度 F 为

$$F=\frac{P_{\mathrm{t}}}{4\pi d^{2}} \tag{7-14}$$

式中，P_{t} 为各向同性天线的发射功率；d 为接收点到发射天线的距离。则接收功率 P_{r} 为

$$P_r = FA\eta \tag{7-15}$$

式中，A 为接收天线的口面面积；η 为接收天线的效率。设发送天线为具有方向性的天线，其增益为 G_t，则可得

$$F = \frac{P_t G_t}{4\pi d^2} \tag{7-16}$$

于是，将式(7-15)写成

$$P_r = FA\eta = \frac{P_t G_t A\eta}{4\pi d^2} \tag{7-17}$$

式(7-16)、式(7-17)中，G_t 为发射天线增益。设接收天线增益为 G_r，G_r 可由式(7-6)表示，则式(7-17)可写成

$$P_r = P_t G_t G_r \left(\frac{\lambda}{4\pi d}\right)^2 \tag{7-18}$$

式（7-18）被称为 Friis 自由空间传播方程。

2. 自由空间传播损耗（路程损耗）

自由空间传播损耗 L_f 定义为

$$L_f = \left(\frac{4\pi d}{\lambda}\right)^2 \tag{7-19}$$

则由式(7-18)，接收信号功率 P_r 可表示为

$$P_r = \frac{P_t G_t G_r}{L_f} \tag{7-20}$$

用分贝表示传播损耗 L_f

$$L_f = 21.98 + 20\lg d - 20\lg\lambda \tag{7-21}$$

3. *C/N*、*C/T* 值

载波功率与噪声功率比（C/N）为

$$\frac{C}{N} = \frac{P_r}{kTB} = \frac{P_r}{n_0 B} \tag{7-22}$$

式中，C 为载波功率；N 为噪声功率；B 为接收信号带宽；k 为玻耳兹曼常数；$k = 1.380\,658 \times 10^{-23}$J/K；$T$ 为系统的等效噪声温度；n_0 为信道噪声的单边功率谱密度。

载噪比（C/N）用分贝表示为

$$\left[\frac{C}{N}\right] = [C] - [n_0] - [B] = \left[\frac{C}{T}\right] + 228.6 + [B] \tag{7-23}$$

由式(7-20)及式(7-22)可得

$$\frac{C}{N} = \frac{P_r}{kBT} = \frac{P_t G_t G_r}{kBTL_f} = \frac{P_t G_t}{kBL_f}\left[\frac{G_r}{T}\right] \tag{7-24}$$

式中，载噪比（C/N）与地球站接收天线增益与噪声温度之比 G_r/T 成正比，所以通常用 G_r/T 值来衡量地球站的接收性能。

4. 门限载噪比

门限载噪比是指为保证解调输出的语音、图像和数据达到规定的质量指标要求，要求接收机输入端所必须达到的最低载噪比值。

根据通信理论，门限载噪比与采用的调制解调方式有关，因为不同的调制解调方式的抗

噪性能是不相同的。根据表7-1列出的INTELSAT各类地球站的G/T值，再由式(7-24)可得门限载噪比。

7.3.2 传输损耗

只考虑自由空间传播损耗，由式(7-20)可知接收信号功率P_r为

$$P_r = [\mathrm{EIRP}]_S + G_r - L_f \text{（单位为 dBW）} \tag{7-25}$$

式中，$[\mathrm{EIRP}]_S$表示卫星转发器的有效全向辐射功率

$$[\mathrm{EIRP}]_S = G_t + P_t \tag{7-26}$$

但在实际卫星传输系统中还包括由其他因素导致的传输损耗，这些因素主要包括：

（1）大气损耗　大气损耗主要包括：电离层中电子和离子的吸收、对流层中氧分子、水蒸气分子的吸收和散射以及云雾雨雪的吸收和散射等。

电磁波在对流层中传播，晴天时主要受氧和水汽分子的吸收而产生衰减，衰减量与工作频率、天线仰角有关。工作频率在1～10GHz范围内，仰角为3°时，衰减量可达到5dB，其次，云和雾也会产生一定的衰减。雨水产生的衰减也是相当严重的，而且工作频率越高，衰减越大。特别是在毫米波段，其衰减是相当大的。例如，工作在30GHz频率上，在14mm/h的中等降雨量的条件下，当传播距离为100km时，衰减可达70dB。如前所述，考虑到降雨所造成的衰减，卫星通信系统总是要求发射功率要留有一定余量。

（2）大气折射影响　地球表面大气层的密度和折射率随高度的变化而变化，电磁波在大气中传播时，波束会被大气折射导致弯曲；大气折射率变化产生的大气闪烁会导致电磁波传输路径的起伏变化。这些因素对那些处于高纬度地区低仰角（接近5°）地球站的影响较大。

（3）天线指向精度误差损耗　天线指向精度误差导致的损耗定义为

$$L_{Tr} = \frac{\text{接收天线指向对准发射点时,接收机接收到的信号功率}}{\text{接收天线指向偏离发射点时,接收机接收到的信号功率}}$$

（4）极化误差损耗　电磁波还会受到地球磁场和大气法拉第效应的影响。由于法拉第效应会使电磁波极化方向发生旋转，极化方向的旋转量为$5[200/f_{(\mathrm{MHz})}]^2$周。例如，工作在1GHz时，旋转角度可达72°，4GHz时为4.5°。因此，根据具体情况要对极化方向的偏转进行一定的补偿。

综合考虑上述因素，地球站实际接收的信号功率可由下式表示

$$P_r = [\mathrm{EIRP}]_S + G_r - L_f - L_a - L_{de} - L_{di} - L_p - L_{Tr} \tag{7-27}$$

式中，L_a为大气损耗；L_{de}为散焦损耗；L_{di}为漫射损耗；L_{de}、L_{di}均为大气折射造成的损耗；L_p为极化误差损耗；L_{Tr}为天线指向（跟踪）误差损耗。

7.3.3 噪声与干扰

卫星通信距离远，电波传播损耗大，地球站接收的信号非常微弱，所以必须全面了解与地球站接收有关的各种噪声，尽可能降低接收系统的噪声，提高接收机灵敏度。地球站接收系统的各种噪声来源如图7-14所示，其噪声来源可分为两大类：一类是外部噪声，另一类是内部噪声。

1. 外部噪声

外部噪声主要是指除了地球站系统、电路外的其他噪声和干扰。主要包括如下几种噪声：

(1) *宇宙噪声* 指外层空间星体的热分布及分布在星际空间的物质辐射所形成的噪声，其功率在银河系中心达到最大值，在天空其他位置则较低，所以宇宙噪声主要来自银河系，该噪声功率是频率的函数，在 1GHz 以下时，宇宙噪声是外部噪声的主要来源。

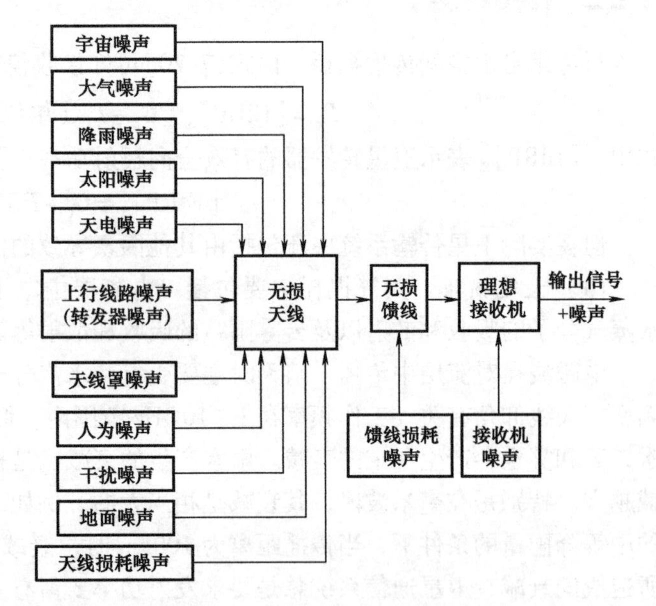

图 7-14 地球站接收系统的噪声来源

(2) *太阳系噪声* 指太阳及太阳系中各行星及月球辐射的电磁干扰被天线接收而形成的噪声，其中太阳是最大的热辐射噪声源，甚至会产生日凌导致通信中断。

(3) *大气噪声* 电离层和对流层在无线电波穿过时产生的电磁散射不但可以形成传输损耗，同时也产生了噪声，其中大部分噪声是氧气和水蒸气产生的，大气噪声是地球站天线仰角的函数，通常随天线仰角的增大而减小。

(4) *降雨噪声* 指降雨、降雪产生的噪声，降雨噪声同降水量、信号频率、天线仰角有关，对 C 波段信号（下行频率为 4GHz），在低仰角时，大雨在地球站接收机输入端产生的噪声温度大约为 50～100K，在系统设计和通信链路计算时必须充分考虑这一因素，为降雨噪声留出余量，避免降雨时造成通信中断。

(5) *干扰噪声* 指来自其他通信系统的邻道或同频干扰，包括工作在同频段卫星通信系统和地面微波中继系统的干扰噪声，干扰噪声的大小与干扰源的功率、干扰信号的传输路径（信道）、接收天线增益、方向图等参数有关。

(6) *地面干扰* 因为地球表面温度并非绝对零度，所以地球表面本身就是一个热噪声源，卫星天线对准地球，必然会接收到来自地球的热噪声；同时地球站天线的旁瓣、后瓣不但可接收到来自地面的热噪声辐射，还可接收到地面的反射噪声。减小地面噪声的方法是尽量减小和压缩天线的旁瓣、后瓣，尤其是天线的仰角较小时，必须充分考虑这个问题。

(7) *上行线路和转发器噪声* 包括同频干扰——同频率不同波束信号间的干扰；邻道干扰——频率相邻信号或其他系统的频率相近信号的干扰；交叉极化干扰——正交极化时，两极化波之间的干扰（频带相同）；交调干扰——工作在多载波情况下的卫星转发器产生的交扰调制噪声。

2. 地球站内部噪声

地球站内部噪声是指由接收机内部电路产生的各种噪声，主要来自馈线、前端 LNA 和下变频器等环节，为了计算方便，一般把上述噪声均折算到地球站 LNA 的输入端。

3. 等效噪声温度

在卫星通信工程中通常使用等效噪声温度的概念，而不使用噪声功率，因为噪声功率N与系统工作带宽有关，而不同卫星通信系统的带宽不一定相同，所得结果缺乏通用性。

设系统工作带宽为B，因为系统带宽就是噪声带宽，则电阻的热噪声功率$N=kTB$，在线性网络中同样可以引入等效噪声温度T_e，$N=kT_eB$

卫星地球站的接收系统前端可用图7-15a表示。可以将接收前端看成一个线性系统，于是可等效为图7-15b所示的模型。图中，T_{IN}为天线引入的外部噪声温度；T_{RF}为前端LNA的附加噪声温度；T_C为混频器（下变频器）的等效噪声温度；T_{IF}为中频放大器的附加噪声；G_{RF}、G_C、G_{IF}分别表示LNA、混频器、中频放大器的增益。则总的噪声功率为

$$P_n = G_{IF}kT_{IF}B + G_CG_{IF}kT_CB + G_CG_{IF}G_{RF}k(T_{RF}+T_{IN})B \tag{7-28}$$

即

$$P_n = G_CG_{IF}G_{RF}kB\left(T_{IN}+T_{RF}+\frac{T_C}{G_{RF}}+\frac{T_{IF}}{G_CG_{RF}}\right) = G_CG_{IF}G_{RF}kBT_S \tag{7-29}$$

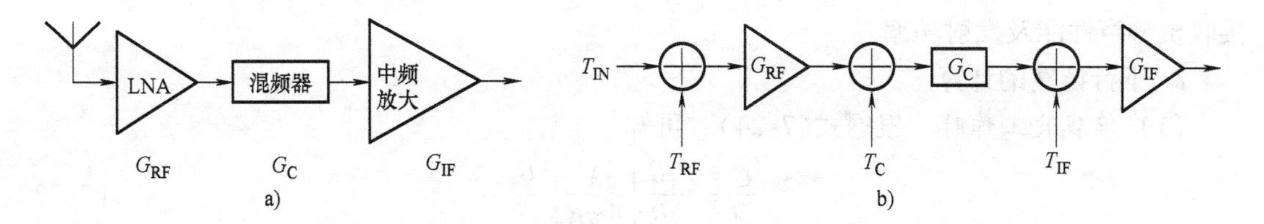

图7-15 地球站接收机前端的噪声温度

a）地球站接收机前端等效原理图 b）地球站接收系统前端等效噪声温度模型

根据式(7-29)可将系统的等效噪声温度模型进一步简化为

$$T_S \longrightarrow \boxed{G_{RF}G_CG_{IF}} \longrightarrow P_n$$

其中的T_S为接收系统的等效噪声温度。

$$T_S = T_{IN}+T_{RF}+\frac{T_C}{G_{RF}}+\frac{T_{IF}}{G_CG_{RF}} \tag{7-30}$$

例：某4GHz地球站，$T_{IN}=50\text{K}$，$T_{RF}=50\text{K}$，$T_C=500\text{K}$，$T_{IF}=1000\text{K}$，$G_{RF}=23\text{dB}$，$G_C=0\text{dB}$，$G_{IF}=30\text{dB}$，则有

系统总等效噪声温度为

$$T_S = \left(50+50+\frac{500}{200}+\frac{1000}{200}\right)\text{K} = 107.5\text{K}$$

由上式计算结果可见，式中的第一项和第二项分别是由外部噪声和前端LNA产生的噪声，总和为100K；而后两项分别表示混频器和中频放大器产生的噪声，虽然这两部分的噪声温度比前两者的噪声温度大出一个数量级，但它们对总噪声温度的贡献却一共只有7.5K，这说明：在设计接收系统时，考虑噪声问题的重点应放在前级。

若在天线和LNA之间有一段波导，其损耗为L_W，$L_W>1$，所产生附加噪声温度折算到其输入端

$$T_W = T_0(L_W-1) \tag{7-31}$$

式中，T_0 为环境温度。附加噪声温度折算到波导的输出端（即 LNA 的输入端）为

$$T'_W = T_0\left(1 - \frac{1}{L_W}\right) \tag{7-32}$$

例如：环境温度 $T_0 = 293K(20℃)$，波导损耗 $L_W = 2dB$，$T_{IN} = 50K$，由式(7-32)计算可得

$$T'_W = 293K \times \left(1 - \frac{1}{1.585}\right) = 108.1K$$

由上式计算结果可见：仅仅 2dB 的波导传输损耗，就使系统的噪声温度至少增加 108K，这再次验证了接收机前端对系统噪声性能的影响远远大于后面级联各部分电路的结论。

7.3.4 卫星通信链路的计算

1. 链路计算的任务

1）已知转发器及地球站的基本参数，计算地球站的载噪比（C/N）及其发射系统应该达到的 EIRP 值。

2）已知卫星转发器基本参数及接收机所要求的门限载噪比，确定地球站天线的口径、接收机噪声性能及发射功率。

2. 下行链路的计算

（1）*单载波工作时* 根据式(7-24)，可知

$$\frac{C}{N} = \frac{P_t G_t}{kB}\left[\frac{\lambda}{4\pi R}\right]^2 \frac{G_r}{T} \tag{7-33}$$

可得下行载噪比

$$\left(\frac{C}{N}\right)_D = EIRP_{S,S} - L_D + \left(\frac{G}{T}\right)_E + 228.6 - 10\lg B \tag{7-34}$$

式中，$EIRP_{S,S}$表示卫星的转发器工作在单载波下的等效全向辐射功率；L_D 表示下行信道的损耗；$[G/T]_E$ 为地球站的品质因数；B 为系统工作带宽。因为 $N = kTB$，所以有

$$\left(\frac{C}{T}\right)_D = EIRP_{S,S} - L_D + \left(\frac{G}{T}\right)_E \tag{7-35}$$

（2）*多载波工作时* 卫星转发器工作在多载波条件下，为降低功率放大器的交扰调制干扰，必须引入输入补偿及输出补偿，将补偿都折算到输出端 BO_o，则有

$$EIRP_{S,M} = EIRP_{S,S} - BO_o \tag{7-36}$$

式中，$EIRP_{S,M}$表示卫星转发器工作在多载波下的等效全向辐射功率，即

$$\left(\frac{C}{N}\right)_D = EIRP_{S,M} - L_D + \left(\frac{G}{T}\right)_E + 228.6 - 10\lg B \tag{7-37}$$

3. 上行链路计算

（1）*单载波工作时* 表达式与下行链路的计算表达式基本相同，即

$$\left(\frac{C}{N}\right)_U = EIRP_{E,S} - L_U + \left(\frac{G}{T}\right)_S + 228.6 - 10\lg B \tag{7-38}$$

或表示为

$$\left(\frac{C}{T}\right)_U = EIRP_{E,S} - L_U + \left(\frac{G}{T}\right)_S \tag{7-39}$$

$$\left(\frac{C}{N}\right)_U = EIRP_{E,M} - L_U + \left(\frac{G}{T}\right)_S + 228.6 - 10\lg B \tag{7-40}$$

或表示为

$$\left(\frac{C}{N}\right)_{\mathrm{U}} = \mathrm{EIRP}_{\mathrm{E,S}} - \mathrm{BO}_{\mathrm{i}} - L_{\mathrm{U}} + \left(\frac{G}{T}\right)_{\mathrm{S}} + 228.6 - 10\lg B \tag{7-41}$$

4. 其他干扰产生的等效噪声温度

这里的噪声是指除了上行及下行链路噪声以外的其他噪声和干扰，包括：同频干扰——不同波束之间的干扰（同频带）；邻道干扰——频率相邻信道的干扰；交叉极化干扰——正交极化时，同频率的两个极化波之间的干扰；交扰调制干扰。这些干扰所产生的噪声对载噪比的影响可用 $(C/N)_{\mathrm{I}}$ 及 $(C/T)_{\mathrm{I}}$ 表示。

5. 总载噪比计算

总载噪比可表示为

$$\left(\frac{C}{N}\right)_{\mathrm{T}}^{-1} = \left(\frac{C}{N}\right)_{\mathrm{U}}^{-1} + \left(\frac{C}{N}\right)_{\mathrm{D}}^{-1} + \left(\frac{C}{N}\right)_{\mathrm{I}}^{-1} \tag{7-42}$$

或

$$\left(\frac{C}{T}\right)_{\mathrm{T}}^{-1} = \left(\frac{C}{T}\right)_{\mathrm{U}}^{-1} + \left(\frac{C}{T}\right)_{\mathrm{D}}^{-1} + \left(\frac{C}{T}\right)_{\mathrm{I}}^{-1} \tag{7-43}$$

6. 门限余量与降雨余量

上面讨论了如何计算卫星线路的 C/T 值。如果已经对传输质量作出了规定，便可求出满足该质量指标要求的 C/T 值，通常把容许 C/T 的最小值称为门限，用 $[C/T]_{\mathrm{th}}$ 表示。在设计卫星线路时，应合理选择系统中各个单元，使实际的 $[C/T]$ 值超过门限值 $[C/T]_{\mathrm{th}}$。

但是，任何卫星通信线路建成以后，它的参数都不可能是固定不变的。不仅如此，它还会经常受到气象条件、转发器与地球站设备某些不稳定因素以及天线指向误差等方面的影响。为了在一些条件变化后，仍能使卫星线路参数满足通信质量要求，必须留有一定的余量，这就是“门限余量”，以 $[M]_{\mathrm{th}}$ 表示

$$[M]_{\mathrm{th}} = [C/T] - [C/T]_{\mathrm{th}} \tag{7-44}$$

气象条件中影响最大的是降雨、降雪引起的传播衰减和噪声，而且吸收体在常温条件下每 0.1dB 的衰减，将会产生大约 7K 的噪声温度。特别是在地球站接收系统使用高增益天线和低噪声放大器的情况下，下行线路中由设备本身产生的内部噪声的影响已经很小了，因而降雨使信号衰减和热噪声的增加，会对下行线路噪声特性产生显著的影响。降雨余量就是针对这一情况留取的。至于上行线路，在实际系统中，由于卫星发射功率会时刻受到监控站的监测，地球站也将得到监控站的指令，可随时对发射功率加以调整。因此，上行线路信道衰减对 $[C/T]_{\mathrm{U}}$ 的影响比较容易解决。

已知未降雨时，总的噪声温度就是门限噪声温度 T_{th} 为

$$T_{\mathrm{th}} = T_{\mathrm{D}} + (T_{\mathrm{I}} + T_{\mathrm{U}}) = (1 + r)T_{\mathrm{D}} \tag{7-45}$$

式中，$r = (T_{\mathrm{I}} + T_{\mathrm{U}})/T_{\mathrm{D}}$。设降雨时，$T_{\mathrm{U}}$ 和 T_{I} 保持不变，而下行噪声线路温度由 T_{D} 增加到 $M_{\mathrm{R}}T_{\mathrm{D}}$，显然此时总噪声温度 T_{t} 为

$$T_{\mathrm{t}} = M_{\mathrm{R}}T_{\mathrm{D}} + (T_{\mathrm{I}} + T_{\mathrm{U}}) = (M_{\mathrm{R}} + r)T_{\mathrm{D}} \tag{7-46}$$

因此，为了保证通信质量，应该为降雨留出余量 $[M]$ 为

$$[M] = 10\lg\frac{T_{\mathrm{t}}}{T_{\mathrm{th}}} = 10\lg\frac{M_{\mathrm{R}} + r}{1 + r} \tag{7-47}$$

第8章　卫星通信系统信号传输技术

8.1　概述

根据通信理论可知：在传输消息过程中，必须根据信道的传输特性、信道的噪声特性及消息特性确定相应的信号传输形式（调制、解调）、多址技术与分配方式、信道差错控制方式等。具体说来，在卫星通信系统中需要考虑的信号传输方式包括：

1. 模拟方式还是数字方式

在早期的卫星通信系统中，卫星转发器输出功率较小，频带资源相对富余，人们对通信容量的需求又不是很大，而且技术水平相对落后，所以一般采用模拟传输方式，即采用调频（FM）方式，因为调频方式不仅抗噪能力强，而且能充分利用微波中继的成熟技术。但随着通信、集成电路、计算机、数字信号处理（DSP）等技术的发展，数字通信技术逐渐成为主流并基本取代了模拟通信方式。数字卫星通信有着传统的模拟卫星通信无法比拟的优点，具体表现在以下几个方面：

1）通信容量大。现代计算机技术、半导体技术的发展为数字卫星通信奠定了坚实的基础。一方面，采用VLSI技术和计算机能完成高速数据处理任务；另一方面，先进的数字调制技术、纠错编码与差错控制技术也为提高通信容量提供了保证。

2）通道利用率高，信道资源分配灵活方便。①数字卫星通信可使用的多址方式除了频分多址（FDMA），还有时分多址（TDMA）、码分多址（CDMA）等，比如使用TDMA方式，各地球站可使用相同的频率，分时操作，避免了FDMA方式的交扰调制问题；②使用计算机管理信道资源，可方便地根据各地球站业务量的变化，动态分配信道资源，提高信道利用率。

3）通信质量高。①如果卫星转发器具有处理能力，那么上行线路的噪声就不会积累到下行线路中；②可以使用适当的纠错编码与差错控制措施，以降低误码率；③采用TDMA多址方式时，单载波工作，不存在交扰调制干扰的问题。

4）保密性好。数字通信可以方便地使用各种加密算法。

正是由于数字卫星通信具有以上优点，所以取得了很大发展，并将最终全面取代模拟卫星通信体制。

2. 调制技术

卫星通信属于无线通信，必须使用调制技术。调制技术分为数字调制和模拟调制两大类。模拟调制方式有AM、FM及PM，卫星通信一般采用FM方式；数字调制方式有OOK、FSK、PSK及由这些方式派生出来的调制方式，数字卫星通信一般采用PSK方式，如QPSK或8PSK。

3. 多址技术或多址联接方式

多址技术主要包括：FDMA、TDMA、CDMA、SDMA，在卫星通信系统中可能同时使用这几种多址方式。

4. 信道分配技术

信道分配技术主要分：相对固定的预分配方式和根据业务量进行动态调整的按需分配方式。这两种方式在技术实现难易程度、信道利用率等方面是不同的。

8.2 多址技术

卫星通信覆盖面积大，特别适合于多个站之间的通信，即多址通信。多址通信是指卫星天线波束覆盖区内的任何地球站可以通过同一颗卫星进行双边或多边通信联接，也称“多址联接”。多个地球站利用同一卫星实现中继，建立各自的信道，实现地球站间的通信，并且要求各地球站发射信号互不干扰，合理选择多址方式，对于充分利用卫星资源，提高通信可靠性和有效性是至关重要的。

8.2.1 频分多址方式

1. 基本原理

频分多址方式（FDMA）采用频域正交分隔，把卫星转发器的可用频带在频域上分割成若干互不重叠的部分，分配给各地球站使用。因此，FDMA 方式中，各地球站发射的载波频率不同，接收地球站采用频率选择性接收机进行接收解调。虽然各站的发射时间可以重叠，但占用的频带是彼此严格分开的。在多个地球站共用卫星转发器的通信系统中，按配置频率不同来区别地球站地址的方式就是 FDMA，如图 8-1 所示。有两种实现方法：①地球站与几个站通信，就发几个载波，而卫星则透明转发；②“多址载波”方式，即每个地球站仅发一个载波，而利用调制信号中的频分多路复用（FDM）或时分多路复用（TDM）将不同的话路基群或超群划分给有关各地球站。

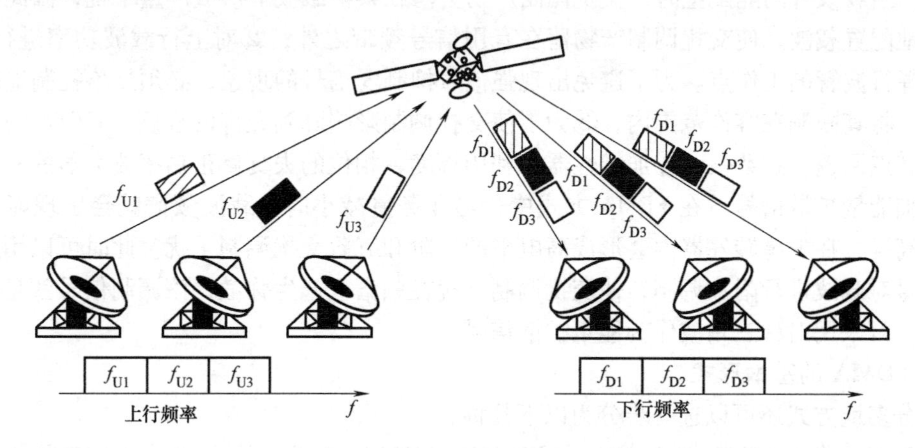

图 8-1　频分多址卫星通信系统示意图

2. 交扰调制干扰及抑制

在射频系统中，为了追求工作效率，功率放大器通常工作在非线性状态。卫星转发器的行波管放大器（TWTA）也工作在非线性状态。卫星转发器工作时是将频率不同的多路信号合路后输入TWTA中进行放大，由于TWTA的非线性，会导致交扰调制干扰。产生交扰调制的主要原因是：当TWTA同时放大多个频率不同的信号时，由于输入/输出非线性特性和调幅—调相转换特性，使输出信号出现各种组合频率分量，当这些组合频率分量落入工作频带内时，就会造成干扰。

（1）*输入/输出特性非线性引起的交扰调制干扰*　具有非线性特性行波管（TWT）同时放大f_1、f_2、…多个不同频率的信号时，就会由于输入/输出特性的非线性，使输出信号中出现$mf_1 \pm nf_2$（m、n为正整数）形式的许多组合频率分量，干扰有用信号。有时不得不禁用某些频率以避开组合频率干扰，这不仅造成了频带的浪费，而且频率分配也是个很麻烦的问题。另外，如果被放大的各载波信号电平不同（如大、小站的信号同时被放大），还会产生强信号抑制弱信号的现象，不利于大小站兼容。分析结果表明，在TWTA输入/输出非线性特性引起的交扰调制产物中，三阶交扰调制（$2f_1-f_2$）和（$f_1+f_2-f_3$）分量会落入频带内，形成严重的交扰调制干扰。同时，交扰调制产物的幅度随载波数的增加而减小。当载波数$n>4$时，载波数n每增加一倍，三阶交扰调制干扰将减小9dB左右。而且，三阶交扰调制干扰中（$f_1+f_2-f_3$）频率分量比（$2f_1-f_2$）分量约大6dB。五阶交扰调制干扰与三阶交扰调制干扰相比，当载波数目较大时会明显减弱，可忽略不计。

（2）*调幅—调相（AM—PM）转换引起的交扰调制干扰*　载波通过TWTA慢波系统时要产生相移。注入信号功率不同，所产生的相移也不同。测试结果表明，该相移是包络的函数。而当输入信号为多个载波信号时，其合成信号的包络必定会有起伏变化。这样，会在每个载波中产生附加相移，它随输入功率之和的变化而变化。在一定条件下，相位变化转化会为频率变化，产生新的频率分量，对有用信号造成干扰，这就是AM—PM转换效应。其中起主要作用的是三阶分量（$f_1+f_2-f_3$）。三阶交扰调制干扰随输入载波数n的增加而减小，当输入功率一定时，n每增加一倍，信号与交扰调制干扰之比将改善6dB。

（3）*减小交扰调制干扰的方法*　可以采取以下措施减小交扰调制干扰：①载波不等间隔排列。当载波等间隔配置时，交扰调制产物会落在某些载波上形成严重干扰，因此可以不等间隔地配置载波，使交扰调制产物落在有用信号频带之外；②对上行载波功率进行控制，合理选择行波管的工作点。为了避免出现强信号抑制弱信号的现象，必须严格控制地球站发射功率，将其限制在容许范围内；③为了使交扰调制影响降到允许的程度，TWTA的工作点要从饱和点回退一定数值；④加线性器，利用幅度、相位的失真修正功率放大器的非线性特性；⑤加能量扩散信号。在FDMA方式中，当业务量减小时，载波频谱就会出现能量集中分布的高峰，在卫星转发器内会形成高电平的三阶和五阶交扰调制干扰。此时可以用适当的调制信号对载波进行附加调制，使交扰调制干扰在频谱上产生弥散，该调制信号就是能量扩散信号，可采用对称三角波作为能量扩散信号。

3. FDMA的基本形式

频分多址方式还可以进一步分为以下几种：

（1）*频分复用/调频/频分多址（FDM/FM/FDMA）方式*　该方式首先对多路语音信号进行单边带调幅实现频率复用（FDM），然后将已调多路信号进行调频（FM），最后采用频分多址（FDMA）方式通过卫星转发。这种方式适用于业务量大、地球站数少的国内大城市之间的干线通信或国际通信。按频率不同把各地球站发射的信号配置在指定频带上。为了使

各载波之间互不干扰，要留有保护频带。但这种方式是一种模拟传输技术，主要用于早期的模拟系统，目前已经逐渐被停用。

（2）*每载波单路/频分多址（SCPC/FDMA）方式*　这种方式是在一个载波上只传输一路基带信号，各路基带信号所使用的载波频率不同，SCPC/FDMA 方式可以用于语音、电视广播或数据传输业务。

传输语音业务或窄带数据业务时，可以利用语音激活（载波激活）技术来提高卫星的功率利用率和频带利用率。国际卫星通信公司（INTELSAT）对 SCPC 制式规定的载波激活率与信道数关系见表 8-1。由该表可见：随着信道数目的增大，系统激活作用越大。当信道数大于 60 时，激活率为 40%，相当于将转发器容量提高到原来的 2.5 倍。

表 8-1　SCPC/FDMA 方式载波激活率与信道数之间的关系

信道数	<12	12	18	24	30	42	60	>60
激活率（%）	100	85	72	67	64	60	57	40

由于 SCPC 制式比较灵活，可以以一条信道为基础，根据业务量的发展而随时扩充容量，并且设备简单、经济，可实现数模信号兼容，所以在稀路由通信系统、专用卫星通信系统和 VSAT 网络中得到了广泛应用。SCPC 也被广泛用于广播电视信号的传输，图 8-2 是基于 SCPC 的电视信号传输系统实例，该图是山西卫视、河南卫视、宁夏卫视、陕西农林卫视和陕西卫视五个电视频道以 SCPC 的形式共同使用中星 6B 的 S8 转发器，该转发器工作于 C 波段，垂直极化，带宽为 36MHz，其中陕西农林卫视和陕西卫视是两个频道复用后共用一个载波。因为这 5 个卫星上行地球站分别位于 4 个不同城市，所以使用 FDMA 的方式共用一个转发器是比较容易实现的方案。5 套电视信号采用的传输标准是 DVB-S，各省电视信号经过 MPEG-2 压缩编码、信道差错控制后，再进行 QPSK 调制，分别通过上变频为各自上行频率 f_U，发向中星 6B 卫星，卫星转发器将信号变成下行频率 f_D，转发回地面。下行频率依次为 3846MHz、3854MHz、3861MHz、3871MHz 对应的信道码速率分别为 5.95Mbit/s、4.42Mbit/s、4.80Mbit/s、9.08Mbit/s。其中，陕西农林和陕西卫视是复用后共用载波，所以码速率较高。SCPC 方式的优点是允许处于不同地理位置的上行地球站共用一个转发器实现通信。缺点是：①转发器中要传输放大多载波信号，非线性特性会造成交叉调制干扰等问题，需要对放大器进行功率回退，无法用足全部发射功率；②为防止各载波之间的互相干扰，还要留有保护频带，降低了频带利用率。

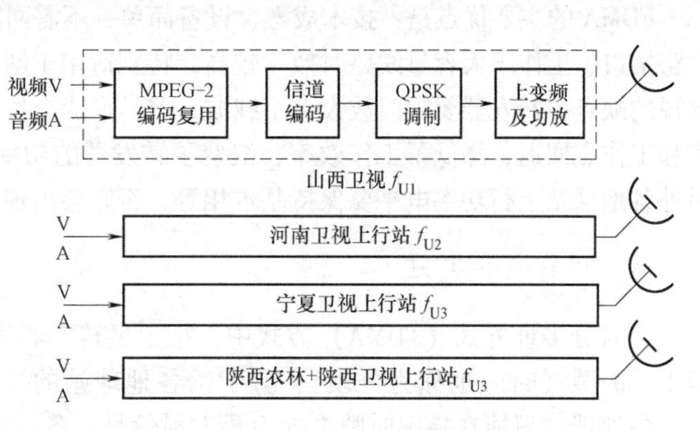

图 8-2　SCPC 卫星电视信号传输系统示意图

（3）*时分复用/相移键控/频分多址（TDM/PSK/FDMA）*　这种制式先采用 PCM 或 ADPCM 语音编码方式对语音信号进行 A-D 转换，并将多路 PCM 编码信号进行时分复用（TDM），再对载波进行数字相位调制（PSK），并按照载波频率的不同来区分站址，进行频分多址（FDMA）。这就是 INTELSAT 在 20 世纪 80 年代后期提出的中速率数字业务（IDR），其信息码速率范围为 64kbit/s ~ 44. 736Mbit/s，由于每载波可传输多个话路，所以也称之为每载波多路（MCPC）。

IDR 制式是为了解决 FDM/FM/FDMA 制式的接口是模拟的，与数字程控交换机进行接口不方便而提出的。IDR 主要应用于国内大城市之间或者国家之间的干线通信。与 TDMA 方式相比较，因为 IDR 不需要全网设基准站进行网同步和时隙分配，技术简单，成本低，特别适合于发展中国家的国内干线通信。IDR 可以采用前向纠错、数字加密、数字语音插空（DSI）等技术来提高通信质量和信道利用率，可以传输语音、数据、图像等数字综合业务，也可以与 ISDN 网直接相联。如果采用数字电路倍增设备，通过采用低速率编码和数字语音插空等技术，可使语音处理增益达到 5 倍以上，大大提高信道利用率。

MCPC 技术在卫星电视系统中的使用非常普遍，例如，中国中央电视台（CCTV）的 CCTV-3、CCTV-5、CCTV-6 等 7 套电视信号复用成码速率为 27. 5Mbit/s 的信号，使用了中星 6B 上的 S9 转发器，带宽 36MHz，下行频率为 3880MHz。使用 MCPC 可以克服 SCPC 的缺点，因为使用一个载波而不是多个载波，不必考虑转发器功率回退的问题，也无需预留保护频带，所以在功率利用率和频带利用率上都有显著提高。

FDMA 的主要优点是：技术成熟、设备简单、不需网同步、工作可靠、可直接与地面 FDM 线路接口、工作于大容量线路时效率较高，特别适用于站少而容量大的场合。但它有一些不可忽视的缺点：转发器要同时放大多个载波，容易形成交扰调制干扰；对功率放大电路要进行补偿和工作点回退，降低了工作效率，浪费了转发器的功率资源；频带资源也得不到充分使用；另外各地球站上行功率电平要保持基本相等，否则会出现大信号抑制小信号的现象。

8. 2. 2 时分多址方式

在时分多址方式（TDMA）方式中，把卫星转发器的工作时间分割成周期性互不重叠的若干个时隙（时隙也称为分帧），分配给各地球站的是一个特定时隙。在系统定时的控制下，各地球站只能在指定时隙内向卫星发射信号，各站发射的信号在时间上互不重叠，如图 8-3 所示。系统需要设一个基准站，其任务是为其他各站发射定时基准。通常由某一地球站兼任基准站，如在图 8-3 中可指定 1 号站为基准站。

图 8-4 说明了 TDMA 的帧结构，它是一个按一定次序排列的时隙集合。所有地球站分帧合在一起就构成一个时帧。在分帧之间要留有保护时间，以保证各子帧互不重叠。基准分帧 R 是 TDMA 时帧基准，TDMA 时帧要与基准分帧的重复周期相一致。基准分帧由载波和时钟恢复（CBR）、分帧同步码（也称为独特码 UW）和发信站址识别码（SIC）构成。传输消息的分帧叫做数字分帧，即图 8-4 中的分帧 1、2、3，数字分帧由报头和净荷组成。报头包括载波和时钟恢复码、独特码、站址识别码、勤务联络等；净荷部分包含了发往目的地的消息数据。这些数据经过时分复用、信道编码，最后调制载波。分帧的符号速率或时钟速率就是调制解调器的工作速率，TDMA 时帧帧长一般为 125μs 的整数倍。

由于待发送的信号一般都是来自地面网络，其数字码流的速率较低。地球站为了适应 TDMA 的突发信号形式，就需要压缩存储器存储数据，将连续的低速数据压缩成高速数据分帧，在规定时隙以突发形式发射出去。同时接收端要配置一个扩展存储器，用于将高速突发数据扩展为低速连续数据流，信号经解调器解调出基带数据后，利用前置脉冲检测器检出前

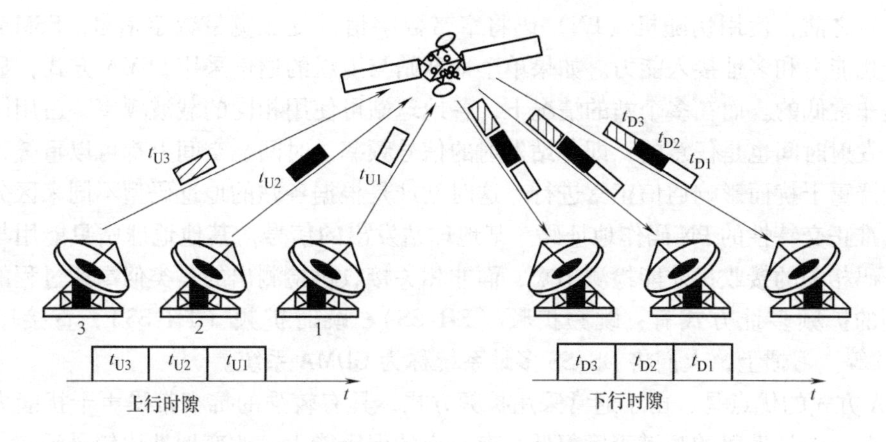

图 8-3　时分多路卫星通信系统示意图

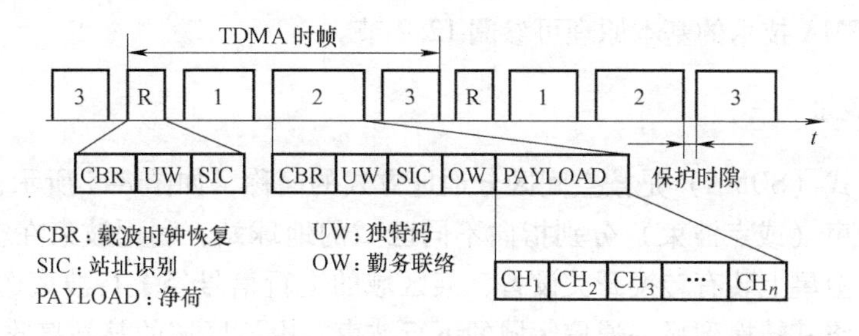

图 8-4　TDMA 系统的帧结构示意图

置码，在前置码控制下，经分路装置和扩展缓冲存储器选出各站发给本站的消息。

TDMA 系统中的同步是个关键问题。如果没有严格的同步定时，系统就无法正常工作。若同步精度不高，也不能保证 TDMA 系统有高的效率。TDMA 系统同步包括子帧同步、初始捕获和位同步等，同步技术的具体原理请参考有关文献。

TDMA 的主要特点是：

1）采用全数字方式。TDMA 主要用于数字通信系统，基带信号低速连续输入并存储在缓冲器里，而在分配时隙到来时以高速突发脉冲串调制载波发向卫星。

2）所有地球站发射载波可以相同，即各地球站均可占用转发器的整个带宽。这样转发器始终处于单载波工作状态，就克服了 FDMA 系统中多载波工作带来的问题。

3）信道资源的分配和管理容易实现。在 TDMA 系统中，各地球站所占用的信道资源即各自的时隙，可通过调整各站所占用时隙的长度实现信道资源的分配。

4）TDMA 系统要有精确的同步。由于 TDMA 方式发射信号是突发的，所以接收端必须在接收每一个突发时隙时完成同步，同步包括载波同步和位同步，发送端必须在每个时隙帧中加上额外的同步开销。

5）各站的突发信号之间要留有保护时间间隔，以保证各突发时隙到达转发器的时间不发生重叠，避免造成邻道干扰。

8.2.3　扩频多址方式

在扩频多址方式（SSMA）系统中，射频信号带宽远远大于原基带数字信号带宽。通常在信号发射之前，使用伪随机（PN）码将窄带数字信号变成宽带数字信号。SSMA 具有较强的抗干扰能力和多址接入能力。如果单个地球站与卫星的通信采用 SSMA 方式，显然频谱利用率是非常低的。而在多个站的情况下，各地球站可使用相同的载波频率，占用同样的射频带宽，发射时间也是任意的，即各站发射的信号频率、时间、空间上都可以重叠，而互相不会产生严重干扰而影响通信正常进行。这时站址是根据各站的地址码型不同来区分的，即选择具有准正交特性的 PN 码作地址码。某地球站发出的信号，其他地球站只能用与该信号所含地址码相关的接收机才能检测出来，而非相关接收机检测出的是类似高斯过程的宽带噪声。常用的扩频多址方式有：跳频扩频（FH-SS）、跳时扩频（TH-SS）、直接序列扩频（DS-SS）等。习惯上，人们将 DS-SS 多址系统称为 CDMA 系统。

SSMA 方式的优点是：由于通常采用扩频方式，具有较强的抗窄带噪声干扰能力和抗多径能力；每一个站发射的频谱密度很低，有一定的保密能力；改变地址比较灵活。

CDMA 技术广泛应用于目前的移动通信系统中，也是新一代移动通信系统首选的空中接口技术，关于 SSMA 技术的基本原理可参阅 12.2 节。

8.2.4 空分多址方式

空分多址方式（SDMA）是按空间区分地址方式的简称，如图 8-5 所示，它是利用卫星天线的多个窄波束（或点波束）分别指向不同区域的地球站，利用波束在空间指向的差异来区分地球站，卫星上装有转换开关设备，某区域的上行信号经上行波束送至卫星转发器，由转换开关设备将其转换到另一通信区域的下行波束，由该区域的某站接收。多波束 SDMA 可分为两种类型：一是把单一业务区域分成几个小区域，并以多个点波束、高增益天线分别照射这些小区域，可实现地球站天线的小型化；二是用多个波束分别照射几个业务区域，采用这种方式的目的是：在卫星功率足够而频带受限的前提下，实现频率再用，扩展卫星转发器的通信容量（见图 7-6）。

1993 年美国发射的先进通信技术卫星（ACTS）就具有交换功能，相当于把地面的通信交换枢纽移到卫星上，使系统的通信、交换一体化。ACTS 的星上交换有两种工作方式：

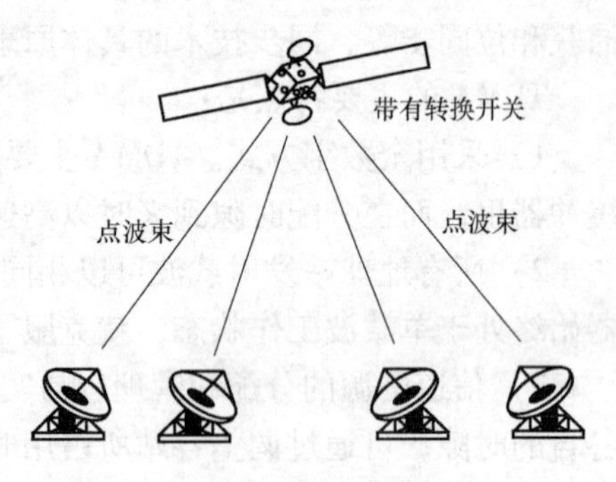

图 8-5　SDMA 系统示意图

1）微波中频切换矩阵和固定点波束方式，由卫星产生三个固定点波束，采用 3GHz 中频星上切换的时分多址（SS-TDMA）方式实现通信双方的互相连接。也就是说空间的切换（SS）是在卫星上通过 4×4 微波切换矩阵完成的，而 TDMA 则是在地球站实现。这种方式传输速率高，适合大中容量用户使用。

2）基带切换和扫描点波束方式，卫星产生两个电子扫描点波束，分别对 6 个和 7 个分散小区进行扫描。在一个 TDMA 帧周期内，实现多个覆盖区间的跳跃互联。还可以对某一覆盖小区的停留时间进行自主控制。与此同时，卫星上的基带处理器对两个扫描波束信号进行接收、解调、存储，处理器中的基带开关对输入输出数据进行编译码并确定地址，通过上行和下行扫描波束，对上述 13 个小区进行动态互联。

SDMA 方式具有以下特点：卫星配备的天线增益高，天线波束窄（点波束），卫星的

EIRP大，提高了功率利用率；不同区域地球站发射信号在空间互不重叠，故可以重复使用频率资源，提高频带利用率；转换开关使卫星具有交换能力，各地球站之间可方便地实现多址通信；卫星对其他地面通信系统的干扰有所减少，对地球站设备的技术指标要求也相应降低。

但是，SDMA方式对卫星的位置稳定性及姿态控制提出很高的要求；卫星天线及馈线装置也比较庞大和复杂；转换开关不仅使设备复杂，而且一旦出现故障难以修复，增加了通信失效的风险。

通过以上的介绍可知：信道复用多址连接技术的基础是信号的分割方式，发送端通过适当的设计安排使地球站发射的信号在某一域（时域或频域等）上正交，而各地球站接收机能从混合多路信号中识别出所需信号。利用信号在频率、时间和空间以及码型的正交性可实现有效的多址联接。但是各种复用技术都存在技术上的局限性：对于FDMA技术，仅有有限的频带可供使用；对于TDMA技术，时间的分割与占用的频带有关，在信息码速率不变的条件下，时隙越小所需频带越大；对于CDMA技术，可供选择使用的伪随机地址码（PN码）不是无限多的；对于SDMA技术，卫星波束覆盖所占有的空间不可能是无限分割的。

所以，实际系统往往是将以上四种技术相结合使用，形成新的组合方式，如TDMA/FDMA方式、TDMA/SDMA或SS/TDMA（卫星交换/时分复用方式）方式、TDMA/FDMA/SDMA方式等。

8.2.5　随机多址方式

前面介绍的FDMA、TDMA、CDMA和SDMA方式对于语音和连续数据流业务来说能得到较高的信道利用率，但对于突发性较强的数据业务来说，这些多址方式的信道利用率则相对较低。数据业务包括按申请分配系统中信道的申请和分配、电子邮件、交互型数据传输和询问/应答数据传输等。比如，对于询问/应答类业务，发送一个询问信息通常只需几毫秒时间，在用户等待应答过程中，信道处于空闲状态；显然，对于这类突发性较强的数据业务来说，采用传统的多址方式是不合适的。为此提出了适合于数据业务传输的随机多址方式——ALOHA。

1. 纯ALOHA（P-ALOHA）

P-ALOHA方式是最早的随机多址方式，目前仍得到广泛应用。在此方式中，各地球站之间无需任何协调，各地球站可随时发射信号。如果由于碰撞造成分组丢失，则需经过随机时延后重发此丢失的分组。由于P-ALOHA方式对信号发射没有任何限制，对任一个分组来说，从其发送开始之前一个分组的时间起，到发送完该分组为止这段时间内，只要有其他站发送分组便会发生分组碰撞，称这段时间为该分组的受损间隔。其受损间隔应等于两个分组的长度。显然，分组成功发送的前提条件是在其受损间隔内其他站没有发送分组。

P-ALOHA主要的优点是：实现简单、用户入网无需协调、业务量较小时具有很好的时延性能。主要缺点是：信道吞吐量低，信道存在不稳定性。由于存在分组碰撞，其吞吐量（定义为某段时间内成功地被接收的信息比特平均数与被发送的总比特数之比）较低，并且存在信道的不稳定性，即业务量大到一定程度后，由于发生分组碰撞的概率大大增加，信道吞吐量不但不能随业务量增加而增加，反而减小；其极限情况是信道充满重发分组，即信道利用率（定义为信道上有消息传输的时间与总可用时间之比）为100%，但吞吐量为0。

2. 时隙 ALOHA（S-ALOHA）

由于在一个分组的受损间隔内其他站可能会随机发送分组，因此 P-ALOHA 中必然存在大量首尾碰撞的分组，对于这些分组来说，由于其中一小部分比特发生碰撞而损失了整个分组，为此，提出了 S-ALOHA。其基本原理是：在以转发器入口为参考点的时间轴上等间隔分出许多时隙，各站发射分组必须落入某一时隙内，每个分组的持续时间填满一个时隙。S-ALOHA方式必须要在一个时隙的开始位置才能发送分组，而不能像 P-ALOHA 方式那样完全随机发射信号。通过这种改进，S-ALOHA 的受损间隔缩短为只有一个时隙的长度，并且也不存在首尾碰撞的情况，分组要么成功发射，要么两个分组完全碰撞。

S-ALOHA 的优点是吞吐量比 P-ALOHA 增大一倍。其缺点是全网需要精确定时和同步，每个分组的持续时间固定，不能大于一个时隙的长度。

3. 具有捕获效应的 ALOHA（C-ALOHA）

P-ALOHA 的两个分组的发射功率基本相当，因此，发生碰撞后谁也无法正确收到碰撞的分组。如果两个碰撞分组的发射功率不同，一个比较大，另一个比较小，则发生碰撞后功率小的分组无法被卫星接收，但功率大的分组仍可被正确接收，小功率分组对于大功率分组来说只是一种干扰，这就是 C-ALOHA 的工作原理。在 C-ALOHA 中，虽然其受损间隔与 P-ALOHA的相同，但通过合理设计各站的发射功率电平，可以改善系统的吞吐量。

4. 选择拒绝 ALOHA（SREJ-ALOHA）

SREJ-ALOHA 是提高 P-ALOHA 方式吞吐量的另一种方法。SREJ-ALOHA 仍以 P-ALOHA 方式进行分组发送，但它把每个分组再细分为有限个小分组，每个小分组也有自己的报头和前同步码，它们可以独立进行差错控制，如果两个分组首尾碰撞，未遭碰撞的小分组仍可被正确接收，需重发的只是发生碰撞的小分组。显然它的吞吐量比 P-ALOHA 方式大，如果不计每个小分组中的额外开销（包括报头和前置码），SREJ-ALOHA 的吞吐量与 S-ALOHA 的相当，而且与报文长度的分布无关。但是，由于需将每个分组分为若干小分组，这就增加了额外开销。

SREJ-ALOHA 无需全网定时和同步，分组长度可变，同时又克服了 P-ALOHA 吞吐量低的缺点；但其技术实现要比 P-ALOHA 复杂。

5. 预约 ALOHA（R-ALOHA）

P-ALOHA 和 S-ALOHA 最适合于系统中用户数较多、各用户发送的主要是短报文的应用环境，当用户需要发送长报文时，需将该长报文分为许多个分组。由于会发生碰撞，接收站通常需要很长时间才能把全部报文完整地接收下来。为了解决长、短报文传输的兼容问题，提出了 R-ALOHA。其基本原理是：发送时间以帧来组织，每帧又划分为许多时隙，时隙分两类：一类称为竞争时隙，用于供用户发送短报文和预约申请信息，以 S-ALOHA 方式工作；另一类称为预约时隙，用于发送用户报文，由用户独享，不存在碰撞。当某站要发长报文时，它首先通过预约时隙发送预约申请信息，通知其他地球站需要使用预约时隙的长度，所有站收到此预约信息后，根据全网排队情况计算出该站的预约时隙应处的时隙位置，其他站就不会再使用这些时隙，而由该站独占。对于短报文，可以直接利用竞争时隙发送，也可以像长报文一样通过预约来发送。

显然，R-ALOHA 方式既能支持长报文，也能支持短报文，使两者都具有良好的吞吐量/时延性能，只是其实现难度要大于 S-ALOHA。

6. 自适应 TDMA（AA-TDMA）

另一种性能优于 R-ALOHA 的预约协议是 AA-TDMA，它可看成是 TDMA 方式的改进型，其基本原理与 R-ALOHA 方式相似，只是其预约时隙和竞争时隙之间的边界能根据业务量进行调整。

当业务量非常小并且都是短报文时，帧中所有时隙都是竞争时隙，系统中所有站以 S-ALOHA方式共享整个信道。当报文变长，业务量增大时，一部分时隙是竞争时隙，由各站以 S-ALOHA 方式共享使用；另一部分是预约时隙，由成功预约的各站用于传输长报文。此时，就是一种竞争预约的 TDMA/DA 方式。当长报文业务量进一步增大时，只有一部分时隙是竞争时隙，大部分时隙都变成预约时隙，极限情况是所有时隙都变成预约时隙，由一个大业务量站在某段时间独占信道传输其长报文，这时就是预分配的 TDMA 方式。

AA-TDMA 能根据业务状况自动调整其信道共享方式，其优点是：适应性强、使用灵活、效率高，在小业务量时，其吞吐量—时延性能与 S-ALOHA 方式相当；在中等业务量时，其吞吐量—时延性能要略优于竞争预约 TDMA/DA 方式；在大业务量时，其吞吐量—时延性能也要略优于固定帧 TDMA/DA 方式。缺点是实现难度大，技术更复杂。

8.3　信道分配

8.3.1　信道分配的含义

与多址联接方式紧密相关联的还有一个信道分配问题。“信道”在不同多址联接方式中的含义是不同的。对于 FDMA 来说，是指各地球站所占用的卫星转发器的频带；对于 TDMA 来说，是指各地球站所占用的卫星转发器的特定时隙；而在 CDMA 中，是指各地球站所使用的伪随机码（地址码）的码型；对于 SDMA，是指卫星天线的窄波束。多址分配制度是卫星通信体制的一个重要组成部分，关系到整个卫星通信系统的通信容量、转发器和各地球站的通道配置和信道利用率以及服务质量，当然也关系到设备的复杂程度。

信道的分配方式主要有两种：一种是预先固定分配方式，另一种是按需分配方式。

8.3.2　预分配方式

在预分配（PA）的卫星通信系统中，卫星信道资源预先分配给各地球站。其中，特别把在使用过程中不再变动的预分配称为固定预分配方式；而经常需要根据各站业务不断改变分配方案的预分配称为动态预分配方式。对于业务量大的地球站，分配的信道数目多；反之则分配的数目少。例如，在时分多址方式中，事先把转发器的时帧分成若干分帧，并分配给各地球站使用。业务量大的地球站，分配的分帧长度长；反之分配的分帧长度短。

预分配方式可分为两种类型：固定预分配方式和按时预分配方式，按时预分配方式是动态预分配方式的一种类型。

1. 固定预分配方式

该分配方式按事先规定，永久或半永久地分配给每个地球站固定的信道资源，即使某个地球站在某段时间的业务量为零，其他地球站也不能占用其空闲的信道资源，所以这种方式会造成卫星信道资源的浪费。

2. 按时预分配方式

由于地区时差或地球站的业务性质不同，使各地球站业务量在一天时间内呈有规律的变化，如果各个地球站业务量的高峰恰好彼此错开，则可以将一天分割为几个固定的时隙，分配给各个地球站使用。这种方式与固定预分配方式相比，可提高卫星信道资源利用率。

预分配方式的优点是接续控制简便，适用于信道数目多、业务量大的干线通信；缺点是不能随业务量的变化对信道进行调整以保持动态平衡，故信道利用率相对较低。

8.3.3 按需分配（按申请分配）方式

在实际工程中，各站的通信业务量总是随用户通话的多少而变化的，当地球站业务量增加时，会因为信道资源不足而发生业务量损失。反之，当地球站业务量变小时，其信道资源又会有一部分闲置而造成浪费，从而降低了信道利用率。按需分配方式是把所有信道归各站所公有，信道的分配是根据地球站提出申请而临时决定的。例如，地球站 A 要与地球站 B 通信，A 站首先向中心站提出申请要求与 B 站通信，中心站则根据“信道忙闲表”临时分配一对信道给 A、B 两站使用。通信结束后，这对信道会立即被释放，归各站公有。

按需分配的优点是信道利用率高，特别是在地球站数目较多，而各站业务量又较小（稀路由）的情况下更是如此；缺点是在实现的技术难度上比预分配方式大得多。

8.4 差错控制技术

8.4.1 差错类型

7.3 节所讨论的各种噪声干扰会对数字卫星通信系统性能造成影响，使系统误码率增大。不同的噪声所产生的差错类型是不同的，首先必须详细考察信道的差错类型，然后根据差错类型确定相应的差错控制方式。差错类型主要包括随机差错、突发差错及混合差错。

1. 随机差错

随机差错的主要特点是错码随机出现，且错码之间统计独立，随机差错通常是由信道加性高斯起伏噪声产生的。

2. 突发差错

突发差错的主要特点是错码是成串集中出现的，在某个较短的时间段内连续出现大量错码，而在另外某些时间段内又没有错码。突发性差错主要是由脉冲干扰（如闪电、开关暂态响应）及信道衰落引起的。

3. 混合差错

混合差错是指随机差错、突发差错合在一起的差错类型。卫星信道基本上是高斯信道，差错是随机出现的，但也会出现少量突发性差错。因此，卫星通信系统采用差错控制技术首要考虑的是如何对付随机性差错，其次再考虑采取措施处理突发差错。

8.4.2 差错控制方法

在数字卫星通信中，广泛使用了差错控制技术，以降低误码率。通过加大发射功率、提高收发天线增益等手段也可以改善抗噪能力，但实践证明：使信噪比增加 1dB 所需费用，比通过纠错编码降低 E_b/n_0 所需费用要大得多，可见采用差错控制技术的重要性。但纠错编码要按编码规则在信息位中插入一定数量的监督位，这样信道实际传输速率要高于原始信息数据率。所以编码提高了可靠性是用牺牲传输效率（传输信息的有效性）换取的。常用的差错控制主要有三种：

1. 前向纠错

前向纠错（FEC）方式是一种不需反馈通道的差错控制方式。编码必须选用纠错码，在接收端译码器不仅能检错，还能自动纠错。

FEC 技术可用于各种通信系统的数据传输、数字语音、数字电视广播等系统。误码率 P_e 为 $10^{-6}\sim10^{-3}$ 的通信系统使用 FEC 技术后，P_e 可改善两三个数量级。而建设一个地球站，使其 G/T 值满足 $P_e=10^{-3}$ 比满足 $P_e=10^{-7}$ 所需费用要低得多。所以，通常以 $P_e=10^{-3}$ 或 10^{-4} 作为设计低成本地球站的指标，用以传送数字电话信号，而传送数据时则另加 FEC 设备。

FEC 技术的特点是接收端可以自行纠错，工作效率高，不需要反向信道。但是 FEC 技术的纠错能力有限，对信道的适应能力差，无论信道特性优劣，其编码效率是常数。

FEC 适用于如下场合：①对信道的差错类型、误码机理、统计特性有透彻了解，并能选出适当的编码方法；②系统传输功率可能受限，但带宽宽余；③系统要求的实时性强，或系统没有反馈通道，是单向通信系统或广播式通信系统。

2. 自动请求重传

自动请求重传（ARQ）的工作原理是：接收端译码发现有误码，由反馈信道请求发送方重新发送。

ARQ 是一种反馈差错控制方式，需要反馈信道。其工作过程是：发送端将输入信息码在编码器中分组编码，然后按组发送，同时将各分组存入缓冲存储器中。接收端译码器对接收到的码组进行判断，若没有错误，则由反馈信道送回 ACK（肯定回答）信息，通知发送端不必重发，发送端重发控制器收到此指令后，便继续发送后续码组，其缓冲存储器的内容也随之更新。如果接收端判断有错（译码器检出错码），则将该码组在输出缓冲存储器中删除，同时经反馈信道送回 NAK（否定回答）信息，请求发送端重新发送，发送端重发控制器控制从缓冲存储器中读出消息重新发送。

如果信道的传输时延长，则发应答信号或请求重发信号需要较长的时间，采用 ARQ 方式信道利用率低；而且，ARQ 的传输效率是误码率的函数，并且信道特性恶化会严重降低 ARQ 的性能，有时反而使差错率升高，所以为了保证数据传输的可靠性（一般要求其误比特率低于 10^{-7}），除了采用 ARQ 技术外，有些系统仍需用 FEC 技术；当误码率较低时用 FEC，误码率较高时就用 ARQ。此外，FEC 技术需使用纠错码，而 ARQ 技术只需检错码（或少量纠错码），其编码器、译码器比较简单，而且编码监督位少，编码效率高。

ARQ 系统有下列三种实现方式：

（1）停止与等待 ARQ　发送站发射一码组后停止发送，并等待接收站的应答信号。若收到的应答信号是 ACK，则发送下一码组；若是 NAK，则重发此码组。

（2）连续 ARQ　发送站发射一码组后不等待应答而继续发送下一码组，在码组连续发送过程中，发送站同时监视反馈信道上接收站所发的应答信号，当发送站收到一个 NAK 应答或等一定时间未收到应答信号，即停止发送下一码组。

(3) *有选择地重发 ARQ* 其特点是只重发有错的码组，因此需要更多的记忆组件和逻辑电路。

应用 ARQ 的场合有：①对信道的误码机理、统计特性不甚了解或信道特性变化范围宽；②不要求系统具有较强的实时性；③点对点通信，非广播式通信系统。

3. 混合自动请求重传

混合自动请求重传（HARQ）是将 FEC 和 ARQ 两种差错控制方式相结合，即在 ARQ 系统中包含一个 FEC 子系统，在接收端，FEC 子系统用来纠正信道中经常出现的错误（如随机差错），这样可以减少重传的次数，提高系统的传输效率。ARQ 部分是用来纠正那些不经常出现的错误，或差错图样超过了 FEC 子系统的纠错能力，此时，ARQ 技术可以显著提高系统的通信可靠性。显然，这种方法更灵活更可靠，可达到最佳的容错效果，当然实现起来也更复杂。

8.4.3 信道编码技术

信道编码的理论基础是仙农有噪信道编码定理。根据该定理，数字信息通过有噪信道传输后，尽管存在差错，但只要选择适当的编码方法，误码一定能够被纠正。关键的问题是如何选择编码方法，主要取决于三方面因素：①对误码率改善程度（纠错能力）的要求；②对编码冗余度（编码效率）的要求；③对编译码器复杂程度（设备成本）的要求。

编码的种类很多，按差错类型可分为两种：一种是纠（检）随机差错的码，另一种是纠（检）突发差错的码。如奇偶校验码就是检出奇数个随机差错的码，在奇偶校验码的基础上派生出来的方阵码（二维奇偶校验码）则还能够检突发差错。按码的结构可分为分组码和卷积码。

1. 分组码

分组码是先将二进制信息码序列进行分段，每一段由 k 个信息码元组成 $\{m_{k-1}, m_{k-2}, \cdots, m_1, m_0\}$，然后在 k 个信息码元后面加上 $N-k$ 个监督码元，构成长度为 N 的码组 $\{m_{k-1}, m_{k-2}, \cdots, m_1, m_0, r_{N-k-1}, r_{N-k-2}, \cdots, r_1, r_0\}$。由于码长为 N，信息码元数为 k，此码称 (N,k) 码。监督码元中的任一码元，仅由该码组中某些信息码元通过线性模 2 加法关系得到。卫星通信中常用的几种分组码，有如下几种：

(1) *BCH 码* BCH 码是能纠错的循环码，其码长、监督位和纠错能力之间有以下关系：对于任意选定的正整数 m 和 t，必存在一个码长为 $N=2^m-1$ 的 BCH 码，它能纠正 t 个随机差错，所需要的监督位数不多于 mt 个。因此，这种码的信息位数 $k \geqslant 2^m - mt - 1$。码长短的 BCH 码比较容易实现，在卫星通信中得到了广泛应用。

(2) *格雷（Golay）码* 格雷码是一种由 12 个信息码元和 11 个监督码元组成的循环分组码。它能纠正 3 个随机差错，又能纠正差错不大于 5 的突发差错。虽然很多编码方法都能纠正 3 个随机差错，但格雷码所需的监督码元数最少，它的两种译码器（分别纠正随机差错和突发差错）可同时工作，因此，有一定自适应能力，也称自适应格雷码。

(3) *RS 码* 里德—索洛蒙码，简称 RS 码，它可以看成是 BCH 码的一个分支。上述的 BCH 码都是二进制码，如果其每个码元不是二进制数，而是多进制数，即每个码元都用 2^m 进制中的一个 m 位的二进制码组表示，则称这种多进制 BCH 码为 RS 码，RS 码的码长为 $N=2^m-1$，有 $r=d-1$（d 是码组集合的最小距离）个监督码元，能纠正一个码组中 $t \leqslant$

$(d-1)/2$个多进制错误码元。RS 码若用二进制序列来表示，则是一个二进制 $[(2^m-1)m, (2^m-d)m]$ 分组码，它能纠正码长为 $(2^m-1)m$ 的二进制码组中连续的 $t \leqslant [(d-1)m/2]$ 个错误码元。所以 RS 码有较强的纠正突发差错的能力。由于 RS 码是循环码，所以编码相对简单，其译码电路与二进制 BCH 码类似。

除上述分组码外，还有级联码、循环冗余校验码（CRC 码）等，在卫星通信也有应用，相关知识请参阅有关文献。

2. 卷积码

卷积码是一种非分组码，它与分组码的主要差别在于：在分组码中，任何一段规定的时间内编码器产生的 N 位码元的码组，仅取决于这段时间中的 k 位信息码元，码组中的监督位只监督本码组的 k 个信息位；而卷积码不同，编码器在任何一段时间内产生的 N 个码元，不仅取决于这段时间中的 k 个信息位，还取决于前 $(N-1)$ 段规定时间内的信息位，此时，监督码元监督着这 N 段时间内的信息位。

卷积码既可以检错也可以纠错，通常它更适合用于前向纠错。实践证明，卷积码的性能优于分组码，而且编码器设备只需用简单的移位寄存器和模 2 加法器等部件组成即可。

3. Turbo 码

Turbo 码是一种特殊的级联码，它是在两个并联或串联的分量码编码器之间增加一个交织器，使其具有很长的码组长度，能够在较低的信噪比条件下得到接近理想的性能。Turbo 译码器则有两个分量译码器，译码过程是在两个分量译码器之间进行迭代译码实现的。图 8-6是典型的 Turbo 码编码器示意图，采用递归系统卷积码（RSC）作为分量码。信息序列 b_i 首先经过 RSC 编码器 1 得到 c_{1i}，同时，信息序列经过交织器交织后，由 RSC 编码器 2 进行编码得到 c_{2i}，然后信息序列 b_i 与 c_{1i} 及 c_{2i} 一起经过截短和复用（并/串转换），合成 Turbo 码信道码组。

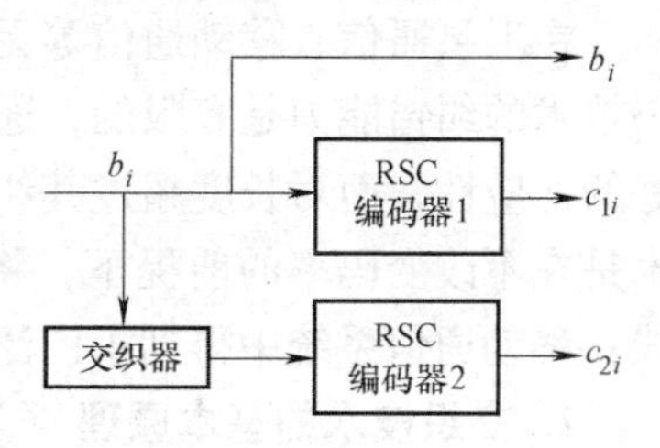

图 8-6　Turbo 码编码器

图 8-7 是 Turbo 码译码器示意图，它采用迭代译码的软输入软输出（SISO）算法，分量译码器用来对选定的 Turbo 码中的 RSC 子码进行译码，其中分量译码器 1 将分量译码器 2 获得的信息比特的外信息作为信息比特 x_k 的先验信息对 RSC1 进行译码，获得有关信息比特改进的外信息，经过交织后得到外信息作为分量译码器 2 对 RSC2 译码的先验信息，译码器 2 用与译码器 1 相同的方法再次产生信息比特改进的外信息，经过解交织后的外信息作为下一次迭代中的译码器 1 的先验值。经过多次迭代后，对译码器 2 输出解交织后进行硬判决，得到信息比特的估计值。

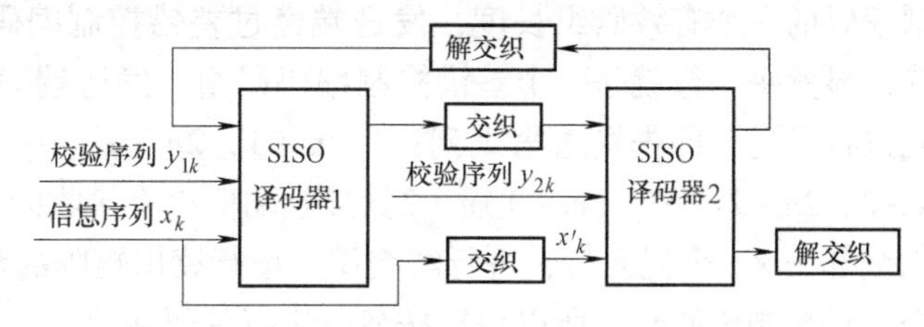

图 8-7　Turbo 码译码器

4. LDPC 码

LDPC 码是由 Gallager 于 1962 年发现的，1996 年重新被人认识。该码是一种线性分组码，与 Turbo 码同属于复合码类，但是 LDPC 码比 Turbo 码译码简单，更容易实现。

LDPC 码分为规则 LDPC 码和非规则 LDPC 码两类。规则 LDPC 码中的监督矩阵 $\boldsymbol{H}$ 每列具有相同数量的“1”，否则就成为非规则 LDPC 码。LDPC 码的一个重要特点是码长越长，性能越好。

LDPC 码和普通的奇偶校验码一样，可以由 m 行 n 列的奇偶监督矩阵 $\boldsymbol{H}$ 确定。n 是码长，m 是校正子的数量。其 $\boldsymbol{H}$ 矩阵和普通的奇偶监督矩阵有所不同：

1）$\boldsymbol{H}$ 阵每行有 k 个“1”。

2）$\boldsymbol{H}$ 阵每列有 j 个“1”。

3）$\boldsymbol{H}$ 阵任意两行（或两列）间相同位置上为“1”的个数不超过 1，即 $\boldsymbol{H}$ 矩阵中没有四角由“1”构成的矩形。

4）与码长 n 和 $\boldsymbol{H}$ 矩阵的行数 m 相比，$j \ll m$，$k \ll n$。

与 $\boldsymbol{H}$ 矩阵对应的 LDPC 码一般表示形式为（n，j，k）。

与普通分组码类似，在编码时，设计出 $\boldsymbol{H}$ 矩阵后，由 $\boldsymbol{H}$ 矩阵可以导出生成矩阵 G。这样，对于给定的信息位，可以计算出监督位，得到整个码组。译码的基本算法称为置信传播（BP）算法，即通过多次迭代运算求最大后验概率，逐步逼近最优的译码结果。

8.4.4 交织技术

在卫星通信、移动通信等无线信道中，突发差错是一种常见的差错类型。而信道差错编码技术的纠错能力是有限的，通常对随机差错类型或长度未超过纠错能力的突发差错具有较好的适应性，而对长度超过其纠错能力的突发差错类型，则无法实现纠正全部差错。交织技术是在不改变码率的前提下，将突发差错类型转变为随机差错类型的有效方法，所以在无线、移动通信系统中得到了广泛的应用。

1. 交织技术的基本原理

交织技术实现突发差错向随机差错类型的转变是通过改变原有的消息码元的发送顺序实现的。发送端通过交织改变发送消息码元的发送排列顺序，经过突发信道后，到达接收端再进行解交织，就可以将信道造成的突发差错转变为分散在各个纠错编码码组中的随机差错，实现纠错。交织的过程可以用图 8-8 说明，图中为一个 $m \times n$ 的交织矩阵，其中 n 为差错控制编码的一个有效码组长度，发送端经过差错控制编码后，将每一个码组按行写入交织矩阵，显然每一行就是一个差错控制编码码组。发送端写完 m 个码组后，按列读出各消息码元进行发送，即先发送第 1 列：1，$n+1$，$2n+1$，…，$(m-1)n+1$，再发送第 2 列：2，$n+2$，$2n+2$，…，$(m-1)n+2$。接收端依次将接收的消息码元按列写入交织矩阵，当接收完全部 $m \times n$ 个码元后，进行解交织，按行读出矩阵的消息码元，由于矩阵的每一行就是一个差错控制码码组，所以可以按各行进行译码纠错。

由于传输中的突发错误（设长度为 b）只能以列的顺序出现，只要矩阵行数 $m > b$，则突发错误会被分散到每一行的码组中，而且每个码组最多只有一位误码，所以可以被译码器纠正。m 越大，所能纠正的突发长度 b 也越长，故称 m 为交织深度。概括地说，交织就是把码组的 n 个比特分散到 m 帧中，以改变比特间的邻近关系。交织编码既能纠正随机差错，也能纠正突发差错，因此在通信系统中获得了广泛应用。

从交织技术的基本原理可以看出，交织本身没有改变码率，就可以获得抗突发差错的好处。但是，其付出的代价是交织延时，因为收发双方均有先存储后读取，再进行数据处理的过程，在收发过程中，都必须等待填满交织矩阵后才能进行下一步处理，故 m 值越大，传输及处理时延也越长，所以在实际使用中对于交织深度 m 的取值需要在抗突发长度和交织延时之间进行折衷考虑。

2. 交织技术的类型

交织器分为规则交织、非规则交织和随机交织三种。

1）规则交织是最简单的一种交织，图8-8所示的就是一种规则交织，规则交织可以按照左、右、上、下等方式读出、写入来实现。这些方法的特性基本一致。

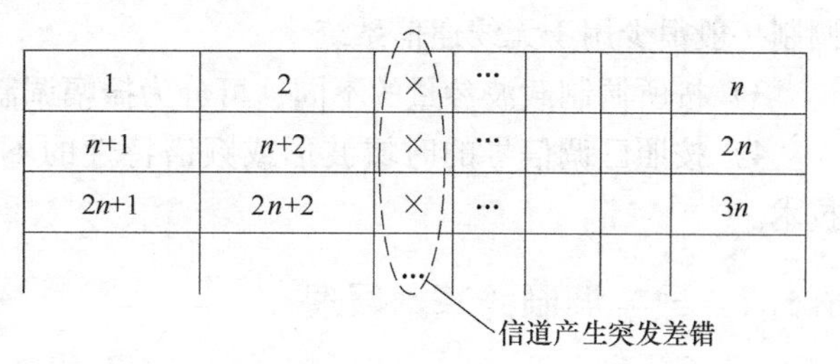

图8-8 发送端按行写入按列读出交织矩阵的过程

2）非规则交织是由规则交织演变而来的，主要包括奇偶交织、螺旋交织、对角交织等。

3）随机交织技术是通过产生的伪随机数作为交织规则实现的，接收端解交织过程必须使用与发送端相同的伪随机数，随机交织被认为是性能更好的交织技术，因为采用随机交织的方法可以最大限度地消除突发差错产生的码元间相关性，更有效地将突发差错转变为随机差错。

8.5 数字调制技术

8.5.1 概述

1. 什么是调制

调制是按调制信号（或称为基带信号）的变化规律去改变载波某些参数的过程。这里的基带信号就是待传输的信号。载波可以是任意周期信号，但通常使用正弦信号作为载波。正弦信号的表达式为

$$C(t)=A_c\cos(\omega_c t+\varphi) \tag{8-1}$$

由式(8-1)可见，正弦信号共有三个参量可以被调制：振幅 A_c、频率 ω_c 和相位 φ，故有三种基本的调制方式：振幅调制、频率调制和相位调制。

2. 调制的目的

信号不经过调制也可以实现通信，实际工程中很多通信系统都是未经过调制的基带传输系统。那么为什么要调制呢？主要原因有：

1）提高频率便于天线辐射。无线电通信是通过电磁波在空间的辐射实现信息的传递，由天线理论可知：只有当天线尺寸与信号波长可比，大于信号波长的1/10时，电磁波信号才可能被天线有效辐射出去，提高频率可以减小天线尺寸。

2）实现频分多址。必须通过调制实现频谱搬移，才能实现信道频分多址（FDMA）。

3）改善系统性能。信道的传输特性、损耗、噪声分布可能是特定频率的函数，卫星通信的电磁波传输时必须经过电离层，而能穿过电离层的电磁波处于一个特定的频段，必须将信号频率移到这个特定的频段，才能实现卫星通信。另外通过调制可以实现扩频通信，在频

带宽余的系统中可提高抗干扰性能。

3. 调制的分类

1）按照调制信号的类型可分为模拟调制、数字调制。

2）按所使用载波的性质可分为连续波调制、脉冲调制，连续波调制是指被调制的载波是标准的正弦信号；脉冲调制则是指所使用的载波是脉冲波形，如方波、三角波等。脉冲波调制一般很少用于无线通信系统。

3）按所调制载波参量的不同，可分为振幅调制、频率调制和相位调制。

4）按照已调信号的时域波形或频谱特性的不同，可分为线性调制技术和恒包络调制技术。

8.5.2 数字调制的基本原理

数字调制系统中，基带信号（调制信号）是数字信号，按照调制过程中所改变的载波参量不同，数字调制主要有三种基本类型：用基带数字信号调制载波振幅，称为幅移键控（ASK）或通断键控（OOK）；用基带数字信号调制载波频率，称为频移键控（FSK）；用基带数字信号调制载波相位，称为相移键控（PSK）。

FSK 技术属于恒包络调制技术，而 OOK 和 PSK 属于线性调制技术。

1. 二进制通断键控 OOK

OOK 系统的调制电路模型如图 8-9 所示，图中 $s(t)$ 表示待传输的基带数字信号，为单极性非归零码；$C(t)$ 表示载波，设载波的初始相位为 0；$e_o(t)$ 表示已调信号。则有

$$e_o(t)=s(t)\cos(\omega_c t) \tag{8-2}$$

时域波形如图 8-10 所示。

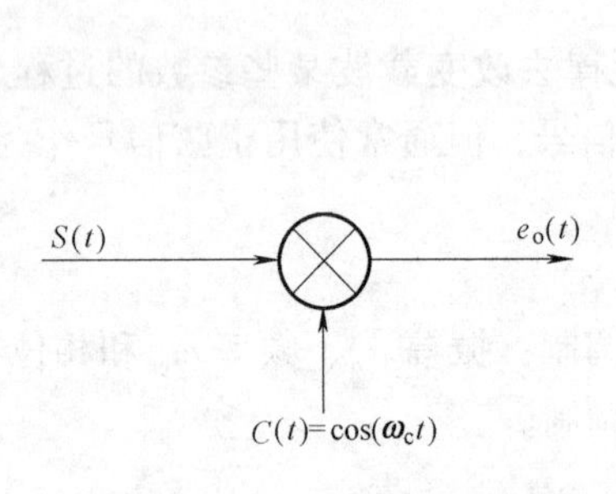

图 8-9 OOK 调制电路模型

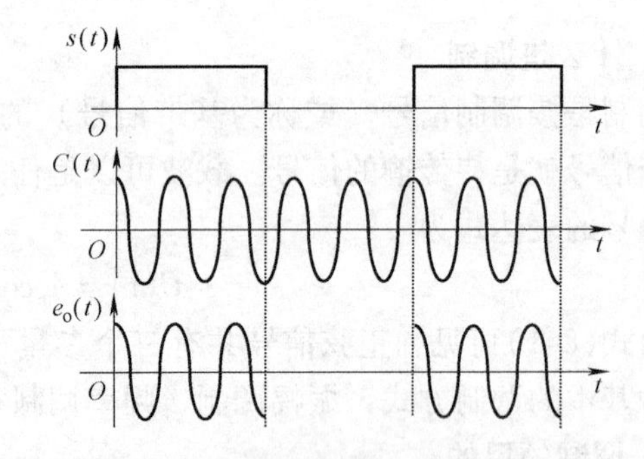

图 8-10 OOK 调制系统的时域波形

已调信号的功率谱表达式为

$$P_E(f)=\frac{1}{4}[P_S(f+f_c)+P_S(f-f_c)] \tag{8-3}$$

式中，f_c 为载波频率；$P_S(f)$ 为基带数字信号的功率谱，可表示为

$$P_S(f)=\frac{1}{4}\left[\delta(f)+\frac{\sin^2(\pi f T_S)}{\pi^2 f^2 T_S}\right] \tag{8-4}$$

功率谱如图 8-11 所示，由图可知：OOK 已调信号的功率谱第一过零点带宽为 $2r_b$，r_b 为基带数字信号的码速率，$r_b=1/T_S$，T_S 为码元宽度。

2. 二进制频移键控

二进制频移键控（BFSK）系统的调制电路模型如图8-12所示，图中$s(t)$表示基带数字信号，为单极性非归零码；$\cos(\omega_1 t)$、$\cos(\omega_2 t)$表示两个正弦载波，设两个载波的初始相位均为0；$e_o(t)$表示已调信号。时域表达式为

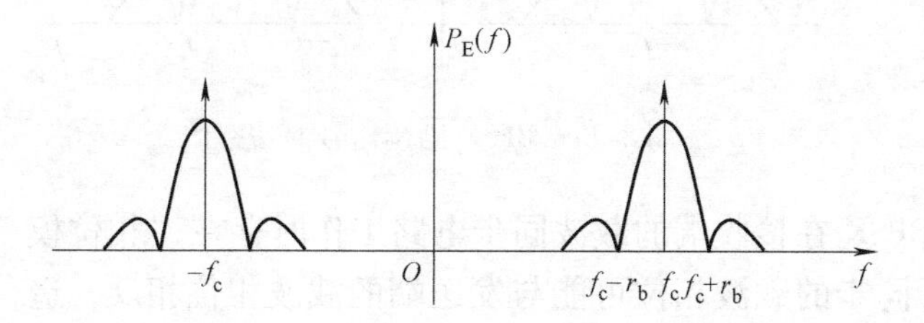

图8-11 OOK已调信号的功率谱

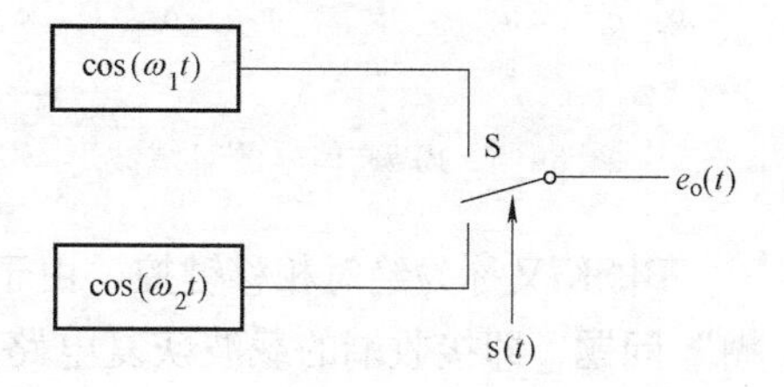

图8-12 数字键控法实现BFSK调制

$$e_o(t)=\begin{cases}\cos(\omega_1 t) & \text{“1”}\\ \cos(\omega_2 t) & \text{“0”}\end{cases} \tag{8-5}$$

BFSK的时域波形如图8-13所示。BFSK已调信号的功率谱如图8-14所示，BFSK的频域分析可以简单地等效为两个载波频率不同的OOK已调信号的叠加，BFSK已调信号的第一过零点带宽为$|f_2-f_1|+2r_b$。

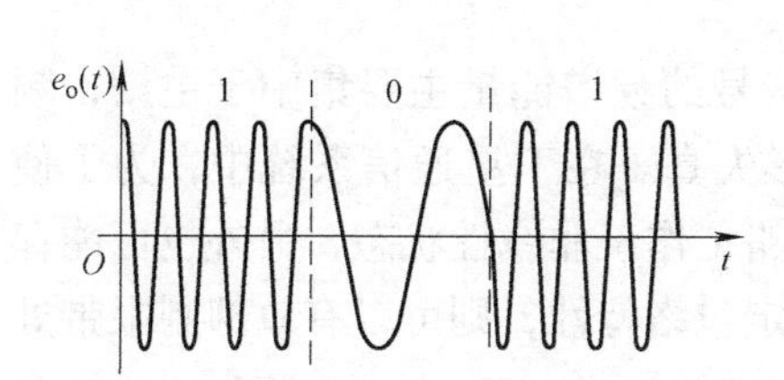

图8-13 BFSK已调信号时域波形

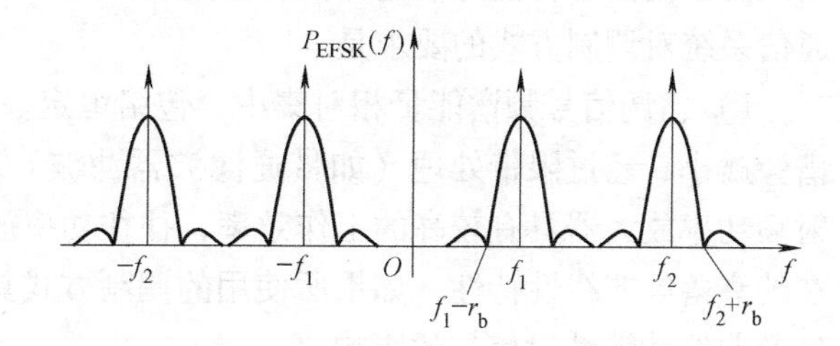

图8-14 BFSK已调信号的功率谱

3. 二进制相移键控

二进制相移键控（BPSK）调制电路模型如图8-15所示，图中$s(t)$表示待传输的基带数字信号，为双极性非归零码；$C(t)$表示正弦载波，设载波的初始相位为0；$e_o(t)$表示已调信号。时域表达式如下：

$$e_o(t)=\begin{cases}\cos(\omega_c t) & \text{“1”}\\ -\cos(\omega_c t) & \text{“0”}\end{cases} \tag{8-6}$$

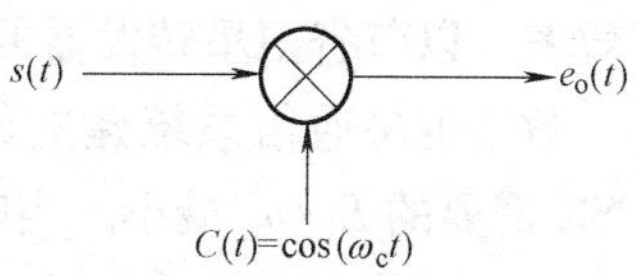

s(t) → ⊗ → eo(t)；C(t)=cos(ωct)

图8-15 BPSK调制电路模型

时域波形如图8-16所示。

BPSK已调信号的功率谱仍可用式(8-3)表示，只是BPSK系统中的基带数字信号$s(t)$是双极性非归零码，而OOK的基带数字信号$s(t)$是单极性非归零码，所以式(8-3)中的基带数字信号的功率谱$P_S(f)$与OOK不同，由下式表示

$$P_S(f)=\frac{\sin^2(\pi f T_S)}{\pi^2 f^2 T_S} \tag{8-7}$$

BPSK已调信号的功率谱如图8-17所示，已调信号的功率谱第一过零点带宽为$2r_b$，与OOK相同。

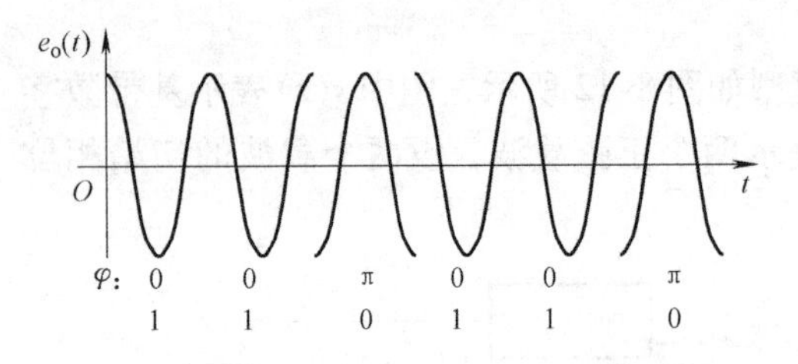

图 8-16 BPSK 信号的时域波形

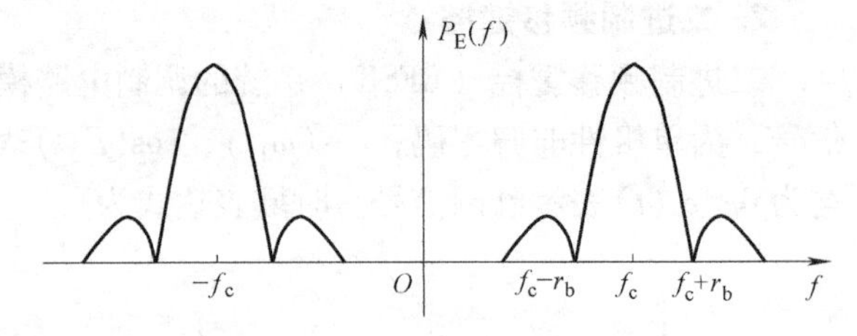

图 8-17 BPSK 已调信号的功率谱

BPSK 又称为绝对相移键控，由于 BPSK 在接收端的载波同步电路工作时存在“相位模糊”问题，即接收端的载波恢复电路所同步的载波相位可能与发送端的载波相位相反，造成接收的连续误码，为了避免这个问题，可采用 DPSK，即相对相移键控或差分相移键控。

实际通信系统所采用的数字调制方式要根据信道的损耗特性、噪声特征、带宽及基带信号码速率等因素来确定具体的数字调制方式。

8.5.3 卫星通信系统中的数字调制技术

卫星通信系统是典型的频带系统，系统性能在很大程度上依赖于所采用的调制方式。调制是为了使信号特性与信道特性相匹配，因此，调制方式的选择是由信道特性决定的，卫星通信系统对调制方式的要求是：

1）已调信号频谱能量相对集中，包络恒定。已调信号的频谱能量主要集中于主瓣，频谱旁瓣小，经过限带处理（如带通滤波器滤波）后波形失真。在卫星通信系统中，为了使射频功率放大器具有较高的工作效率，往往功率放大电路工作于非线性状态，另外也可能存在的衰落等非线性特性，如果所使用的调制方式具有恒定包络特性，则可以有效抑制限带处理及非线性特性对信号的影响。

2）具有较好的抗噪能力，功率利用率高。在接收端解调后要求能在各种干扰下正确判决出原基带信号，评价传输质量的指标是误码率，所以在 E_b/n_0（信号每比特能量与单边噪声功率谱密度比）相同的条件下，要尽量使用抗干扰能力强的调制技术，以节省卫星功率。

3）具有较高的频带利用率。尽量选择能占用带宽小的调制技术，提高无线电频谱的使用效率，以节省卫星转发器的频带，扩大卫星信道容量。

数字卫星通信系统建立的初期主要使用的调制方式是 BPSK，因为在误码率相同时，BPSK 需要的 E_b/n_0 最小。当时转发器发射功率小，转发器功率受限，而频带相对宽裕。后来随着对通信容量需求的增加，以及卫星转发器输出功率的提高，转发器资源的矛盾也由功率受限转化为频带受限，卫星通信系统又开始使用多进制调制或高阶调制技术，如多进制相移键控（MPSK）中的四相 PSK（QPSK）、八相 PSK（8PSK）以及幅度相位联合调制（APK）等，虽然它们的功率利用率低，但频带利用率高。理论与实践皆证明，已调波的相位如有突变，当其通过限带滤波器后，再经过非线性部件，已被滤除的带外分量又会被恢复出来。因此人们又研究了以已调波相位路径连续变化为特征的调制技术，如 OQPSK、MSK、SFSK、IJF-OQPSK 等，它们的特点是频谱滚降快、旁瓣小。

数字卫星通信系统选用调制方式时，应综合考虑多方面因素，包括卫星频带与功率利用率、迟延失真、热噪声、邻道干扰、同频干扰等，功率放大器件的相位和幅度非线性、工作点、同步电路、调制与解调电路的成本、容许 E_b/n_0 下降的程度等。下面扼要介绍几种数字调制方式的工作原理和特点。

1. 四相相移键控

四相相移键控（QPSK）是数字卫星通信系统最常用的调制方式。其已调信号相位有四种取值，每一取值代表两个二进制信息码元。因此，对输入的二进制数字码序列是先进行分组，每两个信息码元为一组，然后根据组合情况用四种载波相位分别表征它们。代表两个信息码元的符号称双比特码元，分别用 A、B 代表这一符号的两个信息码元。如信息码元为 1100101001，其分组情况如下：

AB　　AB　　AB　　AB　　AB

11　　00　　10　　10　　01

然后，将 A、B 分别对两个正交载波进行 2 二进制调相。因为被调制的两个载波正交，故它们的矢量也是正交的。再将调相后的两组矢量相加，合成后的已调信号的每一相位状态代表两比特信息码元，已调信号的相位与信息码元的对应关系见表 8-2。

表 8-2　QPSK 码元与相位的对应关系

A	B	$\Delta\phi$
0	0	$\pi/4$
0	1	$3\pi/4$
1	0	$5\pi/4$
1	1	$7\pi/4$

图 8-18 和图 8-19 分别是 QPSK 的调制电路和解调电路原理框图，在调制电路中，基带数据先经串/并变换，将比特流分别送到同相支路 I 和正交支路 Q 上，如果输入的二进制数字基带码序列的码元宽度为 T_S，则 I、Q 支路的信息码元的码速率减半，码元宽度增加一倍为 $2T_S$，I 支路的基带数字信号对同相载波进行 BPSK 调制，Q 支路的基带数字信号对正交载波进行 BPSK 调制，最后将两路载波正交的已调 BPSK 信号进行合成，即得到 QPSK 已调信号，显然 QPSK 已调信号的频带利用率是 BPSK 信号的 2 倍，这里频带利用率定义为已调信号的带宽与基带二进制信息码元的比值。解调是调制的逆过程，将输入已调信号分别经过 I、Q 支路，分别对正交载波进行 BPSK 解调，然后经过并/串即可得到信息数据码流。QPSK 已调信号的相位路径（也称星座图）如图 8-20 所示，其中，图 8-20a 是由图 8-18 所调制输出的已调信号的相位路径，图 8-20b 是将图 8-20a 的相位路径图顺时针旋转了 $\pi/4$。

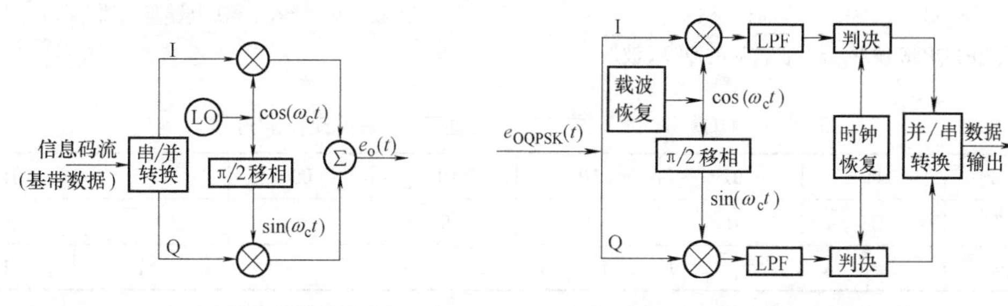

图 8-18　QPSK 调制电路原理框图　　图 8-19　QPSK 解调电路原理框图

2. 偏移四相相移键控

由图 8-20 可知，当 AB 为“11”与“00”码相邻时或“01”码与“10”码相邻时，QPSK 已调信号相位可能存在最大值为 ±π 的突变，波形如图 8-21a 所示，显然在相位突变点的谐波分量非常丰富，经过滤波器后的波形如图 8-21b 所示，其已调信号的包络是非恒定的，造成已调信号的包络经过零点，包络失真严重。为解决这个问题所以提出了 OQPSK。

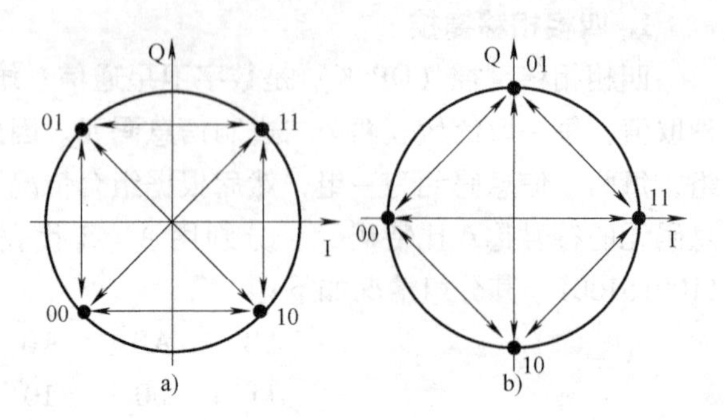

图 8-20 QPSK 已调信号的相位路径

偏移四相相移键控（OQPSK）调制电路模型如图 8-22 所示，在调制电路中，将 I 支路与 Q 支路的码序列在时间上错开一个码元宽度 T_S，然后分别进行 BPSK 调制，经调制后，I 与 Q 支路的比特流由合成器进行矢量合成。与 QPSK 调制电路相比，OQPSK 的调制电路在 Q 支路多了一个 T_S 延时器。在 QPSK 中，I、Q 两支路的码元起止时间是对齐的，已调信号相位在 $2T_S$ 时间间隔（即两个码元周期）跳变一次，这样有可能使合成信号的相位突变达到最大值为 ±π；而 OQPSK 的 Q 支路的码元在时间上比 I 支路延时一个码元宽度 T_S，虽然 I 支路和 Q 支路分别经过 BPSK 调制后，相位仍然是每经过 $2T_S$ 变化一次，其相位突变也可能是 ±π，但是在时间上错开了 T_S，最终使合成信号的相位突变是每经过 T_S 间隔就跳变一次，并且相位突变值最大只有 ±π/2，OQPSK 已调信号的包络不会经过零点，抑制了高次谐波，提高了频谱利用率。输入的二进制码序列经过串/并转换后，Q 支路延时 T_S 的过程见表 8-3。

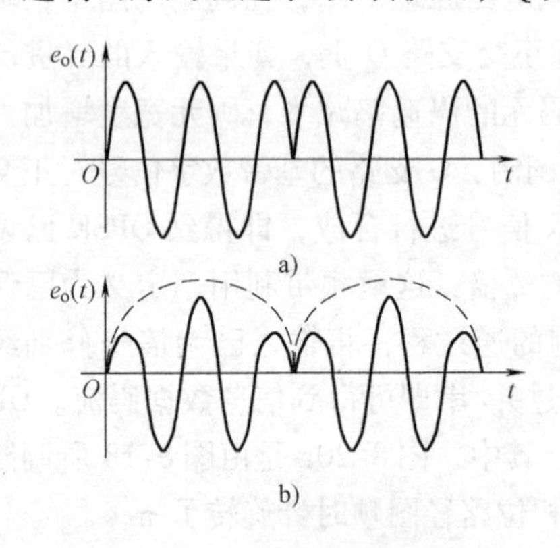

图 8-21 QPSK 信号的包络特性

a）理想的 QPSK 波形 b）滤波后的 QPSK 波形

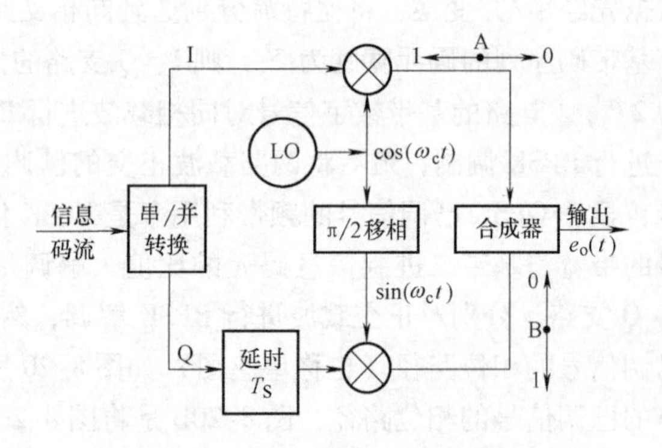

图 8-22 OQPSK 调制电路原理框图

表 8-3 OQPSK 输入数字序列经过串/并后再交错的过程

输入序列	11	01	10	01	00	11	01
I 支路	1	0	1	0	0	1	0
Q 支路	1	1	0	1	0	1	1

图 8-23 是 OQPSK 的解调电路原理框图，与图 8-19 的 QPSK 解调电路相比，唯一的区

别是在 I 支路上增加了一个码元宽度 T_S 延时器，其他电路结构及工作原理相同。

OQPSK 的优点是：没有 π 相位突变，最大只有 π/2 相位突变；包络特性好；频谱集中，频带利用率高等。OQPSK 的解调电路需采用相干解调，即从接收信号中提取基准载波，与接收信号进行相位比较实现解调。

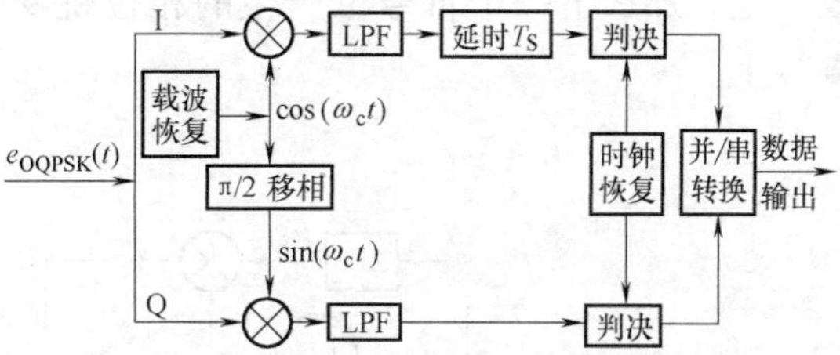

图 8-23　OQPSK 解调电路原理框图

3. π/4 QPSK

π/4 QPSK 是在 QPSK 和 OQPSK 基础上经过改进得到的另一种恒定包络相位调制技术。其调制电路原理框图如图 8-24 所示。图中串/并转换电路的作用与 QPSK 相同，将输入数字码序列 a_k 两两分组，分别输入到上下两个支路；信号映射的作用是将输入的两个并行二进制码元 a_{Ik}、a_{Qk} 映射成规定的相位值，可由下式表示

$$
\begin{aligned}
I_k &= \cos(\theta_k) = I_{k-1}\cos(\varphi_k) - Q_{k-1}\sin(\varphi_k) \\
Q_k &= \sin(\theta_k) = I_{k-1}\sin(\varphi_k) - Q_{k-1}\cos(\varphi_k)
\end{aligned} \tag{8-8}
$$

式中，θ_k 是第 k 个符号（两个二进制码元为一个符号）对应的已调信号相位，φ_k 是相对相移，由信号映射单元的输入二进制码元 a_{Ik}、a_{Qk} 确定，具体对应关系见表 8-4，θ_k、φ_k 的关系由式(8-9)表示

$$\theta_k = \theta_{k-1} + \varphi_k \tag{8-9}$$

表 8-4　π/4 QPSK 信息码元对与相位的对应关系

信息码元对 a_{Ik}、a_{Qk}	相移 φ_k	信息码元对 a_{Ik}、a_{Qk}	相移 φ_k
1，1	π/4	0，0	-3π/4
0，1	3π/4	1，0	-π/4

图 8-19 中两个正交支路均有一个低通滤波器（LPF），它们实际上是基带时域脉冲整形电路，即将输入到乘法器的基带数字信号 I_k、Q_k 先进行升余弦滚降整形滤波，以降低频带宽度并减小码间干扰，LPF 的冲激响应为

$$h(t) = p(t - 2kT_S - T_S) \tag{8-10}$$

经过 LPF 整形的信号分别输入到各自支路的乘法器中与正交载波相乘，再将两个乘积相加，即为 π/4 QPSK 已调信号 $e_o(t)$

$$e_o(t) = I(t)\cos(\omega_c t) - Q(t)\sin(\omega_c t) \tag{8-11}$$

式中，

$$I(t) = \sum_k I_k h(t) = \sum_k \cos(\theta_k) p(t - 2kT_S - T_S) \tag{8-12}$$

$$Q(t) = \sum_k Q_k h(t) = \sum_k \sin(\theta_k) p(t - 2kT_S - T_S) \tag{8-13}$$

实际上 π/4 QPSK 是利用输出的已调信号前后两个相邻的符号的相位差来表示两位二进制数，所以 π/4 QPSK 是一种差分相移键控调制技术。由表 8-4 可知，通过确定的映射关系，使输出已调信号的相位变化量为 ±π/4 或 ±3π/4，其相位路径可由图 8-25 表示，由图可知：π/4 QPSK 已调信号的相位共有 8 个点，分成两组，分别用“●”“○”表示，

显然相位的跳变只能在“●”集合和“○”集合之间进行，即如果当前的相位点在某个“●”上，那么下一个符号位产生的相位跳变只能变到“○”上，而不会跳变到另一个“●”上。

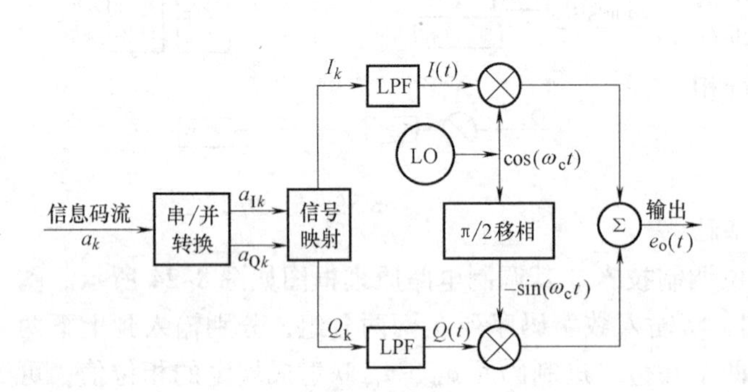

图 8-24 π/4 QPSK 调制电路原理框图

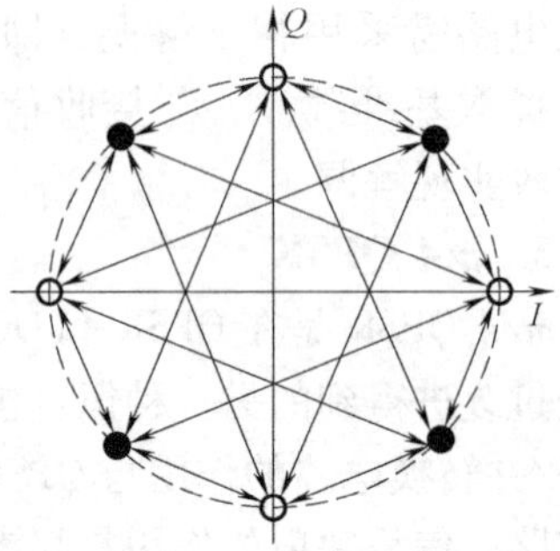

图 8-25 π/4 QPSK 已调信号的相位路径

π/4 QPSK 的最大相位跳变值为 ±3π/4，其已调信号的包络特性比 QPSK 要好一些，但是比 OQPSK 的最大 π/2 相位跳变值的包络性能要差。由于 π/4 QPSK 是一种差分相位调制技术，所以接收端解调器可以使用差分检测，不必使用相干本振，简化了接收机电路的设计，而且还可以避免“相位模糊”问题，以及抗频率漂移等优点，所以 π/4 QPSK 技术在卫星通信中的应用比 QPSK 和 OQPSK 要广泛。

4. 8PSK

8 相 PSK 调制是卫星通信系统中常用的一种高阶相位调制技术，其已调信号相位有 8 种取值，如图 8-26 所示，每一取值代表 3 位二进制信息码元。8PSK 调制电路原理框图如图 8-27所示，输入的二进制数字码序列是先进行串/并转换分组，每 3 位信息码元为一组，然后进行相位映射，产生上下两个支路的 I_k 和 Q_k 信号，分别经过基带时域脉冲整形电路，得到 $I(t)$ 和 $Q(t)$，其中 $I_k=\cos(\phi_k)$，$Q_k=\sin(\phi_k)$，ϕ_k 通过相位映射与输入信息码的对应关系见表 8-5，由图 8-26 可知，每个 8PSK 符号表示 3bit 码元，各个符号之间的最小相位差为 π/4。

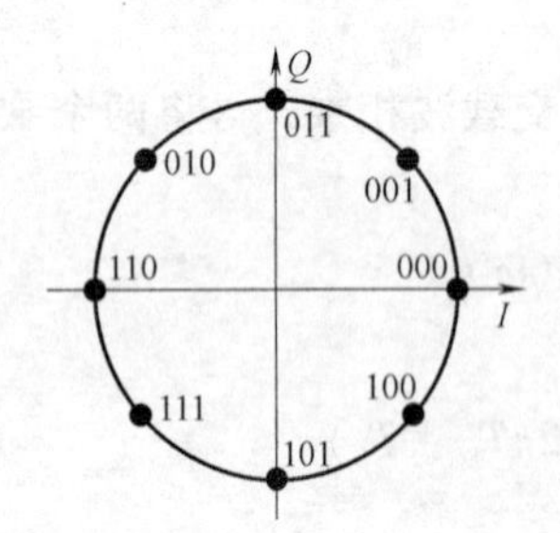

图 8-26 8PSK 已调信号的相位路径

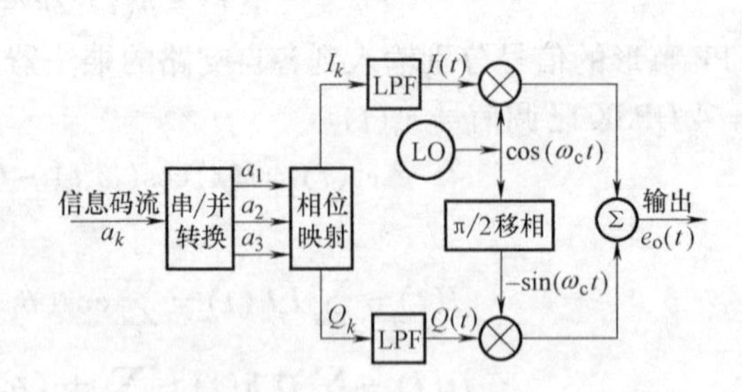

图 8-27 8PSK 调制电路原理框图

则 8PSK 已调信号的表达式可表示为

$$e_o(t)=I(t)\cos(\omega_c t)-Q(t)\sin(\omega_c t) \tag{8-14}$$

通过上述对 8PSK 调制过程的分析可知，8PSK 调制的频带利用率是 BPSK 的 3 倍。

8PSK 的解调电路原理框图如图 8-28 所示，其工作过程是调制的逆过程，其中的软判决就是根据相位映射表 8-5 的对应关系，恢复出三位二进制数据，具体工作原理不再赘述。

表 8-5　经过格雷编码的 8PSK 相位映射

信息码流串/并转换 $a_3a_2a_1$	000	001	011	010	110	111	101	100
对应的相位 ϕ_k	0	$\pi/4$	$2\pi/4$	$3\pi/4$	$4\pi/4$	$5\pi/4$	$6\pi/4$	$7\pi/4$

5. 幅度相位联合调制 APK

在 MPSK 调制中，随着 M 的增加，星座图中的相邻相位的距离逐渐减小，使抗噪能力下降，所以当 M 超过 8 时，一般不再使用 MPSK，改用幅度相位联合键控方式（APK），获得更大的符号间的欧式距离，常用的 APK 方式是正交幅度调制（QAM）。

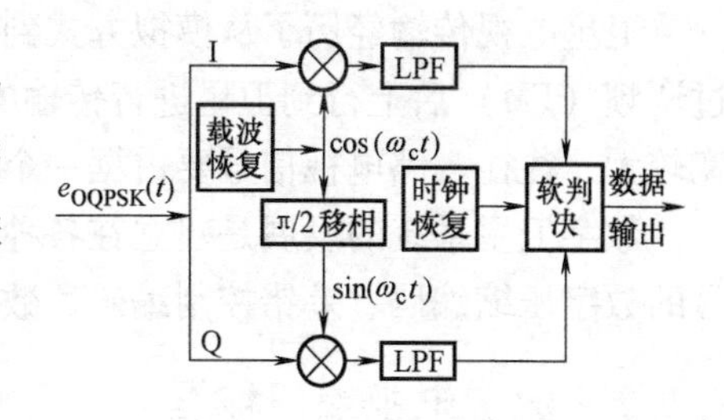

图 8-28　8PSK 解调电路原理框图

M 进制 QAM 已调信号的时域表达式可写成

$$y(t)=A_m\cos(\omega_c t)+B_m\sin(\omega_c t)\quad 0\leqslant t<T \tag{8-15}$$

式中，T 为一个多进制符号的时间宽度；A_m、B_m 为振幅，$m=1, 2, 3, \cdots, \log_2 M$。

其调制电路如图 8-29 所示。设 $M=16$，以 16-QAM 为例。其工作过程为：先对输入的二进制数字序列进行分组，每 4 位二进制数为一组；前两位输入上支路 I 通道（同相通道），后两位输入下支路 Q 通道（正交通道）；分别转换为 4 电平信号；分别与两个正交的载波 $\cos(\omega_c t)$、$\sin(\omega_c t)$ 相乘，完成正交调制；合成两路正交信号。

16-QAM 已调信号的相位路径（或星座图）如图 8-30 所示，其一个相位点表示 $\log_2 16=4$ 位二进制码元。

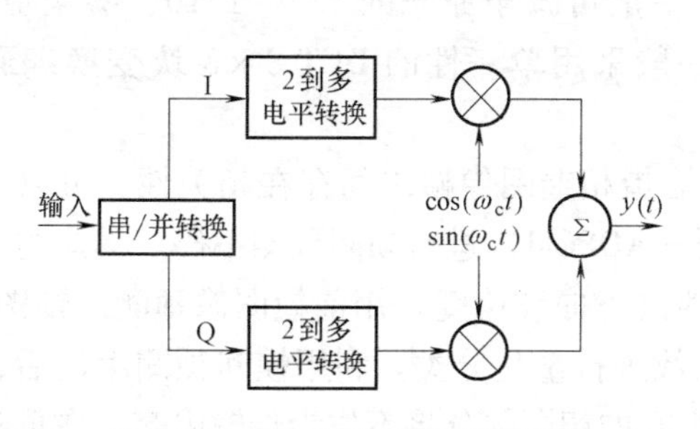

图 8-29　QAM 调制电路原理简图

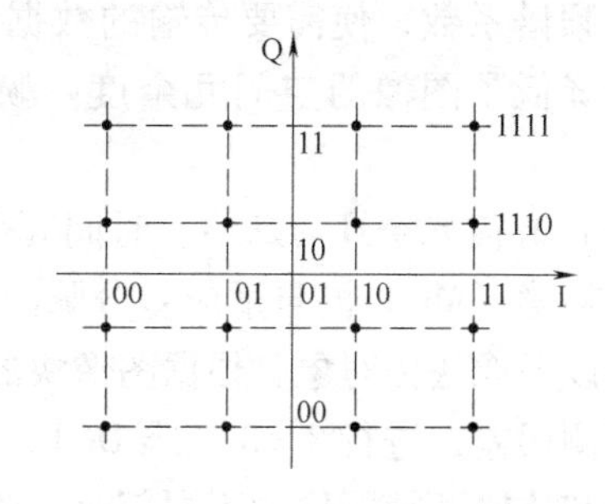

图 8-30　16-QAM 已调信号的相位路径

QAM 的解调电路原理框图与 8PSK 的解调电路形式相同，如图 8-28 所示，仅在其中的软判决过程有所不同。

QAM 调制方式的频谱利用率较高，为 $\log_4^M(\text{bit}\cdot\text{s}^{-1}/\text{Hz})$，但包络是非恒定的，抗衰落特性差，对所应用的信道特性要求较高。

以上介绍的是几种卫星通信系统中常用的数字调制方式，其他数字调制方式的基本原理参见本书的移动通信部分（12.1 节）。

8.6 卫星电视传输技术

8.6.1 概述

电视信号传输业务是卫星通信的重要应用领域，卫星电视传输系统利用的卫星平台主要是静止轨道卫星，将电视信号经过调制、上变频利用上行地球站发送到静止卫星的转发器，传输到用户端。

卫星电视传输经历了从模拟方式到数字方式的变革。在模拟传输系统中，电视信号是经过调频（FM）后上行到卫星进行传输的，所以又称为调频制传输系统，由于其调制后的带宽较大，往往一路电视信号要占据一个标准转发器带宽 36MHz，所以其频带利用率很低。

数字卫星系统的发展是建立在各种数字电视技术的基础上。关键技术主要包括：电视信号的数字压缩编码、差错控制编码、数字调制等方面。

8.6.2 数字电视编码标准

卫星电视技术已全面采用数字传输方式，卫星传输信道频率资源受限，故在传输前要对视频图像进行压缩编码。

1. 视频图像压缩的概念

根据视频图像的冗余度存在方式不同，对其压缩可在不同域进行，主要有以下几种。

(1) *空间冗余度的压缩*　空间冗余度的压缩指同一帧图像内部邻近像素之间，行与行之间存在的相关性，可以通过一定的方法消除这种相关性，减小空间冗余。如采用二维离散余弦变化编码（DCT）进行帧内编码，将空域离散信号 $f(x, y)$ 转换为频谱函数 $F(u, v)$。其空域相关性会使变换后的频谱系数向主要频率（低频，u、v 值小的部分）集中，而大多数频谱系数（高频，u、v 值大的部分）往往会很小，以至可以忽略。这样可以传输集中的主要频谱系数，使需要传输的数据量减少，一般可减至原来的 1/5 ~ 1/10，甚至更少，则有效降低了图像的空间冗余度。帧内编码一般采用单一性的 DCT 8 × 8 块变换编码的方法。

(2) *时间冗余度的压缩*　时间冗余度的压缩指相继图像帧之间存在相关性，可以利用带运动补偿（MC）的自适应差分脉冲编码调制（ADPCM）进行帧间预测编码。具体的编码实现是以图像块为对象，根据图像块的运动特性（方向和速度）用前帧图像预测后帧图像，求得预测误差，进行 8 × 8 二维 DCT，再对其系数进行量化分类。利用帧间预测编码后，仅需处理和传输两帧图像的不同部分，两帧图像之间的相同部分将不作为传输内容，在重建图像时，由前帧图像部分填补。所以帧序列中的第一幅图像及背景变换后的第一幅图像需采用帧内编码，其编码结果送至视频多路编码器，经解码后重建图像，存入缓冲区，供帧间编码使用。

(3) *统计冗余度压缩*　冗余度压缩指经过空间和时间冗余压缩之后的图像数据所出现的概率不同，在编成代码时宜采用变长度码（VLC），将最短码字分配给出现概率大的数据。这样可以有效地压缩代码上包含的统计冗余信息，使传输量更少。

(4) *视觉冗余压缩*　视觉冗余压缩指人眼的视觉生理特性。人眼对不同视觉信息（不同的空间频率，不同的运动速度）敏感程度不同，可以根据这一特点进一步滤除人眼的不敏感信息，以达到对图像数据的进一步压缩。

通过对以上冗余压缩，一路数据为100Mbit/s以上的图像信号可以被压缩至56kbit/s～2Mbit/s（如H. 261标准），这使图像传输所占的信道带宽有效减少，可以有效提高卫星信道的利用率。

2. 视频图像压缩的相关标准

国际上制定图像视频编码标准的组织主要有国际电联的电信部门（ITU-T）以及国际标准化组织和国际电工委员会（ISO/IEC）。ITU-T制定的标准主要面向通信，如电话会议、移动视频通话等。一般用H. 26x表示，如H. 261、H. 262、H. 263和H. 264。ISO/IEC制定标准则主要面向广播电视、卫星通信、网络流媒体以及图像视频的存储等。一般用JPEG（静止图像标准）和MPEG-x（视频压缩标准）表示。

JPEG是静止图像压缩标准，这里略去不讨论了。H. 26x和MPEG是活动图像（视频）的压缩标准。MPEG-2/H. 262是ITU-T和ISO/IEC共同制定的标准。H. 264也是两大组织联合制定的，在ISO/IEC标准系列中称为MPEG AVC。

（1）H. 261　H. 261是第一个实用的数字视频编码标准，是由ITU-T于1990年制定的。其目的是能够在带宽为64kbit/s的整数倍数（64kbit/s～1. 92Mbit/s）的综合业务数字网（ISDN）上传输质量可接受的视频信号，以实现电话会议以及视频通话等应用。

作为最早的运动图像压缩标准，H. 261详细制定了包括运动补偿的帧间预测、DCT变换、量化、熵编码，以及与固定速率的信道相适配的速率控制等部分功能的视频编码。

H. 261包含两种编码模式，即帧内模式和帧间模式。对于缓慢变化的图像，主要使用帧间编码模式，而对画面切换频繁或运动剧烈的图像，则帧内编码模式成为处理图像编码模式。

（2）H. 263　H. 263是由ITU-T在H. 261的基础上于1995年制定的低码率视频编码标准，主要面向低比特率视频应用，如PSTN网络、无线网络与因特网等环境下的视频传输。与H. 261的主要区别在于以下几点。

1）在低码率下获得比H. 261更好的视频效果。

2）编码速度快。

3）H. 263的运动补偿使用半像素精度，而H. 261则用全像素精度和循环滤波。

4）数据流层次结构的某些部分在H. 263中是可选的，使得编解码可以配置成更低的数据率或更好的纠错能力。

5）H. 263采用无限制的运动向量以及基于语法的算术编码。

6）H. 263支持5种分辨率，即除了支持H. 261中所支持的QCIF和CIF外，还支持SQCIF、4CIF和16CIF。SQCIF相当于QCIF一半的分辨率，而4CIF和16CIF分别为CIF的4倍和16倍。

ITU-T对H. 263进行了多次补充，以提高编码效率，增强编码功能。补充修订的版本有1998年的H. 263 +，2000年的H. 263 + +。

（3）H. 264　H. 264是由ITU-T的视频编码专家组（VCEG）于1997年提出，由ITU-T和ISO/IEC联合制定的音视频编码标准。其主要目标是提出一种与H. 263相比具有低速率、高质量、低延迟、网络性能友好和可靠的视频编码标准。在ISO/IEC标准系列中又称为

“MPEG Visual Part 10”，即 MPEG AVC。H.264 技术的特点如下：

1）高精度、多模式运动估计。H.264 支持 1/4 或 1/8 像素精度的运动矢量。在 H.264 的运动预测中，一个宏块可以被分为不同的子块，形成多种不同模式的块尺寸。这种灵活和细致的划分更切合图像中实际运动物体的形状，大大提高了运动估计的精确程度。

2）分级设计。在编解码器中采用复杂度可分级设计，在图像质量和编码处理之间可分级，以适应不同复杂度的应用。

3）面向 IP 和无线环境。H.264 考虑了在误码、丢包多发环境中传输的差错控制机制。H.264 采用“网络友好”的结构和语法，加强对误码和丢包的处理，提高解码器的差错恢复能力。H.264 利用量化步长的改变来适应信道码率，还可以利用数据分割的方法来应对信道码率的变化。

（4）MPEG-1　MPEG-1 是国际标准化组织 ISO/IEC 的运动图像专家组 MPEG（Moving Picture Expert Group）于 1993 年制定的针对一般活动图像及其伴音的编码标准。MPEG-1 主要针对的是 1.5Mbit/s 速率的数字存储媒体运动图像及其伴音的编码。通常的 CD-ROM 的数字视频以及 MP3 都是基于 MPEG-1 的。MPEG-1 1.5Mbit/s 的速率中视频占 1.1Mbit/s，而音频占 128kbit/s，其余带宽用于 MPEG 系统。

为了获得高压缩效率，去除图像序列的冗余度，MPEG-1 在帧间采用 DPCM 编码而在帧内采用 DCT 编码。MPEG-1 把视频序列分成 I 帧、P 帧、B 帧和 D 帧共 4 种类型。

① I 帧为帧内编码帧（Intra Coded Frame），编码时采用类似 JPEG 的帧内 DCT 编码，I 帧的压缩率是几种编码类型中最低的。

② P 帧为帧间预测编码帧（Predictive Coded Frame），采用前向运动补偿预测和误差的 DCT 编码，由其前面的 I 或 P 帧进行预测。

③ B 帧为双向预测编码帧（Bi-Directionally Predictive Coded Frame），采用双向运动补偿预测和误差的 DCT 编码，由前面和后面的 I 或 P 帧进行预测，所以 B 帧的压缩效率最高。

④ D 帧为直流编码帧（DC Coded Frame），只包含每个块的直流分量。

MPEG-1 采用运动补偿技术除去图像序列之间的冗余度（P 帧和 B 帧），大大提高了视频的压缩率。

（5）MPEG-2　在 MPEG-1 标准基础上，MPEG 组织于 1995 年制定了 MPEG-2 标准。MPEG-2 主要针对 4～9Mbit/s 运动图像及其伴音的编解码。其主要应用包括数字视频广播（数字电视机顶盒）、高清晰度电视和数字存储（DVD）等。MPEG-2 压缩编码使用的还是分块 DCT 和帧间运动补偿预测技术，与 MPEG-1 兼容。MPEG-2 对 MPEG-1 进行了如下扩展：

1）输入/输出图像彩色分量之比可以是 4:2:0，4:2:2，4:4:4。

2）输入/输出图像格式不限定。

3）可以直接对隔行扫描视频信号进行处理。

4）在空间分辨率、时间分辨率、信噪比方面的可分级性适合于不同用途的解码图像要求，并可给出传输上不同等级的优先级。

5）码流结构的可分级性，比如头部信息、运动矢量等部分可以给予较高的优先级，而对于 DCT 系数的高频分量部分则给予较低的优先级。

6）输出码率可以是恒定的也可以是变化的，以适应同步和异步传输。

(6) MPEG-4 随着网络的发展，特别是移动多媒体的普及，极低码率的音频/视频的需求日益增长。为了适应这种要求，MPEG 专家组于 1992 年 11 月开始开发低码率（小于 64kbit/s）的音视频（Audio-Visual，AV）编码的标准，即 MPEG-4。

与以前的标准相比，MPEG-4 最大的特点是基于对象或内容的交互性。MPEG-4 的编码单元变为“对象”，它首先对图像进行基于场景的对象分割，然后通过纹理、形状和运动三类不同的信息进行分别编码。

MPEG-4 已不再是一个单纯的视频音频编解码标准，而是通用的基于对象的编码框架。它更多的是定义一种格式和框架，而不是具体的算法，开发者可以在系统中加入许多新的算法。除了一些基础的压缩工具和算法外，各种各样的多媒体技术如图像分析与合成、计算机视觉、语音合成等也可以充分应用于编码中。MPEG-4 基于音视频内容的信息存储、处理与操作能够支持交互性、高压缩比以及通用存储性等功能，同时在其结构上也具有适应性与可扩展性，能够适应硬、软件新技术的不断发展和融合。

(7) MPEG-7 与 MPEG-21 除了上述图像视频的压缩编码标准之外，国际标准化组织对多媒体的有效管理、利用和处理方面进行了研究。这方面的标准化工作包含在 MPEG-7 和 MPEG-21 中。

MPEG-7 标准被称为“多媒体内容描述接口”，1998 年 10 月提出。MPEG-7 并不是一个压缩编码标准，而是用于描述各种不同类型多媒体信息的描述符的标准集合，支持多种音频和视觉的描述，包括自由文本、*N* 维时空结构、统计信息、客观属性、主观属性、生产属性和组合信息、视频的颜色、纹理、形状、体积、空间关系、运动及变形等。MPEG-7 的最终目的是多媒体搜索、有效管理与交互。MPEG-7 标准可以支持非常广泛的应用，如音视数据库的存储和检索、广播媒体的选择、智能多媒体、多媒体编辑、多媒体信息目录服务、远程购物以及个人的多媒体收集管理系统等。

MPEG-21 是一个能够支持通过异构网络和设备，使用户透明方便地使用多媒体资源的标准，其目的是建立一个交互的多媒体对象，实现多种业务模型，包括对版权和交易的自动管理，对内容使用者隐私的尊重等。MPEG-21 标准其实就是一些关键技术的集成，通过这种集成环境就可以对全球数字媒体资源进行透明和增强管理，实现内容描述、创建、发布、使用、识别、收费管理、产权保护、用户隐私权保护、终端和网络资源抽取、事件报告等功能。

8.6.3 数字卫星电视传输标准

卫星信道的特点是：传输距离长、信号衰减大、卫星发射功率受限，所以地球站接收端信噪比相对较低。因此，必须针对卫星信道的上述特点设计电视传输技术标准。典型的数字卫星电视传输标准主要有美国的 Digicipher 标准、欧洲的 DVB-S 和 DVB-S2、中国的 ABS-S 等。

1. Digicipher 标准

Digicipher 标准是美国 GI 公司在 20 世纪 90 年代提出的一种卫星电视传输标准，早期的标准又称为 Digicipher-Ⅰ，其图像压缩编码方式类似 MPEG-1 标准，但不兼容 MPEG-1。采用 Digicipher-Ⅰ标准编码的图像分辨率低。另外，该标准只能传输 NTSC 制式的电视信号，如果传输 SECAM 和 PAL 则需经过电视制式转换。GI 针对 Digicipher-Ⅰ的缺点进行了改进，从而诞生了 Digicipher-Ⅱ技术，同 Digicipher-Ⅰ一样，Digicipher-Ⅱ支持多频道数字电视传输，并且可以进行数字音频、数据和图文传送。Digicipher-Ⅱ改进的方面主要包括：图像压缩编码方式与 MPEG-2 标准兼容，伴音信号压缩采用 AC-3 技术，可直接传输 PAL 制电视信号，无需制式转换。中国中央电视台（CCTV）曾经先后采用了 Digicipher-Ⅰ和 Digicipher-Ⅱ技术完成了加密频道电视信号的卫星传输，中国将 DVB-S 技术作为数字卫星电视广播的试行标准，CCTV 就采用 DVB-S 取代了 Digicipher 标准。

2. DVB-S 标准

欧洲的数字视频广播（DVB）主要分三部分：DVB-S、DVB-C 和 DVB-T，分别用于卫星广播、有线电缆电视和地面（无线）广播。其中的 DVB-S 已经被包括中国在内的许多国家采用，已成为数字卫星广播的主流技术。

DVB-S 的技术要点包括：图像压缩编码采用 MPEG-2 标准；信道编码采用了卷积码和 Reed-Solomon 码（R-S 码）；信道调制方式为 QPSK；适用于不同带宽的卫星转发器；允许节目的复用，在传输电视节目的同时，可以传输声音业务和数据业务。DVB-S 被中国确定为卫星电视传输的试行标准，同时，DVB-S 标准推广以后，很快取代了模拟调频卫星电视传输技术。

3. DVB-S2 标准

DVB-S2 是 DVB-S 的改进版，主要技术特点包括：可变的消息码流，可以传输一路或多路 MPEG-2 或 MPEG-4 音视频流，支持高清电视业务；在广播方面，DVB-S2 提供 DTH 业务，同时也考虑了地面有线电缆电视的需求；支持交互式业务，包括互联网接入、数字卫星新闻采集（DSNG）、数据分配中继等；采用性能更好的差错控制编码技术和编码码率自适应调整技术，差错控制编码方案为外码 BCH 与内码 LDPC 级联方案，误码性能更好，可适应的码率为 1/4 ~9/10 共十余种码率值；采用可变编码调制和自适应编码调制技术，系统中使用的数字调制方式包括 QPSK、8PSK、16QAM、32QAM 等。

DVB-S2 在支持的业务种类、信道利用率、交互性能、可扩展性、信息码速率调制等诸多方面比 DVB-S 有了很大改进。

4. ABS-S 标准

ABS-S 标准是中国拥有完全自主知识产权的卫星电视信号传输标准，在性能上与 DVB-S2 相当，部分性能指标更优，而复杂度低于 DVB-S2，更适合 DTH 业务的开展。

ABS-S 的主要技术要点包括：差错控制编码为 LDPC；调制方式为 QPSK、8PSK、16QAM、32QAM 等，可根据消息码速率进行自适应选择调整；14 种不同的编码调制方案，结合多种滚降系数选择，能更好地适应不同的业务和应用需求；支持的业务类型包括 DTH、高清电视、DSNG、双向交互业务（Internet）等。

第9章　卫星通信网

本章从卫星通信工程应用系统的角度，介绍几种典型的卫星通信系统，包括卫星广播电视网、VSAT网、全球卫星导航系统（GNSS）、跟踪与数据中继卫星系统（TDRSS）和卫星移动通信系统等。

9.1　卫星广播电视网

利用卫星转发电视信号，是电视广播技术上的一次飞跃，因为卫星通信与利用地面微波中继或同轴电缆系统相比有明显的优势。利用卫星进行电视广播，覆盖区域广，而且其性能稳定可靠，运行成本相对较低。所以卫星电视广播几乎覆盖了世界上所有的国家和地区。

目前，在卫星广播电视中，主要存在两大类传输方式，一类是模拟传输方式，又称为调频方式；另一类是数字传输方式。

调频方式实际上沿用了原来地面微波中继传输电视信号的方式，只是中继站是卫星。电视信号经过频率调制后，带宽可达一个转发器的标准带宽36MHz。由于模拟调频方式的抗干扰能力差，对卫星转发器的频带利用率低，已逐步淡出卫星电视应用领域，取而代之的是全数字传输方式。

在数字卫星电视传输方式中，首先电视信号经过高效的数字压缩编码（如MPEG-2标准）及信道差错控制编码，再进行数字调制（如QPSK）后上星传送。

9.1.1　卫星电视广播系统的组成

通过卫星线路传送电视信号，与地面通信系统一样，要组成一个完整的卫星电视广播系统。整个系统由电视节目中心、上行地球站（简称上行站）、广播卫星（转发器）、车载移动地球站与转播站、卫星电视接收地球站（TVRO）等组成，如图9-1所示。

1. 上行地球站

上行地球站是卫星电视广播系统的地面中枢，其主要作用是把电视节目中心送来的电视信号加以处理、调制、滤波、中放、上变频和功率放大后，经天线发向卫星；同时还要接收卫星转发回来的电视信号，以监测自身的节目质量。因此，上行地球站实际上既是一个大功率发射站，又是一个高灵敏度接收站。上行地球站除主站之外，还可设置多座上行分站，主

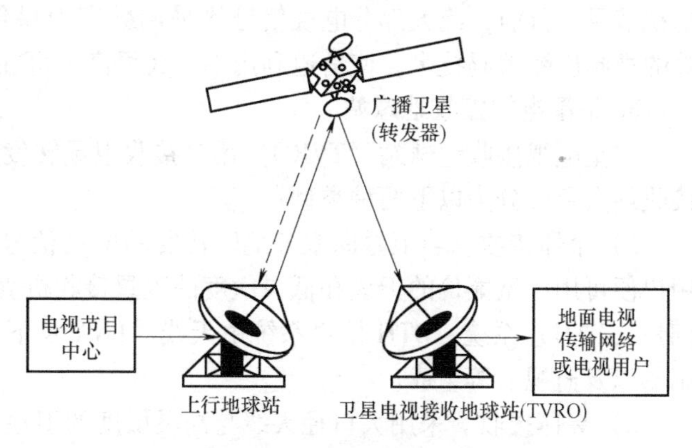

图9-1　卫星电视广播系统组成示意图

站通常使用宽带大口径天线、高功率发射机和高灵敏度低噪声接收机，以保证电视信号的传输质量。各分站主要用于插入地区的电视节目和节目交换，而车载移动站则可用来灵活地在特定地区进行电视实况转播。

如果卫星转发器只有一个电视频道，为了避免相互干扰，在各类上行地球站中只能有一个地球站向卫星发送电视节目，其他地球站则应停止发送信号；如果卫星上有多个转发器或电视频道，各上行地球站则可占用星上不同的转发器或频道，分别发送各自的节目，供地面卫星电视接收站选择接收。典型的上行卫星电视地球站的组成框图如图 9-2 所示，这是一个典型的数字卫星上行地球站组成框图实例，该地球站主要用于数字电视信号的上行传输，由图可见，重要部件如上变频和功率放大部分均采用了双机备份，主机和备份机可以自动切换，以保证地球站的可靠性。

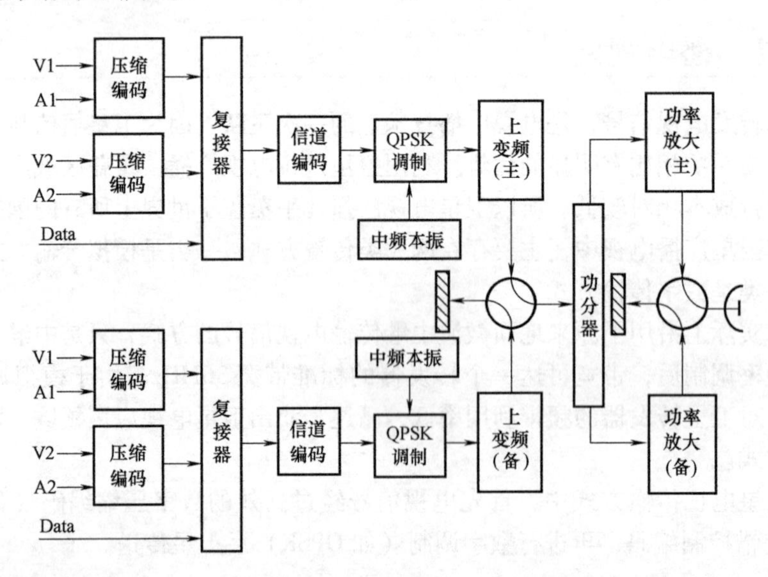

图 9-2　卫星上行地球站组成

2. 广播卫星（转发器）

应用于电视广播系统的卫星主要是静止卫星，作用是接收来自上行站的已调信号（上行频率），经放大、变频等处理后，变成下行频率，并以适当的极化方式，向服务地区转播电视节目。目前，绝大部分电视信号均采用数字卫星传输技术（如 DVB-S 标准），通过高效的视频压缩编码技术，使信道利用率大大提高，可在一个卫星转发器传输多路电视信号。

3. 卫星电视接收地球站

卫星电视接收地球站（TVRO）用来接收卫星转发下来的电视节目，为用户服务，电视接收站大致可分为以下两种类型：

1）个体接收。当卫星向服务地区转发的电视信号到达地面的功率通量密度足够大时，用户便可用小型廉价的天线和低灵敏度的卫星接收机直接收看电视节目，这种系统称为直接到户（DTH）系统。DTH 接收系统由天线、LNA 及下变频组件、功率分配器、调谐器、解调器以及监视器等组成。

2）集体接收。采用大口径天线与高灵敏度的卫星接收机完成接收，能够获得高质量的图像和声音信号，然后利用地面网络（无线传输网络和 CATV 网络）传输给电视用户。

图9-3所示为一个典型的数字卫星电视接收地球站（TVRO）的组成框图。

9.1.2 数字卫星电视网

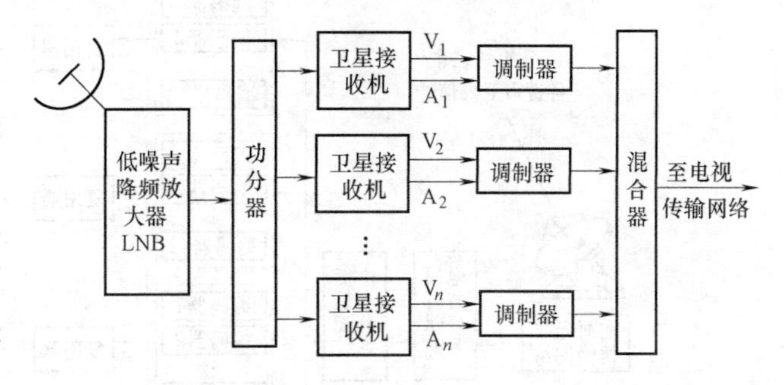

图9-3 数字卫星电视接收地球站（TVRO）组成框图

随着社会的发展和科学技术的进步，一方面，人们对卫星传输电视信号的图像质量提出了更高的要求；另一方面，卫星电视节目的不断增加与卫星转发器频率资源紧张的矛盾更加突出，迫切要求提高卫星信道的利用率。传统的调频卫星广播电视技术很难达到上述的要求。近些年来，随着图像压缩编码、信道差错控制、数字调制等技术的发展和相关标准的制订，使数字卫星广播电视技术得到了迅速发展。目前，中国中央电视台和各省级电视台的上星电视节目频道的绝大多数均采用了数字方式传输。

1. 数字卫星广播的优点

1）图像质量高。这是数字传输方式本身的优点，采用相应的差错控制编码技术，抗干扰能力强，噪声影响小；而且采用相关的图像压缩编码标准使传输到用户端的图像分辨率大大提高。

2）卫星信道的利用率高，经济效益显著。采用图像压缩编码加数字调制技术，可保证传输一路标清电视信号所需带宽在7MHz以内，如在一个标准的C转发器的36MHz的带宽内可同时传送五路电视信号（见图8-2），大大提高了卫星信道的利用率，对电视节目提供商来说，则可以节省卫星转发器的租金，降低运营成本。

3）便于电视信号的有偿服务，实现有条件接收。对数字电视信号进行加扰加密，非常简便安全，有利于开展电视付费业务。

4）数字卫星电视有利于过渡到利用卫星传送数字高清晰度电视（HDTV）。

5）能够提供多路多声道的伴音信号。这是由图像压缩编码标准决定的，目前的图像压缩编码标准中包含了多路伴音的压缩编码，而且伴音的音质质量很高。

6）能提供多种服务。可利用数字卫星电视广播信道提供数据服务，采用相关的标准将图文电视、股票信息、电子报纸等数据压缩后发布给用户。并可以提供有选择的双向电视服务，如视频点播（VOD）及互动电视等。

2. 卫星广播系统的实例——“村村通”卫星电视系统

目前，我国尚未实现广播电视覆盖，收听、收看不到广播电视节目的人口基本分布于自然环境较差的偏远地区。卫星电视广播通过一颗卫星即可覆盖全国，特别适用于偏远地区的广播电视覆盖，是实现“村村通”最有效的手段。1998年8月，中国国家广电总局开始实施以实现“村村通”为目的的卫星电视直播试验工程，于1999年1月1日成功地开始了试验广播，卫星平台是鑫诺-1号，当时我国“村村通”卫星电视直播系统中采用了DVB-S标准。2008年，中星-9号的直播业务开通以后，村村通平台改由中星-9号承担，卫星电视传输标准也改为我国具有自主知识产权的ABS-S标准。

（1）系统简介 “村村通”卫星电视直播系统的构成如图9-4所示，系统包括三部分：卫星节目中心、上行段及空间段、“村村通”用户TVRO。

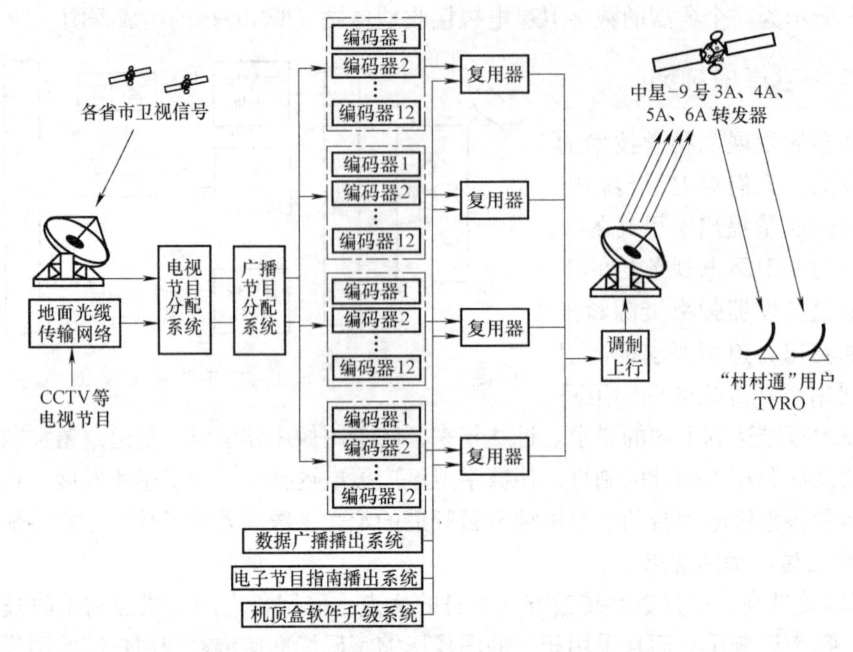

图9-4 中星-9号DTH“村村通”系统组成框图

1）卫星节目中心。卫星节目中心主要接收CCTV及各省市区的电视节目，其中CCTV等部分卫视节目是由光缆传送到卫星节目中心的，各省市卫视节目分布在不同的卫星上，由节目中心的接收站从各个卫星接收下来，共48路电视节目和48路广播节目。节目中心按照ABS-S卫星电视传输标准的技术要求按每12路电视信号和广播节目等进行压缩（MPEG-2）、复用、加密、差错控制编码等处理，成为一路符号速率为28.8Ms/s的复用数字码流，所有信号共转换成4路28.8Ms/s的数字码流，再将这4路信号通过上行地球站发射给中星9号卫星，每路数字信号占用一个带宽为36MHz的卫星转发器。

2）上行段及空间段。上行地球站天线为13m口面直径天线，工作于Ku波段，卫星转发器为中星9号直播卫星的3A、4A、5A、6A共4个工作于广播卫星业务（BSS）的Ku频段转发器，下行频率分别为11840MHz、11880MHz、11920MHz、11960MHz。

3）“村村通”用户TVRO。用户接收系统包括地球单收站、经过授权的智能卡等设备。其中智能卡完成解密、解压缩的功能，将电视信号还原后，再由地面传输系统（有线电视网CATV系统或地面无线发射台）向个体用户传输。

（2）系统特点

1）社会效益显著。“村村通”工程虽然耗资数十亿元，但其覆盖范围大，解决了偏远地区尤其是西部地区的上亿人口收看电视的问题。

2）电视信号传输质量高。由于采用了全数字的信号传输手段，使传输电视节目的质量大大提高。

3）用户接收站成本较低。由于CCTV和各省市电视节目和部分境外节目加在一起共四十多套电视节目经过压缩处理后由一个卫星转发，地球站只需一副天线即可实现接收，大大节省了数量众多的接收用户的地球站（TVRO）成本。

4）采用加密技术便于管理。各地球站的接收必须经过节目中心对其接收机智能卡进行合法授权，实现有条件收看。可以阻止本系统用户收看其他卫星直播平台播出的节目；平台管理员可从前端即时开放或关闭任一用户的智能卡；平台管理员可从前端对任一频道内的任何节目进行授权控制，即时更改节目类型（如免费收看还是付费收看）；可对某个地区进行区域关闭，使区域内所有用户都无法收看某个特定节目。例如当某地区有一场重要足球比赛时，使用区域关闭功能关闭该地区电视节目传输，鼓励用户去现场观看比赛，而非该地区用户仍可收看该场比赛实况。

9.2 VSAT 网

9.2.1 概述

1. 基本概念

甚小口径（天线）数据终端（VSAT），称为“甚小口径（天线）地球站”，或简称为小站，所谓“小”的含义，不单单是指天线口径小，还包括：业务量相对较小、设备简单、价格低、基建规模小、维护人员少、耗电量小等。VSAT 站是一种具有甚小口径天线的、智能的卫星地球站，很容易在用户办公地点安装。而 VSAT 卫星通信网则是由大量的微型站与一个大型中枢地球站（主站）协同工作，组成 VSAT 网。通常，可以通过 VSAT 网进行单向或双向数据、话音、图像及其他业务通信。

自 20 世纪 80 年代以来，VSAT 发展势头迅猛，推动其发展的技术因素是：大规模超大规模集成电路、微波与固态功放、高增益低旁瓣天线的小型化、微型计算机技术、高效灵活的多址联接技术、分组传输和分组数据交换技术、扩频通信、差错控制、数字调制解调技术、数字信号处理技术、卫星大型化技术等。

2. VSAT 的特点

1）VSAT 站“小”。如前所述，其设备简单、体积小、重量轻、造价低、安装容易、功耗低、维护操作简便。VSAT 一般工作在 Ku 波段（也有的工作在 C 波段），使其天线口径小，约为 0.3 ~ 2.4m，发射功率可低至 1 ~ 2W，可以方便地安装于庭院、屋顶、阳台、窗口等处。

2）具有智能的地球站。整个 VSAT 网络，包括大量的 VSAT 小站在内，采用了一系列新技术并加以优化、综合，将通信与计算机技术有效地结合在一起，系统在信号处理、各种业务的自适应、改变网络结构及网络容量的灵活性以及网络控制中心对关键电路进行工作参数的检测和控制管理功能等方面，都不同程度地使用了计算机，即所谓的智能化。中枢站使用功能强的计算机，VSAT 站使用微型计算机，系统中软件所完成的工作占很大比重。

3）组网灵活，接续方便。由于计算机通信的发展、各种数字网络协议的不断完善以及网络部件的模块化，使得 VSAT 网络易于调整和扩展，以适应用户业务量的增长及用户使用要求的变化。

4）通信效率高、性能质量好、可靠性高、通信容量可以自适应，适于多种数据率和多种业务类型，便于向 ISDN 过渡。

5）可建立直接面向用户的直达电路，特别适合于用户分散、业务量轻的边远地区以及用户终端分布范围广的专用和公用通信网。

6）多址方式多样化。视各种具体情况（如 VSAT 小站的总数、每个小站的业务量、数据率的高低等），可选择 FDMA、TDMA、CDMA 三种多址方式中的一种或混合方式。

3. VSAT 的发展与应用

（1）VSAT 的发展概况

1）初期阶段（1980 年以前）。1980 年出现了 C 波段单收的 VSAT，同时出现了大功率卫星，使 VSAT 终端的应用成为可能。这一时期的 VSAT 使用扩频调制技术，提供低数据业务（一般小于 9600bit/s）。主要用于单向数据传输，如商品信息业务的新闻报导等。此阶段也研究了 ALOHA 争用信道方案的算法，证实了进行双向数据传输的可行性。

2）第一代 VSAT（1983—1988 年）。第一代产品于 1983 年出现了双向、交互式的数据传输系统，工作于 C 波段。在此期间，休斯公司推出第一个高速 Ku 波段的 VSAT。由于 Ku 波段 VSAT 的速率较高，美国联邦通信委员会（FCC）的批准要求较简单，所以它得以迅速普及。这一代 VSAT 的特点是：主要使用 Ku 波段；应用于数据通信；星状的网络结构；SCPC、RA/TDMA 等多址方式；以硬件定义的多路复用网络（即用硬件定义多端口、多规约、多用途系统）。

3）第二代 VSAT（1988 年—现在）。这一代 VSAT 将在一些新的应用中起重要作用。如高速数据广播、图像传送、综合数据和话音，以及移动数据通信等。总之，VSAT 正从单纯数据型向数据、话音和图像信号综合化传输方向发展；VSAT 还进入了 ISDN 领域，用其实现 LAN 与 LAN 的互联，LAN 与 WAN 的交叉桥接等。第二代产品的主要特征为：①采用分布式（不是用中枢站集中控制）的网络管理。网络管理者不仅能发现问题，而且能在控制台上改变和调整网络的配置。网络管理的另一特点是：能在网络中规定虚拟子网络。这一能力使公司内的一个部门完全自控并不受主网络制约地管理其子网络，就好像该部门拥有自己的专用网。②网络结构方面能支持以标准数据通信协议为基础的交换网络，可提供多主站连接，点对点（或远端—远端）通信和混合地面/卫星网络的组合进行通信。系统采用开放式结构，可保证将来与其他组网方案相兼容。③带宽管理方法（也即多址方式）：带宽管理的基本问题是平衡网络的响应时间和数据吞吐量。第一代中常用的方法是 P-ALOHA、S-ALOHA 和 TDMA 等。这一代将采用混合带宽管理技术提供最佳的网络响应时间和数据吞吐量，例如自适应预约 S-ALOHA 多址技术等，为随机 TDMA（RA/TDMA）和 TDMA 模式之间提供动态转变。④VSAT 站本身的设计将采用高性能计算机系统，精简端口扩展所需的硬件设备，因此最大限度地减少电路、组件和连接器的数量，以提高可靠性。每个 VSAT 皆有独立卫星接续单元，以允许在一个端口可传输分组交互性的数据业务，而且一般有多个（如 3～4 个）端口。⑤用软件来定义、修改网络配置，系统灵活性大大提高了。

（2）VSAT 的应用场合　目前的 VSAT 站一般都具有处理双向综合电信和信息业务的能力。VSAT 主要提供各种非话音业务，如数据、视频、Internet 接入、VPN 等。VSAT 网提供的典型业务有：

1）广播和分配业务，包括：数据、图像、音频、视频、TVRO、商业电视（BTV）等。

2）采集和监控业务，包括：数据、视频等。

3）双向交互业务，主要有星形和点对点两种形式，如民航订票业务、股票证券交易、银行系统电子转帐和电子清算等业务。

9.2.2　VSAT网的组成及工作原理

1. VSAT系统的网络拓扑结构

VSAT系统的网络拓扑结构是指网络中各地球站之间的连接关系。可简单分为星形网络结构和网状网络结构。按照信号传输的方式又可细分为单跳形式、双跳形式、单跳和双跳的混合形式以及全连接网状形式等。

（1）*单跳形式*　单跳形式网络又称为星形网络。它将由若干个远端VSAT小站和一个处于中心城市（领导机关或总部所在地）的枢纽站（Hub，或称为主站）组成。从远端VSAT小站到主站方向的信道称为入向信道（Inroute）或称为入主站信道，从主站到VSAT小站方向的信道称为出向信道（Outroute）或称为出主站信道，它们构成星形网络的双向信道。在星形网络中，主站和各远端站之间可进行双向数据或话音通信，但各远端站之间不能直接通信。

（2）*双跳形式*　在双跳形式的网络中，各远端VSAT小站之间可以通过主站的转换实现通信。这种形式的连接由于信号要两次通过卫星，所以称为“双跳”。双跳形式网络中信号的传输时延是单跳形式的两倍，因此不适于直接通话，它一般用于数据、录音电话等非实时业务。

（3）*单跳与双跳混合形式*　在这种形式下，主站与各远端VSAT小站之间可“单跳”直接通信（数据或通话），各远端站之间经主站转换实现“双跳”通信。

（4）*全连接网状形式*　全连接网状形式的网络中，任何一个VSAT小站都可以与另一个VSAT小站通过“单跳”直接进行双向通信，适宜于数据、话音等多种通信业务。这种形式的网络中，一般必须设立一个中心控制站，用来控制整个网络，包括对全网VSAT站的监视、控制和信道分配。控制站与VSAT小站之间监控信息的传输仍按星形网形式运行，控制站到VSAT小站方向的信道称为出向控制信道，反之称为入向控制信道。各VSAT小站之间的信道称为业务信道。休斯网络系统公司的TES（电话地球站）系统就属于典型的全连接网状形式的VSAT系统。

其中，前三种方式（单跳、双跳、单跳双跳混合形式）要求网络的拓扑结构是星形结构，最后一种（全连接形式）要求是网状拓扑结构。

2. VSAT系统工作原理

（1）*星形拓扑结构*　在星形拓扑结构中，由一个主站和若干个VSAT小站组成，可组成单向广播通信系统和双向通信系统。在VSAT发展的初期，以单向通信为主，由主站向各VSAT小站以广播方式传输数据、图像等业务。

在单向VSAT广播系统中，只需要一对上行载频和下行载频，各VSAT小站只完成接收功能，没有发射电路，所以结构简单、成本低廉。整个系统也不存在多路、多址传输和信道分配的技术问题。所以该方式可用于报纸版面异地传送、气象信息发布、音频视频广播业务。

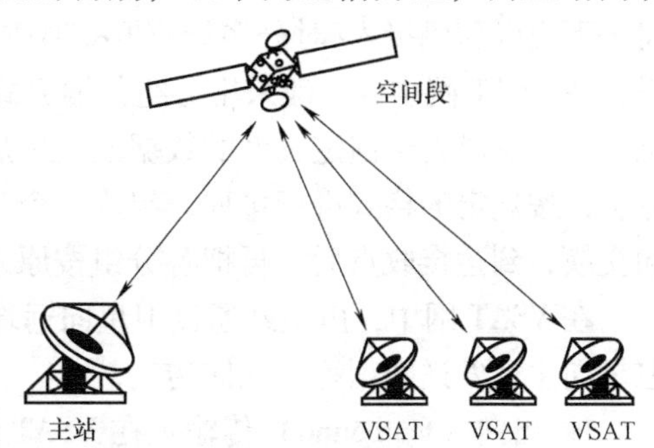

图9-5　VSAT网络的星形拓扑结构

双向星形VSAT拓扑结构如图9-5所示，系统主要由主站（亦称中心站Hub）、卫星转发器

（空间段）和许多远端小站（VSAT）三部分组成。

主站（中心站）是VSAT网的核心。它与普通通信业务地球站一样，使用大型天线，其天线直径一般约为3.5～8m（Ku波段）或7～13m（C波段），发射机配有高功率放大器（HPA）、接收机配有高灵敏度的低噪声放大器（LNA）、上/下变频器、调制解调器及数据接口设备等。主站通常与主计算机放在一起或通过其他地面线路与主计算机连接。

主站高功率放大器的功率要求与通信体制、工作频段、数据速率、发射载波数目、卫星转发器性能以及远端接收站的性能指标及位置等因素有关。其额定功率一般为数百瓦（最小1W，最大达数千瓦）。

为了对全网进行监测、管理、控制和维护，一般在主站设有一个网络控制中心，对全网运行状况进行监控和管理，如实时监测、诊断各小站及主站本身的工作情况，测试信道质量，负责信道分配、统计、计费等。由于主站涉及整个VSAT网的运行，其故障会影响全网的正常工作，所以关键设备均设有备份。

小站（VSAT）由小口径天线、室外单元和室内单元组成。直接与用户端的数据终端相连。

空间段就是静止通信卫星的C波段或Ku波段（或进一步开发的Ka波段）转发器。C波段信号传播特性好、降雨影响小、可靠性高、小站设备简单、可利用地面微波成熟技术、开发容易、系统费用低。但由于存在与地面微波线路干扰，卫星发射信号功率通量不可能太大，这就限制了VSAT小站天线尺寸进一步小型化。而且在地面微波的干扰密度强的大城市中，VSAT小站的选址困难。所以，工作在C波段的VSAT网通常采用扩频技术降低功率谱密度，减小接收天线尺寸。但采用扩频技术限制了数据传输速率的提高。而采用Ku波段与采用C波段相比具有以下优点：①不存在与地面微波线路相互干扰的问题，因此VSAT站选址方便；②允许卫星发射信号功率通量密度较大，天线尺寸可以更小，数据传输速率更高。Ku波段的缺点是降雨损耗较大，设计时留出一定的余量。因此大多数的VSAT系统都工作在Ku波段。由于卫星转发器的租费高，系统设计必须充分考虑到空间部分的经济性。

在VSAT网中，小站和主站通过卫星转发器连成星形网络结构。其中主站发射EIRP值高，接收机的G/T值大，故所有小站均可直接与主站实现双向通信。而小站之间需要进行通信时，因小站天线口径小，EIRP低，接收机G/T值小，小站之间不能通过卫星转发直接通信，必须首先将信号通过卫星转发给主站，然后由主站通过卫星转发给另一个小站。即必须通过小站→卫星→主站→卫星→小站，以“双跳”方式完成。

在星形VSAT网中进行多址联接，可以采用多种协议，当然，它们的工作原理也有所不同。下面以随机接入/时分多址（RA/TDMA）系统为例，简要介绍一下VSAT网的工作过程。在VSAT网中，一般采用分组传输方式进行数据传输和交换，数据在发送前先进行格式化，被分解成若干固定长度的数据段，再加上必要的同步码、地址码、控制码、起始和终止标志，按规定的格式进行排列，组成一个分组。在通信网中，以分组作为一个整体进行传输和交换，到达接收点后，再把各分组按原来的顺序装配起来，恢复原来的数据报文。

在VSAT网中，由主站通过卫星向远端小站发送数据通常称为出向传输，由各小站通过卫星向主站发送数据称为入向传输。

1）出向（Outbound）传输：在VSAT网中，外向传输数据时，信道通常采用时分复用（TDM）或统计TDM技术连续性地向外发射信号。即从主站向各远端小站发送的数据，由主计算机进行分组格式化，组成TDM帧，通过卫星以广播方式发向网中所有远端小站。为了各VSAT站同步，每帧开头发射一个同步码。同步码特性应能保证各VSAT小站在未纠错时的误码率为1×10^{-3}时仍能保证可靠地同步。该同步码还应向网中所有终端提供TDM帧的起始信息。在TDM帧中，每个报文分组包含一个地址字段，标明数据目的小站地址。所有小站都接收TDM帧，从中选出本站所要接收的数据。利用适当的寻址方案，一个报文可以送给一个特定的小站，也可发给一群指定的小站或所有小站。

当主站没有数据分组要发送时，它可以发送同步码组。

2）入向（Inbound）传输：在VSAT网中，一般各用户终端随机地产生通信请求，因此入向数据一般采用随机方式发射突发性信号。采用信道共享协议，一个内向信道可以同时容纳许多小站。所能容纳的最大站数主要取决于各小站的数据率。小站以分组的形式通过延迟τ_s秒的RA/TDMA卫星信道向主站发送数据。由于VSAT小站本身一般收不到经卫星转发的小站所发射的信号，因此不能用自发自收的方法监视本站发射信号的质量。为防止数据丢失，主站成功收到小站信号以后，需要通过TDM信道回传一个ACK信号，宣布成功接收到分组。如果由于误码或分组碰撞造成传输失败，小站收不到ACK信号，则为失败的分组，需要重传。

RA/TDMA信道是一种争用信道，可以利用争用协议（例如S-ALOHA）由许多小站共享TDMA信道。TDMA信道分成一系列连续的帧和时隙，每帧由N个时隙组成。各小站只能在规定的时隙内发送分组，一个分组不能跨越时隙界限，即分组的大小可以改变，但其最大长度不能大于一个时隙的长度。各分组要在一个时隙的起始时刻开始传输，并在该时隙结束之前完成传输。在一个帧中，时隙的大小和时隙的数量取决于应用情况，时隙周期可用软件来选择。所有共享RA/TDMA信道小站都必须与帧起始（SOF）时刻及时隙起始时刻保持同步。这种统一的定时信息包含在由主站广播的SOF信息中。

综上所述，星形VSAT网是一个典型的不对称网络：链路两端设备不相同；完成的功能不相同；内向和外向业务量不对称；内向和外向信号强度不对称，主站发射功率大，以便减小VSAT天线口径。VSAT发射功率小，要求主站接收灵敏度要高。

（2）VSAT网状拓扑结构　网状拓扑结构（见图9-6）VSAT系统不需要主站，各小站之间可以任意建立通信链路。系统所采用的多址方式可以是FDMA方式的每载波单路（SCPC）技术或TDMA方式的按时隙分配技术。信道分配方式可采用预分配方式或按需分配方式，由该VSAT网络所承载的业务性质决定。网状拓扑结构VSAT系统的特点与星形拓扑结构不同，由于系统中没有主站，各VSAT小站之间的通信不通过主站完成“双跳”，而是各VSAT小站通过卫星进行通信，所以，各VSAT小站的发射机的发射功率（或EIRP）要相应增大，同时其接收灵敏度（品质因数G/T值）也必须提高，所以网状拓扑结构系统中的单个VSAT小站的硬件成本会相应地增加。另外在星形拓扑

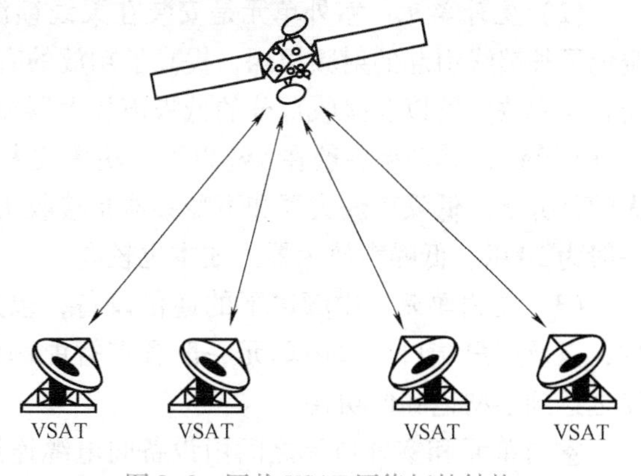

图9-6　网状VSAT网络拓扑结构

VSAT 网络结构中，主站除了完成通信的接力外，还完成对整个网络资源进行集中管理调度，而网状拓扑结构是典型的无中心系统，各 VSAT 小站的地位是平等的，则网络中的信道调度、分配方式一般采用分布式控制方式，这会增加网络管理软件的复杂性，提高系统的成本。

9.2.3 VSAT 小站设备简介

典型的 VSAT 小站由天线、室外单元和室内单元三部分组成，如图 9-7 所示。各部分的特点如下：

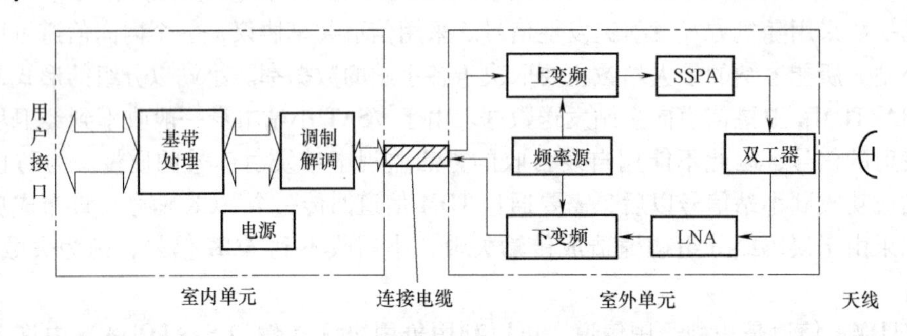

图 9-7 VSAT 小站的基本组成

(1) 天线 天线是 VSAT 最明显的特征部分，与传统的地球站相比较，其口面直径明显要小得多。为适应在大城市中能安装在建筑物的顶层或办公室的窗外边，支架结构尽量简单而牢固，以降低屋顶静态负荷、风负荷和占用的空间。在 Ku 波段大多采用 1.2～1.8m 直径的天线，经常降大雨地区的天线应选用直径较大的天线，如 2.4m，在扩频 CDMA 方式的 VSAT 系统中，天线尺寸可小到 0.7～1.0m。在射频性能方面，关键指标是天线效率和旁瓣电平。VSAT 系统中常用偏馈天线，其优点是消除了副反射器或馈源喇叭及其支撑结构所引起的遮挡效应，再加上发射面的优化设计，可使天线具有高的效率和低的旁瓣电平。

(2) 室外单元 室外单元是安装在天线馈源处或其附近的小型化射频设备，其好处是避免了长馈线引起的射频损耗，提高了功放的有效利用率。室外单元包括发送部分的上变频器和功率放大器以及接收部分的低噪声放大器和下变频器。功率放大器一般为固态功率放大器（SSPA），其功率一般在 5W 以下。功率放大器的成本在 VSAT 系统的硬件成本中占有较大的百分比。低噪声放大器和下变频器是接收机的关键部件，低噪声放大器的等效噪声温度一般为 200K。低噪声放大器的成本也较高。

(3) 室内单元 中频以下的通信设备，包括调制解调器，编、译码器，通信控制等组件，以及用户端口。室内单元一般含有智能部件（如 CPU）和许多专用大规模集成电路，使之达到小型化和低功耗。

室内单元和室外单元之间由设备间电缆连接。在新型的 VSAT 设备中，设备间电缆是一根同轴电缆。利用频分复用原理，在一根同轴电缆上同时传输多种信号，它们一般包括：室内单元向室外单元的直流供电，发送（入向）、接收（出向）中频信号，以及监控信号等。

9.3 全球卫星导航系统

9.3.1 概述

自古以来，由于人类活动范围的不断扩大，在航海、航空及军事等方面的需要，使人们一直致力于定位和导航的研究工作。近代导航技术经历了从无线电导航到依靠惯性技术的自主导航等阶段，1957 年第一颗人造卫星发射成功后，利用卫星进行定位和导航的研究工作提上议事日程。

全球卫星导航系统（Global Navigation Satellite System，GNSS）的基本原理是：卫星向地球表面发射经过编码调制的导航电文信号，导航电文中含有信号发射时的准确时间及发射该信号的卫星当时准确的空间位置。导航定位接收机首先将自己的时钟与各卫星的时钟准确同步，然后接收各个卫星的导航电文信号，通过计算接收的信号延时，可以解算出接收机所在的位置与各个卫星的距离，由于还可以从导航电文中得到卫星的空间位置坐标（星历），所以可以通过接收多颗卫星（4 颗）的数据信息，计算得到接收机所在位置的三维坐标值。

世界各国在卫星导航定位领域展开了大量的研究工作，主要的卫星导航定位系统包括俄罗斯的 GLONASS 系统、欧洲的 Galileo 系统、美国的 NAVSTAR/GPS 系统（简称 GPS）和中国的北斗导航定位系统等。

中国的北斗导航定位系统分为北斗-1 和北斗-2 两个阶段，北斗-1 系统是一种军民两用系统，应用两颗静止轨道卫星实现“双星”定位，也是一种区域定位系统，北斗-1 系统可以提供三种业务：定位业务、时间定时同步基准和字符短消息通信服务。北斗-2 系统是北斗-1 的升级版本，补充了多颗附加的中轨道卫星，中轨道卫星与北斗-1 的静止轨道卫星协同工作，实现下行单向测距的全球导航定位系统。

9.3.2 GLONASS

GLONASS 是全球卫星导航系统（GLObal Navigation Satellite System）的缩写，由前苏联从 20 世纪 70 年代开始建设，后由俄罗斯继承建设。

GLONASS 包括三个组成部分：空间段、地面段、用户段。

空间段的卫星星座由 24 颗卫星组成，其中 21 颗为工作卫星，3 颗为备份卫星，分布于三条轨道上。三条轨道平面彼此相距 120°，轨道为圆形，距地高度为 19100km，轨道倾角为 64.8°，轨道公转周期为 11h15min。GLONASS 卫星内部配置铯原子钟，时钟稳定度为 5×10^{-13}。

控制段由系统控制中心、跟踪指令地面站网络组成，全部设在俄罗斯境内。控制段对系统的星座状态进行检测，计算参数校正值并实施导航数据的上行加载。

用户段接收卫星信号，测量视界内的 4 颗卫星的伪距（Pseudorange，PR）和伪距变化率，处理含有卫星空间位置坐标（星历）和时间信息的导航电文。合并处理 4 颗卫星的相关数据，用户接收机就可以确定其三维位置、速度和时间值。

GLONASS 卫星发射信号在 L 频段上有两个频段 L1 和 L2，其频率值（单位为 MHz）分别为

$$f_{L1}=1602+0.5625\times k \tag{9-1}$$

$$f_{L2} = 1246 + 0.4375 \times k \tag{9-2}$$

其中 k 表示 GLONASS 卫星的频率通道号。可以看出，GLONASS 卫星采用不同载波频率的不同区分卫星，即采用了频分复用（FDMA）技术。

GLONASS 卫星发射军用和民用两种信号，其民用信号为标准精度信号，码片速率为 0.511Mchips/s，该信号公开发布，可免费使用。高精度的军用信号码片速率为 5.11Mchips/s，不对外公开。GLONASS 的平均定位精度为 11m 左右。

9.3.3 Galileo 系统

Galileo 系统是欧盟研制的全球卫星导航系统，于 1999 年开始定义阶段，2002 年正式启动第二阶段建设，计划 2008 年建成系统，后因故推迟。Galileo 系统是一个开放的 GNSS 系统，与 GPS 兼容，同时又完全独立于 GPS 系统。Galileo 系统关键参数的选取，要求独立于任何其他系统，同时又保持互操作性和全球可用性，以及高水平的服务可用性，从而提供完备性信息。

Galileo 系统与 GLONASS 类似，由三部分组成，空间段、地面段和用户段。

空间段即 Galileo 卫星星座，由 30 颗卫星组成，其中 3 颗为备份星，分布在 3 个轨道平面上，偏心率为 $e = 0.002$，标称长半轴 $a = 29601.297\text{km}$，轨道倾角为 56°，卫星公转周期为 14h4min45s。Galileo 卫星质量为 730kg，太阳帆板阵列打开后总长度为 17.5m，卫星设计寿命为 12 年。Galileo 卫星有四个冗余原子钟作为时间参考，以确保高标准的连续性、可靠性和安全性。两个铷原子钟用于保证短时间的稳定性（10ns/天），而两个被动式氢原子钟是系统的主时钟，保证频率输出的短期和长期的稳定性（1ns/天）。卫星通过 3 个 L 频段向地面广播星历、时间信息和导航电文，其频率分别为 1164 ~1215MHz、1260 ~1300MHz、1559 ~1592MHz。通过 S 频段与地面段系统进行数据交换和处理转发用于测定米级精度的卫星高度测距信号。

地面段设施由 2 个地面控制中心（GCC）、5 个遥测、跟踪指令（TT&C）站、9 个 C 波段上行站以及约 40 个地面跟踪站组成。完成系统控制、完备性确定和服务播发等功能，包括：估计卫星星历和卫星钟差改正参数；生成上传到卫星的多路复用任务数据；监视和控制地面单元并保存所有数据；监视和控制所有任务的在线和离线运行；为外部服务提供接口，并为外部用户管理数据，如商业服务用户或授时服务提供商；监视卫星星座；计算轨道并在线或离线操作卫星轨道。

用户段即用户接收机，与 GLONASS 的用户段的组成和功能基本相同。

按照设计，Galileo 系统可提供四个服务等级：①只依靠 Galileo 系统信号的自主服务，这种服务可在全球范围内获得，并独立于其他系统；②通过本地增强或附加信息而加强的 Galileo 系统的自主服务；③欧洲静止轨道导航覆盖服务系统的服务，可以提供更好的完备性；④组合服务，即 Galileo 系统与其他 GNSS 系统或其他导航系统的组合服务。

Galileo 系统提供的具体服务内容包括：①公开服务，面向所有用户的免费服务；②商业服务，是 Galileo 系统开发的专业应用，可以产生收益的服务；③生命安全服务，主要用于航空、航海等关系到用户生命安全领域的服务；④公共安全管制服务，防止 Galileo 系统被滥用而危及公共安全，保护 Galileo 系统信号不受人为干扰、破坏，提供一个连续、稳定和加密的信号。

9.3.4　GPS

1. 概述

1958 年，美国开始研究用于军用舰艇导航服务的卫星系统，即海军导航卫星系统（NNSS），又称为子午仪卫星导航系统（Transit），1964 年投入使用。1967 年，经美国政府批准，对其广播星历进行解密，提供民用，为远洋船舶导航和海上定位服务。随着该系统卫星轨道的测定精度的提高和用户接收机性能的改善，使定位精度不断提高，应用范围扩大到在海上石油勘探、钻井定位、海底电缆敷设、海洋调查与测绘、海岛联测及大地控制网的建立等领域，显示出了卫星定位的巨大应用潜力。

尽管子午仪导航系统已得到广泛应用，并已显示出巨大的优越性。但是，这一系统在实际应用方面却存在着十分严重的缺陷。主要表现为

1）该系统是由 5 至 6 个卫星组成的，卫星运行高度较低（平均约 1000km），受大气影响严重，定位精度受到限制。

2）运行周期为 107min，一颗卫星每天通过上空的次数最多为 13 次。由于采用多普勒定位原理，一台接收机一般需要观测 15 次合格的卫星通过参数，才能达到 4 ~ 10m 的单点定位精度，造成定位耗时过长，不能对快速移动用户（如飞机、车辆等）提供服务。

3）在全球范围内，它只能给出的定位信息两维坐标——经度和纬度，不能给出高程。所以，极大限制了高动态用户和高精度用户的使用。对舰船而言，利用这一系统只能对惯性导航系统和其他无线电导航系统进行精确修正。它的作用远不能满足全球实时定位的要求。

鉴于子午仪导航系统存在的缺陷，美国于 20 世纪 60 年代末着手研制新的卫星导航系统，以满足海陆空三军和民用部门对导航越来越高的要求。1973 年提出了 GPS 方案。这个方案是由 24 颗卫星组成的实用系统。这些卫星分布在互成 120°的 3 个轨道平面上，每个轨道平面平均分布 8 颗卫星。这样对于地球上任何位置，均能同时观测到 6 ~ 9 颗卫星。预计粗码定位精度为 100m 左右，精码定位精度为 10m 左右。后经过了数次修改，1990 年初确定了最终的 GPS 方案为：星座由 21 颗工作卫星和 3 颗在轨备用卫星组成，6 个轨道平面，互成 60°角，轨道倾角为 55°，最终于 1993 年全部建成。

从 GPS 的提出到建成，经历了 20 年，耗资达 120 亿美元。实践证明，GPS 对人类生产、生活等社会活动影响极大，应用价值极高，它从根本上解决了人类在地球上的导航和定位问题，可以满足用户的各种需要。

GPS 的应用领域非常广泛，航海方面的应用包括：海上舰艇协同作战、海洋交通管制、海洋测量、石油勘探、海洋捕鱼、浮标建立、管道和电缆铺设、海岛暗礁定位、海轮进出港引航等；航空方面的应用包括：飞机进场着陆、航线导航、空中加油、武器准确投掷及空中交通管制等；在陆地上的应用包括：各种车辆、坦克、陆军部队、炮兵、空降兵和步兵等的定位，大地测量、摄影测量、野外考察和勘探的定位；电信网的时间基准；甚至应用到人们的日常生活中，例如，汽车、旅游、探险、抗灾等方面的定位。总之，GPS 的建立，给导航和定位技术带来了巨大变化。

2. GPS 的组成

GPS 是一个全天候、实时性的导航定位系统，系统可分为三大部分，即空间段、控制段和用户段，下面分别对其进行介绍。

(1) 空间段　由 GPS 卫星组成，它们充当“天文”参考点，向地面发射精确的、经过编码的时间导航电文信号。空间段由分布在 6 个轨道面上的 24 颗卫星组成，它使地球上任何地方的用户能在任何时候都能看到至少 4 颗卫星。轨道半长轴约为 26609km，偏心率为 0.01，卫星距地面高度为 20200km，轨道倾角为 55°，轨道周期为 12h，寿命末期可供电 710W。

GPS 卫星为三轴稳定结构，它的主要导航有效载荷包括：精确定时的自动频率基准、存储导航数据的处理器、产生测距信号的伪随机噪声产生器以及双频段的发射天线。卫星用两个频率发送导航信号，这种双频率发送方式可校正信号穿过电离层产生的传播时延误差。两个频率值分别为：$f_1 = 1575.42\text{MHz}$，$f_2 = 1227.60\text{MHz}$。

2000 年 5 月 1 日美国政府宣布取消了 SA（选择可用性）政策，民用的 GPS 精度可优于 20m。

(2) 控制段　控制段具有跟踪、计算、更新及监视功能，可以根据每天的观测数据，控制调整所有卫星，负责监控全球定位系统的运行。控制段包括主控站、监控站和注入站。

1）主控站是系统的操控中心，位于科罗拉多州的斯普林斯城（喷泉城）附近的 Schriever 空军基地，还有一个备用主控站位于马萨诸塞州的 Gaithersburg。主控站的任务是收集各监控站送来的跟踪数据，计算卫星轨道和钟差参数并发送至各注入站，转发至各卫星。主控站本身也是一个监控站，可诊断卫星的工作状态，对卫星实施调度。

2）监控站共有 12 个，早期运行有 6 个监控站，除了位于科罗拉多州斯普林斯城的主控站是其中的一个监控站外，另外 5 个分别设在夏威夷、北太平洋上的 Kwajalein 岛、印度洋的 Diogo Garcia 岛、大西洋的 Ascension 岛和卡纳维拉尔角，2005 年又新增了 6 个监控站。监控站上装备有 P 码接收机和精密铯钟，对卫星进行连续的 P 码伪距跟踪测量，并对每隔 1.5s 的观测结果平滑，获得每 15min 的结果数据传送到主控站。这些数据经过主控站的处理，计算出卫星的天文历、时钟漂移和传播时延，然后产生上行链路报文，发送至注入站。

3）注入站共有 4 个，分别设在 Ascension 岛、Diogo Garcia 岛、Kwajalein 岛和卡纳维拉尔角，其主要功能是每天将主控站发送来的卫星星历和钟差信息注入到 GPS 卫星上，如果注入站因故障无法注入新数据，卫星自身具备长达 14 天的预报能力，定位精度从 10m 左右逐渐递减直至约 200m。

(3) 用户段　GPS 用户段即 GPS 用户接收设备，包括：天线、GPS 信号处理单元、控制和显示单元、记录与存储单元及电源等。接收机捕获并跟踪视野内的 4 颗以上卫星的导航信号，得到用户的三维位置、速度和系统时间。用户设备可以是相对简单、轻便的手持式或背负式接收机，也可以是与其他导航传感器或系统集成在一起的、在高度动态的环境下仍具有足够精确性能的、复杂的接收机。其结构框图如图 9-8 所示。

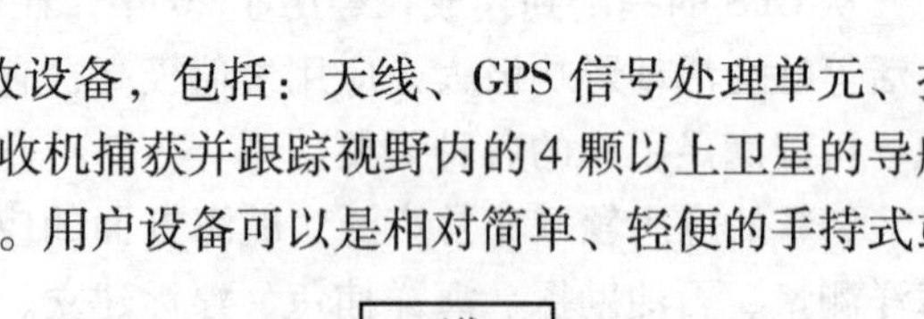

天线
控制及显示单元 — 信号处理单元 — 记录与存储单元
电源

图 9-8　GPS 接收机基本结构框图

3. GPS 定位原理

GPS 接收机接收来自卫星的时钟信息，该时钟精度达纳秒级，用于计算定位时所需卫星坐标的广播星历，精度为几米至几十米。接收机还可以从 GPS 星历信息获取卫星“健康”状况等其他信息。

GPS 接收机通过对码的接收测量可得到接收机到卫星的距离，由于存在卫星钟的误差及

大气传播误差，故这个距离称为伪距。由 C/A 码测得的伪距称为 C/A 码伪距，精度约为 20m 左右，由 P 码测得的伪距称为 P 码伪距，精度约为 2m 左右，因为 P 码为精码，只供美国军方使用。

在 GPS 接收机中常用两种定位方法：测距码伪距单点定位和载波相位测量定位。

（1）*测距码伪距单点定位*　首先 GPS 接收机与卫星钟要保持同步，由于各种因素的影响，接收机的时间与实际的 GPS 时间系统下的标准时钟存在误差，计为 t。位于某一点 P 点的接收机接收到某一卫星的信号后，卫星到 P 点的几何距离为 ρ，可用下式表示：

$$\rho = c(T_s - T_P) = c\tau_{sP} \tag{9-3}$$

式中，c 为光速；T_s 为卫星发射信号的时刻，记录在收到的 GPS 导航电文（报文）中；T_P 为 P 点的接收机接收到信号的时刻；τ_{sP} 为卫星信号的传输时延。

因为卫星在发射信号时的位置信息是已知的（在接收到的卫星的报文内容中含有卫星的地心坐标信息），则可以确定此时的 P 点是位于以卫星 S 为中心的半径为 ρ 的球面上。这样再观测接收另外两颗 GPS 卫星的报文信号，就可以确定 P 点的三维位置信息。但是，由于存在时间误差 t，使式(9-1)中的 T_s 和 T_P 存在很大误差，所以还需要接收观测第四颗卫星，再获得一组卫星报文数据求出时间误差 t。所以最终实现卫星定位，卫星接收机必须至少观测接收 4 颗 GPS 卫星的信号。

上述讨论没有考虑对流层、电离层等对接收信号的影响，实际上必须予以考虑，在收到的 GPS 导航电文中含有电离层、对流层修正参数。

测距码伪距单点定位技术主要用于地面目标的单点定位，但是精度只有 20m 左右。而要达到优于米级的定位精度需采用相位观测值。

（2）*载波相位测量定位*　载波相位测量定位法实际上是通过测量某一时刻接收机的本地参考载波相位与接收到的某一 GPS 卫星载波信号相位之差实现的。该相位差中含有卫星到接收机之间的距离信息，相位差除以 2π，再乘以载波波长就可以得到距离。但是实际上，相位差中只能得到小于 2π 的部分，对于 2π 的整数倍的部分却无法获得，整数部分可以通过测距码伪距值估计或连续测得数次相位差获得，尽管几次测得的相位差是不同的，但 2π 的整数倍部分是相等的，据此可以估计相位差的 2π 整数倍部分。

（3）*差分定位技术*　差分定位是根据两台以上接收机的观测数据来确定观测点之间相对位置的方法，它既可采用伪距观测量也可采用相位观测量，大地测量或工程测量均应采用相位观测值进行相对定位。

具体地说，就是先确定一个基准观测点，该点坐标数据是已知的，然后在该参考点进行 GPS 观测，再利用已知的基准站精密坐标计算出基准站到卫星的伪距修正参数，并将这一参数实时发向附近的其他普通接收站。普通接收站在进行 GPS 观测的同时，也接收来自参考站的伪距修正参数，并利用该参数对自身观测的数据进行修正，即可得到相对精度较高的坐标信息。

显然差分定位技术（DGPS）可以抵消或削弱观测量中所包含的卫星和接收机的钟差、大气传播延迟、多径效应、、卫星广播星历误差等的影响，因此定位精度将大大提高。另外采用接收 L1、L2 的双频接收机可以根据两个频率的观测量抵消大气电离层产生的误差。所以在精度要求高，接收机间距离较远时（大气有明显差别），应选用双频接收机。

在定位观测时，若接收机相对于地球表面运动，则称为动态定位。如用于车船等概略导航定位的精度为30~100m的伪距单点定位，或用于城市车辆导航定位的米级精度的伪距差分定位，或用于测量放样等厘米级的相位差分定位，实时差分定位需要将两个或多个站接收机的观测数据实时传输到一起计算。在定位观测时，若接收机相对于地球表面静止，则称为静态定位。在进行控制网观测时，一般均采用这种方式由几台接收机同时观测，它能最大限度地发挥GPS的定位精度，专用于这种目的的接收机被称为大地型接收机，是接收机中性能最好的一类。目前，GPS已经能够达到地壳形变观测的精度要求，国际GPS中心（IGS）建成的常年观测台站已经能构成毫米级的全球坐标框架。

对GPS信号的解调、译码、计算的过程是比较复杂的，实际上，已经有许多生产商将这部分功能集成到专门的DSP中进行运算处理，直接输出经度、纬度及高程等信息。

4. GPS的特点

1）GPS的应用范围非常广泛。目前已经广泛应用于海陆空导航、车辆定位、导弹制导、精密定位、动态观测测绘、设备安装、地面电信网的参考时间基准等诸多领域。

2）使用简单方便，自动化程度高，观测速度快。GPS接收机的使用不需要专业知识，GPS接收机一般均配置了方便与计算机相连的标准接口，通常GPS接收机接通电源即可正常工作，完成各种数据的采集及处理工作，可实现无人值守作业，大大降低了工作强度。同时由于地面接收机通常可以观测到5颗以上的GPS卫星，可以快速锁定、定位，再配以性能好的计算机和软件，作业迅速。

3）定位精度高。尤其采用先进的DGPS定位技术，可在15km的范围内实现优于厘米级的定位精度。对于中长距离相对定位精度也可以达到10^{-8}~10^{-7}之间。

9.4 跟踪与数据中继卫星系统

9.4.1 概述

TDRSS是跟踪与数据中继卫星系统（Tracking and Data Relay Satellite System）的简称，是为运行于中、低轨道的航天器与其他航天器及地面站间提供数据中继、连续跟踪与轨道测控服务的系统。当航天器运行于中、低轨道时，由于高频段电波的直线传播特性和地球曲率的影响，使中、低轨道航天器与其他航天器及地面站之间无法实现连续不间断通信，而采用高轨道卫星作为中继卫星，相当于把通信站升高了，扩大了所覆盖的中、低轨道的空域范围。TDRSS系统组成及工作原理示意图如图9-9所示。如果采用两颗或两颗以上的中继卫星，可取代分布在世界各地的测控站，实现对绝大部分中低轨道空域范围的覆盖。

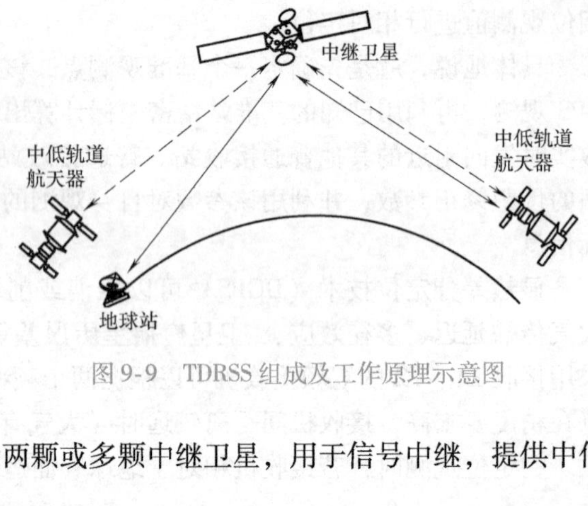

图9-9 TDRSS组成及工作原理示意图

9.4.2 TDRSS工作原理

如图9-9所示，TDRSS主要由空间段、地面段和用户航天器三部分组成。空间段为两颗或多颗中继卫星，用于信号中继，提供中低轨道航天器之间及其与地面站之间提供数据传输、连续跟踪与轨道测量服务。地面段主要指中继卫星的地面控制中心，负责中继卫星的运行管控。用户航天器包括各种中低轨道航天器，如：要求高覆盖率的载人航天器，带有高速数据传输系统的中低轨道卫星，需要进行全程遥测数据传输的高动态运载火箭，长航时无人机及海上浮标探测数据传输，南北极地区高速数据实时收发等。

空间段——中继卫星是整个系统的核心，其组成包括天线分系统、转发器分系统、捕获跟踪分系统等，其中捕获跟踪分系统用于对用户航天器进行捕获跟踪，建立并维持中继卫星与用户航天器之间的通信链路。中继卫星的工作性能指标与普通通信卫星相比，在覆盖区、工作频率、轨位、数据传输速率、服务目标数量、天线指向精度等方面不同。

（1）覆盖率　中继卫星的覆盖区分为轨道覆盖区和对地覆盖区。其中轨道覆盖区要求对200～20000km高度的航天器的轨道进行不低于50%的覆盖。

（2）工作频率　中继卫星的星际链路工作频率选择考虑两方面问题，一是减少与其他卫星的频率冲突，二是带宽要大，以满足高速数据传输的要求。中继卫星的工作频率常选用S、Ku、Ka频段以及激光光学频段。

（3）轨位　中继卫星的轨位直接决定了其覆盖的范围，对于多颗卫星组成的TDRS网络，应该合理设计轨位，实现对某高度轨道的无缝覆盖。如美国第三代TDRS系统采用了57°的大椭圆轨道，远地点位于西伯利亚上空，能对南北极区及高纬度地区提供良好的覆盖。

（4）数据传输速率　中继卫星根据具体传输的中继业务不同，如测控数据及高速业务数据，其数据率为10kbit/s～1Gbit/s。

（5）服务目标数量　根据用户需求分析确定目标数量，决定多址星间链路天线的波束数量，为覆盖区内的用户目标航天器提供跟踪和数据传输转发服务。

（6）天线指向精度　中继卫星为了与不同的航天器进行通信，其星间天线常处于复杂的工作状态，其转动速度、加速度和角度的变化复杂，要求天线的驱动机构稳定、可靠性高，并保证天线指向精度高。

9.4.3 TDRSS应用业务

TDRSS具有跟踪和通信转发的功能，解决中低轨道航天器的中继通信问题，具有高轨道覆盖、高实时性、高速数据传输、多目标服务等特点。其应用具体包括以下几个方面：

（1）跟踪及测定中、低轨道卫星　为了尽可能多地覆盖地球表面和获得较高的地面分辨能力，许多卫星都采用倾角大、高度低的轨道。跟踪和数据中继卫星几乎能对中、低轨道卫星进行连续跟踪，通过转发它们与测控站之间的测距和多普勒频移信息实现对卫星轨道的精确测定。

（2）为对地观测卫星实时转发遥感、遥测数据　通常，气象、海洋、测地和资源等对地观测的低轨卫星在飞经未设地球站的地区上空时（如海洋），需将遥感、遥测信息暂时存储在星载记录器里，在飞经地球站时再转发采用跟踪和数据中继卫星以后，就能实时地将大量的遥感和遥测数据转发回地面。

（3）承担航天飞机和载人飞船的通信和数据传输中继业务　地面上的航天测控网平均

仅能覆盖15%的近地轨道，航天员与地面的航天控制中心直接通话和实时传输数据的时间有限。两颗适当配置的跟踪和数据中继卫星能使航天飞机和载人飞船在全部飞行的85%时间内保持与地面联系。

（4）*满足特殊需要* 各类军用的通信、导航、气象、侦察、监视和预警等卫星的地面航天控制中心，通常须通过一系列地球站和民用通信网对卫星进行跟踪、测控和数据传输。跟踪和数据中继卫星可以摆脱对绝大多数地球站和地面网的依赖，形成独立的专用系统，更有效地提供特殊服务。

9.5 卫星移动通信系统

9.5.1 概述

移动通信单纯依靠公共陆地移动通信网（PLMN）是远远不够的。因为PLMN必须要有基站，各类基站的覆盖区半径最大不过于几十千米，这样，要使移动中的用户能随时随地得到通信服务，必须建立足够多的基站，而基站一般只建在人口稠密地区，在业务量稀少的偏远地区、海岛、沙漠、海洋、湖泊和空中等区域是根本无法建立基站的，因此，PLMN一般只能为城市及其附近地区提供服务。对于偏远地区的移动通信问题比较可行的解决办法是采用卫星移动通信系统。卫星移动通信系统作为地面蜂窝系统的补充，能扩大移动通信的地理覆盖范围和业务覆盖范围，除提供常规的移动通信业务外，还可向空中、海面和具有复杂地理结构地域提供移动业务覆盖。

1. 卫星移动通信的发展概况

从1964年起，固定卫星通信得到了巨大的发展。成立于1979年的INMARSAT，第一个向全球提供卫星移动通信业务（MSS），为海上船只提供商用、求救及救援服务。到了20世纪80年代，一些国家和地区竞相开发新的主要提供陆地移动业务的卫星通信系统。其中有：加拿大的移动卫星系统（MSAT）、美国的陆地移动卫星通信系统（LMSS）、美军的舰队卫星通信系统（FLTSATCOM）、日本ETS-Ⅵ中的陆地移动业务、欧洲的EUTELSAT陆地移动业务和澳大利亚的Mobilesat系统等。

1998年11月1日投入使用的“铱”系统标志着新一代卫星移动通信系统进入实用阶段。这类系统的典型特征是面向个人提供全球移动业务，即卫星个人通信系统（S-PCS）。

2. 卫星移动通信的发展动力

（1）*海上通信的需求* 海上通信采用短波通信存在严重衰落现象，信号传输不稳定，抗干扰能力差。卫星移动通信成功地解决了海上通信问题。

（2）*陆地移动通信的迅速发展* 公共陆地移动通信系统覆盖不到空中、海上和许多人烟稀少的地方，不得不依靠卫星来为这些地区提供移动业务。另外，许多不同种类的陆地通信系统之间可能是不兼容的，不易实现漫游和互通，给用户带来了不便，而卫星系统可以跨越不同的地面网络，具有极强的互操作性，可以很好地弥补陆地移动通信的不足。

（3）*个人通信目标的要求* 实现个人通信的一个基本条件是要在一个在全球范围内实现无缝覆盖，这个目标离开了卫星移动通信系统显然是无法实现的。

3. 卫星移动通信系统分类

卫星移动通信系统按业务类型可分为：海事卫星移动通信系统（MMSS），主要为海上的船舶提供通信业务和无线电定位服务；航空卫星移动通信系统（AMSS），为飞机上的机组人员和乘客提供与地面的语音和数据通信业务，增强空中通信业务能力和空中交通管制能力；陆地卫星移动通信系统（LMSS），为陆地用户提供通信服务。

按卫星移动通信系统的轨道类型，可分为：静止轨道卫星移动通信系统，使用的卫星为静止卫星；中轨道卫星移动通信系统，使用 MEO 轨道卫星，距地面高度约 10000 ~ 15000km；低轨道卫星移动通信系统，使用 LEO 轨道卫星，距地面高度约 1000km 左右。

在卫星移动通信系统中，使用静止轨道卫星的优点是：星座设计简单，卫星数量少，技术成熟，所以其在移动通信系统中占有一席之地。但是使用静止卫星却存在一些挑战，如：①静止卫星离地球距离远，信号衰减大，对移动终端的发射、接收系统要求很高；②信号经远距离传输会带来较大时延；③静止卫星轨道资源相对紧张。

在移动卫星通信系统中也有很多系统使用中、低轨道卫星。这是因为：①中、低轨道卫星距地面距离近，信号损耗小、延迟时间短；②中、低轨道卫星可以覆盖到静止卫星的覆盖盲区——两极地区，真正实现全球无缝隙覆盖；③随着小卫星技术的提高，卫星的发射机制造成本也会随之降低。但是由于运转周期和轨道倾角关系，为了保证在地球上任一点实现 24h 不间断的全球个人通信，必须配置多条中、低轨道及数目较多的通信卫星，这样一个庞大而又复杂的空间系统要实现稳定可靠地运转，涉及技术上和经济上一系列难题，所以建设成本和运营成本都较高。

9.5.2 卫星移动通信基本原理

1. 系统的基本组成

卫星移动通信系统由空间段、地面段和用户段三部分组成，如图 9-10 所示。

1）空间段即由若干卫星组成的星座，其作用是转发和交换信号。

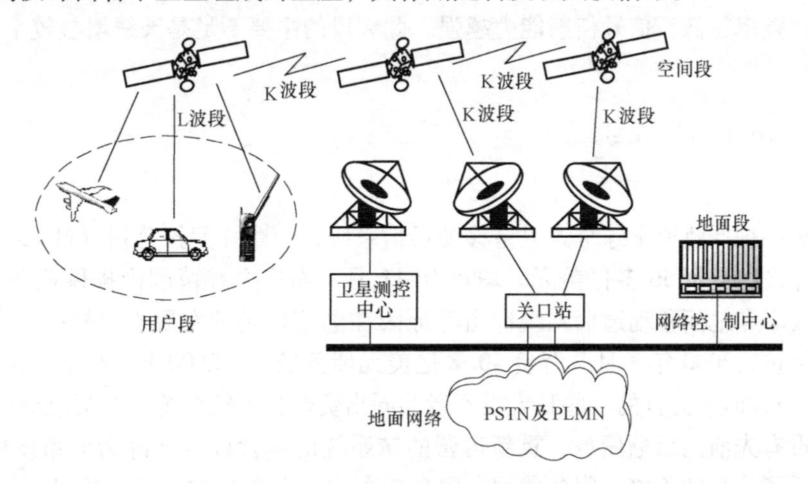

图 9-10 卫星移动通信系统基本组成

2）地面段包括卫星测控中心、相应的卫星测控网络、网络控制中心（NCC）或者称系统控制中心（SCC）及各类关口站（Gateway）等。卫星测控中心完成卫星星座的管理，如：

卫星轨道的修正、控制卫星的星历表、卫星工作状态的故障诊断等。网络操作中心的主要任务是管理卫星移动通信系统的通信业务，包括：路由选择表的更新、计费，各链路和节点工作状态的监视等。关口站的主要作用是：提供卫星移动通信系统和地面通信网络（PSTN、PLMN等）的接口与互联；控制卫星移动终端接入卫星移动通信系统，负责呼叫处理，不同地面通信网要求关口站具有不同的网关功能。

3）用户段由各种用户终端组成，既可以是移动终端，也可以是固定站终端。

2. 卫星移动通信的关键技术

卫星移动通信系统不同于PLMN，为保证其正常地运转要求如下一系列的关键技术：

1）卫星必须向覆盖区提供较高的EIRP，以满足低 G/T 值移动终端的需要。通常采用多个高增益窄波束构成蜂窝状覆盖，这样不仅提高了EIRP，而且可以实现频率再用。

2）抗衰落技术。LEO卫星信道的多径效应和多普勒效应非常严重，而移动终端一般采用低增益（方向性差）天线，所以必须采用有效的抗衰落措施。

3）网络管理与控制。系统中有大量用户共享有限的卫星功率与频率资源，卫星的高速运动使地面覆盖区的切换频繁，这些因素都需要有一个高效而灵活的网络管理与控制系统。

4）射频技术。包括适应各类移动终端要求的天线、高稳定度的频率源、高效率的功率放大器等，都是值得进一步研究的问题。

5）星座设计。卫星星座由多颗卫星组成，它们覆盖全球，并在地面形成连续的蜂窝小区，使地面的任何用户都能同时“看到”一颗或几颗卫星，要保证结构简单、发射功率低的用户终端能够正常工作，必须选择合适的卫星轨道和星座设计。其设计目标是：利用尽量少的卫星覆盖预定的区域，并保证在覆盖区边缘的仰角满足通信要求。

3. 卫星移动通信系统使用的频段

目前正在运营的卫星移动通信业务（MSS）主要使用UHF、L、S频段，频率范围为0.1～3GHz。该频段天线波束较宽，不会由于用户稍一移动，就使目标偏离出波束覆盖范围而造成通信中断；传播损耗较小；处于卫星通信所使用的无线电频率窗口的下限；多普勒频移相对较小；频率越低，信号衍射能力越强。此频段的主要不足是天线增益较小、可用带宽较窄。

9.5.3 铱（Iridium）系统

1. 概述

铱系统是一种低轨道全球个人卫星移动通信系统，由摩托罗拉公司（Motorola Inc.）联合多家公司建设，耗资50多亿美元。1998年11月宣布在全球范围内提供业务，但由于其债务、运营成本和地面移动通信系统冲击等原因在电信市场的发展遭受挫折，于1999年8月申请破产保护，2000年3月，背负40多亿美元债务破产。2000年12月，由曾长期从事航空业的Dan Colussy为首的一些私人投资者共同出资购买了铱系统，购买总额仅为2500万美元。由于没有先前的巨额债务，重新运营的铱系统的运营成本下降为原系统的1/10，所以大幅度降低了终端的价格及服务费用，服务对象也由普通用户改为以军队、国防、政府、突发事件应急、海运、林业、矿业、石油天然气、航空、人道主义救援、新闻、休闲探险等市场需求为主。

铱系统与现有通信网结合，可实现全球数字化个人通信。该系统原设计为77颗小型卫星，分别围绕7条准极地圆轨道运行，因卫星数量与铱原子的电子数相同而得名。后来改为66颗卫星围绕6条准极地圆轨道运行，但仍沿用原名称。

2. 系统组成及工作原理

铱系统如图9-11所示，由三部分组成：卫星星座、地面网络、移动用户（包括移动电话和寻呼机）。

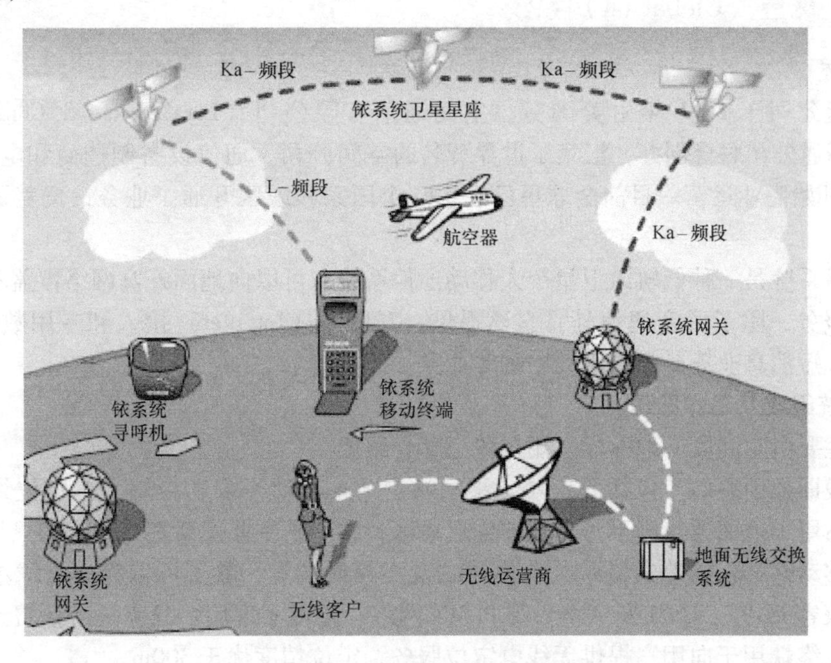

图9-11　铱系统组成原理框图

卫星星座是由80颗LEO卫星组成，其中66颗卫星分布于6条准极地轨道上，每条轨道有11颗卫星，另外的14颗卫星用作备份，随时取代出现故障的卫星。轨道高度780km，绕地球公转周期为100min。星座可以保证覆盖到全球每一个角落。铱系统卫星具有星际链路功能，每颗卫星有4条星际链路，分别连接周围4颗卫星，其中的两颗是与该卫星处于同一轨道上，另外的两颗卫星处在相邻的轨道上，星际链路码速率为25Mbit/s，所以铱系统移动用户之间可以直接通过卫星进行接续交换。每个卫星天线可提供960条语音信道，每颗卫星最多能有两个天线指向一个关口站，因此每个卫星最多能提供1920条语音信道。铱系统卫星可向地面投射48个点波束，形成48个小区的蜂窝网络，每个小区的直径为689km，48个点波束组合起来，可以构成直径约为4700km的覆盖区，铱系统用户可以看到一颗卫星的持续时间约为10min。铱系统卫星采用三轴稳定，相邻平面上卫星按相反方向运行。卫星与移动终端的无线连接使用L频段，在10.5MHz频带内按FDMA方式划分为12个频带，每个频带再进行TDMA复用，即TDMA/FDMA混合多址方式，其帧长为90ms，每帧可支持4个50kbit/s用户连接，数字调制方式为QPSK。

地面网络由系统控制段和网络关口站组成。

系统控制段是铱系统的管理中心，用于支持系统运行和星座的控制，向关口站提供卫星的星历跟踪数据。系统控制段主要有三个组成部分：四个遥测跟踪控制地球站、运营支持网络和卫星星座操控中心。系统控制段、卫星和关口站之间的链路及卫星间的链路均使用K

波段。

关口站是铱系统向地面提供电话业务、寻呼业务的接口。关口站的主要作用是管理移动用户并提供通信业务支持；完成铱系统与地面系统的互联互通；关口站还为各自所在的区域提供网络管理功能。

9.5.4 全球星（Globalstar）系统

1. 概述

全球星公司于1991年由美国劳拉空间通信有限公司（Loral Space & Communications Ltd.）和高通公司联合创办，汇集了世界著名的空间公司、通信设备制造商和电信运营商。1999年底开始商业运营。目前全球星已在120个国家和地区开通了业务，覆盖了绝大部分海洋地区。

全球星系统是一种低轨道卫星个人移动通信系统，可以向地面蜂窝网络覆盖不到的地域提供通信服务，除了语音通信外，它还提供：互联网（Internet）接入和专用数据网连接、卫星定位、短消息业务、呼叫接续中继等业务。

2. 系统组成及工作原理

系统主要由空间段、地面段、用户段三部分组成。

用户段即地面终端，包括固定站、移动站、个人移动终端和专用卫星定位终端四种类型，固定站用于地面通信网不易覆盖的偏远地区；移动站主要安装在车辆、船只等交通工具上；个人移动终端包括普通终端、双模终端及三模终端等，除了可以完成全球星移动通信外，还可兼容IS-95、GSM及AMPS等PLMN网络，并可实现用户只需一个话费计账点；专用卫星定位终端用于向用户提供无线电定位服务，定位精度优于300m。

空间段即卫星星座，全球星星座共有52颗卫星，有48颗工作卫星，另有4颗卫星作为备用。共有8条圆轨道，轨道高度1414km，每条轨道上分布6颗卫星，轨道倾角为52°，可以覆盖南北纬70°之间的区域，约占地球表面积的80%以上，图9-12为全球星系统的星座分布图。全球星的卫星结构比较简单，采用“弯管”（Bent-pipe）结构设计（就像镜子一样），用户信号由卫星转发至地面关口站，再接入地面网络，系统本身没有星际链路，而是充分利用地面网络的功能。

图9-12 全球星系统的星座分布图

地面段主要由关口站、卫星运行控制中心组成，卫星运行控制中心的作用是管理监控系统的星座。关口站是全球星系统的关键部分，卫星只负责转发来自地面的信号，不负责接续及交换，整个系统与地面网络的互联主要依赖于关口站，技术核心部分也在关口站，所以其技术及软件的更新升级、系统的维护、技术管理均可以在地面完成，这样可以降低风险，有效地利用现有地面网络资源，降低了运营成本。不过，依赖地面关口站的机制也存在一定的缺点，即对于卫星覆盖的地面“视野”区内没有关口站的地区，系统无法实现移动业务覆盖，所以全球星系统不能做到全球无盲区覆盖。

在无线链路中，用户与卫星的链路采用L和S频段，L频段频率范围为1610~1626.5MHz，用于上行链路；S频段频率范围为2483.5~2500MHz，用于下行链路。调制方式为QPSK，多址方式为CDMA/FDMA/SDMA。系统中的48颗卫星和每颗卫星上的16个点波束，按照相邻波束可使用相同频率组的方式进行FDMA，即在每个波束内将16.5MHz的总带宽划分为13条带宽为1.23MHz的CDMA信道，每条CDMA信道的码片速率为1.2288Mc/s，信息码速最高为9.6kbit/s，与地面IS-95标准中无线链路的定义相同。

关口站与卫星之间的链路采用C波段，上行频率为5092~5250MHz，下行频率为6875~7055MHz，多址方式为FDMA/FDM，调制方式采用QPSK。160MHz左右的频带被分成8条子带，再通过左旋极化和右旋极化复用，使上行和下行链路各得到16条带宽为16.5MHz的子带，每个子带对应于用户链路的上行和下行点波束，每条子带内采用FDM方式复用一个波束内所有CDMA信道。

9.5.5 Orbcomm系统

Orbcomm（Orbital Communications Corporation）是由美国的轨道科学公司（Orbital Sciences Corporation）创立，是一种低轨道卫星通信系统，与铱系统和全球星系统不同的是，Orbcomm系统不提供语音及视频业务，它提供设备间通信（M2M，Machine to Machine）的双向低速数据通信及定位业务。

Orbcomm系统的空间段为36颗低轨道卫星，轨道高度为700~800km，可覆盖地球高纬度地区。地面段包括在13个国家设有16个关口站，用于卫星与地面的数据信息交互，可以实现全球覆盖。用户段为便携终端，系统工作频段为VHF频段，设备成本低，卫星与用户之间的信道码速率为2400bit/s，多址方式为TDMA。

Orbcomm系统的特点是：用户终端简单，使用成本低；建网速度快；主要适用于非语音的低速数据业务；覆盖范围大，包括对高纬度地区的覆盖。

9.5.6 亚洲蜂窝卫星通信系统

亚洲蜂窝卫星通信系统（Asia Cellular Satellite System，ACeS）是一种静止轨道卫星移动通信系统，结合了GSM蜂窝移动通信和卫星通信技术，向亚太地区提供区域性数字卫星移动电话业务。

ACeS空间段是Garuda卫星，它是一颗静止轨道卫星，于2000年2月发射，Garuda卫星可提供11000条话路，可以为200万用户提供服务。卫星有两副直径为12m的通信天线，向地面投射120个点波束，形成140个蜂窝小区。工作频段为L频段和C频段，其中L频段用于转发用户终端信号，C频段用于卫星与地面除用户以外的其他控制中心、关口站等的通信。

ACeS地面段包括一个卫星控制中心、一个网络控制中心和3个关口站。

ACeS用户段即用户移动终端，ACeS可以提供固定和移动两类终端，固定终端适合于在地面公共电信网未能覆盖的地区使用。移动终端具有双模功能，即可以在地面GSM网络和ACeS网络之间自动切换，支持用户在运动状态下使用。

9.5.7 Thuraya系统

Thuraya系统是一种静止轨道卫星移动通信系统，1997年成立于阿联酋。其覆盖范围包括亚洲、欧洲、非洲、大洋洲等。Thuraya系统是一种卫星通信技术与GSM蜂窝移动通信网相结合的系统，与 GSM 系统相兼容。

Thuraya 系统空间段目前有两颗静止轨道卫星运营，分别为定位于 44°E 的 Thuraya-2 和 98.5°E 的 Thuraya-3。覆盖范围包括：亚太地区、欧洲、非洲、中东近 2/3 地球面积。单颗卫星可支持用户总容量为 200 万用户，可支持 12 500 个用户同时通话。用户链路工作于 L 频段，上行频率为 1626.5 ~ 1660.5MHz，下行频率为 1525.0 ~ 1559.0MHz，卫星在覆盖区内通过数字波束成形技术可产生 300 个点波束。

Thuraya 系统地面段包括主关口站和区域关口站，其中主关口站位于阿联酋，负责整个系统网络的管理和控制，同时是移动卫星业务的交换中心。关口站与卫星间链路工作于 C 频段，上行频率为 6425.0 ~ 6725.0MHz，下行频率为 3400.0 ~ 3625.0MHz。

Thuraya 系统用户段的卫星移动电话是动态双模式，集成了卫星通信网络与地面 GSM 蜂窝网的功能，可在卫星通信网与地面蜂窝网之间自由切换。系统提供的业务与 GSM 网络基本相同，包括：语音业务、数据业务、传真业务等。

以上介绍的是比较有代表性的卫星移动通信系统，限于篇幅，其他几种卫星移动通信系统就不一一介绍了，诸如 Inmarsat、Msat、Ellipso、Odyssey、LEOSAT、STSRNET、VITAsat、ICO、Teledesic 系统等，有关这些系统的详细内容请参阅相关文献。

9.6 高空平台站通信系统

9.6.1 概述

地面蜂窝移动通信系统需要布放大量的天线塔、基站、有线电缆和微波线路，而卫星通信移动系统结构复杂，卫星发射、系统维护技术难度大，建设及运营成本高，移动终端笨重。高空平台站（HAP）是一种折衷的方案。高空平台站按飞行器的等效密度的大小可分为重平台和轻平台两种类型。重平台的等效密度大于空气，如：各种侦察飞机和直升机，需要借助外力才能升空，飞行高度从数百米至数万米不等。轻平台的等效密度小于空气，如：热气球和充氦飞艇可以升到数万米高空，从事勘察、通信等业务，只要能保证飞艇在空中的位置固定即可。

平流层位于大气层和对流层之上，空气稀薄，气流比较平稳，温度垂直梯度小，风向基本保持稳定。其中在海拔 19.8 ~ 22.9km 处的风速最小，非常适合高空平台站停留。可通过螺旋桨发动机保持飞艇位置的相对稳定。

从 20 世纪 90 年代起，包括美国、日本、欧洲各国和中国在内的很多国家进行了 HAP 方面的研发工作，提出了很多方案，虽然离实用化尚有一段距离，但该系统应用潜力是巨大的。

HAP 的应用可分为两大类：一是低速数据通信，如应用于第三代移动通信 IMT-2000 系统；二是高速数据通信，在地面固定终端之间进行高速数据中继通信和 LMDS 通信。

9.6.2 HAP 系统工作原理

图 9-13 是 HAP 系统组成结构示意图，与卫星移动通信系统相似，该系统也是由三大部分组成，即空间段、地面段和用户段。

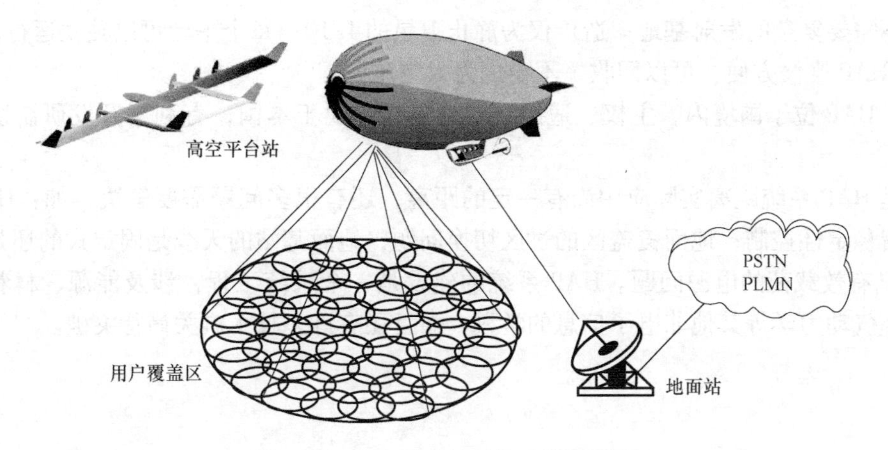

图9-13　高空平台站通信系统示意图

用户段就是移动终端，可以是手持终端也可以是车载终端。

空间段即高空平台站HAP，定位于覆盖区上空，按照ITU推荐的标准，HAP位置的漂移范围应该小于半径500m的区域。HAP的主要能源是太阳能，在夜里则改用蓄电池供电。如果HAP的服务区为蜂窝移动通信系统，则HAP与用户段链路的天线必须是多波束天线，形成地面蜂窝系统，以实现频率再用。另外HAP还有与地面段的链路，包括业务部分和控制部分。

地面段包括业务地面站和控制地面站，业务站主要完成移动用户呼叫的接续、交换、控制及与其他地面通信网络的接口；控制部分完成HAP测控及飞行定位等功能。

9.6.3　HAP系统特点

与现有的各种移动通信系统相比，HAP系统具有以下特点：

1）与卫星通信相比，距离近、延时短，更易于实现对称无线接入业务。其与地面的距离约为静止卫星的1/1800，延时约为0.1ms，非常有利于移动终端的宽带化、双工操作、对称传输业务。

2）信号传输损耗小，与静止卫星通信相比衰减降低约60dB，是地面的蜂窝网系统衰减的2/5。比卫星系统衰减小，是因为距离近；比地面系统衰减小，是因为地面系统的电磁波在稠密空气中传播，衰减严重。

3）多径效应及各种衰落比地面系统小，HAP与用户直达路径的特性优于地面系统。

4）与地面蜂窝系统相比，作用距离远、覆盖范围大。HAP作为空中的中继站，其作用距离可达1000km，比地面的微波接力的50km的距离要大20倍。

5）通信容量大，信道分配调度灵活方便，最适合于多媒体通信、宽带通信及广播系统，是一种极具竞争力的通信基础设施体系。其带宽为300MHz，远高于地面蜂窝网；而且可将其覆盖区域分成蜂窝，实现频率再用。

6）比地面系统的基站数量少得多，建设及运营成本低。

7）HAP系统机动、灵活，既适用于城市，又适用于海洋、山区，还可灵活移动，具有很强的机动性，可快速地在发生自然灾害导致通信中断的地区建立临时的通信平台。

8）发射简单、费用极低、建设周期短、初期投资少。飞艇的发射和民用航空器的性质相似，不需要复杂的发射基地；造价仅为静止卫星的1/10；每个平台可以独立运行。

9）HAP维修方便，可以回收，不会成为太空垃圾。

10）HAP位于国境内，主权、适用权、管理权均属于本国，有利于开发研制适于本国的系统。

但是HAP系统距离实际应用尚有一定的距离，还有很多问题需要解决，如：HAP在空中的位置稳定性控制；地面覆盖区的过区切换问题；地面基站的天线是固定式的还是跟踪式的；HAP有效载荷的电源问题。HAP系统的建设是一个系统工程，涉及能源、材料、大气环境、空气动力学等其他非电子信息的学科，而且还有许多技术难关尚待突破。

参考文献

[1] 冯锡钰，魏东兴，孙怡，等．现代通信技术［M］．北京：机械工业出版社，1998.

[2] 张更新，张杭．卫星移动通信系统［M］．北京：人民邮电出版社，2001.

[3] 杨运年．VSAT 卫星通信网［M］．北京：人民邮电出版社，1997.

[4] 吕海寰，蔡剑铭，甘仲民，等．卫星通信系统［M］．北京：人民邮电出版社，1999.

[5] 江澄．中国的卫星广播电视［J］．国际太空，2000.

[6] 刘国梁，荣昆璧．卫星通信［M］．西安：西安电子科技大学出版社，1994.

[7] 斯国新．卫星通信系统［M］．北京：宇航出版社．1993.

[8] 刘旭东，等．卫星通信技术［M］．北京：国防工业出版社，2000.

[9] 车晴，王京铃．数字卫星广播系统［M］．北京广播学院出版社，2000.

[10] B．G．Evans，Satellite communication systems［M］．3rd ed，IEE INSPEC Publishing．UK，1998.

[11] 易克初，田斌，付强，等．语音信号处理［M］．北京：国防工业出版社，2000.

[12] 刘大杰，等．定位系统（GPS）的原理与数据处理［M］．上海：同济大学出版社，1996.

[13] 王广运，郭秉义，李洪涛．差分 GPS 定位技术与应用［M］．北京：电子工业出版社，1996.

[14] Michel Mardiguian．电磁干扰排查及故障解决的电磁兼容技术［M］．刘萍，魏东兴，等译．北京：机械工业出版社，2002.

[15] AT&T．the history of AT&T．http：//www．att．com/history/，2003.

[16] White house breif room．Statement by the president regarding the United States decision to stop degrading global positioning system accuracy，2000.

[17] Uyless Black．现代通信最新技术［M］．2 版．北京：清华大学出版社，1998.

[18] 中国电信集团广东电信公司人力资源部编印．通信技术．2000.

[19] 樊昌信，曹丽娜．通信原理［M］．6 版．北京：国防工业出版社，2006.

[20] 刘学观，郭辉萍．微波技术与天线［M］．西安电子科技大学出版社，2001.

[21] 朱立东，吴廷勇，卓永宁．卫星通信导论［M］．3 版．北京：电子工业出版社，2009.

[22] 刘进军．卫星电视接收技术［M］．3 版．北京：国防工业出版社，2010.

[23] 周志成，曲广吉．通信卫星总体设计和动力学分析［M］．北京：中国科学技术出版社，2013.

[24] Louis J，Ippolito Jr．卫星通信系统工程［M］．孙宝升，译．北京：国防工业出版社，2012.

[25] 井庆丰．微波与卫星通信技术［M］．北京：国防工业出版社，2011.

[26] 郝为民．我国卫星通信产业发展概况及展望［J］．国际太空，2013，(8)：55-63.

[27] 朱立东，吴廷勇，卓永宁．卫星通信导论［M］．3 版．北京：电子工业出版社，2009.

[28] 李跃．导航与定位［M］．2 版．北京：国防工业出版社，2008.

参考文献

第3篇　移动通信

移动通信是指通信双方至少有一方是在运动状态中进行信息传递的通信方式。移动通信几乎集中了有线通信和无线通信的所有新技术新成就，它是通信领域发展最为迅速的领域，可以用户提供了随时随地快速而可靠地进行多种信息交换的手段，是实现个人通信的理想通信方式。

第10章　移动通信概论

10.1 移动通信的基本概念与发展

10.1.1 基本概念

随着人类社会的发展，人类政治、经济、文化活动范围的日趋扩大以及工作效率的不断提高，人们希望能够实现任何人（Whoever）在任何地方（Wherever）、任何时间（Whenever）与任何人（Whomever）进行任何业务（Whatever）的通信，即“5W”，要实现这一目标，移动通信技术将起到关键性的作用。

移动通信是通信双方或至少其中一方在运动状态中进行消息传递的通信方式。也就是说，凡是固定体与移动体或移动体与移动体之间的通信，均属于移动通信的范畴。移动通信的基本特征是“移动”，作为一个可靠的现代移动通信系统，必须具备两个基本的功能：

1. 定位与跟踪功能

无论是正在通信还是处于待机状态，移动终端可能处于移动之中，系统必须实时更新移动终端的位置信息，才能保证通信不会因为用户位置的改变而中断，或随时为进入新服务区域的用户提供通信服务。因此移动通信系统必须具备对移动终端进行定位和跟踪的能力。

2. 保持最佳的接入点

通常移动终端处于多个无线基站的覆盖包围之中，因此无论是从系统方面还是从用户方面考虑，都必须找到一个最佳的接入点（基站），这里所说的最佳是指：信道衰落最小、损耗特性最佳、噪声干扰最小等，只有这样才能保证可靠的通信质量，而要实现移动终端的最佳接入，系统必须对终端和归属基站之间的信道特性、信号质量做连续测量和评估，同时还要对相邻接入点的信道连接质量进行评估，并根据评估结果对接入点做出必要调整。

10.1.2 移动通信的演变与发展

移动通信为人们提供了方便、灵活、迅速的信息交流手段，所以它是当今通信领域发展最为迅速的领域之一，下面简要回顾一下移动通信技术的发展历程。

英国物理学家麦克斯韦（James Clerk Maxwell）建立麦克斯韦方程组，并于1865年预言了电磁场能够以波的形式向外传播；德国物理学家赫兹（Heinrich Rudolf Hertz）在1888年用实验证实了电磁波的存在，验证了麦克斯韦经典电磁场理论的正确性；1895年4月，意大利人马可尼（Guglielmo Marconi）用实验证明了无线通信的可行性，1901年12月，马可尼首次实现了横跨大西洋的无线电通信实验。至此，人们开始认识到电磁波具有携带信息、传递信息的能力，从而引发了人类对移动通信孜孜不倦地探索。

现代意义上的移动通信实验始于20世纪20年代初，美国底特律警察局在警车上安装了无线接收机可以接收来自控制中心发来的消息，但是可靠性较差，直到 1928 年美国 Purdue 大学的一位学生发明了载频为 2MHz 的超外差接收机，使底特律警察局拥有了能够可靠工作的移动通信系统。20 世纪 30 年代初期移动发射机开始出现，但发射机的体积庞大，而且所有的移动通信系统的调制方式均为调幅方式。到 20 世纪 30 年代末期，基于调频方式的移动通信系统出现了，具有恒包络特性的调频波比调幅波更适用于无线信道，所以直到今天，模拟的集群、对讲机系统仍然使用调频方式，只是今天每信道带宽比早期系统小得多。

在第二次世界大战期间，战争的要求使得通信技术及其制造业有了长足的发展，包括系统设计、可靠性、制造成本等方面的全面发展，参战的各国军队均大量使用了无线电通信设备。战后，1946 年，AT&T 在美国 25 个主要城市开通了移动电话业务，这些系统采用频率调制，大区制，覆盖半径约 50km，单信道带宽为 120kHz，最多允许 12 ~ 20 个用户同时通话。1947 年贝尔实验室提出了蜂窝小区制进行频率再用的设想，1949 年美国联邦通信委员会（FCC）正式确认移动通信是一种新型电信业务。在欧洲，前西德、法国等国随后也陆续推出了公用移动电话系统。从 20 世纪 40 年代中期至 60 年代初期，完成了从专用网向公众移动网的过渡，并采用人工接续方式解决了移动电话网与公众市话网之间的互联问题，但当时通信网的容量较小。

在 20 世纪 60 年代中期至 70 年代后期，人们改进和完善了移动通信系统的性能，包括直接拨号、自动选择信道等，并实现了与公众电话网的自动接入。这时的系统仍采用大区制，但通信容量较以往有了很大提高。在此期间，美国推出了改进型移动电话系统（IMTS）。

20 世纪 70 年代末，半导体和计算机技术的迅猛发展，大大提高了蜂窝系统可以实现的复杂度，推动了移动通信技术的发展。贝尔实验室开发了 AMPS 系统，于 1983 年投入商业运营，这是历史上第一个真正意义上具有可随时随地通信的大容量蜂窝移动通信系统。它采用频分复用技术，可在整个服务覆盖区域内自动接入公用电话网，与以前的系统相比，该系统具有更大的容量和更好的通话质量，可以说，蜂窝化的系统设计方案解决了公用移动通信系统的大容量要求与频谱资源受限的矛盾。与此同时，欧洲和日本也纷纷建立了自己的蜂窝移动通信网，主要有：英国的 ETACS（或 TACS）、日本的 NAMTS、北欧的 NMTS（包括 NMT-450 和 NMT-900）等。这些系统都是双工 FDMA 模拟调频系统，被称为第一代蜂窝移动通信系统（1G）。但是蜂窝移动通信市场的发展和需求远远超出了人们的预测，在短短几年时间里，第一代移动通信系统因为用户数量的剧增导致了阻塞概率提高、呼叫中断率上升、蜂窝系统干扰加大等严重问题。这些问题和矛盾是由模拟系统固有的先天缺陷造成的。

在 20 世纪 90 年代初，人们又开始着手第二代数字蜂窝移动通信系统（2G）的开发。1992 年前后，以 TDMA 为基础的数字蜂窝移动通信系统，如 GSM、DAMPS、JDC 等相继投入使用，其中最具代表性的系统是欧洲的 GSM，并在全球取得了巨大的商业成功。TDMA 数字移动通信系统较 FDMA 系统有诸多优点，如：频谱利用率高、系统容量大、保密性好、标准化程度高、全数字化的信息处理便于与计算机技术相结合。

1993 年，美国 Qualcomm 公司提出的以 CDMA 为基础的数字蜂窝通信系统建议，后来被美国电信工业协会（TIA）批准为过渡标准，即 IS-95。IS-95 和 GSM 同属于 2G 移动通信系统，但 IS-95 系统具有抗多径衰落、软容量、软切换、系统容量大、可以运用话音激活技术、可实现分集接收等优点，使得 CDMA 技术在移动通信领域倍受青睐。

2G移动通信系统是针对传统话音和低速数据业务而提出的通信系统。然而随着Internet的广泛普及，图像、话音和数据相结合的多媒体业务和高速率数据业务的业务量大大增加了，人们对通信业务多样化的要求也与日俱增，并希望在Internet上得到的服务也能在移动中实现，而1G、2G系统远远不能满足用户的这些需求，而且随着用户数量的激增，现有系统的通信速率和容量已成为瓶颈。所以新一代移动通信系统的研发势在必行。第三代移动通信系统（3G）被ITU-R正式命名为IMT-2000，其前身为FPLMTS（未来公用陆地移动通信系统），1996年底正式确定了该系统的基本框架，包括业务需求、工作频带、网络兼容过渡要求、无线传输的评估方法等，最高传输速率可达2Mbit/s。IMT-2000中的主流技术标准有WCDMA、CDMA2000、TD-SCDMA和以IEEE802.16为基础的无线接入技术标准WiMAX。其中，TD-SCDMA是中国主导的3G标准。2000年，IMT-2000开始投入商用。

3G移动通信系统的应用，虽然在数据业务上比2G系统有了质的飞跃，但是，其信道数据速率偏低，在多媒体、高质量视频业务上，还达不到用户体验的要求。ITU本着“部署一代，研究下一代”的原则，开始持续在移动通信标准上进行改进。陆续推出新一代移动通信标准，包括高速分组接入（High Speed Packet Access，HSPA）、长期演进（Long Term Evolution，LTE）、IMT-Advanced等。

HSPA技术是在3G网络的基础上进行改进、增强，是3G和4G之间的过渡技术，该技术与3G系统是后向兼容的，被称为“后3G”技术（Beyond 3G，B3G）或“3.5G”技术。

LTE技术的提出是为了应对无线接入技术WiMAX的挑战，LTE技术将移动通信与无线接入相结合，将3G系统向“高速数据速率、低延迟、优化分组数据应用”的方向演进，LTE技术被称为“准4G”技术或“3.9G”技术。LTE采用了一系列新技术，核心技术不再以CDMA为基础，而是将OFDM和MIMO技术相结合，所以LTE不再对原来的3G标准保持后向兼容性，在信道数据速率、用户体验上有了质的提升。在LTE标准的发展过程中，中国的相关企业机构长期积极参与其中，占有重要地位，提出了中国主导的标准TD-LTE作为TD-SCDMA及其后续的演进标准，被业界广泛认可和接受。

2005年，ITU正式命名了IMT-Advanced，也就是第四代移动通信系统（4G），2011年，ITU确定了LTE-Advanced和802.16m为IMT-Advanced的入选标准，建立了4G系统标准的框架，为新一代移动通信的发展应用奠定了坚实基础。

移动通信业务是全球电信业最活跃的领域，在短短20余年时间里，移动通信系统经历了以GSM、IS-95系统为代表的2G系统，以WCDMA、CDMA2000等为代表的3G系统，以LTE为代表的准4G系统和IMT-Advanced新一代移动通信系统。据GSA（全球移动设备供应商协会）统计，2011年，全球LTE商用网络部署数量为46张；2012年，全球LTE商用网络部署数量为146张；截至2013年10月，已有474家运营商在138个国家和地区进行了LTE产业投资。其中包括已经在128个国家部署的421张LTE网络以及53个将在10个国家展开试验的LTE网络。在已部署的421张LTE网络中，已有222个LTE商用网络在83个国家和地区提供服务，用户数超1.2亿。截止到2013年6月，中国的移动电话用户数量为11.76亿，其中3G用户数量达到3.19亿。中国早已成为全球最大的移动通信市场。2013年12月，中国政府向国内电信运营商“中国移动”、“中国电信”和“中国联通”颁发了TD-LTE运营执照，标志着中国的移动通信系统向新一代移动通信标准演进的部署全面启动。

10.2 移动通信系统的组成原理

10.2.1 移动通信系统的分类

移动通信系统的分类方法很多，按使用对象可分为：军用系统和商用或民用系统；按使用区域可分为：海上系统、陆地系统和航空系统等；按系统的运营方式可分为：公众移动通信系统和专用移动通信系统；按组网方式可分为：大区制系统和小区制系统；按系统所传输信号的基本形式可分为：模拟系统和数字系统；按系统所采用的主要多址方式可分为：CDMA、FDMA 和 TDMA 等；按传输方式可分为：单工传输系统、半双工传输系统和全双工传输系统；按发展时期不同又可分为：第一代移动通信系统（1G）、第二代移动通信系统（2G）和第三代移动通信系统（3G）等。

现代移动通信系统是以实现个人通信为主要目标，其典型特征为：全双工的、商用的或民用的、蜂窝拓扑结构的公众移动通信网络。典型系统为第二代移动通信系统（2G），如：GSM 网、IS-95 等，其业务除了提供基本的语音通信外，还能提供低速数据通信。

10.2.2 移动通信系统的组成

现代移动通信系统要实现移动用户（MS 或 MT）与市话用户、MS 与 MS 以及 MS 与长途用户之间的通信，必须包括无线传输、有线传输以及信息的收集、处理和存储等。图 10-1 是一个典型的蜂窝移动通信系统的拓扑结构示意图。从功能上看，蜂窝移动通信系统包括无线基站子系统、交换与控制处理子系统和 MS 三部分。移动通信服务区是由许多类似正六边形的小区组成的，呈蜂窝状。移动通信网通过接口与其他公众通信网（PSTN）互联。

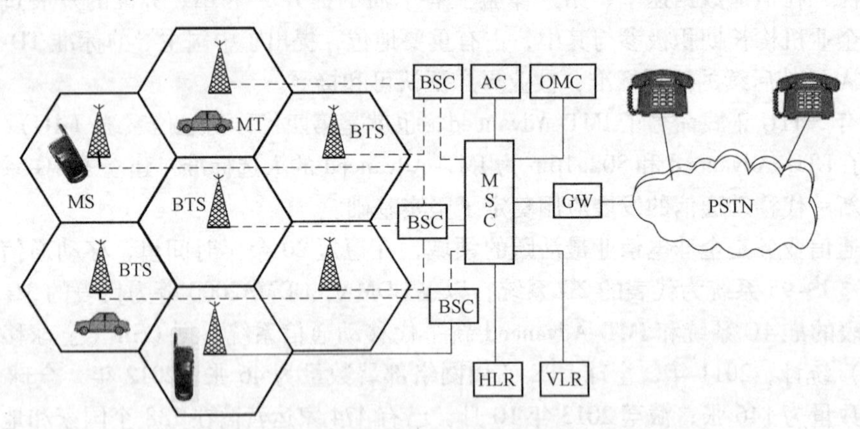

图 10-1 典型的蜂窝移动通信系统的拓扑结构

（1）交换与控制处理子系统　该系统包括移动交换中心（MSC）、拜访位置寄存器（VLR）、归属位置寄存器（HLR）、鉴权中心（AC）和操作管理中心（OMC）等部分。它是移动通信系统的集中控制与交换中心，也是与其他移动通信系统和公众电话网（PSTN）的接口。MSC 负责交换和传输移动终端（MS）的呼叫，提供连接维护管理的接口，并通过标准接口与基站（BS）及其他 MSC 相连。MSC 还具有支持移动终端过区切换、MSC 控制区之间漫游以及计费功能等。

（2）*无线基站子系统*　该系统包括一个基站控制器（BSC）和由其控制的若干个基站收发信台（BTS）。它负责管理无线资源，实现固定网与移动网之间的通信连接，传送系统信令信息和用户终端信息。BSC 单元用来与 MSC 进行数据交互，与 MS 在无线信道上进行通信。BTS 属于无线基站子系统的无线部分，由 BSC 控制，服务于某个小区的无线收发信设备，完成 BSC 与无线信道之间的消息传输，实现 BTS 与 MS 之间通过空中接口进行通信及相关的控制功能。BTS 主要由基带单元、射频单元、控制单元三大部分组成，一个 BTS 含有若干个收发信单元（TRX），其数目与分配给该小区的载频数目相同，与需要同时通话的用户数有关。基站子系统与 MSC 之间采用有线信道（如光缆）或数字微波中继链路相连。

（3）*移动终端（MS）*　MS 分为车载式、手持式、便携式三种类型。MS 由收发信机、频率合成器、数字逻辑单元、拨号按键和送/受话器等组成。它可以自动扫描基站载频、响应寻呼、自动更换频率和自动调整发射功率。建立呼叫时，MS 可自动与最近的基站之间确立一个无线信道，并通过 MSC 的接续与被叫用户通话。

10.2.3　移动通信的基本技术要求

移动通信的基本目标是通过各种技术手段，保证两个或多个用户之间在通话中不间断的联系或者连接；而在待机（或空闲）期间，应保持系统与用户之间的不间断联系，完成控制信息或信令的传递，为任何时间在信号覆盖空间可能发生的通信请求做出快速准确的响应和接续；同时还要完成用户信息管理、费用计算、网络自身维护、信道调度等工作，所以移动通信系统是比较复杂的，对现代移动通信系统有以下技术要求：

（1）*强大的计算技术以满足快速大量的信息处理需要*　与有线通信系统相比，移动通信网络和终端必须具备更强大的信息处理能力。需要处理的信息包括：移动终端鉴权认证，用户发生费用计算和记录，用户位置信息及变更，过区切换的预测、计算与实施，异地用户注册登记，信道资源动态分配调度，移动终端发射功率测量、计算与控制等，这些都要求系统快速高效的数据库查询检索能力和运算处理能力。

（2）*先进的无线电传输技术*　无线通信系统是开放式系统，大量的信息在同一空间传输，造成严重的相互干扰和频谱资源的不足。为保证信息的可靠传输和频率资源的有效利用和系统稳定性，增强信息安全性变得异常重要。先进的天线技术、差错控制与抗干扰技术、射频半导体技术、变速率语音压缩技术、高效的信道复用技术是移动系统先进性的基础。

（3）*基本功能模块化及电路的集成技术*　移动通信系统中的各种设备尤其是移动终端必须体积小、重量轻、耗电省、可靠性高、易于大规模生产，只有高集成度的电路才能满足这些要求；对基站也是同样的要求，只有高集成度的电路才能保证系统各模块硬件的体积和成本满足要求；系统功能的模块化为系统的研发、安装调试、重新定义或改变功能、维修维护带来了很大方便。系统的功能模块分为硬件模块和软件模块两类。

10.3　移动通信的主要技术特点

与其他通信方式相比，移动通信具有以下技术特点：

（1）*必须使用无线电传播*　要保证移动终端的移动性，必须使用无线电进行消息传递。

（2）*在移动环境中无线电磁波传播特性复杂*　如果移动终端相对于基站进行快速运动，

除了会产生多普勒频移外，还会产生多径传播造成的快衰落，使接收信号场强的振幅和相位快速变化。如果移动终端处于建筑物与障碍物之间，局部场强包络会随地形环境而变化，产生慢衰落；而且移动通信的开放性使气象条件的变化同样会使场强包络随时间变化，也是一种慢衰落。另外，多径传播产生的多径时延扩展，等效为移动信道传输特性的畸变，产生严重的码间干扰，对数字移动通信系统影响较大。电波无线传播的基本模型是超短波在平面地面上的反射波与直达波矢量的合成。分析表明：若收发距离为 d，直达波路径损耗与 d^2 成正比；而光滑地面上反射路径的损耗与 d^4 成正比，与频率无关。

(3) *移动通信系统中的干扰和噪声多而复杂* 移动通信系统是多频道、多电台同时工作的通信系统，往往会受到来自其他发射电台、天电干扰、工业干扰的影响。基站服务区内的移动终端分布不均匀且位置随时变化，使各移动终端与基站间的距离不同，移动终端之间存在相互干扰，如远近效应（见 13.1.4 节），它是基于 CDMA 的移动通信系统所特有的干扰。所以移动通信系统必须对移动终端的发射功率进行控制。在多频道网络中，由于收发信机的频率稳定度、准确度以及采用的调制方式等因素，使射频信号的谐波分量部分地落入相邻信道而产生邻道干扰；在组网过程中，为了提高频率利用率，在相隔一定的空间距离要重复使用相同的频率，这种频率再用技术会带来同频干扰。射频电路的非线性特性会产生许多谐波分量和组合频率分量，造成互调干扰（见 8.2.1 节）。鉴于上述各种干扰，在移动通信系统设计时，应针对不同形式的干扰，采取相应的抗干扰措施。移动信道中噪声的来源是多方面的，有大气噪声、太阳噪声、银河系噪声以及人为噪声等。在 30～1000MHz 频率范围内，大气、太阳噪声很小，可忽略不计，主要考虑的应是人为噪声（也包括各种电气装置中电流或电压发生急剧变化而形成的电磁辐射）。主要的人为噪声是车辆的点火噪声，其大小与交通流量有关，交通流量越大，噪声电平越高。

(4) *频谱资源紧缺* 在移动通信中，用户数量与可利用的频道数之间的矛盾尤其突出，这是影响移动通信发展的主要因素之一。为此，除开发新频段外，应该采用频带利用率高的调制技术，在空间域上采用频率再用技术，在时间域上采用多信道共用技术等。

(5) *系统组网方式比较复杂，技术实现难度大* 在移动通信系统中，必须允许终端在整个服务区域内自由移动。要求交换中心必须实时确定移动终端的位置。而且移动终端从一个基站覆盖区移动到另一个基站覆盖区时，需要进行过区切换。过区切换是指在通话期间，当移动终端从一个小区进入另一个小区时，网络能通过实时控制，把移动终端从原小区所占用的物理信道切换到新小区的某一物理信道，并保证通话不间断的过程。当移动终端从本地业务区移动到非本地业务区时，非本地业务区网络必须能自动为该用户提供服务，即漫游。移动通信网为满足这些要求，必须具有很强的控制功能，如：通信的建立和拆除，信道的控制和分配，用户的登记和定位以及过区切换和漫游控制等。

第 11 章　无线信道的特性与电波传播

11.1 概述

通信中的物理信道可分为有线信道和无线信道两大类。有线信道通常是恒参信道，其信道特性是平稳和可预测的；而移动通信中的信道是典型的随参信道，其特性是随机变化的，很难对其进行分析和预测，比如：发射机和接收机之间的传播路径可能是两点之间的视线，也可能有山丘、建筑物和各种植被等障碍物，收发信机之间的相对运动使无线信道中的各种反射、衍射和散射体也可能不断运动，所以无线信道与有线信道有显著的差异。

无线信道对信号传输的影响大致可归纳为三个方面：

(1) *自由空间的传输损耗（或称路径损耗）*　它是收发信机之间距离的函数，描述的是大尺度区间（数百或数千米）内接收信号强度随收发距离变化的特性。

(2) *阴影衰落*　由传输环境中的地形起伏、建筑物及障碍物对电磁波的阻挡和遮蔽引起的衰落，它描述的是中等尺度区间（数百个波长）内信号电平中值的慢变化特性。所谓中值是指信号包络的瞬时取值的累积概率达到 50% 所对应的包络值。

(3) *多径衰落*　移动环境中多径传输引起的衰落，它描述的是小尺度区间（数个或数十个波长）内接收信号场强的瞬时值的快速变化特性。

11.2 无线信号的传播——大尺度路径损耗

11.2.1 自由空间无线信号的传播

1. Friis 自由空间传播方程

自由空间是一种理想的空间，满足如下条件：均匀无损耗的无限大空间、各向同性、电导率为零、介电常数和磁导率值与真空相同。在自由空间中不存在反射、折射、衍射、色散、吸收损耗等现象，电磁波的传播速度与真空相同。接收机接收的信号功率 P_r 与发射机的发射功率 P_t 之间的关系由 Friis 自由空间传播方程描述

$$P_r = \frac{P_t G_t G_r \lambda^2}{(4\pi)^2 d^2 L} \tag{11-1}$$

式中，L 是与传播无关的系统损耗因子，包括链路衰减、滤波器损耗、天线损耗等，通常 $L>1$，若 $L=1$，表示系统没有损耗；G_t 为发射天线增益；G_r 为接收天线增益；λ 为工作波长；d 为收发天线之间的距离。

2. 路径损耗（PL）

移动通信中的实际路径与理想的自由空间是有很大区别的，接收功率 P_r 近似为

$$P_r = P_t\left(\frac{h_t h_r}{d^2}\right)^n G_t G_r \tag{11-2}$$

式中，h_t、h_r 分别表示发射天线和接收天线的高度；n 为路径损耗指数，表示路径损耗随收发距离增大而增大的速率，表11-1列出了几种不同环境中的路径损耗指数 n 的取值。路径损耗（PL）定义为发射功率与接收功率的比值取对数，用dB表示。

表11-1　不同环境的路径损耗指数 n

环　境	路径损耗指数 n
自由空间	2
城区（蜂窝制）	2.7～3.5
城市阴影区（蜂窝制）	3～5
室内（无阻挡）	1.6～1.8
室内（被阻挡）	4～6
工厂（被阻挡）	2～3

当考虑天线增益的作用时，并设系统损耗因子 $L=1$ 时，自由空间的路径损耗可表示为

$$\mathrm{PL} = 10\lg\frac{P_t}{P_r} = -10\lg\left(\frac{G_t G_r \lambda^2}{(4\pi)^2 d^2}\right) \tag{11-3}$$

当不考虑天线增益，即假设收发天线的增益为1时，自由空间的传播损耗可表示为

$$\mathrm{PL} = 10\lg\frac{P_t}{P_r} = -10\lg\left(\frac{\lambda^2}{(4\pi)^2 d^2}\right) \tag{11-4}$$

上式即式(7-21)，从以上各式还可以看到：收发天线距离 d 不能为0，即上式只适用于远场的情况，远区场的最小距离可用天线的尺寸和工作波长来定义，即

$$d_f = \frac{2D^2}{\lambda} \tag{11-5}$$

式中，D 为天线的最大线性尺寸；λ 为电磁波的波长；为了保证与天线的距离处于远场区域，与天线的距离 d 应满足

$$d >> d_f \tag{11-6}$$

实际中为了方便，通常定义一个距离天线为 d_0 的参考点，在参考点接收信号功率为 $P_r(d_0)$，$P_r(d_0)$ 可以用式(11-1)计算，也可以实测。则自由空间各点的接收信号功率为

$$P_r(d) = P_r(d_0)\left(\frac{d_0}{d}\right)^2 \qquad d \geqslant d_0 \geqslant d_f \tag{11-7}$$

或用dBm表示 $P_r(d)$，如下式表示

$$P_r(d) = 10\lg\frac{P_r(d_0)}{0.001} + 20\lg\left(\frac{d_0}{d}\right) \qquad d \geqslant d_0 \geqslant d_f \tag{11-8}$$

式中的 $P_r(d)$ 和 $P_r(d_0)$ 的单位为W。对于工作频率为1～2GHz，使用低增益天线的蜂窝移动通信系统，参考距离 d_0 的实际取值分两种情况：在室内，$d_0=1\text{m}$；在室外，$d_0=100\text{m}$ 或 $d_0=1\text{km}$。这样可以方便地估算各点的接收功率（单位为dB）。考虑到实际环境的路径损耗指数 n 的影响，式(11-8)可写成

$$P_r(d) = 10\lg\frac{P_r(d_0)}{0.001} + 10n\lg\left(\frac{d_0}{d}\right) \qquad d \geqslant d_0 \geqslant d_f \tag{11-9}$$

显然式(11-8)是式(11-9)在 $n=2$ 时的特例。

11.2.2　反射、衍射与散射

反射、衍射与散射是移动通信系统中最基本的三种电磁波传播方式。

在电磁波传播过程中，如果遇到了障碍物，并且此障碍物的大小与波长相比很大，那么电磁波就会发生反射，反射主要来自于地表面、建筑物和墙面等。如果发射机与接收机之间的障碍物有比较尖锐的断面，电磁波会发生衍射，由于电磁波衍射，即便在收发天线之间没有直达路径时，电磁波仍然可以绕过障碍物到达接收天线，在无线信道中频率较高，衍射的特性取决于障碍物的几何形状、衍射点电磁波的振幅、相位以及极化状态。在电磁波传播的介质中，如果分布有很多几何尺寸与波长相比很小的障碍物，电磁波就会发生散射。无线信道中粗糙的物体表面、树叶、街头标志牌以及电线杆等都可能发生散射。

电磁波的反射、衍射和散射对电磁波能量的传播有着很重要的影响，同时也是产生无线信道衰落现象的最根本原因。

1. 电波的反射

当电磁波在两种不同介质的界面传播时，一部分能量会反射到第一种介质，另一部分会透过界面进入第二种介质，成为折射波。如果第二种介质是良导体，那么所有入射能量将全部被反射回去，没有能量损耗。反射波、折射波的电场强度通过 Fresnel 反射系数 Γ 与原入射波联系起来。反射系数 Γ 的大小由入射电磁波的极化方式、入射角和频率决定。

（1）*电介质表面的反射*　图 11-1 表示了电磁波以角 θ_i 入射到两种不同介质界面时的电磁场分布情况，图中 E、H 分别表示电场矢量和磁场矢量；下标 i、r、t 分别表示入射波、反射波和折射波；θ_i、θ_r、θ_t 分别表示入射角、反射角和折射角，μ_j、σ_j 和 ε_j（$j=1$，2）分别是两种介质的磁导率、电导率和介电常数。则图中两种情况的反射系数可由 Fresnel 公式确定：

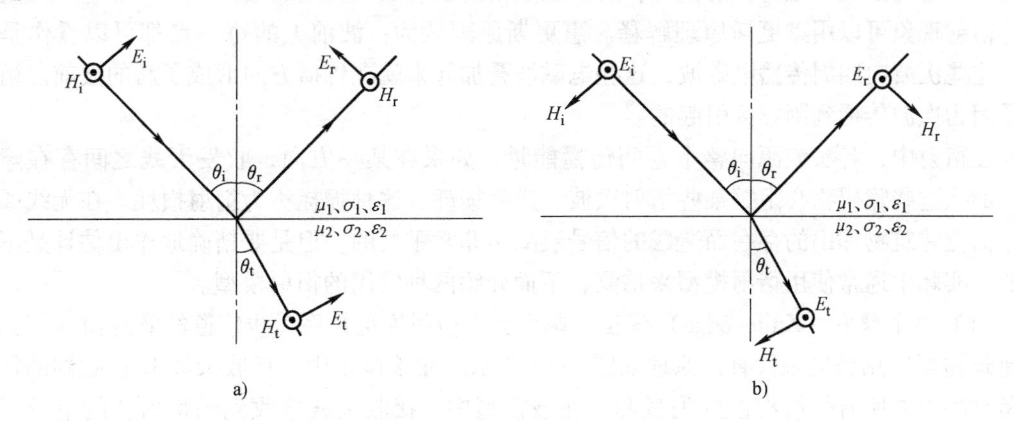

图 11-1　电磁波入射到两种不同介质界面后的入射、反射及折射波的几何关系

a）水平极化入射　b）垂直极化入射

$$\Gamma_{\parallel}=\frac{E_r}{E_i}=\frac{\eta_2\cos\theta_t-\eta_1\cos\theta_i}{\eta_2\cos\theta_t+\eta_1\cos\theta_i} \tag{11-10}$$

$$\Gamma_{\perp}=\frac{E_r}{E_i}=\frac{\eta_2\cos\theta_i-\eta_1\cos\theta_t}{\eta_2\cos\theta_i+\eta_1\cos\theta_t} \tag{11-11}$$

式中，η_j（$j=1$，2）为介质的波阻抗

$$\eta_j=\sqrt{\frac{\mu_j}{\varepsilon_j}} \tag{11-12}$$

入射角 θ_i、反射角 θ_r 和折射角 θ_t 的关系可由 Snell 定律确定

$$\begin{cases}\theta_i = \theta_r & (11\text{-}13)\\ \sqrt{\mu_1\varepsilon_1}\sin\theta_i = \sqrt{\mu_2\varepsilon_2}\sin\theta_t & (11\text{-}14)\end{cases}$$

并有

$$E_r = \Gamma E_i \tag{11-15a}$$

$$E_t = (1+\Gamma)E_i \tag{11-15b}$$

(2) 良导体反射　由于电磁波的能量不能穿过良导体，因此当平面波入射到良导体表面时，电磁波会全部反射回来。在这种情况下，对于垂直极化波来说，有

$$\theta_i = \theta_r \tag{11-16}$$

$$E_i = -E_r \tag{11-17}$$

对水平极化波有

$$\theta_i = \theta_r \tag{11-18}$$

$$E_i = E_r \tag{11-19}$$

或有

$$\Gamma_{\parallel} = 1 \tag{11-20}$$

$$\Gamma_{\perp} = -1 \tag{11-21}$$

2. 电磁波的衍射

在无线信道中，电磁波还存在衍射现象：电磁波可以绕过障碍物，传播到障碍物的后面。虽然接收机移动到被阻挡区域越深，接收场强衰减越快，但是由于衍射的存在，常常会有足够的电场强度产生有用的信号，所以通过衍射也能实现无线通信。

衍射现象可以用惠更斯原理解释。惠更斯原理认为：波前上的每一点都可以看作是次波。这些次波向四周传播电磁波，这些电磁波叠加起来就在传播方向形成了新的波前。衍射就是因为次波传播到阴影区引起的。

在衍射中，各次波源向整个空间传播能量，如果在某一方向，收发天线之间存在障碍物，那么这些障碍物会阻挡某些衍射次波，产生损耗，这种损耗称为衍射损耗。在无线通信中，估测建筑物和山的存在而造成的信号衰减是非常重要的，但是要精确地作出估计是不可能的，实际中通常使用衍射模型来估测，下面介绍两种常用的衍射模型。

(1) 单个劈尖（Knife-edge）模型　单个劈尖衍射模型是将无线信道的障碍物（例如山和建筑物等）用劈尖来代替，原理如图 11-2 所示。在该模型中，接收天线 R 接收到的衍射波是劈尖上方所有衍射次波的矢量和。在该模型中，接收天线接收到的衍射波的电场强度 E_d 为

$$\frac{E_d}{E_0} = F(\nu) = \frac{1+\mathrm{j}}{2}\int_{\nu}^{\infty}\exp[(-\mathrm{j}\pi t^2)/2]\,\mathrm{d}t \tag{11-22}$$

式中，E_0 是既不存在地面反射也不存在劈尖衍射的自由空间的场强；$F(\nu)$是复 Fresnel 积分；ν 为 Fresnel 衍射系数，$\nu = h\sqrt{\frac{2(d_1+d_2)}{\lambda d_1 d_2}}$；$h$、$d_1$、$d_2$ 的意义如图 11-2 所示。利用式(11-22)可定义衍射增益 G_d 如下

$$G_d = 20\lg|F(\nu)| \tag{11-23}$$

式(11-23)可解出近似解。

(2) 多个劈尖（Multiple Knife-edge）模型　在实际无线信道中，尤其是在山区，电磁

波在传播路径上可能有多个障碍物。此时所有障碍物产生的总衍射必须全部予以考虑。Bullington 建议可将多个障碍物等效为单个障碍物，这样就又可以用单个劈尖模型来估算了，近似的过程如图 11-3 所示。这种简化方法可以更方便地估算接收信号场强。

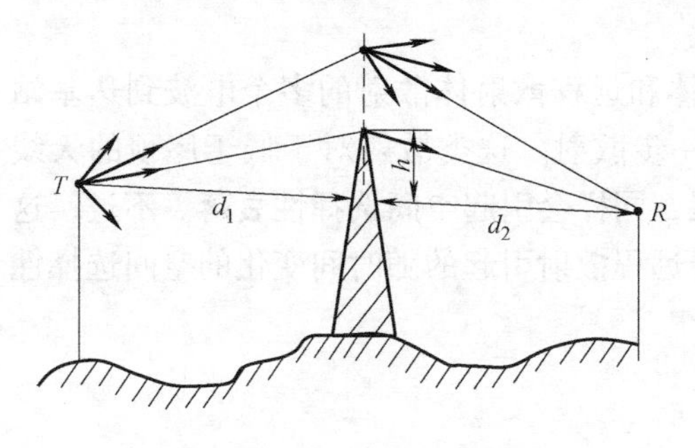

图 11-2　单个劈尖衍射模型

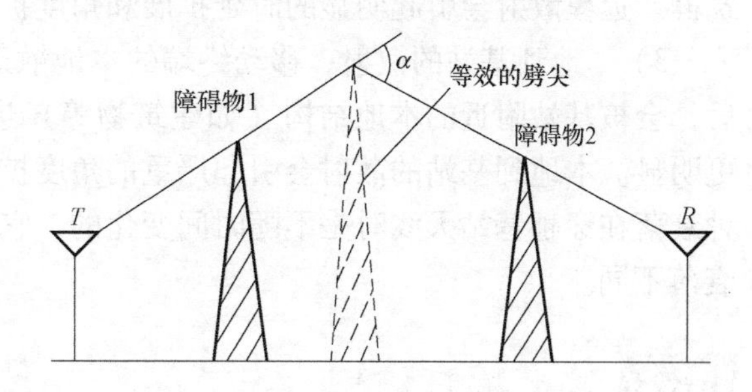

图 11-3　Bullington 衍射等效模型示意图

3. 电波的散射

无线信道中实际测得的信号功率，比反射和衍射模型所计算的理论值要高。这是因为散射现象的存在。电线杆、树木等都可以引起散射，散射相当于发射源增多了，因此接收功率也可能会相应增大。

从微观上看，散射实际上就是反射，只不过反射面很小，并且各个散射面的方向随机分布。从宏观上看，如果介质表面很光滑，并且其尺寸比波长大很多，就会发生反射。如果介质表面很粗糙，就会发生散射。介质表面的粗糙程度 h_c 通常用 Rayleigh 准则来描述：

$$h_c = \frac{\lambda}{8\cos\theta_i} \tag{11-24}$$

式中，h_c 表示介质表面隆起的高度（即介质表面最低与最高处的距离），它与入射角 θ_i 有关。如果介质表面隆起的高度大于 h_c，那么就认为此表面是粗糙的，会引起电磁波的散射。由于散射是向四面八方传播电磁波，这样相对于某一方向的反射有能量损失。为了表征这种损失，引入散射损耗因子 ρ_s

$$\rho_s = \exp\left[-8\left(\frac{\pi\sigma_h\cos\theta_i}{\lambda}\right)^2\right] \tag{11-25}$$

或写成

$$\rho_s = \exp\left[-8\left(\frac{\pi\sigma_h\cos\theta_i}{\lambda}\right)^2\right] I_0\left[8\left(\frac{\pi\sigma_h\cos\theta_i}{\lambda}\right)^2\right] \tag{11-26}$$

式(11-26)是式(11-25)的修正形式，其中 σ_h是标准偏差；$I_0()$是第一类零阶 Bessel 函数。

若原来光滑表面的反射系数为 Γ，则一个粗糙表面的反射系数应为

$$\Gamma_{rough} = \rho_s\Gamma \tag{11-27}$$

实际无线信道中的散射主要有以下三种：

1）本地到移动终端的散射，这种散射是由移动终端附近几十米范围内的建筑物或其他散射体（如树、路灯杆）引起的。移动终端到本地散射产生多普勒扩展，造成时间选择性衰落。对于移动时速约 105km/h 的终端，在 1900MHz 载波频率处产生的多普勒频率扩展约为 200Hz。虽然本地散射体产生多普勒扩展，但它们产生的时延扩展并不明显，因为它们的

散射半径很小，角度扩展也很小。

2）远程散射，由本地散射点形成的电波或者直达基站，或者由远程的强散射体散射到基站，从而产生镜面多径。这些远程散射体既可以是地形特征（如山岭），也可以是高层建筑群。远程散射会引起明显的时延扩展和角度扩展。

3）本地到基站的散射，移动终端的本地散射体和远程散射体散射的多个电波到达基站后，会被基站附近的本地结构（如建筑物等）进一步散射。这类散射对于低于屋顶的天线更明显。本地到基站的散射会引起严重的角度扩展，同样会引起空间选择性衰落。不过，这种衰落在穿越基站天线时是不随时间变化的，它与远程散射引起的随时间变化的空间选择性衰落不同。

11.3 路径损耗模型

在设计移动通信系统时，了解路径损耗是非常重要的，因为系统的覆盖区域大小、系统的可靠性与电磁波传播的损耗有关。在无线信道中，信号传输的路径只有基站到移动终端的直达路径的情况是很少见的，也就是说，单独使用上述自由空间的传播模型是不准确的，实际无线信道的特性非常复杂，很难进行精确的理论分析。在实际应用中，多采用理论分析与实验相结合的方法，针对不同的环境归纳总结出相应的路径损耗模型。没有一个模型可以适用于所有的传播环境，因此设计时需要根据具体情况选择合适的模型。室内和室外电波传播环境有很大不同，可供使用的模型也有很大差异。本节中将首先介绍一个基本模型，然后再分室内和室外两种情况分别介绍一些更为实用的模型。

11.3.1 地面反射（双射线）模型

在这个模型中只有直达波和经地面的一次反射波，没有考虑多次反射波和衍射、散射以及多普勒效应的影响，该模型在估计几千米范围内的大尺度信号强度时是非常有用的，对市区视距内微蜂窝环境中信号功率的估计也非常准确。此模型如图 11-4 所示。

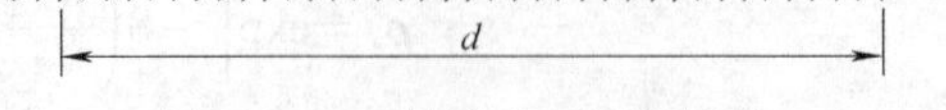

图 11-4 双射线地面反射模型

在大多数通信系统中，收发天线之间的最大距离为数千米，在这种情况下地球表面可以认为是一个平面，总的接收电场 E_{TOT} 为直达波 E_{LOS} 与一次反射波 E_r 的矢量和。

在图 11-4 中，h_t 为发射天线的高度，h_r 为接收天线的高度。设 E_0 表示某一距发射机 T 点 d_0 处的参考电场强度，且 $d>d_0$，则有

$$E(d,t)=\frac{E_0d_0}{d}\cos\left[\omega_c\left(t-\frac{d}{c}\right)\right] \tag{11-28}$$

其中，$|E(d,t)|=E_0d_0/d$ 为场强包络。则对直达波有

$$E(d',t)=\frac{E_0d_0}{d'}\cos\left[\omega_c\left(t-\frac{d'}{c}\right)\right] \tag{11-29}$$

对于一次反射波有

$$E(d'',t)=\frac{E_0d_0}{d''}\cos\left[\omega_c\left(t-\frac{d''}{c}\right)\right] \tag{11-30}$$

式中，d'、d''分别表示直达波和一次反射波的传播路径长度，根据 11.2.2 节中的 Snell 定律有

$$\theta_i=\theta_o \tag{11-31}$$

$$E_g=\Gamma E_i \tag{11-32a}$$

$$E_t=(1+\Gamma)E_i \tag{11-32b}$$

式中，Γ 为反射系数；E_g 表示地面反射波的场强；E_t 为透射到地面内部的场强。

为了方便，设地面为全反射，即 $\Gamma=-1$ 及 $E_t=0$，则接收端 R 点的总场强 E_{TOT} 为

$$|E_{TOT}|=|E_g+E_{LOS}| \tag{11-33}$$

由式(11-28)和式(11-29)，可得接收信号的总电场强度为

$$E_{TOT}(d,t)=\frac{E_0d_0}{d'}\cos\left[\omega_c\left(t-\frac{d'}{c}\right)\right]+(-1)\frac{E_0d_0}{d''}\cos\left[\omega_c\left(t-\frac{d''}{c}\right)\right] \tag{11-34}$$

直达波和一次反射波路径长度之差为

$$\Delta=d''-d'=\sqrt{(h_t+h_r)^2+d^2}-\sqrt{(h_t-h_r)^2+d^2} \tag{11-35}$$

当 $d\gg h_r+h_t$ 时，利用 Talor 级数展开式，式(11−35)可近似为

$$\Delta=d''-d'\approx\frac{2h_th_r}{d} \tag{11-36}$$

直达波和一次反射波之间的相位差为

$$\theta_\Delta=\frac{2\pi\Delta}{\lambda} \tag{11-37}$$

两者之间的到达时延差为

$$\tau_d=\frac{\Delta}{c}=\frac{\theta_\Delta}{2\pi f_c} \tag{11-38}$$

当 d 很大时，d'和 d''的差值变得很小，直达波和一次反射波的振幅相近，但相位不同，即

$$\left|\frac{E_0d_0}{d}\right|=\left|\frac{E_0d_0}{d'}\right|=\left|\frac{E_0d_0}{d''}\right| \tag{11-39}$$

当 $t=d''/c$ 时，由式(11-34)可得

$$\begin{aligned}E_{TOT}\left(d,t=\frac{d''}{c}\right)&=\frac{E_0d_0}{d'}\cos\left[\omega_c\left(\frac{d''-d'}{c}\right)\right]-\frac{E_0d_0}{d''}\cos0\\&=\frac{E_0d_0}{d'}\cos\theta_\Delta-\frac{E_0d_0}{d''}\approx\frac{E_0d_0}{d}(\cos\theta_\Delta-1)\end{aligned} \tag{11-40}$$

$E_{TOT}(d)$的振幅可近似为

$$|E_{TOT}(d)|\approx\frac{2E_0d_0}{d}\frac{2\pi h_th_r}{\lambda d} \tag{11-41}$$

接收机在 R 点收到的信号功率为

$$P_r\approx P_tG_tG_r\frac{h_t^2h_r^2}{d^4} \tag{11-42}$$

则可得地面反射（双射线）模型的损耗 PL 为

$$\mathrm{PL} \approx 40\lg d - (10\lg G_t + 10\lg G_r + 20\lg h_t + 20\lg h_r) \tag{11-43}$$

由式(11-43)可以看出，对于远距离传播（$d >> h_r + h_t$）的电磁场，路径损耗 PL 与频率无关。

11.3.2 室外传播模型

移动通信系统中无线电波的传播很复杂，不但要考虑各种各样不规则的地形，还要考虑树木、建筑物的分布情况等。由于环境的复杂性，可供使用的模型方法也是各种各样的，它们的复杂性和准确度也有很大的差别。这里主要介绍几种常用的模型。

1. Longley-Rice 模型

这个模型适用于40MHz ~ 100GHz 的点对点通信系统，要求知道收发两点之间的地形情况。在计算电磁波的功率时使用双射线大地反射模型。如果在传播路径中存在独立的障碍物，则要考虑衍射损失，衍射损失可用劈尖衍射模型来计算。这种模型的优点是比较简单，但是没有考虑多径衰落。

2. Okumura 模型

Okumura 模型是常用的预测市区电波传播情况的模型之一。它适用的频率范围是 150 ~ 1920MHz，适用的距离是 1 ~ 100km，基站的天线高度为 30 ~ 1000m。

Okumura 模型测出了一组地形衰减与自由空间衰减 A_{mu} 的关系曲线，测试条件是在市区的准非起伏地形，基站天线的高度 h_{te} 为 200m，移动终端天线的高度 h_{re} 为 3m，均为全向垂直天线。该模型中的路径损耗公式为

$$L_{50}(\mathrm{dB}) = L_F + A_{mu}(f,d) - G(h_{te}) - G(h_{re}) - G_{AREA} \tag{11-44}$$

式中，L_{50} 表示路径损耗的中值；L_F 表示自由空间的传播损耗；A_{mu} 表示相对于自由空间的中值衰减量，可以从曲线中读出；$G(h_{te})$是基站天线高度增益因子；$G(h_{re})$为移动终端天线的高度增益因子；G_{AREA} 是环境增益因子；A_{mu} 和 G_{AREA} 是频率的函数，Okumura 已经给出了这些曲线，可以直接使用。注意天线高度增益因子仅是天线高度的函数，与天线本身的特性无关，基站天线高度增益因子 $G(h_{te})$与天线高度 h_{te} 的关系为

$$G(h_{te}) = 20\lg\left(\frac{h_{te}}{200}\right) \quad 1000\mathrm{m} > h_{te} > 30\mathrm{m} \tag{11-45a}$$

移动终端天线高度增益因子与天线高度的关系为

$$G(h_{re}) = 10\lg\left(\frac{h_{re}}{3}\right) \quad h_{re} \leqslant 3\mathrm{m} \tag{11-45b}$$

$$G(h_{re}) = 20\lg\left(\frac{h_{re}}{3}\right) \quad 10\mathrm{m} > h_{re} > 3\mathrm{m} \tag{11-45c}$$

Okumura 模型完全建立在试验数据基础上，并没有理论方面的解释。对于大多数情况来说，如果其中的一些参数超过了 Okumura 模型适用的范围，可以采用插值方法来解决。Okumura 模型的最大缺点是不太适合于地形变化剧烈的地区。

3. Hata 模型

Hata 模型是将 Okumura 模型中用曲线表示的数据归纳为公式，其适用的频率范围为 150 ~ 1500MHz，可以应用于市区，其公式为

$$L_{50}(\mathrm{dB}) = 69.55 + 26.16\lg f_c - 13.82\lg h_{te} - a(h_{re}) + (44.9 - 6.55\lg h_{te})\lg d \tag{11-46}$$

式中，f_c 是载波频率，单位为 MHz；h_{te} 为基站天线的高度，单位为 m，$30\text{m} \leqslant h_{te} \leqslant 2000\text{m}$；$h_{re}$ 是移动终端天线的高度，单位为 m，$1\text{m} \leqslant h_{re} \leqslant 10\text{m}$；$d$ 是收发天线之间的距离，单位为 km；$a(h_{re})$ 是移动终端天线的校正因子，单位为 dB。对于小城镇和中等规模城市，$a(h_{re})$ 为

$$a(h_{re}) = (1.1\lg f_c - 0.7)h_{re} - (1.56\lg f_c - 0.8) \tag{11-47}$$

对于大城市，$a(h_{re})$ 为

$$a(h_{re}) = 8.29(\lg 1.54h_{re})^2 - 1.1 \quad f_c \leqslant 300\text{MHz} \tag{11-48a}$$

$$a(h_{re}) = 3.2(\lg 11.75h_{re})^2 - 4.97 \quad f_c > 300\text{MHz} \tag{11-48b}$$

对于郊区，式(11-46)可修正为

$$L(\text{dB}) = L_{50} - 2[\lg(f_c/28)]^2 - 5.4 \tag{11-49}$$

对于开阔的农村地区，式(11-46)可修正为

$$L(\text{dB}) = L_{50} - 4.78(\lg f_c)^2 - 18.33\lg f_c - 40.98 \tag{11-50}$$

虽然 Hata 模型没有 Okumura 模型中的那些路径修正因子，但上述公式仍然有很高的实用价值，在收发距离 $d > 1\text{km}$ 时，Hata 模型预测的结果基本上与 Okumura 模型相吻合。所以 Hata 模型更适合用于大蜂窝系统，而不适合于蜂窝半径小于 1km 的个人通信系统。

4. 适用于小蜂窝的个人通信系统的 Hata 模型/COST-231

当接收距离为 1km 左右时，应用于市区的 Hata 模型可修正为

$$L_{50}(\text{dB}) = 46.3 + 33.9\lg f_c - 13.82\lg h_{te} - a(h_{re}) + (44.9 - 6.55\lg h_{te})\lg d + C_M \tag{11-51}$$

式中，$a(h_{re})$ 可由式(11-47)或式(11-48a)或式(11-48b)确定，且

$$C_M = \begin{cases} 0\text{dB} & \text{对于中小城市及郊区} \\ 3\text{dB} & \text{对于大型城市} \end{cases}$$

公式中各参数的适用范围为：$1500\text{MHz} \leqslant f_c \leqslant 2000\text{MHz}$；$30\text{m} \leqslant h_{te} \leqslant 200\text{m}$；$1\text{m} \leqslant h_{re} \leqslant 10\text{m}$；$1\ \text{km} \leqslant d \leqslant 20\ \text{km}$。

5. Walfisch-Bertoni 模型

该模型在预测街道上的平均场强时，充分考虑了屋顶和建筑物衍射的影响，如图 11-5 所示。其路径损耗 PL 可表示为

$$\text{PL} = P_0 Q^2 P_1 \tag{11-52}$$

式中，Q^2 表示由建筑物阻挡造成产生的接收信号衰减；P_1 是由衍射导致的从屋顶到街道信号的损耗；P_0 表示自由空间的路径损耗

$$P_0 = \left(\frac{\lambda}{4\pi R}\right)^2 \tag{11-53}$$

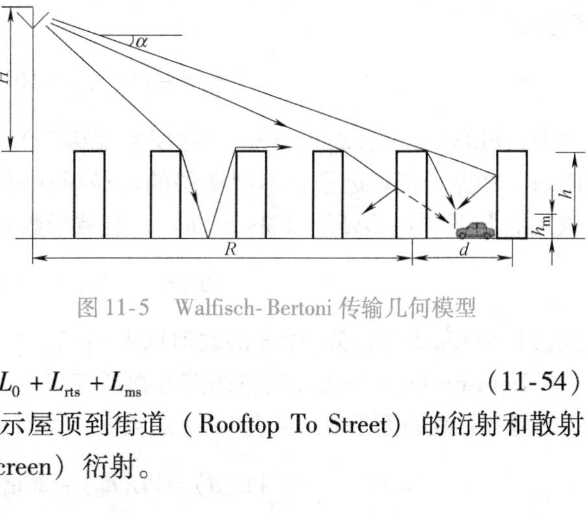

图 11-5　Walfisch-Bertoni 传输几何模型

用分贝表示，路径损耗可表示为

$$\text{PL} = L_0 + L_{rts} + L_{ms} \tag{11-54}$$

式中，L_0 表示自由空间的传播损耗；L_{rts} 表示屋顶到街道（Rooftop To Street）的衍射和散射损耗；L_{ms} 表示数排建筑物的多孔（Multi Screen）衍射。

11.3.3 室内传播模型

室内无线信道与室外无线信道差异很大。在室内环境中，环境的变动很大，覆盖范围很小。建筑物内信号的传播受到建筑物的布局、所使用的建筑材料和建筑物类型等因素的影响。与室外传播类似，无线信号在室内传播也同样有三种方式：反射、衍射和散射。但是，在室内环境中影响电磁波传播的因素更多，例如建筑物内门是否开着对信号的强度都会有很大的影响。同时，天线安装的位置也很重要，安装在桌面上与安装在天花板上，所接收信号的强度有很大差异。而且，室内天线覆盖半径较小，一般不满足电磁波的远场条件。从这些方面看，室内模型与室外模型有很大差异。

1. 隔断损耗

1）同一楼层的隔断损耗，建筑物的内外结构有很多的隔断和墙壁，居室内的墙壁通常用木制框架加上塑料板构成，而楼层之间的地板一般用木板或水泥构成。办公楼通常有较大的空间，内部采用可移动的隔断分割办公区，地板为钢筋混凝土结构。这些隔断和楼板的物理特性和电气特性千差万别，很难用一个标准模型来预测室内的传播情况，一些研究人员给出了各种隔断产生损耗的数据表，请查阅有关文献。

2）楼层之间的隔断损耗，建筑内楼层之间的损耗主要取决于其整体结构的大小、建筑材料、楼板的结构及外部环境。甚至建筑物窗户的数量及建筑涂料都会影响楼层之间的损耗。

2. 对数距离路径损失模型

这个模型所使用的公式是

$$\mathrm{PL}(d)=\mathrm{PL}(d_0)+10n\lg\left(\frac{d}{d_0}\right)+X_\sigma \tag{11-55}$$

式中，d_0 为参考点；$\mathrm{PL}(d_0)$是参考点处的自由空间路径损耗，单位为 dB；n 是平均路径损耗指数，与周围环境和建筑物类型有关；X_σ 为正态分布的随机变量，其均值为 0，标准偏差为 σ，各种建筑类型的相关参数可以查阅有关文献。

3. 衰减因子模型

这个模型的灵活性很强，精度较高，其理论预测值与实际测量值的标准偏差为 4dB。模型公式为

$$\mathrm{PL}(d)=\mathrm{PL}(d_0)+10n_{\mathrm{SF}}\lg\left(\frac{d}{d_0}\right)+\mathrm{FAF} \tag{11-56}$$

式中，$\mathrm{PL}(d)$、$\mathrm{PL}(d_0)$、FAF（楼层衰减因子）的单位都是 dB。n_{SF} 表示同一楼层（Same Floor）的路径损耗因子，不同楼层的路径损耗可以加上一项楼层衰减因子 FAF。也可以将该式的 FAF 项用多楼层（Multi Floor）衰减指数 n_{MF} 代替，则模型公式就变为

$$\mathrm{PL}(d)=\mathrm{PL}(d_0)+10n_{\mathrm{MF}}\lg\left(\frac{d}{d_0}\right) \tag{11-57}$$

式(11-56)和式(11-57)中 n 的取值见表 11-2。

Devasirvatham 等人发现室内路径损耗等于自由空间的损耗加上一个额外的关于收发距离 d 呈指数衰减的因子 α，见表 11-3 的数据，可对式(11-56)做修正，如下式

$$\mathrm{PL}(d)=\mathrm{PL}(d_0)+20\lg\left(\frac{d}{d_0}\right)+\alpha d+\mathrm{FAF} \tag{11-58}$$

表11-2　路径损耗因子 n 的取值

收发天线的相对位置	n
同层	2.76
穿过一层	4.19
穿过二层	5.04
穿过三层	5.22

表11-3　损耗因子模型改进后的参数取值

位　置	频　率	衰减因子 α
建筑物1（4层）	850MHz	0.62
	1.7GHz	0.57
	4.0GHz	0.47
建筑物2（2层）	850MHz	0.48
	1.7GHz	0.35
	4.0GHz	0.23

11.3.4　其他信道的损耗特性

1. 建筑物的透射损耗

室内移动通信系统的类型很多，如室内的无线局域网（WLAN）接入点（AP）、地下商场、电梯轿厢内的直放站等；在室外的适当地点建立基站（蜂窝基站或集群基站），移动终端在一定范围内，无论处于室外或室内都正常接入通信网；在多楼层的建筑物内建立专用的室内移动通信系统（含基站和相关设备），供移动终端在不同的楼层中通信。无论哪种通信系统，只要无线电波穿过墙壁或楼板，就必然存在电波的穿透损耗，即建筑物的穿透损耗。当基站天线架设在室外时，透射损耗的大小与下列因素有关：

（1）*建筑物的材料*　不同材料的介质特性不同，对电磁波的反射和吸收也不相同，建筑材料包括金属、水泥、木材、塑料及各种墙面涂料等，均会对电磁波损耗产生影响。

（2）*窗户开口面积、窗户数量*　通常窗户的数量越多，开口面积越大，接收机接收的信号电平越大，实测显示：有窗户建筑物的透射损耗比没有窗户建筑物小6dB左右。

（3）*信号频率*　透射损耗随着频率值的增加而减小。如在某建筑物的一层经过实测得到：在441MHz、896.5MHz 和 1400MHz 三个频率的透射损耗分别为 16.4dB、11.6dB 和7.6dB。

（4）*接收机在建筑物内的位置*　其位置包括：楼层的高低、离窗户的远近等。楼层越低，离窗户越远，损耗越大。通过对某一建筑物内的实测表明：由第1层到第15层的透射损耗按每层2.75dB的规律递减，大约在第10层楼内的信号电平和室外地面上的信号电平相同。

对于在多层楼房内设置基站的系统而言，由于室内的结构复杂，所用天线的形式与架设地点也各不相同，因而很难确定一种统一的透射损耗模型作为设计的依据。

2. 隧道的损耗

隧道主要包括：矿井巷道、地铁、地下通道等，一般无线电信号不能穿透这些建筑结构，在隧道内电波的传播损耗很大，因而通信距离很短。例如，一般VHF或UHF信号，在矿井巷道或在直径为3m左右隧道中的通信距离只有几百米。

另外当传播路径上出现障碍物（如车辆）或通道弯曲时，损耗还会增大。而且频率越低，损耗越大，如对于150MHz频率的电波，在隧道内的损耗约为100~150dB/km。

为了增加隧道内的通信距离，常用直放站加导波线传输方式，即在隧道内敷设能导引电磁波的导波线，借助导波线，电磁波能量向前方传输的同时，泄漏出一部分能量，该导波线同时也是接收天线，拾取移动终端发射的信号，这样可实现隧道内的无线通信。常见的导波线有两种：平行双导线和泄漏同轴电缆。

11.4 无线信道的特性——小尺度衰落与多径

在建筑物密集的城市地区，由于接收天线一般不可能高于建筑物，因此收发天线之间没有直视方向上的电磁波传播，能量的传播主要依靠建筑物等障碍物的反射、衍射和散射。这三种传播机制会产生大量的传播路径，同一副接收天线会接收到很多电磁波，这些到达的电磁波称为多径波，由于它们的强度、传输时延等不同，导致在很短的时间内或很短的移动距离内，在接收信号上叠加了一个相位、包络随时间快速变化的信号，引起接收信号的畸变和小尺度衰落现象，简称衰落，此时大尺度路径损耗的影响可以忽略。

11.4.1 多径传播

无线信道中多径传播会造成衰落（指快衰落）效应，多径衰落效应主要表现在三个方面：①近传输距离或较短的时间间隔中信号强度的快速变化；②不同路径信号的多普勒频移的变化会产生随机频率调制；③多径传播时延引起的时延扩散。

1. 影响小尺度衰落的因素

无线信道中的许多物理因素均会影响衰落，这些因素包括：

(1) *多径传播* 无线信道中移动的反射体、散射体、衍射体以及接收天线组成了一个不断变化的传播环境，使信号在幅度、相位和传播时延上发生弥散。多径分量的随机幅值和相位引起接收信号强度的扰动，从而产生小尺度衰落、信号畸变或二者兼有。多径传播通常会使多径信号到达接收端所需要的时间不相同，造成码间干扰。

(2) *移动终端的速度* 基站与移动终端之间的相对运动会使每个多径分量产生不同的多普勒频移，从而引起接收信号的随机频率调制。多普勒频移有可能为正，也可能为负，取决于移动终端相对基站移动的方向。

(3) *周围物体的速度* 如果信道中的物体处于运动中，它们就会对多径分量产生时间变化的多普勒频移。若周围物体以明显快于移动终端的速度运动，这种效应就会压倒小尺度衰落，否则，周围物体的运动可以忽略，只需要考虑移动终端与基站之间的径向速度。

(4) *信号带宽* 如果信号带宽大于多径信道的带宽（多径信道可以看成是一个时变系统，它的带宽可以用相关带宽表示），那么接收信号就会失真，但是接收信号的能量在很小的范围内变化不是很大（也就是衰落现象并不严重）。如果发射信号的带宽与信道相比是窄带的，那么信号的包络变化会加快，产生严重的小尺度衰落，但信号的畸变不大。所以信号的衰落特性及畸变的严重程度与信道的幅频特性、时延以及发射信号的带宽有关。

2. 多径信道的模型

冲激响应可以很好地反映信道特征，它包含了仿真和分析无线信道特征的所有信息。移动信道特性是时变的，这种时间变化是由接收机在空间的相对运动引起的。时变信道可以用具有时变冲激响应的线性滤波器描述。信道特性反映了任意时刻多个到达波的幅值和相位的叠加结果。冲激响应可用来预测和比较不同移动通信系统的性能，进行移动信道特性的预测和发射带宽的比较。移动信道可以用一个具有时变冲激响应的线性滤波器表示，图 11-6 是一种最简单的移动信道，信道特性是时间和空间的函数。接收台处于某一固定点，距基站为

d，此时可以把基站和移动终端之间的信道看成是线性时不变系统，但是移动终端的位置不同，各个多径信号的传输延迟是不同的，因此线性时不变系统冲激响应也是位置的函数，可表示为 $h(d,t)$，若用 $x(t)$ 表示基站的发射信号，$y(d,t)$ 表示处于 d 点移动终端的接收信号，则有

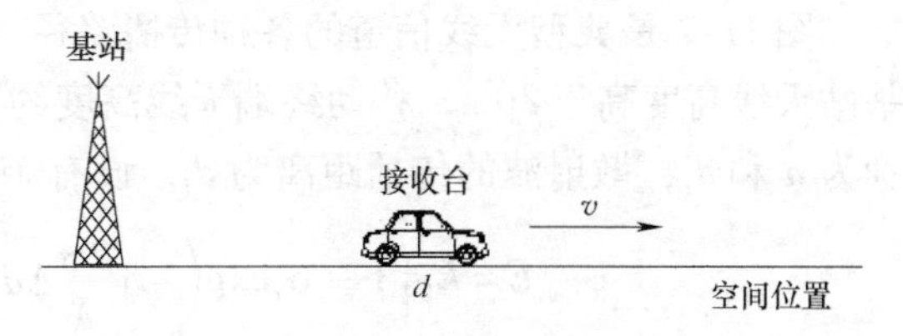

图 11-6　移动信道是时间和空间的函数

$$y(d,t) = x(t) * h(d,t) = \int_{-\infty}^{\infty} x(\tau) h(d,t-\tau) \mathrm{d}\tau \tag{11-59}$$

为了满足因果性，式(11-59)改写为

$$y(d,t) = \int_{-\infty}^{t} x(\tau) h(d,t-\tau) \mathrm{d}\tau \tag{11-60}$$

设移动终端以速度 v 沿地面运动，则其位置 d 可表示为

$$d = vt \tag{11-61}$$

将上式代入式(11-60)有

$$y(vt,t) = \int_{-\infty}^{t} x(\tau) h(vt,t-\tau) \mathrm{d}\tau \tag{11-62}$$

因为 v 是常数，或在较短时间（或距离）内是常数，则式(11-62)可进一步写成

$$y(t) = \int_{-\infty}^{t} x(\tau) h(vt,t-\tau) \mathrm{d}\tau = x(t) * h(d,t) \tag{11-63}$$

由于 v 是常数，设 $d = d_0 + v\,\xi$，ξ 表示移动终端的移动时间，则式(11-63)表示为

$$y(t) = \int_{-\infty}^{\infty} x(\tau) h(t-\tau,\xi) \mathrm{d}\tau = x(t) * h(t,\xi) \tag{11-64}$$

冲激响应 $h(t,\xi)$ 可看成是线性时变系统，现设 $x(t)$、$y(t)$ 分别为带通信号，可以把 $x(t)$、$y(t)$、$h(t,\xi)$ 用复信号形式表示，即

$$x(t) = \mathrm{Re}\{c(t)\exp(\mathrm{j}\omega_c t)\} \tag{11-65}$$

$$y(t) = \mathrm{Re}\{r(t)\exp(\mathrm{j}\omega_c t)\} \tag{11-66}$$

$$h(t,\xi) = \mathrm{Re}\{h_B(t,\xi)\exp(\mathrm{j}\omega_c t)\} \tag{11-67}$$

设有 N 个路径，每个路径的相对时延记为 τ_i，τ_i 定义为：设信号沿最短路径到达接收机的时延记为 0，则第 i 个路径时延超出最短路径时延的值为 τ_i，称为额外时延（Excess Delay）。由于多径信道中的接收信号是由发射信号的一系列具有不同衰减、时间延迟和相位变化的多径分量组成，所以多径信道的基带冲激响应可以表示为

$$h_B(t) = \sum_{i=0}^{N-1} \{a_i(t,\xi)\exp[\mathrm{j}\omega_c\tau_i(t) + \phi_i(t,\xi)]\}\delta[\xi - \tau_i(t)] \tag{11-68}$$

式中，$a_i(t,\xi)$、$\tau_i(t)$ 分别是第 i 个多径分量在时间 t 的实幅值和额外时延，因为信道的额外时延 τ_i 也是时变的，它随着移动终端的位置变化而变化，移动终端的位置是其移动时间 ξ 的函数，故将 τ_i 记为 $\tau_i(t)$；$\phi_i(t,\xi)$ 是第 i 个多径分量的相移。

11.4.2　慢衰落与快衰落

在实际的移动通信中，电波传播方式除了前述的直射波和地面反射波以外，还存在传播路径中各种障碍物（如楼房等）引起的辐射能量的散射、折射和衍射等。

图 11-7 是典型无线信道的各种传播路径，由直达波、地面反射波和散射波组成。图中，基站天线高度高于 30m，移动终端天线高度约 2～3m。令直达波和地面反射波的传播距离分别为 d 和 d_r，散射波的传播距离为 d_i，设有 M 个散射体，则接收信号的合成场强为

$$E = E_0\left[1 - \alpha_r \exp\left(-j\frac{2\pi}{\lambda}\Delta d_r\right) - \sum_{i=1}^{M} \alpha_i \exp\left(-j\frac{2\pi}{\lambda}\Delta d_i\right)\right] \tag{11-69}$$

式中，$i=1$，…，M 代表散射体的个数；E_0 为直射波场强；λ 是工作波长；α_r 和 α_i 分别表示地面反射波和散射波的衰减系数，并且：$\Delta d_r = d_r - d$，$\Delta d_i = d_i - d$。

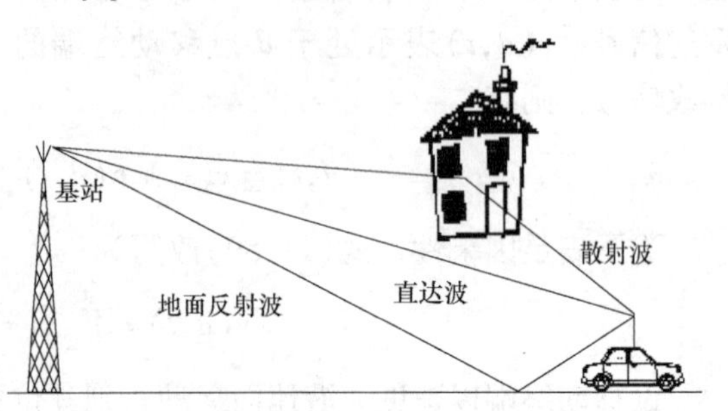

图 11-7　移动信道的传输路径

式(11-69)表明，直达波、地面反射波和散射波在接收点形成干涉场，使接收信号的电平发生扰动，这种扰动就是衰落。由于信号电平是距离的函数，所以移动用户接收信号电平是时变的。信号的衰落是多径效应产生的结果，它具有两个特点：一是接收信号在时间域的慢速扰动即慢衰落，其衰落的深度大（在移动通信中，信号电平的变化范围约 30～40dB）；二是接收信号在空间域的快速扰动即快衰落。

因此，接收信号的电平（包络）$\alpha(t)$ 可由两个乘性分量慢衰落 $\alpha_s(t)$ 和快衰落 $\alpha_f(t)$ 来表示

$$\alpha(t)=\alpha_f(t)\alpha_s(t) \tag{11-70}$$

移动环境中任意时刻 t 接收的瞬时衰落复信号 $r(t)$ 都可以写作

$$r(t)=\alpha(t)\exp[j\phi(t)] \tag{11-71}$$

式中，$\phi(t)$ 表示 $r(t)$ 的相位特性。慢衰落和快衰落是接收的多径信号包络的两个特性。

1. 慢衰落

慢衰落 $\alpha_s(t)$ 是由建筑物或自然地形地物的阻挡引起的，它实际上是信号电平 $\alpha(t)$ 的包络变化，对于室外无线通信而言，由于移动终端可能不断运动，因而电波传播路径上的地形地物是不断变化的，使接收信号的局部中值随时间、地点以及移动终端的速度而变化。大量统计测试数据表明，信号局部中值的变化比较缓慢，其衰落周期以秒级计，这就是慢衰落的含义。慢衰落近似服从对数正态分布，其概率密度函数如下式所示：

$$p(x)=\begin{cases}\dfrac{1}{\sqrt{\pi}\sigma x}\exp\left[-\dfrac{(\lg x-\mu)^2}{2\sigma^2}\right] & x>0\\ 0 & x\leqslant 0\end{cases} \tag{11-72}$$

式中，x 表示信号电平的慢扰动；μ、σ 分别是用 dB 表示的 x 的均值和标准偏差。

2. 快衰落

快衰落表示接收信号在空间的迅速扰动，它是由运动中的移动终端附近的障碍物对信号的多径散射引起的。通常快衰落的包络特性满足 Rayleigh 分布概率密度函数，即

$$p(r)=\begin{cases}\dfrac{r}{\sigma^2}\exp\left(-\dfrac{r^2}{2\sigma^2}\right) & r\geqslant 0\\ 0 & r<0\end{cases} \tag{11-73}$$

式中，r 为接收信号的包络；σ 为包络检波前收到的信号电压的方均根值，σ^2 是包络检波前接收信号的时间平均功率。

如果发射端与接收端之间存在直达路径，由于直达信号的强度远大于其他多径散射信号强度，在经过包络检波后的包络信号中存在一个较大的直流分量，此时接收端信号包络不再服从 Rayleigh 分布，而是服从 Rician 分布

$$p(r)=\begin{cases}\dfrac{r}{\sigma^2}\exp\left(-\dfrac{r^2+A^2}{2\sigma^2}\right)I_0\left(\dfrac{Ar}{\sigma^2}\right) & A\geqslant 0,r\geqslant 0\\ 0 & r<0\end{cases}\tag{11-74}$$

式中，A 为直达波的最大幅值；$I_0()$ 为修正的零阶第一类 Bessel 函数。

11.4.3　选择性衰落

移动终端接收的瞬时衰落复信号 $r(t)$ 由式(11-71)描述，其中包络特性包括慢衰落、快衰落；而接收信号的相位特性 $\phi(t)$ 由衰落的频域特性、时域特性和空域特性决定，这些特性分别与多径信号的多普勒扩展、时延扩展和角度扩展有关。

多普勒扩展、时延扩展和角度扩展是移动信道的重要特性参数。根据信号参数（如带宽、码元间隔等）和信道参数之间的关系，不同的发射信号会发生不同类型的衰落，这些衰落分别具有时间选择性、频率选择性和空间选择性，统称选择性衰落。

1. 时间选择性衰落——多普勒扩展

由于移动终端（MS）与基站的相对运动，每个多径波都会有一个明显的频率变化。由运动引起的接收信号频率的变化称为多普勒频移。由物理学可知：设 MS 的移动速度为 v，v 与散射波到达方向的夹角为 θ，则多普勒频移 f_D 为

$$f_D=\frac{v}{\lambda}\cos\theta\tag{11-75}$$

以频率为 f_C 的正弦信号为例，其频谱为在频率 f_C 处的一条谱线。当该信号被发射后，由于多普勒频移的作用，接收信号的频谱（称为多普勒谱）会由单一谱线扩散为从 f_C-f_D 到 f_C+f_D 的有限带宽谱，这种由多普勒频移引起的衰落过程造成的频率扩散称为多普勒扩展，又称时间选择性衰落。多普勒扩展的大小取决于多普勒频移 f_D，它是移动终端相对运动速度 v、移动方向与散射波到达方向之间的夹角 θ 的函数。多普勒扩展可以用信道的相关时间 T_C 描述

$$T_C=\frac{1}{f_m}\tag{11-76}$$

式中，f_m 为最大多普勒频移，$f=v/\lambda$。相关时间也可定义为时间相关函数约为 0.5 的时间，相关时间可近似为

$$T_C\approx\frac{9}{16\pi f_m}\tag{11-77}$$

2. 频率选择性衰落——时延扩展

如上所述，多径效应在频域上将信号带宽展宽了。此外，多径效应还会在时域上造成信号波形的展宽。发送端发射的单脉冲信号经过多径信道后，由于各信道时延不同，移动用户接收到的信号为一串脉冲，各脉冲之间可能互相混叠，造成接收信号的脉冲波形的展宽，由

于信号波形的展宽是由多径信道的时延引起的，所以称之为时延扩展。

一般情况下，接收信号为 M 个不同路径的散射信号之和，即

$$S_{\mathrm{r}}(t)=\sum_{i=1}^{M}\beta_i S_{\mathrm{b}}[t-\tau_i(t)] \tag{11-78}$$

式中，β_i是第 i 条路径的衰减系数；$\tau_i(t)$为第 i 条路径的额外时延。

时延扩展的特性通常用平均额外时延$\bar{\tau}$和 rms 时延扩展 σ_τ 描述

$$\bar{\tau}=\left(\sum_k a_k^2\tau_k\right)\Big/\sum_k a_k^2 \tag{11-79}$$

$$\sigma_\tau=\sqrt{\overline{\tau^2}-(\bar{\tau})^2} \tag{11-80}$$

其中

$$\overline{\tau^2}=\left(\sum_k a_k^2\tau_k^2\right)\Big/\sum_k a_k^2 \tag{11-81}$$

a_k表示第 k 个路径信号的包络；σ_τ表示时延扩展的散布程度，σ_τ越大，时延扩展越严重。时延扩展会引起频率选择性衰落，用相关带宽 B_{C} 描述。相关带宽 B_{C} 表示在时延扩展影响下，信号各频率分量具有很强相关性的频率范围。相关带宽 B_{C} 可表示为

$$B_{\mathrm{C}}=\frac{1}{\sigma_\tau} \tag{11-82}$$

显然相关带宽与信号带宽之比越小，信道的频率选择性衰落越强；反之，则信道的频率选择性衰落就越弱。若无线信道在比发射信号的带宽大得多的带宽内具有不变的增益和线性相位响应，则接收信号发生平坦衰落，即满足下式时，为平坦性衰落

$$B_{\mathrm{S}}\ll B_{\mathrm{C}}\text{和 }T_{\mathrm{S}}\gg\sigma_\tau \tag{11-83}$$

式中，B_{S} 为信号带宽；B_{C} 为相关带宽；T_{S} 为码元间隔或码元宽度。在平坦衰落中，信道的多径效应不会造成信号的频谱失真。若

$$B_{\mathrm{S}}>B_{\mathrm{C}}\text{和 }T_{\mathrm{S}}<\sigma_\tau \tag{11-84}$$

则会发生频率选择性衰落，或满足

$$T_{\mathrm{S}}\leqslant 10\sigma_\tau \tag{11-85}$$

也会发生频率选择性衰落。频率选择性衰落是由信号在信道内的时间扩展引起的，会引起码间干扰。从频域上看，接收信号频谱某个频率分量的增益会与其他频率分量的增益相差很大，从而使接收信号发生畸变。

3. 空间选择性衰落——角度扩展

接收端的角度扩展是指多径信号到达天线阵列的角度展宽。同样，发送端的角度扩展是指由多径反射和散射引起的发射角展宽。在某些情况下，路径到达角（或发射角）与路径时延是统计相关的。角度扩展给出接收信号主要能量分布的角度范围，产生空间选择性衰落，即信号电平与天线的空间位置有关。

空间选择性衰落可用相关距离描述。相关距离定义为两副天线的信道响应保持强相关的最大空间距离。相关距离越短，角度扩展越大；反之相关距离越长，则角度扩展越小。

典型的角度扩展值为：室内环境 360°，城市环境 20°，平坦的农村环境 1°。

11.5 无线信道中的干扰

无线信道的噪声和干扰问题在本书的卫星通信部分已经作了讨论，见 7.3.3 节，移动通

信的噪声和干扰与卫星通信有许多相似之处。本节仅对移动通信特有的干扰问题作简要阐述。

移动通信系统要求应该在尽可能近的地区进行频率再用，以提高频谱利用率。频率再用的距离受信道干扰的限制。为了获得满意的频率配置，需要了解信道干扰对移动通信的影响。本节主要讨论由信道畸变产生的码间干扰和由频率再用产生的同信道干扰和邻道干扰。这些干扰与前面介绍过的衰落尤其是选择性衰落有密切的联系。

1. 信道畸变和码间干扰

数字信号的频率分布范围在理论上是无穷大的，而实际上任何一种信道的带宽都不可能是无穷大的，故信道对数字信号的频率响应一定存在畸变。如果信道特性不满足奈奎斯特第一准则，必然会导致码间干扰（ISI），使接收端的误码率上升。为了解决这个问题，可采用基带信号的时域整形、时域均衡等技术，具体原理见 12.5.2 节。

2. 同信道干扰

频率再用意味着在某个覆盖区有几个小区使用相同的频率集合。这些小区称为同信道小区，来自这些小区的信号之间的干扰称为同信道干扰。同信道干扰是蜂窝移动通信系统所特有的主要干扰之一，它与热噪声（可以用提高信噪比的方法加以克服）不同，同信道干扰不能通过简单地提高发射机的载波功率克服，这是因为载波发射功率的提高会增加对相邻信道的干扰。当各小区的大小近似相同，且基站发射相同的功率时，同信道干扰与发射功率无关，它是小区半径（R）和最邻近的同信道小区中心间距离（D）的函数。

可采用以下方法抑制同信道干扰：①增加同信道小区距离，优化小区的频率分配方案；②调整基站天线的位置、高度、角度，安装位置上考虑避开干扰方向，高度降低以及角度向下倾斜；③采用功率控制和不连续发射（DTX）技术。

3. 邻道干扰

邻道干扰是指相邻或邻近信道之间信号的相互干扰。邻道干扰又有“带内”和“带外”邻道干扰之分。“带内”是指干扰信号中心频率落入有用信号的有效频率范围内；“带外”则是指干扰信号中心频率落入有用信号的有效频率范围以外，但旁瓣落在有用信号的有效率范围内。带内邻道干扰对通信的影响较大，而带外邻道干扰的影响则小得多。

除了码间干扰、同信道干扰和邻道干扰外，还有远近效应和交扰调制干扰等，其中交扰调制干扰的原理在卫星通信部分有详细的介绍，见 8.2.1 节，有关远近效应的内容见 13.1.4 节。

第12章 移动通信基本技术

移动通信必须采用无线通信技术，无线通信技术主要包括：①调制技术及多址技术：研究频谱效率高、抗干扰能力强的数字调制技术和多址接入方式；②信源编码和信道编码技术：研究高效率的语音压缩编码方法和纠错能力强的差错控制编码方法；③信号接收技术：包括对抗信道衰落的分集接收和自适应均衡技术；④信息安全技术：包括无线接入用户的合法性鉴别和通信信息的加密；⑤空中无线接口：研究移动终端和基站之间的开放接口；⑥组网技术：研究高效灵活的组网方法，以实现频率资源再用、提高服务质量（QoS）。

其中多址技术、差错控制编码在第2篇卫星通信部分已经作了介绍，请参阅前面的相关章节。

12.1 数字调制解调技术

移动通信信道特性复杂，对数字调制技术的要求与卫星通信系统的要求有很大不同，本节重点介绍移动通信系统中常用的数字调制技术。

12.1.1 移动通信对数字调制的要求

（1）*频谱利用率高* 数字调制的频谱利用率是指在单位频带内能传输的信息码速率。提高频谱利用率（即频谱效率）的措施很多，但最基本的方法是采用窄带调制，减少信号所占带宽。要求频谱的主瓣窄，使主要能量集中在频带之内，而带外的剩余分量应尽可能低。

（2）*对移动路径的适应能力强* 移动通信环境以衰落、噪声、干扰为特点，包括多径瑞利衰落、频率选择性衰落、多普勒频移和障碍物阻挡的综合影响。因此，必须根据抗衰落和抗干扰能力来优选调制方案。

（3）*尽量能使用差分方式实现解调，易于接收* 由于移动通信信道的衰落和时变特性，相干解调性能明显变差，而差分解调不需要载波恢复，能实现快速同步，获得好的误码性能。因而采用差分解调的数字调制方案被越来越多地应用于数字蜂窝移动通信系统。

（4）*功率效率高* 允许功率放大电路工作在非线性模式下，性能恶化轻，效率高。

12.1.2 恒包络调制技术

在本书的卫星通信部分介绍了几种线性调制方式，包括：OOK、PSK、QPSK、OQPSK及$\pi/4$ QPSK、QAM等，上述部分调制方式在移动通信中也得到了广泛地应用，下面再介绍几种移动通信中常用的调制技术。

1. 最小频移键控（MSK）

MSK是一种二进制数字调制方式，是相位连续的频移键控（CPFSK），已知BFSK的时域表达式（式(8-5)）重写如下：

$$e_o(t)=\begin{cases}s_1(t)=\cos(\omega_1 t) & \text{表示“1”}\\ s_2(t)=\cos(\omega_2 t) & \text{表示“0”}\end{cases}$$

定义 $s_1(t)$、$s_2(t)$的互相关函数

$$\rho=\frac{\int_0^{T_s}s_1(t)s_2(t)\mathrm{d}t}{\sqrt{E_1E_2}} \tag{12-1}$$

式中，E_1、E_2 分别为信号 $s_1(t)$、$s_2(t)$在一个码元间隔的能量。

$$\begin{cases}E_1=\int_0^{T_S}s_1^2(t)\mathrm{d}t=\dfrac{T_S}{2}\\ E_2=\int_0^{T_S}s_2^2(t)\mathrm{d}t=\dfrac{T_S}{2}\end{cases} \tag{12-2}$$

显然

$$\rho=\frac{\int_0^{T_S}s_1(t)s_2(t)\mathrm{d}t}{\sqrt{E_1E_2}}=\frac{\int_0^{T_S}\cos(\omega_1 t)\cos(\omega_2 t)\mathrm{d}t}{T_S/2} \tag{12-3}$$

化简

$$\rho=\frac{\sin 2\pi(f_2-f_1)T_S}{2\pi(f_2-f_1)T_S}+\frac{\sin(4\pi f_c T_S)}{4\pi f_c T_S} \tag{12-4}$$

式中，$\omega_1=2\pi f_1$、$\omega_2=2\pi f_2$；$f_c=(f_1+f_2)/2$ 为中心频率。通常要求 BFSK 的两个信号是正交的，显然必有：$\rho=0$，而要使 $\rho=0$，式(12-4)中两项必须同时为 0，即

$$\begin{cases}(f_1-f_2)=\dfrac{n}{2T_S}\\ T_S=\dfrac{n}{4f_c}\end{cases} \tag{12-5}$$

结合上述这两个条件，并令 n 值最小，即 $n=1$，有

$$\begin{cases}f_1=f_c+\dfrac{1}{4T_S}\\ f_2=f_c-\dfrac{1}{4T_S}\end{cases} \tag{12-6}$$

可写出 MSK 的时域表达式

$$\begin{aligned}s_{\mathrm{MSK}}(t)&=\cos\left[2\pi\left(f_c+\frac{a_k}{4T_S}\right)t+\varphi_k\right]\\&=\cos\left(\omega_c t+\frac{\pi a_k}{2T_S}t+\varphi_k\right)\end{aligned} \tag{12-7}$$

式中，$a_k=\pm1$，表示二进制数字码元；φ_k表示第 k 个码元的初始相位常数，在该码元宽度内为常数，其值由前一个码元决定；$t\in[(k-1)T_S, kT_S]$，设初始相位为 0，显然每个码元累计最后的相位为 0、π，即$\varphi_k=0$ 或 π，时域波形如图 12-1 所示。

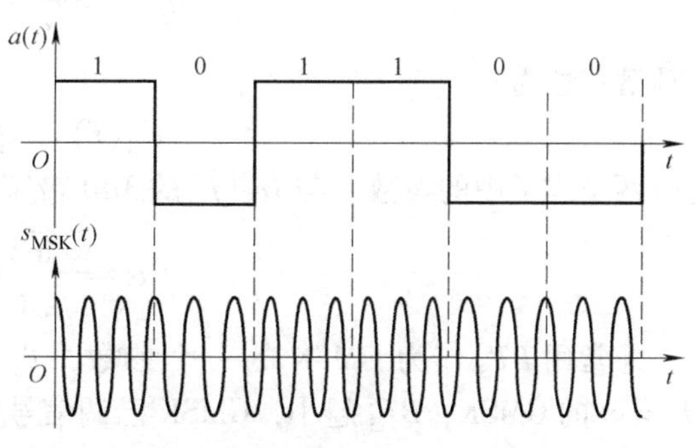

图 12-1　MSK 已调信号的时域波形

通过上述分析，可以得出 MSK 信号的特点：①已调信号的包络是恒定的；②信号的频率相对中心频率的偏移严格等于 $\pm 1/(4T_S)$；③以载波相位为基准的信号相位在一个码元宽度内准确地线性变化 $\pm\pi/2$；④在一个码元宽度的时域波形应包括 1/4 载波周期的整数倍；⑤在码元转换时刻的相位是连续的，没有相位的突变。

考虑到 $\varphi_k=0$ 或 π 及 $a_k=\pm 1$，式(12-7)可表示为

$$s_{MSK}(t)=I_k\cos\left(\frac{\pi}{2T_S}t\right)\cos(\omega_c t)+Q_k\sin\left(\frac{\pi}{2T_S}t\right)\sin(\omega_c t) \tag{12-8}$$

式中，$I_k=\cos\varphi_k$；$Q_k=-a_k\cos\varphi_k$，由式（12-8）可得调制电路，如图 12-2a 所示。

解调电路如图 12-2b 所示，图中的 $x(t)$、$y(t)$ 由式(12-9)给出

$$\begin{cases} x(t)=\cos\left(\dfrac{\pi t}{2T_S}\right)\cos(\omega_c t) \\ y(t)=\sin\left(\dfrac{\pi t}{2T_S}\right)\sin(\omega_c t) \end{cases} \quad t\in[2kT_S,(2k+2)T_S] \tag{12-9}$$

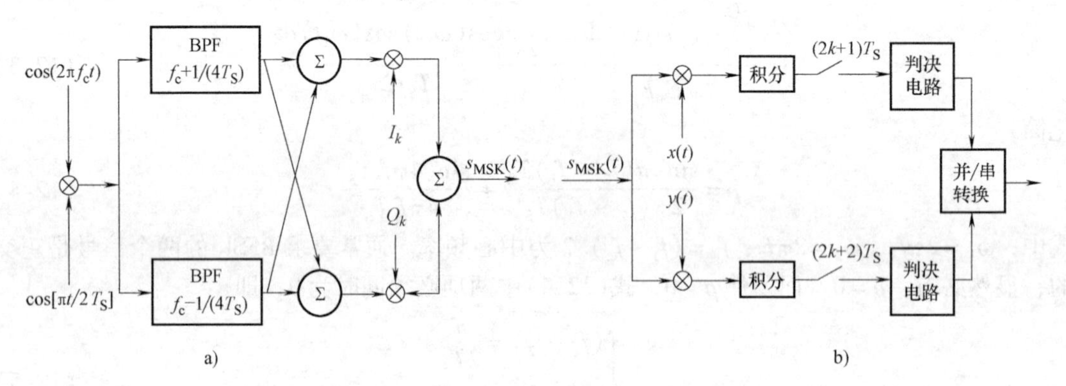

图 12-2 MSK 调制解调电路原理框图

a）MSK 调制电路 b）MSK 解调电路

2. GMSK

GMSK 是由 MSK 派生出来的，也是一种二进制数字调制方式。在 GMSK 中，数字基带脉冲在调制正交载波前，先用高斯脉冲滤波器进行整形，使已调 MSK 信号的相位路径更加平滑，降低已调信号旁瓣的高度，使功率谱更加紧凑，不仅提高了频谱利用率，而且大大降低了邻道干扰。高斯滤波器的单位冲激响应可用下式表示：

$$h_G(t)=\frac{\sqrt{\pi}}{\alpha}\exp\left(-\frac{\pi^2}{\alpha^2}t^2\right) \tag{12-10}$$

其频谱特性为

$$H_G(f)=\exp(-\alpha^2 f^2) \tag{12-11}$$

上面两个式子中的参数 α 与 $H_G(f)$ 的 3dB 带宽 B 有关，关系式如下式：

$$\alpha=\frac{\sqrt{\ln 2}}{\sqrt{2}B}=\frac{0.5887}{B} \tag{12-12}$$

通常用 BT_S 作为 GMSK 的一个参数，T_S 表示二进制码元的宽度，则 MSK 可看成是 $BT_S=\infty$ 的 GMSK，BT_S 越小，GMSK 已调信号频谱越紧凑。

调制电路框图如图 12-3 所示，在接收端对 GMSK 已调信号解调既可以像 FSK 那样采用

非相干解调，也可以像 MSK 那样采用相干解调。GMSK 最显著的优点是它仍然是恒包络的信号波形，其功率利用率和频带利用率都很高，因而在目前的移动通信系统（如 GSM）中获得了广泛应用。

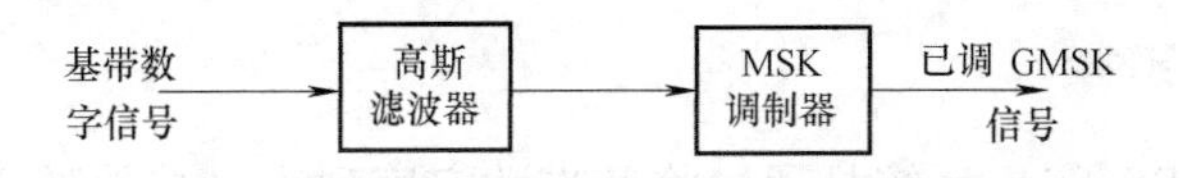

图 12-3　GMSK 调制电路原理框图

12.2 扩频技术

前面所提及的各种数字调制方式总是将频带利用率或功率利用率作为主要性能指标。因为带宽是宝贵的资源，所以通常的数字调制方式总是尽量减小所使用的带宽。而扩频调制方式的已调信号带宽远远大于基带信号的带宽。所以对单用户来说，扩频技术的频带利用率是极低的，但是在多用户的情况下，各个用户可以同时使用相同的频率和具有准正交性的伪随机码（PN 码），而不会产生明显的用户间干扰，从而提高了频带利用率。扩频（SS）方式有：跳频扩频（FH-SS）、跳时扩频（TH-SS）、直接序列扩频（DS-SS）等。习惯上将多用户 DS-SS 系统称为 CDMA 系统。

12.2.1　基本原理

1. 理论依据

扩频通信的理论依据是 Shannon 信道容量公式

$$C = B\log_2\left(1 + \frac{S}{N}\right) \tag{12-13}$$

式中，B 表示信道带宽；S/N 为信道输出的信号噪声功率比；C 为连续信道的信道容量。该式假设信道的噪声为高斯加性白噪声。

从该公式可以得出以下结论：①信道带宽 B 越大，信道容量 C 越大；②信噪比 S/N 越大，信道允许传输的信息量越大；③$S/N<1$ 时，C 并不为 0，表明信道仍有传输信息的能力，即在弱信号下仍然具有通信的可能；④因为高斯噪声是最恶劣的信道噪声干扰，所以对于其他类型的噪声来说，该公式仍然适用；⑤信道带宽 B 可与信噪比 S/N 互换，如果 S/N 太小，可通过提高 B 获得所需的信道容量 C，扩频通信正是利用了这个结论。

2. 伪随机（PN）码

伪随机码又称为伪噪声码或伪随机序列，它是一组近似于随机产生的二进制序列。在扩频系统中，通常使用 PN 码作为扩频地址码，用于区分用户的地址，通常要求 PN 码应具备以下几个随机特征：①均衡性，“1”和“0”等概，即“0”、“1”的个数基本相等；②游程（Run-length）分布，数字序列中取值（“0”、“1”）相同的连在一起的元素合称为一个游程，PN 码中游程长度为 1 的游程个数占游程总数的 1/2，长度为 2 的游程个数占游程总数的 1/4，…，长度为 k 的游程个数占游程总数的 2^{-k}，并且“0”游程和“1”游程各占游程总数的一半；③相关函数，PN 码移位后所得序列与原序列的相关函数为 0，即满足正交特性。

常用的PN序列有m序列、Gold序列、M序列、沃尔什函数正交码等，通常要求伪噪声序列满足以下性质：①容易产生；②具有良好的正交特性；③具有很长的周期；④很难由一段短的序列重构。

12.2.2 直接序列扩频

直接序列扩频（DS-SS）系统是通过将基带数字序列直接与伪随机码生成器产生的PN码相乘实现扩频的。PN码的一个脉冲称为码片（chip）。图12-4为DS-SS系统原理框图，该框图是常用的一种DS-SS系统电路，图12-4a中，首先基带数字信号$m(t)$与PN码相乘实现扩频，然后对扩频后的码片序列进行二进制PSK调制。$m(t)$与PN码均为双极性非归零脉冲，取值为±1，$m(t)$的码元宽度为T_S，PN的码片宽度为T_C，$T_S >> T_C$，扩频后的已调射频信号的时域表达式为

$$S_{SS}(t)=\sqrt{\frac{2E_S}{T_S}}p(t)m(t)\cos(2\pi f_c t+\theta) \tag{12-14}$$

式中，E_S为基带数字信号单个码元的能量；θ为载波在$t=0$时的初始相位；$p(t)$为扩频序列PN码。若不进行扩频，即$m(t)$直接进行PSK调制，则已调信号为$m(t)\cos(2\pi f_c t)$，其带宽为B，经过扩频的信号$S_{SS}(t)$的带宽为W_{SS}，显然有：$W_{SS}>>B$。

接收机如图12-4b所示，先对宽带射频信号进行下变频，变成宽带的中频信号后，再与PN码相乘进行解扩，其中接收端的PN码与发送端完全相同。最后对解扩后的信号进行PSK解调，即可得到基带数字信号$m(t)$，这里假设同步电路已经实现了载波同步、码片同步和位同步。图中解扩后的窄带中频信号$S_I(t)$为

$$S_I(t)=\sqrt{\frac{2E_S}{T_S}}m(t)\cos[2\pi(f_c-f_L)t+\theta] \tag{12-15}$$

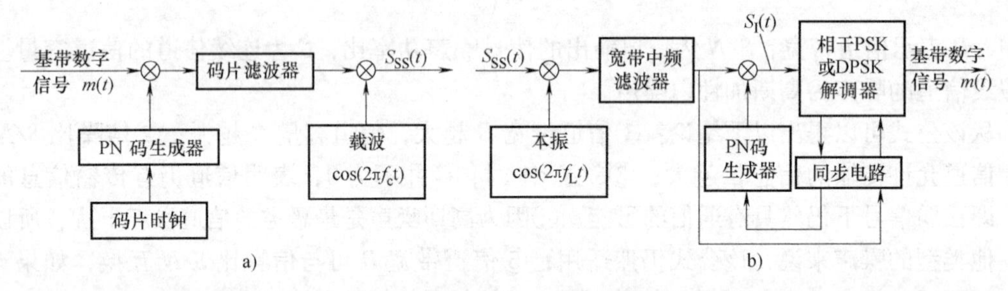

图12-4 基于BPSK调制的DS-SS系统原理框图

a）DS-SS发射机 b）DS-SS接收机

图12-5为接收机收到的信号和带内窄带干扰信号的频谱，图12-5a为解扩前的信号和干扰的频谱分布，即在图12-4b中的宽带中频滤波器输出；图12-5b为解扩后的信号和干扰的频谱分布，即在图12-4b中的PSK解调器的输入信号和干扰的频谱。可见，对于窄带干扰，尽管解扩前干扰信号的频谱密度较大，但由于干扰与PN之间是不相关的，所以解扩时，干扰与PN码相乘，相当于扩频，使干扰的能量发生弥散；而有用信号与PN码之间是强相关的，经过解扩相乘后能量收敛，最后有用信号的频谱密度大于干扰的频谱密度。这就是扩频技术抑制窄带干扰的基本原理。衡量DS-SS系统抗干扰能力的参量为处理增益PG，定义为

$$PG=\frac{T_S}{T_C}=\frac{R_C}{R_S}=\frac{W_{SS}}{2R_S} \tag{12-16}$$

式中，R_C 为 PN 码的码片速率；R_S 为基带数字信号的码速率；W_{SS}为扩频信号的带宽。处理增益 PG 越大，系统抑制带内干扰的能力越强。

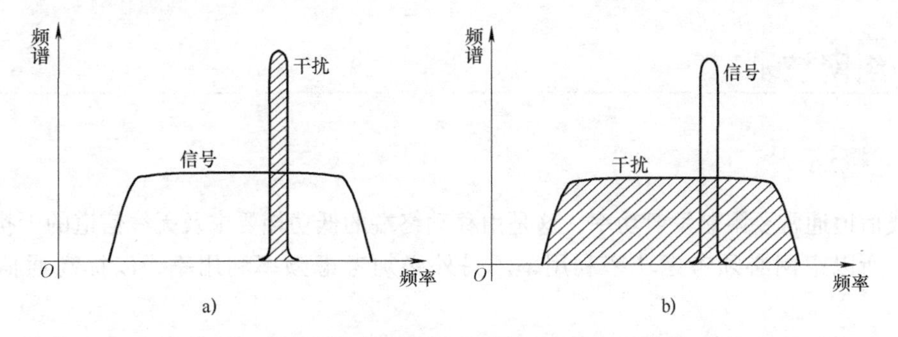

图 12-5　扩频技术解扩时抑制干扰的过程说明

a）解扩前的信号与干扰的频谱　b）解扩后的信号与干扰的频谱

DS-SS 在移动通信中得到了广泛的应用，将上述的 PN 码作为地址码来区分不同的用户，即构成 CDMA 系统。

12.2.3　跳频扩频

跳频扩频（FH-SS）是利用 PN 码控制发射信号的载波频率“随机”变化。FH-SS 系统的工作原理如图 12-6 所示。发射机先用基带数字信号调制中频载波，然后将已调中频信号输入到混频器（乘法器），混频器的另一个输入端连接频率合成器，频率合成器输出的是由 PN 码键控的频率时变的载波，则混频器输出的就是已调的 FH-SS 信号。在接收端，接收机输入端先经过一个宽带带通滤波器滤除带外噪声，然后输入到混频器，混频器的另一个输入端连接一个与发射机完全相同的频率合成器，频率合成器的输出频率受 PN 码控制，而该 PN 码与发射机的 PN 码相同并达到同步状态，混频的过程实际上是解扩的过程，所以混频器输出信号是已解扩的信号。此信号经过中频带通滤波器，再输入解调器解调即可得到原基带数字信号序列。

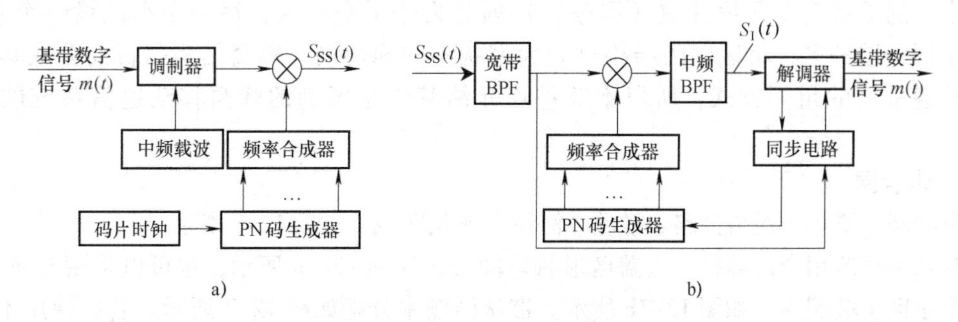

图 12-6　FH-SS 系统原理框图

a）FH-SS 发射机　b）FH-SS 接收机

FH-SS 系统的扩频增益定义为：$PG=W_{SS}/B$。这里 B 仍定义为 $m(t)\cos(2\pi f_c t)$ 的带宽。W_{SS}为扩频信号的带宽。

FH-SS按照跳频速率的快慢可分为快跳频和慢跳频两种类型。如果在一个基带数字信号码元宽度 T_S 内跳频的次数大于1，称为快跳频；如果传输了若干个基带数字信号码元后才跳频1次，称为慢跳频。跳频速度取决于接收机频率合成器的工作速度、待传输的基带数字信号的类型、为避免频率碰撞采用编码的冗余位长度以及最近的潜在干扰源的距离等因素。

12.3 组网技术

12.3.1 概述

无线信道通常要限制发射功率，这是由移动终端的低功耗要求及无线信道的干扰限制所决定的，所以组网必须考虑功率利用率。另外必须考虑频率利用率，以提高通信系统的容量。

无中心拓扑网络结构中的移动终端之间可以直接相互通信，一般采用广播信道，各终端争用公用无线广播信道。这种结构的优点是：组网简单，费用低廉，并且网络稳定。但是当网络中的终端数量过多时，争用会导致网络性能的下降。另外信道的利用率也比较低，通常适用于用户数量较少或业务量较少的场合。

在有中心拓扑网络结构中，设一个无线基站作为中心站，各移动终端之间的通信必须通过基站控制接续完成。其优点是：当网络的终端数量增加时，通过中心基站的控制，可以保证网络的吞吐性能和时延性被控制在一定的范围内，而不会像无中心拓扑结构那样急剧恶化；另外，网络中基站的布局方便，组网灵活。缺点是：中心基站出现故障时，会造成系统的瘫痪。大型公众移动通信网主要采用有中心拓扑网络结构。

12.3.2 区域覆盖方式

有中心拓扑网络结构按照基站覆盖的区域可分为大区制和小区制两种类型。

大区制是指只用一个基站覆盖整个通信区域的组网方式。由于无线频率资源有限及电磁兼容等因素的限制，大区制所能容纳的用户数量是有限的。大区制通常用于通信区域小、业务量低或单向广播式移动通信系统，如无线寻呼系统等。

小区制是将整个通信区域（服务区）划分为若干个小区，每一个小区设一个基站。针对不同的服务区，小区制的结构可分为带状网和蜂窝网。蜂窝结构是目前公众移动通信网普遍采用的组网方式，所以本节重点介绍基于小区制的蜂窝移动通信系统的组网原理。

1. 带状网

带状网主要用于覆盖公路、铁路、海岸等狭长区域，如图12-7所示。

基站天线若用全向辐射，覆盖区形状呈圆形，如图12-7a所示；也可以采用有向天线，使每个小区呈椭圆形，如图12-7b所示。带状网频率分配如图12-7所示。若以使用不同频率组的两个小区组成一个区群（在一个区群内各小区使用不同的频率，不同的区群可使用相同的频率），如图12-7b所示，只有两组频率A和B，称为双频制。若以采用不同信道的三个小区组成一个区群，如图12-7a所示，有三组频率A、B、C，称为三频制。从造价和频率资源的利用而言，当然双频制最好；但从抗同信道干扰角度看，双频制最差，还应考虑采

用多频制。

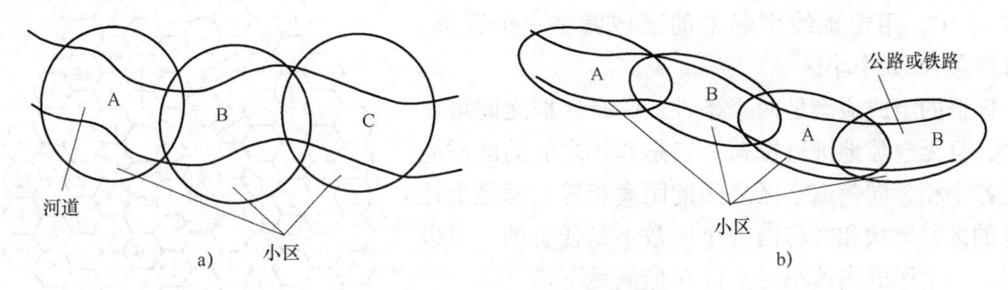

图 12-7　带状网结构及频率分配示意图

a）三频制圆形小区　b）双频制椭圆形小区

2. 蜂窝网

在平面区域内划分小区，通常采用蜂窝式的网络。由于全向天线辐射的覆盖区是圆形，为了无缝覆盖整个服务区，各圆形辐射区之间一定含有很多的交叠区域。在考虑了交叠之后，实际上每个辐射区的有效覆盖区是一个多边形。通常采用正六边形作为小区的形状，因为在服务区面积一定的情况下，正六边形小区的形状最接近理想的圆形，用它覆盖整个服务区所需的基站数最少，也就最经济。

蜂窝组网的目的是为了解决移动通信系统频谱紧缺、容量小、服务质量差以及频谱利用率低等问题。其基本思想如下：

1）蜂窝小区覆盖和小功率发射。蜂窝组网放弃了点对点传输和广播覆盖模式，将一个移动通信服务区划分成许多以正六边形为基本几何形状的覆盖区域（蜂窝小区）。一个较低功率的发射机就可以服务一个小区，在较小的区域内可服务相当数量的终端。当蜂窝小区内用户数增加造成频道数不够时，可将原蜂窝小区分裂成更小的蜂窝小区。

2）频率再用。传播损耗可为蜂窝系统的基站工作频率提供足够的隔离度，在相隔一定距离的另一个基站可以重复使用同一组工作频率，这就是频率再用的思想。频率再用大大缓解了频率资源紧缺的矛盾，增加了用户数目或系统容量。实际上，蜂窝小区的频率再用就是频率资源的空分复用。

3）多信道共用。多信道共用技术利用移动信道占用的间断性，使许多移动终端能任意地、合理地选择信道，提高信道的利用率。

4）跟踪交换。由于系统存在很多蜂窝小区，用户分散在各小区中，并且具有移动性，所以蜂窝系统必须具有位置登记、过区切换及漫游等跟踪交换功能，以实现大范围内不间断通信。

5）有线无线通信系统的互联。移动终端通过基站和交换机接入公众网，实现移动用户与市话用户、移动用户之间以及移动用户与长途用户之间的通信。

12.3.3　蜂窝网组网

1. 同信道小区

蜂窝移动通信系统的频率再用，意味着在系统中一定有若干小区使用相同的频率组，这些小区称为同信道小区。相邻小区显然不能使用相同信道，而且为了保证同信道小区之间有足够的距离，附近的若干小区都不能使用相同的信道。这些使用不同信道的小区组成一个区群，只有处于不同区群的小区才能进行频率再用，在图 12-8 中，用粗虚线围起来的区域就是一个区群，该区群包含 12 个小区。

区群的组成应满足两个条件：一是区群之间可以邻接，且无空隙地进行覆盖；二是邻接之后的区群应保证各个相邻同信道小区之间的距离相等。满足上述条件的区群形状和区群内的小区数不是任意的。可以证明，一个区群内的小区数目 N 应满足下式

$$N = i^2 + ij + j^2 \tag{12-17}$$

式中，i、j 为正整数，按下述方式确定：如图 12-10 所示，自某一小区 10 出发，先沿六边形的各个边的垂线方向跨 i 个小区，然后向左（或向右）转 60°，再跨 j 个小区，这样就到达同信道小区 10。在正六边形的六个方向上，可以找到六个相邻同信道小区，所有 10 小区之间的距离都相等。

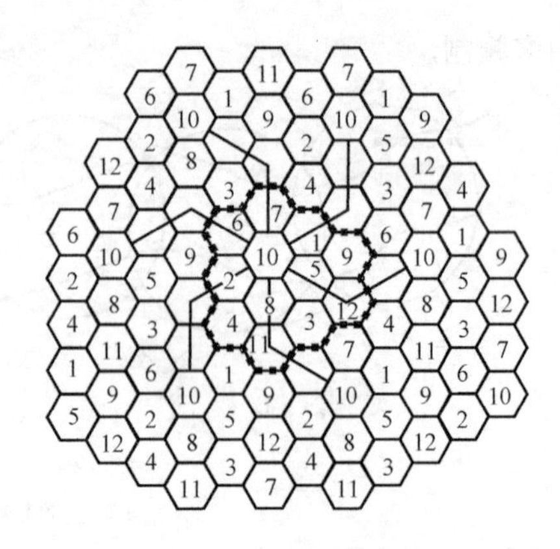

图 12-8　蜂窝系统中同信道小区的确定

本例中：$i=2$，$j=2$，$N=12$

2. 系统容量

提出蜂窝移动通信系统的一个主要目的是通过频率资源的空间再用，扩大系统容量。下面来详细解释这个概念。设蜂窝系统总的双工信道数量为 S，如果每个小区分配 k 个信道，$k<S$，那么这 S 个信道应分配给一个区群中的 N 个小区使用，设每个小区所分配的信道数量相等，则一个区群中总的信道数为

$$S = kN \tag{12-18}$$

也就是说，一个区群中的所有小区使用了系统的全部信道资源。如果在整个系统中，区群被再用了 M 次，则整个系统所能提供的总的双工信道数量，或称之为系统容量 C 为

$$C = MkN = MS \tag{12-19}$$

实际系统中 N 一般等于 4、7 或 12 等。如果小区的半径不变，而 N 值减小，即在一个区群中小区的数量减少，其服务区面积也相应减小。那么原来的蜂窝系统就需要再用更多的区群，即 M 值增大。在式(12-19)中，如果 S 不变，M 增加，则系统总容量 C 就增加了，也就是说系统的容量 C 与区群中小区的数量 N 成反比，N 越小，系统容量越大。

3. 同信道干扰

既然蜂窝系统存在同信道小区，一定存在同信道干扰或同频干扰。对热噪声的抑制可以通过加大发射机的发射功率，提高信噪比 SNR 来实现，而减小同信道干扰不能采用这个方法，因为提高发射功率，会加大对网络中同信道小区的干扰。抑制同信道干扰主要是通过将同信道小区分开一定的物理距离来实现。同信道小区之间的距离可由下式计算

$$D = \sqrt{3N} \cdot R \tag{12-20}$$

式中，R 为小区半径；N 为一个区群中小区的数目。

定义同信道再用比 Q

$$Q = \frac{D}{R} = \sqrt{3N} \tag{12-21}$$

Q 值越大，同信道小区的相对距离越远，同频干扰也就越小。但是 Q 增加，根据式(12-21)，N 值也会增加，从而导致系统容量 C 下降。所以在实际系统设计中必须兼顾同信

道干扰和系统容量两个指标，将二者折衷考虑。

设 i_0 为某小区周围同信道小区的数量，则可定义一部移动终端接收机输入端的信号干扰比（S/I 或 SIR）为

$$\frac{S}{I}=\frac{S}{\sum_{i=1}^{i_0} I_i} \tag{12-22}$$

式中，S 为信号功率；I_i 为第 i 个同信道干扰小区的干扰功率。

接收机接收的信号功率 P_r 与收发信机之间距离 d 有确定的关系

$$P_r=P_0\left[\frac{d}{d_0}\right]^{-n} \tag{12-23}$$

式中，P_0 为靠近发射天线（与发射天线距离为 d_0）某一处于远区场的参考点接收的信号功率；n 表示路径损耗指数，通常取值在 2 ~ 4 之间；d 为收发信机之间的距离。

设 D_i 为第 i 个同信道干扰小区与移动终端的距离，即在式(12-23)中 $d=D_i$，接收机接收的同信道干扰 I_i 与（D_i）$^{-n}$ 成正比。设各小区基站的发射功率相同，在同一系统中的路径损耗指数 n 相等，小区半径为 R，则 S/I 可近似表示为

$$\frac{S}{I}\approx\frac{R^{-n}}{\sum_{i=1}^{i_0} D_i^{-n}} \tag{12-24}$$

现在只考虑距移动终端所在小区最近的同信道小区的干扰，它们与处于中心位置被干扰小区的距离相同，设为 D，并考虑式(12-21)、式(12-24)可简化为

$$\frac{S}{I}=\frac{(D/R)^n}{i_0}=\frac{(\sqrt{3N})^n}{i_0} \tag{12-25}$$

4. 小区的分裂

在整个服务区中如果每个小区的面积相同，则只能适用于用户密度均匀的情况。事实上服务区内的用户密度不可能是均匀的，通常城市中心商业区的用户密度高，居民区和郊区的用户密度低。为了适应这种情况，应在用户密度高的区域减小小区面积，在用户密度低的区域适当增大小区面积。另外，对于已设置好的蜂窝通信网，随着城市建设的发展，原来的低用户密度区可能变成了高用户密度区，这时需要在该地区设置新基站，将原一个小区分裂为几个面积更小的小区，称为微小区（Microcell），增加单位面积上的信道数量从而提高系统的容量，如图 12-9 所示。

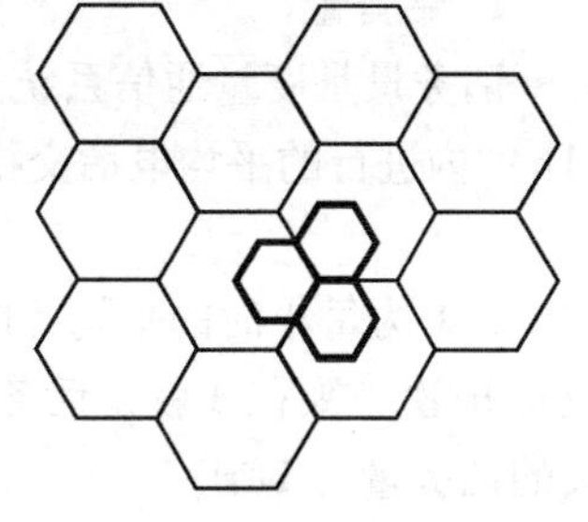

图 12-9 小区的分裂

5. 频率配置

频率配置即采用一定的方案将给定的频率分配给区群内的各个小区。不论 FDMA 系统、TDMA 系统还是 CDMA 系统，都存在频率配置的问题。频率配置的方式主要有两种：一是分区分组配置法；二是等频距配置法。

（1）*分区分组配置法* 分区分组配置法所遵循的原则是：尽量减小占用的总频段，以提高频率利用率；同一区群内不能使用相同的频率；小区内采用无三阶互调干扰的相容频率组，以避免互调干扰。给定的频段以等间隔划分为信道，按顺序分别给各频率值标明号码，按照三阶互调干扰为零的原则进行分组，将各频率组分配给各基站小区使用。

这种信道分配方法的出发点是避免三阶互调干扰，但未考虑在同一频率组中还应留出频率间隔，以防止可能会出现的邻道干扰，这是这种配置方法的一个缺陷。

（2）等频距配置法　等频距配置法是按等频率间隔配置信道，只要频距足够大，就可以有效地避免邻道干扰。这样的频率配置可能正好满足产生互调干扰的频率关系，但正因为频距大，其他频率易于被接收机滤波器滤除而不易作用到非线性器件，从而避免了互调干扰的产生。

上述频率配置方法都是将某一组信道固定分配给某一基站，这只能适应于业务量分布相对固定的情况。事实上，移动通信业务量是动态变化的，某一小区业务量可能会增大，使其配置的信道不够用，而相邻小区业务量小，所配置的信道可能有空闲，小区之间的信道无法相互调剂，因此频率利用率低，这就是固定配置信道的缺陷。为了提高频率利用率，适应业务量的动态变化，可采用两种方法：一是“动态配置法”——随业务量的变化重新配置全部信道；二是“柔性配置法”——准备若干备用信道，必要时提供给某个小区使用。

12.3.4 多信道共用技术

在移动通信系统中，信道资源非常宝贵，这里的信道资源是指：FDMA 系统中的频率资源，TDMA 系统中的时隙，CDMA 系统中的地址码（伪随机码）。在组网时，系统不可能也没有必要为服务区内的每个移动终端提供一条信道。而是配置好一定数量的信道，为服务区内所有的移动终端共用。信道的总数量一定小于移动终端的数量。只有移动终端有通信业务时才能占用信道，通信结束则必须立即释放信道，供其他终端使用。

设一个基站有 C 条物理信道，也就是说，该基站最多能允许 C 个移动终端同时通信。当 n 条信道全部被占用后，其他用户就不可能再进行通信了，这时就会产生呼损。呼损与移动终端的话务量、信道数 C 有关系，这里的多信道共用技术就是解决如何保证在呼损尽量小的条件下，最大限度地提高信道资源的利用率。

1. 话务量

话务量是度量通信系统通话业务量或电话交换量的指标。话务量的定义是：单位时间（1h）内进行的平均电话交换量，可用下式表示

$$A=\lambda H \tag{12-26}$$

式中，λ 为每小时的平均呼叫次数，单位是次/h；H 为平均每次呼叫所占用信道的时间，单位是h/次；乘积 A 就是话务量，单位为爱尔兰（Erlang），简写为 Erl。显然一条物理信道最大的话务量为 1Erl。

2. 呼损率与业务等级（GOS）

由于实际上几乎所有的通信系统的信道总数量都是小于用户（终端）的数量，因此可能会出现许多用户同时要求通信而信道数量不足的情况。此时，一部分用户占用了全部信道，其他用户只能等候出现空闲信道时才能通信，虽然这些用户也发出了呼叫，但是系统没有空闲的信道，造成用户的呼叫失败。这种在通信系统中出现呼叫失败的概率叫呼损率，也称为业务等级。呼损率可由爱尔兰 B 公式计算

$$P_r[\text{呼损}]=\frac{A^C}{C!}\Big/\sum_{k=0}^{C}\frac{A^k}{k!}=\text{GOS} \tag{12-27}$$

式中，A 为系统所能提供的话务量；C 为系统所提供的物理信道数量。在实际工程中，可根

据式(12-27)计算出 P_r、A、C 之间的关系列成爱尔兰 B 呼损率表供查阅，比较方便。表 12-1 列出了几组数据供参考。由表可见，在 GOS 一定的条件下，A 随着 C 的增加而增加，但是注意，A 并不是随着 C 线性增加的，例如：当 $C=10$，GOS $=1\%$ 时，系统可提供的话务量 $A_{10}=4.461$，如果 GOS 不变，$C=20$ 时，$A_{20}=12.031$，$A_{20}>A_{10}$，这说明，信道数量越大，信道的利用率会越高，当然前提是用户有相应的话务量需求。

影响 GOS 的主要参数有：

1）呼叫建立时延。其定义为从用户激活移动终端号码发送键到移动交换局（MSC）将话路接通并向主叫方返回适当的信号音所经过的时间。呼叫建立时延是各种移动通信网最重要的系统性能标准之一。呼叫建立时延的具体数值与呼叫的类型有关：固定用户至移动用户、移动用户至移动用户（包括同一运营商的用户和不同运营商的用户）、移动用户至固定用户（包括长途用户）等。

表 12-1　爱尔兰 B 呼损率表

C \ A \ GOS	1%	2%	5%	10%	20%
2	0.153	0.223	0.381	0.595	1.00
5	1.361	1.657	2.218	2.881	4.010
10	4.461	5.084	6.216	7.511	9.685
20	12.031	13.182	15.249	17.613	21.635
30	20.337	21.932	24.802	28.113	33.840
50	37.901	40.255	44.533	49.562	58.508

确定呼叫建立时延的主要因素有：移动终端产生呼叫的数据分组在空中无线链路传输的时延；连接 MSC 和基站之间的地面链路的传输时延；MSC 交换时延。

2）无线信道的阻塞概率。决定无线信道阻塞概率的主要因素有：到达各小区话务量大小和话务流的特征，不同的呼叫类型的优先级是不同的，一般过区切换呼叫的优先权高于普通呼叫；进入和离开每个小区的切换呼叫的速率。

3）移动网络至固定网络的线路阻塞概率。

4）切换不成功概率。过区切换不成功的主要原因是新小区没有空闲的信道可供使用。

3. 忙时话务量与用户数量计算

通信网在一天 24h 内的话务量分布是不均匀的，有的时段打电话的人多，话务量大；有的时段打电话的人少，话务量小。因此可以按照话务量和时间来区分，可以分为“忙时”（繁忙小时）和“非忙时”话务量。定义：“忙时”话务量与全天话务量之比为忙时集中参数，记为 k。一般 $k=10\%\sim15\%$，则每用户的忙时话务量 a 为

$$a=eTk\frac{1}{3600} \tag{12-28}$$

式中，e 为每一用户平均每天平均呼叫的次数；T 为平均每次呼叫占用信道的时间，单位为秒；k 为忙时集中参数。一般移动电话的 a 取值在 0.01～0.03Erl 之间。其中日本及北欧取 0.01Erl，美国取值 0.026Erl，中国香港为 0.022～0.025Erl 之间，中国内地

为 0.025～0.035Erl。

在确定了用户忙时话务量后，则每条信道所能容纳的用户数量 m 为

$$m=\frac{\frac{A}{C}}{a}=\frac{\frac{A}{C}\times 3600}{eTk} \tag{12-29}$$

则一个拥有 C 条信道的基站所能容纳的总用户数量为 mC。根据式(12-29)可计算出具体的用户数量，当 $a=0.01$ 时，可得表 12-2。

表 12-2 每信道用户数量（$a=0.01$）

GOS \ m \ C	1	2	5	10
5%	5	19	44	62
10%	11	30	58	75
20%	25	50	80	97

12.4 双工技术

双工通信是指通信双方可同时传输消息的工作方式，PSTN 网络和 PLMN 等都是典型的双工通信网。在移动通信系统中，移动终端通常只有一副天线，发射机和接收机共用同一副天线，必须采取措施将收发信号隔离开，否则会造成收发信机之间的干扰，以及较大功率的发射信号可能造成接收机的物理损坏，这种隔离收发信号的技术，称之为双工技术，实现双工技术使发射机和接收机共用一副天线的装置称为双工器。典型的双工技术有两种：频分双工（FDD）和时分双工（TDD）。

12.4.1 频分双工

1. 基本原理

FDD 技术的基本原理是将收发信号在频域上分开较大的间隔，这样可以将双工器设计成对收发信号有不同频率响应范围的带通滤波器，只要收发频谱间隔足够大，这种频分双工器就可以提供足够的隔离度，有效地将收发信号分开。所以在移动通信系统中，如果使用 FDD 技术，那么其频谱通常是成对分配的，每一对频率组成上下行双向信道，并且为了便于管理和使用，所有频率对的上下行频率值之差都是相等的。

在移动通信系统中，使用 FDD 技术的系统占较大比例，如：第一代模拟蜂窝移动通信系统（1G）的 AMPS、TACS 等，第二代数字蜂窝系统（2G）的 GSM、N-CDMA（IS-95）等，第三代 IMT-2000（3G）中的 W-CDMA、CDMA-2000 等标准。

2. 特点

FDD 的优点是：技术成熟，实现难度较小；可以连续发射信号，有较强的抗衰落能力。

FDD 的缺点是：必须使用成对的频率，在分离的两个对称频带上进行发送和接收，上下行频带之间需要有较大的频率间隔作为保护隔离频带。而实际的频率资源中，成对的频谱

资源是有限的；动态分配上下行信道容量的能力差。因此当信道支持对称业务时，能充分利用上下行的频谱，但在承载非对称的业务（如 Internet）时，频谱利用率则大大降低。

FDD 系统更适用于对称业务，如话音、交互式实时数据业务等，而且由于 FDD 系统对信道的延时不敏感，所以也适用于小区半径大的系统。

12.4.2　时分双工

1. 基本原理

TDD 技术的上行和下行链路使用相同的频带，收发信号根据时间进行切换，物理层的时隙被分为发送和接收两部分。因为收发信号是时分的，所以 TDD 系统中必须保留额外的信道切换时间，用于发送和接收的切换。切换时间涉及两个因素：一是发送和接收实际的切换时间，包括发射机由停止状态到上升至额定功率的切换时间以及由额定发射功率到停止状态的下降时间。第二个因素是由于系统不能同时收发，发送必须“提前”、接收必须“延时”，这只有通过增加额外的缓冲时间（保护时间）来解决。与 FDD 相比，TDD 增加的保护时间降低了系统的频谱利用率。

使用 TDD 技术的无线市话系统较多，如 PHS、PAS、CT-2、DECT 等。在 3G 标准中的 TD-SCDMA 采用了 TDD 方式，WCDMA 标准既采用 FDD 方式，又采用了 TDD 方式。在新一代移动通信系统中，准 4G 标准 LTE 和 4G 标准 LTE-Advanced 的双工方式采用了 TDD 和 FDD 两种方式，分别被称为 TD-LTE、LTE FDD 以及 TD-LTD-A 和 FDD-LTE-A。

2. 特点

TDD 的优点是：没有收发频率间隔的要求，可以使用单片 IC 实现 RF 收发信机，成本较低；不需要使用成对的频率，能使用各种频谱资源；上下行链路业务可以不平均分配，由于上下行业务共享同一信道，可以改变收发时隙的占空比，给业务量大的链路分配大时隙；上下行信道工作于同一频率，电波传播的对称特性使之便于使用智能天线等新技术，提高性能，降低成本。

但是 TDD 也存在一些不容忽视的缺点：采用多时隙不连续传输方式，抗快衰落和多普勒效应能力差，所以移动终端的运动速度不能太快；收发信道的码速率至少增加一倍，抗干扰能力下降；平均功率与峰值功率之比随时隙数增加而减小；TDD 系统对信道延时很敏感，小区半径不能太大；收发信号之间存在同步的问题，技术难度大；而且 TDD 发射脉冲产生的干扰会加剧上行和下行链路之间、小区内与小区间、连续覆盖运营商之间的干扰。

与 FDD 相比，TDD 更适合于高密度用户地区、城市及近郊区的局部覆盖（这些场合的小区半径小），以及对称及不对称的数据业务，如话音、实时数据业务，特别适用于上下行数据传输速率不对称的 IP 业务。

12.5　抗衰落技术

12.5.1　分集技术

分集技术的基本思想是：如果把携带相同信息的信号发向若干个互不相关的衰落信道，在接收端收到的多个衰落信号互相独立，可以通过选择或合并方法减小衰落的影响。由于衰落具有频率、时间和空间的独立性，因而可在频域、时域和空域通过分集技术获得互不相关的衰落信号。

1. 产生分集信号的方法

(1) 空间分集 空间分集的依据在于快衰落的空间独立性，即在任意两个位置上接收同一信号，只要两个位置的距离大到一定程度，则两处接收信号的衰落是不相关的。为此，空间分集的接收机至少需要两副距离为 d 的天线，d 与工作波长 λ、地物及天线高度有关，在移动信道中，通常在市区取：$d=0.5\lambda$，在郊区取 $d=0.8\lambda$。距离 d 越大，信号间的相关性越弱，分集效果越好；天线数量越多，分集效果越好。

(2) 频率分集 由于频率间隔大于相关带宽的两个信号所遭受的衰落可以认为是不相关的，因此可以用多个不同的频率传输同一信息，以实现频率分集。此时各载频的间隔应大于相关带宽。这种方法的缺点是频率资源浪费严重。

(3) 时间分集 时间分集表示在不同时隙发射相同的信息，在接收端产生多个非相关的衰落信号，重发信号的间隔时间要大于信道的相关时间。

(4) 极化分集 发送端用两个正交极化波发射相同的信息，接收端采用两个正交极化的天线接收信号，实现分集。

(5) 角度分集 发送端从不同的方向发送同一信号，接收端采用具有方向性的天线分别接收来自不同方向的信号。

2. 分集信号的合并技术

对于上述的几种分集方式，接收机必须将收到的互不相关的多个衰落信号进行合并，以抵消衰落，获得分集增益。合并的方法有：

(1) 选择合并 在多个接收信号中选择每一瞬间最强的信号作为输出。

(2) 最大比合并 将每个接收信号的平方按不同的系数进行加权，加权系数与接收信号的强度成正比，使越强的信号对总输出的贡献越大。显然这种方式可以获得较高的分集增益，是最常用的方法。但实现加权系数的调整比较复杂。

(3) 等增益合并 将每个接收信号按相同的系数进行加权后输出。这种合并方式也称线性合并。其合并性能仅次于最大比合并，但易于实现，因此应用较广。

(4) 开关合并 接收机监视正在接收信号的瞬时包络，并与预定的开关门限相比较，如果低于开关门限，则转到另一条支路上接收，这种方法的优点是只需要一套接收设备。

12.5.2 自适应均衡技术

这里所说的均衡是指对数字脉冲信号进行时域整形，均衡器由均衡滤波器、发送滤波器、接收滤波器等组成，使总的系统特性满足奈奎斯特第一准则，实现无码间干扰（见 4.5.2 节）。移动信道本身是随参信道，信号经过信道传输产生严重畸变，如图 12-10 所示，畸变的数字脉冲波形会使前后数字码元序列之间产生严重的码间干扰，导致误码率上升。所以在接收机的判决器之前

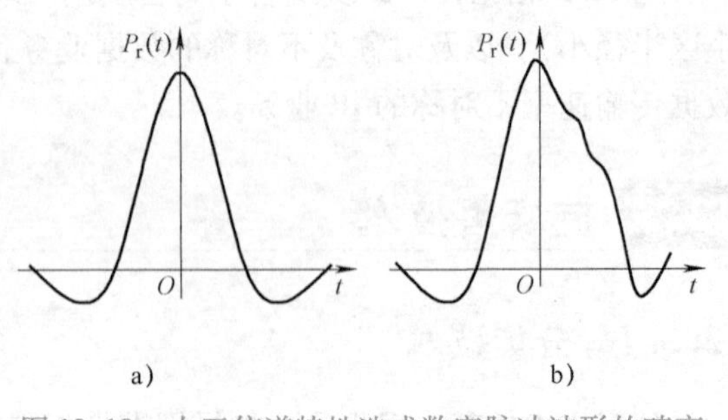

图 12-10 由于信道特性造成数字脉冲波形的畸变

a) 发送的数字脉冲波形 b) 畸变的数字脉冲波形

加入均衡滤波器，均衡滤波器必须根据信道特性的变化，对畸变的数字脉冲进行整形、补偿，使接收的数字信号的码间干扰尽量小。

根据实现的复杂程度和性能之间的折衷考虑，时域均衡可分为：①线性均衡和非线性均衡；②有限冲激响应（FIR）均衡和无限冲激响应（IIR）均衡；③预置均衡和自适应均衡等。

由横向滤波器改进得到自适应均衡滤波器的基本原理如图 12-11 所示，其反馈控制环节用于对抽头增益 C_i值进行调整，跟踪信道的变化，使输出的码间干扰最小。实现自适应均衡的关键技术是调整 C_i的算法，既要考虑性能又必须兼顾实现的难度及计算的时间消耗。

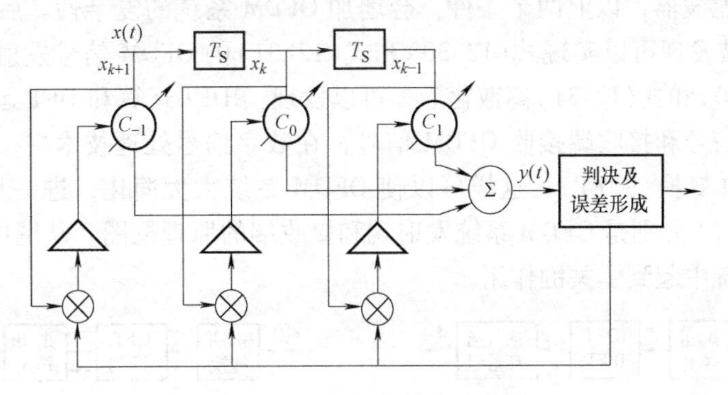

图 12-11　自适应均衡滤波器

12.6 正交频分复用技术

正交频分复用（OFDM）技术的基本思想是：在频域上将宽带信道分成若干个正交的窄带子信道，将高速串行数据信号转换成若干并行的低速子数据码流，分配到各个子信道上传输。由于各个子信道之间具有正交性，可以保证在接收端将各子信道上的信号区分开，避免子信道间的干扰。由于各个子信道上的信号带宽小于信道的相关带宽，所以可以将各个子信道上近似为平坦性衰落信道，从而可以消除符号间干扰。各子信道的码速率很低，信道时域均衡容易实现。

OFDM 被提出的时间很早，但是，实际上直到人们发现采用数字信号处理技术很方便地实现 OFDM 信号的发送与接收，OFDM 技术才成为一种无线通信的主流应用技术，在数字音频广播（DAB）、地面无线电视传输（DVB-T）以及新一代移动通信系统（4G）中得到了广泛应用。

12.6.1 OFDM 基本原理

OFDM 技术作为一种无线信道的高速传输技术，其基本原理就是将高速的数字码流变换成多路低速的数字码流，并将其分配到多个频域正交的子信道上实现并行传输。每个子信道的码速率很低，符号时间宽度宽，信道的多径衰落对其影响很小。发射端将数字信号转换成 N 路信号，调制到 N 个正交的子载波上，形成的 OFDM 信号可表示为

$$s(t)=\sum_{k=0}^{N-1} d_k(t)c_k(t)=\sum_{k=0}^{N-1} d_k(t)\mathrm{e}^{\mathrm{j}2\pi f_k t} \tag{12-30}$$

式中，$d_k(t)$表示对子载波进行调制的基带符号脉冲形状；$c_k(t)$表示第 k 个载波波形；f_k表示第 k 个子载波的频率值。

接收端对 OFDM 信号进行接收，可表示为

$$X_m(t) = \int_0^T s(t) \times e^{-j2\pi f_m t} dt \tag{12-31}$$

式中，$X_m(t)$表示调制到第 m 个子载波上的已调信号；T 表示一个 OFDM 符号的时间宽度。

从式(12-30)和式(12-31)可以看出，在 OFDM 系统中，要实现多载波传输的过程，需要有 N 个载波源产生各个载波，而且，在发射端还需要对各个已调的子载波进行滤波，这就需要 N 个带通滤波器，以上两个条件，会增加 OFDM 系统的复杂性。后来离散傅里叶变换（DFT）过程被发现可以实现式(12-30)和式(12-31)的 OFDM 信号发射接收运算，具体来说，将式(12-30)和式(12-31)离散化后，可以发现：IDFT 运算和 DFT 运算可分别用于发射端产生 OFDM 信号和接收端接收 OFDM 信号，在数字信号处理技术中，DFT 运算的快速算法是快速傅里叶变换（FFT），这样可以使 OFDM 系统大大简化，进一步提高运算速度。图 12-12 和图 12-13 分别是 OFDM 系统发射端和接收端的原理框图。从图中可以看出，DFT 运算在 OFDM 系统中起到了关键作用。

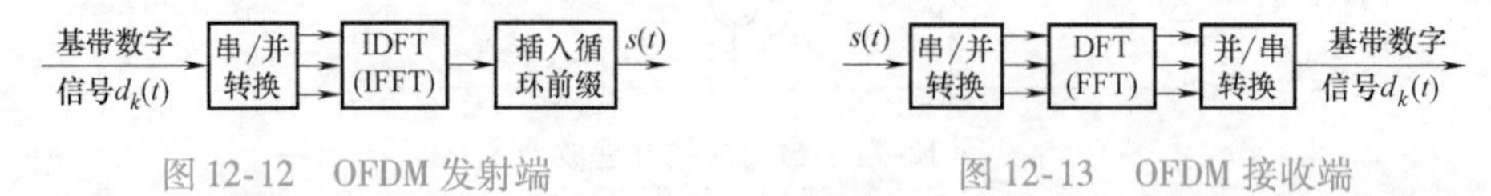

图 12-12 OFDM 发射端　　图 12-13 OFDM 接收端

图 12-12 中，加入循环前缀的目的是为了抑制多径信道可能破坏载波间的正交性，造成子载波间的干扰。

12.6.2 OFDM 的特点

与单载波系统相比，OFDM 系统的优点如下：

1）频谱利用率高。OFDM 中各个子载波相互正交，允许子载波信道的频谱相互重叠，因此与常规的频分复用（FDMA）系统相比，OFDM 系统可以最大限度地利用频谱资源，如图 12-14 所示，当子载波数量很大时，系统的频谱利用率趋于 2Baud/Hz。

2）较强的抗时延扩展能力和频率选择性衰落能力。OFDM 将高速串行数据流通过串/并变换，可使每个子载波上的数据符号具有较长的符号持续时间，也就是具有较小的数据带宽，大大减小了码间串扰（ISI）。因而对无线移动信道中的时间弥散具有更大的抵抗性，将频率选择性衰落信道转化为多个并行的平坦衰落信道。另外，OFDM 还可以通过插入循环前缀消除载波符号间干扰。

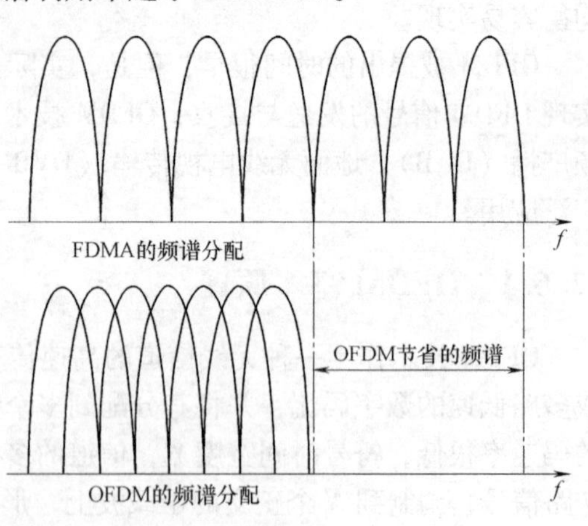

图 12-14 OFDM 与 FDMA 相比提高频带利用率示意图

3）信道均衡实现简单。由于 OFDM 系统的符号间的 ISI 非常小，因此信道均衡主要用来补偿各个子载波信道的幅度和相位畸变，简

单的一阶均衡即可满足要求。而传统单载波高码速率信号则需要采用很复杂的接收技术。

4）计算高效。可以采用 IFFT 和 FFT 算法减少系统的复杂度；随着大规模集成电路技术与 DSP 技术的发展，IFFT 和 FFT 非常容易实现，因而计算快速高效，能够满足实时性要求。

5）降低实现及计算复杂度。分成子载波后，各子载波的码速率低，降低了 ADC 的采样率及运算速度，可以考虑采用 FPGA 类芯片实现并行计算。

6）易于和其他高频谱利用率技术结合。OFDM 将频率选择性信道变成若干并行的平坦或准平坦信道，为 MIMO 技术的应用提供了条件。另外，其他高频谱利用率技术，如自适应调制等，也比较容易应用在 OFDM 中的子载波上。

当然，OFDM 技术与单载波系统相比也存在一些缺点和问题。

1）对载波频率偏差非常敏感。由于子信道的频谱相互覆盖，这就对它们之间的正交性提出了严格的要求。由于无线信道的时变性，在传输过程中出现的无线信号频率偏移或发射机与接收机本地振荡器间存在的频率偏差，都会使 OFDM 系统子载波的正交性遭到破坏，导致载波间干扰，这种对频率偏差的极度敏感性是 OFDM 系统的主要缺点之一。

2）具有较高的峰值平均功率比（Peak to Average Power Ratio，PAPR）。和单载波系统相比，OFDM 的输出是多个独立的子载波信号的叠加，因此如果多个信号的相位一致，所得到的叠加信号的瞬时功率就会远远大于信号的平均功率，导致较大的 PAPR。PAPR 过大会造成系统对前端功放的线性范围要求很高，同时还会增加 A-D 和 D-A 的复杂性，并降低它们的准确度。

3）多载波系统对频率和定时同步的要求更加严格，同步误差会导致系统性能的迅速恶化。

12.7 语音编码技术

12.7.1 概述

语音编码属于信源编码，其目的是为了把模拟语音信号转变成数字信号以便在信道中传输。语音编码技术在卫星通信系统中与调制技术直接决定了系统的频谱利用率。对编码的基本要求是：语音质量好，编码速率和算法复杂度低，编码译码延迟短，编码算法应具有较好的抗误码性能，计算量小，性能稳定。

1. 语音压缩编码技术的分类

语音压缩编码技术传统上可分为三大类：波形编码、参量编码和混合编码。在波形编码中，发送端对语音信号的每个取样值进行编码；接收端译码恢复成近似于原始语音的信号。在参量编码中，发送端根据语音产生模型将语音信号变换成一个参数集合（分析），然后再对这些参数编码；接收端则利用译码后的参数恢复语音信号（合成）。

参量编码器又称声源编码器或声码器。这种编码器不是跟踪语音信号的波形，而是提取产生语音信号的特征参数。其原理是把人的各个发音器官（包括咽喉、舌头、鼻和嘴等）看成一个滤波器，滤波器由声带振动产生的脉冲来激励。把滤波器参数和激励源参数一起发送出去，就能代表所发出的语音特性。参量编码可实现低速率的语音编码，占用信道的带宽小，但其语音质量只能达到中等水平。

利用波形编码可得到高质量的语音，但是码速率较高，一般在 16 ~ 64kbit/s 之间，例如，64kbit/s 的 A 律或 μ 律的 PCM 和 32kbit/s 的 ADPCM 等。但是当需要进一步降低码速率时（9.6kbit/s 以下），波形编码的语音质量就会急剧下降。而参量编码可在低速率（2.4kbit/s）下工作，当然得到的合成语音质量要差一些，即使当码速率进一步提高到与波形编码相当时，其语音质量逼真度也不如后者。

混合编码器可以看成是波形编码器与声码器的混合，它综合了波形编码和参量编码的长处，保持波形编码语音质量高和参量编码速率低的优点。在混合编码的信号中，既含有部分波形编码的信息又含有若干语音特征参量。其编码速率一般在 4 ~ 16kbit/s，语音质量可达到商用语音通信要求的标准。因此，混合编码技术在数字移动通信中得到了广泛的应用。

2. 语音质量评价

编码器速率和输出语音质量之间也存在着制约关系，在这二者之间，编码速率很容易确定，而音质则易受主观因素的影响。在对编码器进行性能评价的时候，需要一种可重复的、意义明确的、可靠的方法对输出语音质量进行量化。

用于评价输出语音质量的方法分为主观和客观两种。主观评价是在评听者对原始语音和失真语音（指经过编、解码器回放出来的语音）进行对比试听的基础上，根据某种预先约定的尺度对失真语音来划分质量等级，它反映了评听者对语音质量好坏程度的一种主观印象。而客观评价则是建立在原始语音信号和失真语音信号的数学对比上的。大多数客观评价是用数值距离或者模拟听觉系统如何来感知语音的模型来量化语音质量的。

语音主观评价方法种类很多，其中又分为可懂度评价和音质（又称逼真度）评价两种。可懂度反映了评听人对输出语音内容的识别程度，而音质评价直接反映评听人对输出语音质量好坏的综合意见，如平均意见得分（MOS），包括自然度和可辨识说话人能力等方面。音质高一般意味着可懂度也高，但反过来却不一定。具体评价方法请参阅有关文献。

12.7.2 波形编码

1. 脉冲编码调制（PCM）

PCM 系统的原理如图 12-15 所示，编码过程主要包括三部分：取样、量化和编码。取样的理论基础是奈奎斯特低通取样定理，又称均匀取样定理，在语音通信系统中，所传输的语音频率范围为 300 ~ 3400Hz，根据均匀取样定理，取样频率应该大于 6800Hz，实际取样频率为 8000Hz；量化是利用预先规定的有限个电平来表示模拟取样值的过程，根据所取样模拟信号的幅度概率密度分布函数，分为均匀量化和非均匀量化；编码就是将量化器输出的量化值用若干位二进制编码。用于 PSTN 中的 A 律或 μ 律压扩技术就是典型的 PCM 技术。

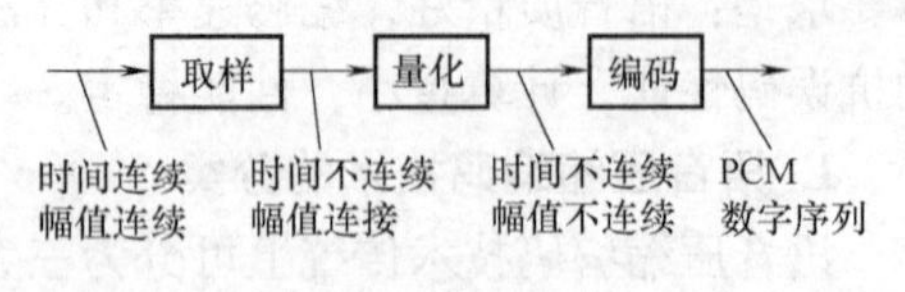

图 12-15 PCM 的过程

（1）A 律及 μ 律压扩 PCM 因为语音信号幅度的概率密度函数是非均匀分布的，所以 A 律或 μ 律压扩律都是非均匀量化方法。A 律和 μ 律是前 CCITT 推荐的 PCM 标准。A 律主要用于中国和欧洲，μ 律主要用于北美、日本等地区。A 律和 μ 律压缩函数分别如式（12-32）、式（12-33）所示。

$$|y| = \begin{cases} \dfrac{A|x|}{1+\ln A} & 0 < |x| \leqslant 1/A \\ \dfrac{1+\ln(A|x|)}{1+\ln A} & (1/A) \leqslant |x| \leqslant 1 \end{cases} \tag{12-32}$$

$$|y| = \frac{\ln(1+\mu|x|)}{\ln(1+\mu)} \tag{12-33}$$

式中，x为压缩器输入的归一化电压；y为压缩器输出的归一化电压；A、μ为压缩系数，一般取$A=87.6$，$\mu=100$或$\mu=255$。式(12-32)和式(12-33)是连续曲线，在数字电路中不容易实现。实际是采用折线来近似A律和μ律的压缩特性，如A律13折线和μ律15折线，尽管有误差，但非常容易实现。用A律13折线法非均匀量化的要点如下：

1）以折线代替光滑的曲线。

2）A律自然折线为16段，按斜率分成13段（μ律为15段）。

3）每段内为16层，均匀量化。

再将量化值用8位二进制数表示，如图12-16所示。最高位c_1表示极性，$c_1=1$表示正电压，$c_1=0$表示负电压；$c_2\ c_3\ c_4$表示段落码，共可表示8条分段的线段，$c_2\ c_3\ c_4=000$表示输入的归一化电压范围处于0～1/128，$c_2\ c_3\ c_4=001$表示输入的归一化电压范围处于（1/128）～（1/64），…，显然是非均匀量化。$c_5\ c_6\ c_7\ c_8$表示段内码，或称层码，为了简化，每个折线段内采用均匀量化。实践表明，利用该方法对每个语音取样的8位编码相当于均匀量化中每个取样11位编码的语音质量。

c_1	$c_2c_3c_4$	$c_5c_6c_7c_8$
极性码	段落码	段内码

图12-16 PCM的编码结构

PCM的取样频率为8kHz，每个量化值采用8位二进制数表示，所以一路语音信号的PCM编码的码速率为64kbit/s。

（2）*自适应量化PCM* 自适应量化PCM（APCM）的基本原理是量化阶距（简称量阶）自适应地随语音幅度的方均根值成正比变化，来改善量化信噪比。此时，量阶的调整可以以每个取样或几个取样为基础来实现，称为瞬时自适应；也可以在较长的时间间隔内（例如10～20ms）调整量阶，即音节自适应。

（3）*差分脉冲编码调制* 由于语音相邻取样值之间有很强的相关性，所以其相邻取样值的差值和原始信号取样值相比有较小的动态范围和方差。对差值进行量化编码可以减少量化比特数，从而改善量化信噪比或降低信息码速率。这种量化编码方式称为差分脉码调制（DPCM）。对差值进行量化编码时要采用预测器，因此这种编码方式属于预测编码。

（4）*自适应差分脉冲编码调制* 自适应差分脉冲编码调制（ADPCM）将APCM的“自适应”特点和DPCM的“差分”特点组合在一起。图12-17为ADPCM编译码器的系统框图，由图可见，在发送端包括一个与接收端结构相同的译码器，这样就可以进行量化误差的补偿。

ADPCM系统主要包括自适应量化器和自适应预测器，以提高量化信噪比。系统采用瞬时自适应或音节自适应，以便更好地适应语音和数据。自适应预测器的系数通过梯度算法来更新。32kbit/s的ADPCM已被前CCITT采纳作为国际标准（G.721建议）。使用这种标准可实现在64kbit/s的A律或μ律PCM信号与32kbit/s的ADPCM信号之间的编码转换。

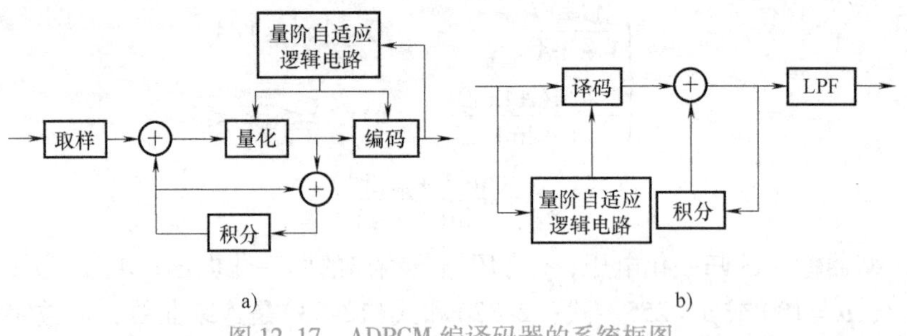

图 12-17 ADPCM 编译码器的系统框图

a）发送端编码器 b）接收端译码器

2. 增量调制

增量调制（ΔM 或 DM）可看成 DPCM 的特殊情况，其中预测器为一阶预测器，将量化器变成硬限幅器即可。

（1）线性增量调制 图 12-18 为线性增量调制系统框图，图 12-18a 为编码器，图 12-18b为译码器。由于量化器输出只含两个电平（Δ 和 –Δ），所以对应一个取样值编码器仅输出 1 位码字。可见，编码码速率等于信号取样速率。因此，为使 1 位编码能够有效地表示取样值间的差值，应该使样值间保持高度的相关性，这就必须提高取样频率。所以，ΔM 系统的取样速率要远远高于奈奎斯特取样率。若要得到与 PCM 系统相当的传输质量，ΔM 的取样速率需要高达 100kHz，甚至更高。但通常 ΔM 系统码速率为 32kbit/s 或 16kbit/s，所以其语音质量不如 PCM。线性 ΔM 的优点是电路简单，缺点是容易出现斜率过载噪声，小信号时的量化噪声严重影响语音质量。

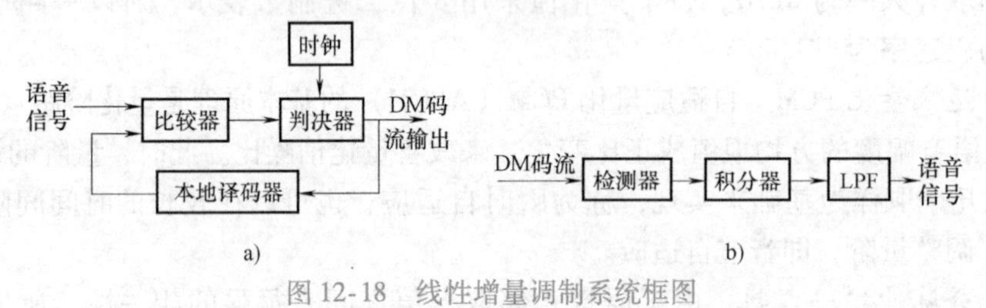

图 12-18 线性增量调制系统框图

a）发送端编码器 b）接收端译码器

（2）自适应增量调制 克服线性 ΔM 缺点的一个方法就是使量阶随输入信号而自适应地变化。即当相邻码元极性相同时，说明信号的斜率增加，此时应增大量阶；反之便使之减小。采用自适应增量调制（ADM）可以明显减小斜率过载噪声与小信号时的量化噪声。

（3）连续可变斜率增量调制（CVSD） ADM 方式的缺点是：传输差错可能引起语音质量的恶化，而且这种恶化可能持续较长的时间。采用连续可变斜率增量调制（CVSD）方式可使量阶 Δ 的大小自动跟随信号的平均斜率（斜率绝对值的平均值）变化，而不是随信号斜率的瞬时值改变，从而减小了传输差错的影响。在 CVSD 中，量阶 Δ 按音节速度调整。音节是指音量变化的周期，大约 10ms 左右。Δ 的调整方式如下：当检测到 3 到 4 位同极性码时，使 Δ 增加一个增量，直到达到某个最大值；否则使 Δ 减小一个增量，直到某个最小值。这样，斜率过载时量阶 Δ 加大，否则量阶 Δ 减小。

采用 CVSD 调制系统时，当取样率为 40kHz 时，语音质量优于 PCM；当取样率为 32kHz 时，语音质量与 7 位 A 律或 μ 律 PCM 相当。此调制方式的主要优点是抗误码能力强，在误

码率为 10^{-3} 时仍可保证较高的语音质量。

12.7.3　参量编码——线性预测编码

线性预测编码（LPC）技术是一种典型的参量编码技术。虽然 LPC 的技术指标不能很好地满足数字移动通信系统的要求，但 LPC 包含了参量编码的基本概念，也是低速率数字语音编码技术的发展基础，目前在数字移动通信中采用的几种高质量低速率的语音编码技术，都是在 LPC 的基础上改进的。下面着重讨论 LPC 的原理及性能。

人发出的声音是通过肺的收缩，压迫气流由支气管经过声门和声道引起音频振荡而产生的，其中声道起始于声门终止于嘴唇，包括咽喉（连接食道和口腔）、口腔。通过分析研究表明：人发出的声音信号可分为清音和浊音。清音是由气流激励声道产生的，它具有白噪声特性；而浊音是由声带振动产生的，它具有周期性脉冲特性。由此可以得到语音产生的数学模型，如图 12-19 所示。在此模型中，将具有基音频率的周期性脉冲发生器和具有平坦频谱的白噪声发生器作为激励源，将声道等效为时变线性数字滤波器。当激励源采用周期脉冲源时，声道输出浊音，采用白噪声源时，声道输出清音。

某一时刻的语音信号取决于当时的激励源类型、激励源参数及时变线性数字滤波器的参数。研究表明，语音信号具有慢变化特征，可以认为大多数语音信号和声道的特性在 10～30ms 左右的时间内基本保持不变，因此，语音的短时分析帧长一般取 20ms，在发送端设法提取各个 20ms 时段内语音的清/浊音类型（以便得到该帧的清/浊音标志 U/V）、基音周期 T_p（仅对浊音而言）以及声道（即时变数字滤波器）参数，将这些信息参数经量化后编成二进制码，送入信道。在接收端，对收到的二进制码进行译码，求得所发送的声音信息参数，并由信息参数控制接收端的语音产生模型，最后重建语音。其原理如图 12-20 所示。

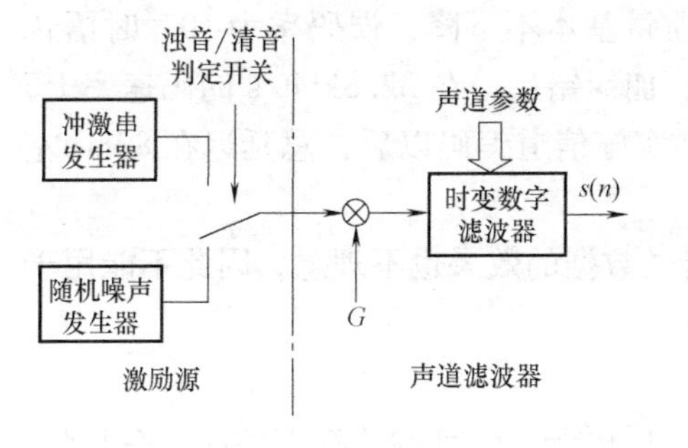

图 12-19　语音产生的模型

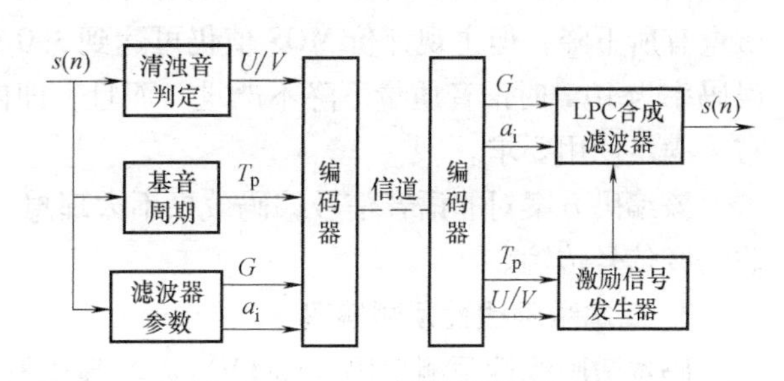

图 12-20　LPC 声码器原理框图

发送端从原始语音求得语音信息参数的过程，称为 LPC 分析；接收端根据这些信息参数重建语音的过程，称为 LPC 合成。

由于语音信号相邻样本间的相关性很强，因此，总可以用过去的样本值来预测当前的样本值，这种技术就称为线性预测。只要逼近误差最小，就能获得唯一的一组预测系数，使 LPC 分析及合成的质量最高。而且并不传送语音样值编码，因此信息码速率低得多，理论上可低至几百 bit/s，当然，码速率越低，语音质量越差。

LPC 系统的结构简单，可以在 2400bit/s 的码速率上得到清晰可懂的合成语音，但是自然度不够理想，即使提高码速率也无济于事。尤其在有噪声的环境中，LPC 很难提取出准确的基音周期以及正确判断清/浊音，这给合成语音质量带来了严重影响。

12.7.4 混合编码

由于参量编码 LPC 技术存在不易克服的缺点，故又以 LPC 为基础，发展了几种新的混合编码技术，综合了参量编码和波形编码的原理，大大改善了编码性能。混合编码方式在 LPC 的基础上，采用了以下几种改进措施：

1）改善激励源，用更合理的、更精确的激励信号源代替简单的、粗糙的二元激励。

2）在编码器中除采用短时预测外，再加入长时预测，语音信号的短时相关性表征谱包络，而长时相关性则表征谱的精细结构。

3）采用合成分析法，使重建语音与原始语音的误差最小。

4）在编码器中加入感觉加权滤波器，使实际误差信号的频谱有着与语音信号的频谱相似的包络形状，使编码器具有波形编码器的特点，从而使重建的语音信号有较好的自然度。

常用的混合编码方式有：规则脉冲激励长时线性预测编码（RPE-LTP）、码本激励线性预测编码（CELP）、矢量和激励线性预测编码（VSELP）、短时延码激励线性预测编码（LD-CELP）以及多带激励编码（MBE）。

1. 规则脉冲激励长时限线性预测编码

规则脉冲激励长时限线性预测编码（RPE-LTP）是 GSM 移动通信网所采用的语音编码标准，其纯编码速率（不含差错控制编码）为 13kbit/s，语音质量的主观评价 MOS 值可达 3.8 分（满分为 5 分）。

RPE-LTP 采用主观加权最小均方误差准则逼近原始语音波形，具有波形编码特点。因此有较好的自然度，并对噪声和多人讲话环境不敏感。它采用长时预测、对数量化比等一系列措施，使其在 13kbit/s 的码速率上得到相当好的语音质量。它的抗误码性能较好，如果不加任何纠错措施，则误码率为 10^{-3}时编码器的语音质量基本不下降，误码率为 10^{-2}时语音质量有所下降，但主观评价 MOS 值仍可达到 3.0 分；加纠错后，在 22.8kbit/s 的码速率上，误码率为 10^{-1}时语音质量下降不严重。而且，即使在实施信道编码以后，总延迟在 80ms 左右，满足使用要求。

该编码方案对非语音信号编码效果不太理想，传送数据的效果也不理想，因此不能用于非语音信号传输。

2. 码本激励线性预测编码

码本激励线性预测编码（CELP）以其高质量的合成语音、优良的抗噪声性能，在4.8～16kbit/s 的码速率上得到广泛应用。

所谓码本，就是将差值信号可能出现的各种样值的编码组合按一定规则排列存储在存储器中，就像字典一样，每个样值的编码组合有一个地址码，该存储器就称为码本。码本中存储的样值编码叫码字。如果对样值采用矢量量化，则码本中的码字也叫码矢量。收发双方各有一个相同的码本。发端预测出差值信号后，并不传输差值本身，而是在本方的码本中搜索出与该差值信号最接近的码矢量的地址码，将这个地址码传输到收方。收方根据这个地址码在已方的码本中找出相应码矢量加到滤波器上，得到重建的语音。由于传输的是码本的地址码，大大地减少了传输的比特数，从而降低了编码速率。如果码本编制合理，即码本中的码字与实际差值信号非常接近，同时码本码字长度短，那么就可以以较低的编码速率得到较高的语音质量。可见，编制码本是这种编码方法的关键。对码本的要求是：①码本中的差值信号与实际差值信号的相似程度要高；②在满足①的前提下，码本长度最短，使地址码长度最短，从而使传输的比特数最少；③发端搜索码本需要的时间最短，以减少编译码延迟。

3. 矢量和激励线性预测编码

矢量和激励线性预测编码（VSELP）是CELP的一种变形。CELP方式存在的问题是运算量大，码本较长，VSELP就是为解决这些问题而提出的。由于削减了运算量和码本长度，所以VSELP声码器易于用单片集成电路实现。它已被北美等国和日本的数字移动通信系统采用。

与CELP相比，VSELP采用了结构化的随机码本。其码本内仅存储M个基本矢量（美国为7个，日本为9个）。对这些基本矢量进行线性组合，可以得到2^M个码矢量。这样，不仅减少了码本的存储量，而且大大地减少了搜索码本所需的运算量。另外，VSELP算法对码本的增益采用矢量量化。

VSELP编码器既保留了CELP高效率编码的优点，同时运算量比普通的CELP减少了许多。该方案能在4.8～8.0kbit/s的编码速率上给出令人满意的编码语音质量。VSELP采用两个随机码本，从而可在保持一定复杂度的前提下提高语音质量。码本结构化带来的好处不仅仅是减少了运算量，当误码导致接收的某个矢量发生错误时，对总的激励信号影响不大，由此提高了抗信道误码性能。对增益进行矢量量化，既提高了编码效率，又增强了抗信道误码的能力。VSELP编码器在信道误码率为10^{-2}时，仍能给出很好的语音质量。

4. 自适应多速率语音编码

由于移动信道传输特性的变化，引起信道容量发生变化，所以，应在信道特性变差时，适当降低信息传输速率。相反，当信道条件较好时，可以提高信息传输速率。3GPP制定了自适应多速率（AMR）语音编码器用于WCDMA和TD-SCDMA系统，AMR的语音编码速率是信道质量的函数，采用自适应算法选择最佳的语音编码速率，对频率范围为200～3400Hz的语音信号给出了从4.75～12.2kbit/s共8种编码速率。

（1）*AMR语音传输处理*　AMR语音编码系统中包括可变速率语音编码器、可变速率信道纠错编码器、信道估计单元、速率控制单元。上下行链路需要采用的速率模式由基站决定，移动终端对确定的速率模式进行解码，并将估计的下行信道状态信息（CSI）发送给基站，信道质量参数是均衡器产生的，用于控制上下行链路的编码模式。

AMR编码器对语音进行处理传输的具体过程如下：

1）上行链路。初始化后移动终端以最低语音编码速率传输，有关的速率模式和下行信道质量信息送至信道编码器，并通过上行信道送给基站，基站首先进行信道译码，再进行语音解码。同时，对上行信道质量进行估计，并检测出移动终端送来的有关下行信道的CSI，将此信息送给基站控制单元，以此决定下行信道的语音编码和信道编码速率。基站还可根据测量得到的有关下行信道质量，确定上行信道的语音和信道编码速率。

2）下行链路。基站将当前下行链路的速率模式和上行链路需要的速率请求通过下行链路送给移动终端，移动终端根据监测到的下行速率模式进行语音和信道解码。同时，移动终端对下行信道的质量进行信道估计，并将结果送给基站。此后，语音编码器以新确定的速率进行编码工作。

3）信道估计。对上行和下行无线信道的质量进行估计，AMR选择最适合的语音编码和信道编码模式以得到相对最佳的语音质量，充分利用系统容量。

(2) AMR 语音编码的关键技术

1) 话音激活检测（VAD）技术。VAD 用来检测语音通信时是否有话音存在，它是变速率语音编码中的关键。其基本原理是用部分语音编码参数和自带点评估计得到的能量信息与设定阈值进行比较来检测信号帧是否为语音帧。当检测到非语音帧时，可以停止射频发射，以降低功耗，减小同频干扰，降低 CDMA 系统的用户间干扰。

2) 速率判决技术（RDA）。主要包括信源控制速率（SCR）和信道控制速率（CCR），基本原理是在无话和有话时采用不同的编码速率，从而降低平均速率。

3) 差错隐藏技术（ECU）。基本原理是在接收端对接收到的信号帧采用一定的方法进行差错控制，如果该帧是正常语音帧，则用相应的译码算法合成语音；如果是差错帧，则采用相应的差错隐藏算法进行处理。即在无线传输过程中，语音帧可能由于传输错误而丢失，为了不使收听人感觉到丢帧，应告诉语音译码器进行错误删除，并用预测的参数集进行语音合成，如果出现连续丢帧，就要采用减弱声音的技术让收听人知道传输出现中断。

4) 舒适噪声产生（CNG）技术。在语音通信中，说话人所在环境的背景噪声和语音信号一起被编码传输，在信源控制的速率方式中（如 VAD 技术），当没有语音时，背景噪声和语音信号均不被传输，则当人停止说话时，会导致背景噪声的不连续，使收听人感觉不舒服，在强背景噪声的情况下这种感觉尤其明显。克服这个问题的方法就是在接收端重构与发射端类似的背景噪声。因此，需要在发射端对背景噪声进行估计，并将其特征参数用静音描述（Silence Descriptor，SID）帧传送到接收端，SID 帧中的背景噪声参数被编码，接收端对 SID 帧进行译码，在没有语音期间产生与说话人背景噪声相匹配的人工舒适噪声。

12.8 网络安全技术

移动通信网是一个开放系统，任何人具有相同的无线设备都可以在相同的信道上侦听和发射信号，因而在个人通信中必须解决无线通信的安全和保密问题。一方面要防止通信内容泄露；另一方面还要防止非法用户对合法用户利益的侵害。

1. 个人通信中的保密性要求

从用户的角度来看，保密性可以分为四个等级：第 0 级，无保密性，在这种情况下，任何人用无线接收机都可以监听信道上的通信内容；第 1 级，与有线网等同的保密性，尽管大多数人认为有线电话具有保密性，但专业人员认为它是不保密的。在有线系统中，只有并接一部电话机才能听到他人的通话内容，这个并接过程表明有一个物理接头存在。然而在无线通信系统中，这样的接头是看不到的，所以把并接有线电话机的动作转换为对无线系统的保密要求；第 2 级，商用保密级，对于商业活动的加密通常需要 10 ~ 25 年的保密性；第 3 级，军用、政府保密级，主要用于军用或政府间的通信，这种保密级由有关的政府机构确定。

对于加密系统的设计应使得一次通信内容的泄露不会对其他通信的保密性发生任何影响。也就是说，如果破译一次通话的时间需要一年，那么破译另一次通话的时间也需要一年。

2. 移动通信需要保密的内容

移动通信需要保密的信息有：信令、话音、数据、位置、身份号、呼叫模式和财务信息等。具体地讲，用户呼叫建立过程中需传输的信息包括主呼号码、呼叫卡号码、服务类型等；用户通话时的位置信息即用户正在与哪个基站进行通信。另外，任何能有助于分析用户业务的信息都不应在空中传输，用户的财务信息都必须加密保护。另外系统还必须防止他人非法复制用户身份信息，并且能够废止被盗用户的身份。

3. 具体安全措施

1）对接入网络的呼叫请求进行鉴权，认证用户身份的合法性。鉴权是现代蜂窝移动系统必备的操作，一般在下述情况下需进行鉴权操作：①移动终端主叫；②移动终端被叫；③移动终端位置登记、位置更新；④基站要求移动终端鉴权。

2）对用户识别码进行保护，即用经常变更的临时移动终端识别码代替用户识别码。

3）对无线信道上的用户数据和信令信息进行加密，保护用户的敏感信息，其中包括对信令信息和话音信息的加密，或对某些字段的加密。

第 13 章　典型的移动通信系统

移动通信系统经历了从模拟到数字，从第一代（1G）到第二代（2G）、第三代（3G）、第四代（4G），从窄带到宽带，从传统的语音通信为主到高速移动数据接入业务的发展过程。

1G 蜂窝移动通信系统已经完成了历史使命，我国已经于 20 世纪全面停止了 1G 网络的运营，以 GSM、IS-95 等为代表的 2G 网络取而代之，2G 在移动通信市场占主导地位约十年后的 2000 年，3G 系统开始进入商用阶段。十余年后的今天，以 TD-LTE 和 LTE FDD 为代表的准 4G 网络的已经在全球启动运营了。

从 20 世纪 80 年代蜂窝移动通信系统开始运营至今，短短 30 年的时间，移动通信的发展已经经历了四代，虽然每一代移动通信系统与其上一代相比都有质的飞跃，但是由于各种原因，目前除了 1G 系统已经彻底淡出移动通信市场外，各国基本上还是 2G、3G 和 4G 并存的局面。本章重点介绍几种典型的 2G 和 3G 移动通信系统的原理和特点。4G 系统的相关内容在下一章讨论。

13.1 第二代移动通信系统

13.1.1 概述

以 ETACS、AMPS 为代表的第一代移动通信系统在移动通信发展史上占有重要的地位，但随着人类社会的发展，1G 的缺点越来越明显，主要表现在：

1）全球运营的 1G 系统技术标准不统一，甚至使用的频段也各不相同，各种系统之间没有公共的接口，无法实现漫游业务。

2）业务种类单一，仅限于语音业务，数字业务很难开展。

3）频谱利用率较低，不能满足扩容的要求，容量有限与需求日益增长的矛盾突出。

4）网络安全保密性差，用户的语音易被窃听，移动终端易被并机、盗号。

1G 的这些先天不足制约着移动通信的发展，也推动了以 GSM、IS-95 为代表的第二代移动通信系统（2G）的诞生和发展。2G 系统继承了 1G 的蜂窝网络结构，但采用全新的数字技术，其主要特点是：

1）系统灵活。各种功能模块的出现，增强了系统的编程控制能力、增加新功能的能力。

2）高效的数字调制技术和低功耗系统。利用高效的数字调制技术，提高了频谱利用率和分配的灵活性；且采用数字技术，降低了系统功耗，并延长了电池使用时间。

3）系统的有效容量提高。数字系统除了可以使用 FDMA 技术外，还可以使用 TDMA、CDMA 技术等，这些多址技术可大大提高信道资源的利用率。因为频率再用距离受所需载干比的限制，模拟蜂窝系统只能做到 1/7 的小区共用相同的信道，而数字蜂窝系统采用了有效的数字信号处理技术（如语音编码和信道编码等），因此在语音质量相同的条件下，可以降低所需载噪比，把每个区群的小区数减少到 4，即 1/4 的小区共用相同的信道，从而使数字蜂窝系统的容量大于模拟蜂窝系统。

4）高效的信源及信道编码技术。用信源及信道编码技术实现了数字语音和数据通信的综合，降低了单用户的带宽要求，使多个用户的语音信号复用到一个载波上，采用信道的差错控制、编码技术、扩频技术、均衡技术、交织技术、加密技术等，降低了误码率，通信的可靠性和有效性大大提高，并进一步加强了网络的安全性。

5）灵活的带宽配置。对模拟系统要改变用户的带宽以满足对通信的特殊需要非常困难，而数字系统用计算机管理，很容易实现信道的灵活配置。

6）新的服务项目。包括：鉴权、短消息、WWW 浏览、数据服务、语音和数据的保密编码、综合业务等。

7）更强的接入、切换能力和更高的效率。当然，蜂窝小区半径越小，则产生的接入申请、漫游注册、过区切换动作就越多，所产生的信令活动也就越频繁。

13.1.2 GSM 系统

GSM 系统是第二代数字移动通信系统中最具影响力的系统，也是全球第一个采用全数字调制、传输和提供数字业务的蜂窝移动通信系统。GSM 原来的发展目标是在全欧洲范围内提供统一蜂窝移动业务，然而 GSM 的发展出乎人们的预料，目前 GSM 已成为全球应用最广泛的移动通信系统，中国的“中国移动”和“中国联通”两个运营商运营 GSM 系统。

1978 年欧洲为后来的 GSM 确定了公共频段，即在 900MHz 附近开通了两个带宽为 25MHz 的频段。1982 年 CEPT 成立了欧洲移动通信特别小组，简称 GSM（Group Special Mobile），其任务是起草一个工作在 900MHz 频段，在全欧洲使用的公众移动通信系统。后来，GSM 标准改由 ETSI 负责管理。1990 年，900MHz 的 GSM 规范基本制订完毕。同年，更高频率的 GSM1800 版本的 GSM 系统被定为标准，到 1991 年完成了规范的制订工作。正式的 GSM 商用系统于 1992 年首先在芬兰投入运营。由于在投入使用之前，GSM 的标准化工作并没有在每个方面都非常完善，所以把 GSM 的标准化工作又分为两个阶段：phase1 和 phase2。1992 年又提出了 phase2 + 的标准，它实际上就是 2.5G 标准。1992 年开始制订满足美国市场的标准，PCS1900（即 GSM1900），1996 年 GSM1900 投入使用。

1. GSM 的主要业务与特点

（1）*GSM 的主要业务* GSM 业务与 ISDN 的基本业务大致相同，可分为电信业务和数据业务两类。电话业务包括标准的移动电话服务和基于移动终端或基站的通信。数据业务包括计算机之间的通信和分组交换通信。用户业务大致可分为以下三类：

1）电信业务。最基本的是语音业务，也包括紧急呼叫、传真、可视图文和电传。

2）数据业务。相当于开放系统互联（OSI）参考模型的第一、二、三层。支持数据率为 300 ~ 9600bit/s 的分组交换，数据的传输既可以采用透明模式（GSM 为用户数据提供标准的信道编码），也可以采用非透明模式（GSM 采用特定的数据接口提高编码效率）。

3）补充业务。补充业务是对前两类基本业务的补充和改进，必须与基本业务一起提供给用户。补充业务与基本业务的区别在于用户的参与程度。GSM 是全数字的系统，可提供的补充业务包括：登记、询问、删除、请求、呼叫转移、主叫识别等业务。补充业务还包括短消息业务（SMS），SMS 允许用户在进行语音通信的同时，利用信令信道传送有限长度的字符消息（160 个 ASCII 码字符）。SMS 业务还提供小区广播功能，允许 GSM 基站重复传送多达 15 组长度为 93 个 ASCII 码字符的消息。

（2）GSM 的主要特点　从用户的角度来看，GSM 系统最显著的特点是它的用户识别模块（SIM 智能卡），SIM 卡存储了用户的各种信息，包括：用户识别码、用户的归属网络、个人接入密码和其他的用户特定信息。SIM 卡代表了用户使用 GSM 服务的权限许可，用户可以在任何一部 GSM 终端上通过 4 位数字的密码激活 SIM 卡获得服务，所发生的通信费用与所使用的终端没有关系，只与 SIM 卡上的用户账户有关。

GSM 第二个显著的特点是其个人信息安全性。模拟调频制的移动电话很容易被监听，但在 GSM 系统中这是不可能的。用户的密码在传送前通过密钥进行了有效加密，这个密钥由 GSM 网络运营商掌握，对每个用户来说，其加密的密码序列随时间变化。每个运营商和设备供应商必须在签署了谅解备忘录后才能运营 GSM 网络或生产 GSM 设备。该谅解备忘录允许各国的运营商之间共用加密算法和其他特定信息。

2. GSM 的系统结构

GSM 系统主要由三个互连的子系统组成，如图 13-1 所示，这三个子系统分别是：基站子系统（BSS）、网络与交换子系统（NSS）和运行支持子系统（OSS）。移动终端（MS）可看成是 BSS 的一部分。

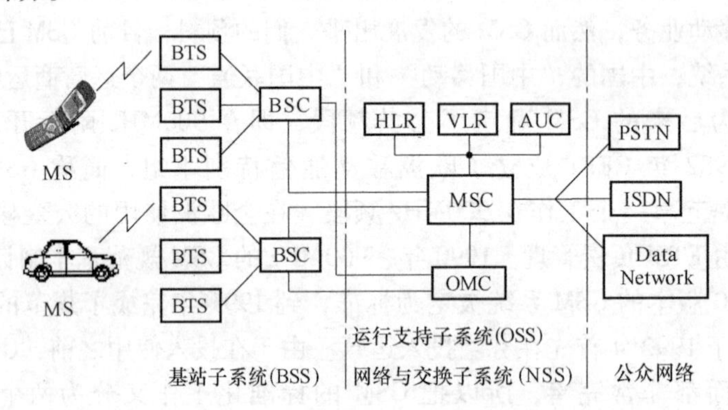

图 13-1　GSM 系统结构

（1）基站子系统　BSS 又称为无线子系统，是移动终端（MS）与移动交换中心（MSC）之间的桥梁，也是 MS 与其他所有 GSM 子系统之间的接口。BSS 中含有多个基站控制器（BSC），BSC 通过 MSC 将 MS 连到 NSS 上，NSS 完成 GSM 系统的交换功能，并实现与其他网络（如 PSTN 和 ISDN 等）的互连。OSS 用于支持 GSM 网络的运行和维护，通过 OSS 可以实现对 GSM 网络设备的监控、诊断、维修等各种操作。OSS 与 GSM 其他子系统连在一起，是 GSM 运营商管理、运行网络的界面。

MS 通过空中无线接口与 BSS 通信。BSS 中的每个 BSC 都连接到 MSC 上，通常一个 BSC 控制数百个基站收发信台（BTS）。BTS 可能与 BSC 安装在同一位置，也可能与 BSC 有一定的距离，此时的 BSC 通过微波或地面光缆等线路与 BTS 相连。当移动终端的过区切换发生在同一 BSC 控制下的两个 BTS 之间时，切换由该 BSC 完成而不是由 MSC 完成，这样可以减轻 MSC 的交换负荷。

（2）网络与交换子系统 NSS的任务是处理外部网络与GSM内部网络用户之间的呼叫，同时完成管理和向其他网络提供访问用户信息数据库的功能。MSC是NSS的核心，控制着所有的BSC之间的通信。在NSS中，有三种不同的数据库：归属位置寄存器（HLR）、访问位置寄存器（VLR）和鉴权中心（AUC）。HLR数据库中记录了用户的信息和其所属运营商的信息（归属位置），对每个特定的GSM运营地区的每个用户，GSM均提供一个唯一的国际移动用户识别码（IMSI），该号码可以区分每个用户所属的运营商。VLR数据库用于暂时存储用户的IMSI和用户漫游到其他BSC通信覆盖区的位置信息。漫游用户的每一次呼叫都要通过VLR完成归属BSC和漫游BSC间的连接，传输必要的用户信息，实现漫游用户的正常通信。鉴权中心是被严格保护的数据库，用于存储在HLR和VLR中的每个用户的密钥和鉴权信息。AUC中包含一个设备识别寄存器（EIR），存储用户的IMEI，运营商可以通过它判断移动设备是合法的还是因失窃而不准使用的。

（3）运行支持子系统 OSS包含一个或多个操作维护中心（OMC），OMC用于监控和维护GSM系统中各MS、BTS、BSC和MSC的状况。OSS有三个主要功能：①管理完成运营商全部电信网络的硬件设施和系统的运行；②记录和管理所有发生的各种费用；③管理网络中的所有移动设备。

（4）GSM系统中的接口

1）Abis接口是BTS与BSC之间的接口，如图13-2所示。Abis接口用于传输业务信息和控制信息，它是GSM系统中的标准接口。

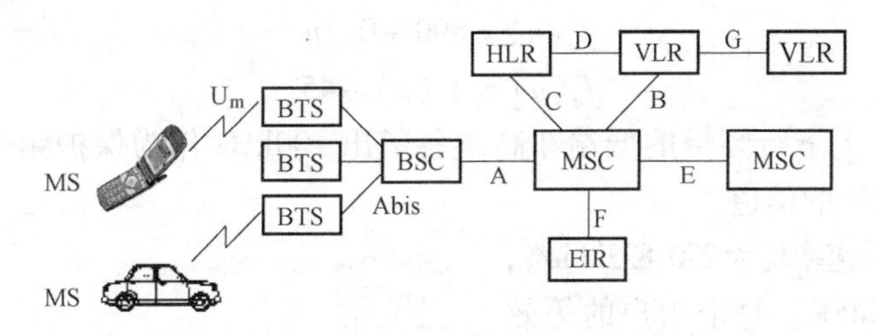

图13-2 GSM系统中的各种接口

2）A接口为BSC和MSC之间的接口，也是GSM的一个标准接口。接口使用NO.7信令（SS7）中的SCCP协议，用于MSC与BSC之间、移动终端与MSC之间的通信。

3）U_m接口定义为移动终端（MS）与基站收发信台（BTS）之间的无线通信接口，它是GSM系统中最重要、最复杂的接口，所传输的信息除了业务信息外还包括信道资源管理、移动性管理和接续管理等信息。

4）B接口定义为MSC与VLR之间的内部接口，用于MSC向VLR询问有关移动终端当前位置信息或者通知VLR有关MS的位置更新信息等。

5）C接口定义为MSC与HLR之间的接口，用于传输路由选择和管理信息。两者之间采用E1链路实现通信。

6）D接口定义为HLR与VLR之间的接口，用于交换移动终端位置和用户管理信息，保证移动终端在整个服务区内能建立和接受呼叫。

7）E接口为相邻服务区域的不同MSC之间的接口，用于移动终端从一个MSC控制区到另一个MSC控制区时交换有关信息，以完成过区切换。此接口的物理连接也采用E1链路实现通信。

8）F 接口定义为 MSC 与移动设备识别寄存器（EIR）之间的接口，用于交换相关的管理信息。此接口的物理连接方式与 E 接口相同。

9）G 接口定义为两个 VLR 之间的接口。当采用临时移动用户识别码（TMSI）时，此接口用于向分配 TMSI 的 VLR 询问此移动用户的国际移动用户识别码（IMSI）信息。G 接口的物理连接方式与 E 接口相同。

10）GSM 系统与其他公用电信网接口。GSM 系统通过 MSC 与公用电信网互连，一般采用 7 号信令系统（SS7）接口。

3. GSM 的无线子系统

GSM900 系统使用两个带宽为 25MHz 的频带，其中 890 ~ 915MHz 用于移动终端到基站的上行链路，935 ~ 960MHz 用于基站到移动终端的下行链路。GSM1800 系统的频段为：上行频段 1710 ~ 1785MHz，下行频段为 1805 ~ 1880MHz，各 75MHz 的带宽。GSM 系统采用频分双工（FDD），多址方式以 TDMA 为主并结合了跳频技术实现多用户接入。上行链路和下行链路中每个信道的载波间隔为 200kHz，为了便于使用和管理，每个信道均有明确的物理号码，称为绝对射频信道号码（ARFCN），每个 ARFCN 号标识一对上下行信道，间隔为 45MHz，每 8 个 GSM 用户通过时分复用共用一对信道，每个用户占用 8 个时隙中的 1 个，称之为物理信道。ARFCN 号码对应上下行信道的载波频率值 $f_u(n)$ 和 $f_d(n)$，可由下式确定：

$$f_u(n) = 890 + 0.2n \tag{13-1}$$

$$f_d(n) = f_u(n) + 45 \tag{13-2}$$

其中在 25MHz 上下行频带的低端和高端各留出 100kHz 作为保护频带，所以实际共有 124 个带宽为 200kHz 的信道。

上下行信道的码速率均为 270.833kbit/s，数字调制方式为 GMSK。每个用户的等效码速为 33.854kbit/s（270.833kbit/s/8）。如图 13-3 所示，每个时隙（TS）的时间宽度为 576.92μs，一个 GSM 帧长为 4.615ms。一个 ARFCN 号码和一个 TS 号码共同决定了一对上下行物理信道。GSM 中的每一个物理信道可能在不同的时间内映射成不同的逻辑信道。也就是说，每个时隙或帧可以被分配用于传输业务信息（即用户信息，如语音、传真或电传信息等）、信令数据或信道控制数据等。在 GSM 系统规范中定义了多种逻辑信道，这些逻辑信道用于 GSM 的物理层和数据链路层，以高效地传输用户的数据和各种控制信息。表 13-1 为 GSM 无线接口主要参数。

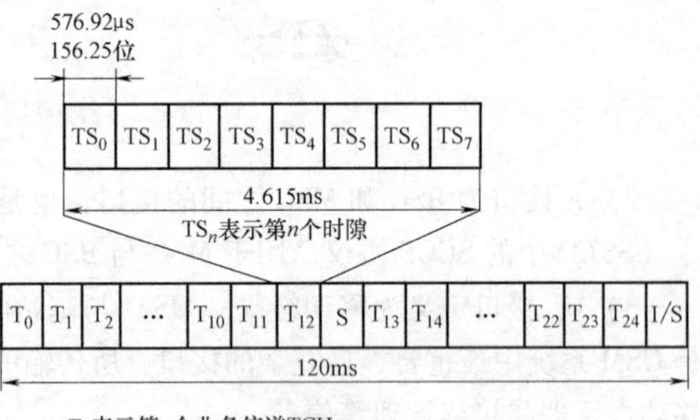

图 13-3 GSM 的业务信道帧结构

GSM 系统中，基站的峰值发射功率为每载波 500W，每时隙平均为 500W/8 = 62.5W。移动终端的发射功率分为 0.8W、2W、5W、8W 和 20W 五种规格。小区半径最大为 35km，最小为 500m。

表 13-1　GSM 无线接口主要参数

参数名称	参数值
上行信道频率	890 ~ 915MHz
下行信道频率	935 ~ 960MHz
ARFCN 号码	1 ~ 124
FDD 收发频率间隔	45MHz
收发时隙间隔	3 个时隙宽度
调制信道码速率	270.833kbit/s
帧长度	4.615ms
调制方式	GMSK
载波间隔	200kHz
交织长度（最大时延）	40ms
语音编码速率	13.4kbit/s
加差错控制后的语音编码速率	22.8kbit/s
每载波时隙数	8 或 16
每秒跳频（FHMA）次数	217.6
多址方式	TDMA/FDMA（或 FHMA）

4. GSM 系统的信道类型

（1）帧结构　图 13-4 给出了 GSM 系统各种帧及时隙的格式。由若干个 TDMA 帧构成复帧，其结构有两种：一种是由 26 帧组成的复帧，如图 13-3 所示，这种复帧长 120ms，主要用于业务信息的传输，也称作业务复帧；另一种是由 51 帧组成的复帧，这种复帧长 235.385ms，专用于传输控制信息，也称作控制复帧。

由 51 个业务复帧或 26 个控制复帧均可组成一个超帧，超帧长为 $51 \times 26 \times 4.615 \times 10^{-3}\text{s} \approx 6.12\text{s}$，如图 13-4 所示。

GSM 系统上行传输所用的帧号和下行传输所用的帧号相同，但上行帧相对于下行帧在时间上延迟 3 个时隙，以允许移动终端在这三个时隙的时间内进行帧调整以及对收发信机的频率调谐和转换。

（2）时隙的格式　在 GSM 系统中，每帧含 8 个时隙或突发，时隙是 GSM 的 TDMA 传输方式中最基本的数字序列单位，根据所传信息的不同，时隙所含的具体内容及其组成的格式也不相同。可分为如下几种：

1）常规突发。格式如图 13-4 所示，主要用于业务信道及专用控制信道，包含 156.25 位，其中有 114 位加密的信息位，信息位由两部分组成，各 57 位，分别位于接近突发序列起始端和末端，中间有 26 位训练序列，用于移动终端或基站接收器的自适应均衡器分析无线信道的特性，以消除多径效应产生的码间干扰。GSM 系统共有 8 种训练序列，分别用于邻近的同频小区。由于选择了互相关系数很小的训练序列，因此接收端很容易辨别各自所需的训练序列，产生信道模型，作为时延补偿的参照。两个 Stealing 标志位用于区分本时隙是业务（TCH）时隙还是控制（FACCH）时隙。位于时隙起始位置和末端位置的 Tail 位各有 3 位（约 11μs），称为起始位和停止位。GSM 系统主要是以 TDMA 方式传输信息，射频信号以突发形式发射，要求起始时射频信号电平迅速上升到额定值；突发信号结束时，射频信号的电平必须迅速从额定值下降到规定的最小值，3 位 Tail 位的作用就是保证整个突发时隙有效信息数据两端的上升时间和下降时间。信号中最后 8.25 位是保护时间间隔，防止本时隙因信道时延不同与其他时隙混叠。

0 1 2 3 47 48 49 50
0 1 24 25
超帧6.12s
0 1 24 25 0 1 2 3 47 48 49 50
复帧
0 1 2 3 4 5 6 7
1帧=8个时隙4.615ms
Tail 位3
信息位 57
Stealing 标志1
训练 序列26
Stealing 标志1
信息位 57
Tail 位3
保护间 隔8.25
每时隙576.92μs
156.25位

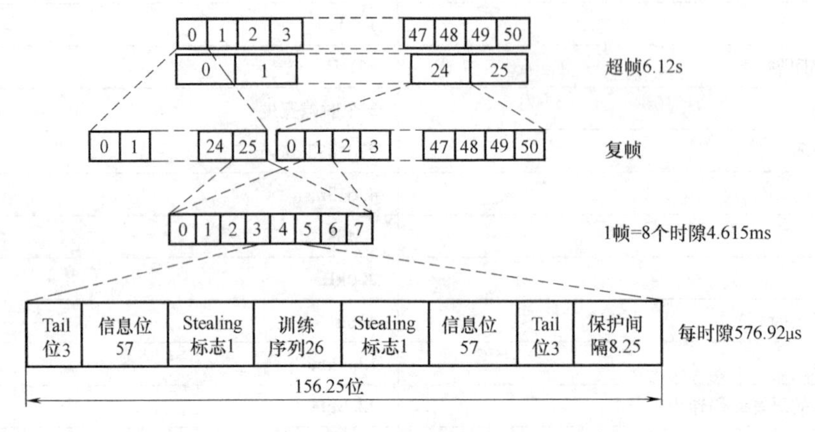

图 13-4 GSM 帧结构

2）频率校正突发。用于校正移动终端的载波频率，其格式比较简单，如图 13-5 所示。起始和停止的 Tail 位各占 3 位，保护时间 8.25 位，与普通突发脉冲序列相同，其余的 142 位均置为“0”，相应发送的射频信号是一个与载频有固定偏移（频偏）的正弦波，以便于调整移动终端的载频。

3）同步突发。用于移动终端的同步，其格式如图 13-5 所示，主要组成包括 64 位的同步信号（扩展的训练序列），以及两段各 39 位数据，用于传输 TDMA 帧号和基站识别码。GSM 系统中每一帧都有一个帧号，帧号是以 3.5h 左右为周期循环的。GSM 的特性之一是用户信息具有保密性，它是通过在发送信息前进行加密实现的，其中加密序列的算法是以 TDMA帧号为一个输入参数，因此在同步突发脉冲序列中携带 TDMA 帧号，这对移动终端在相应帧中发送加密数据是必需的。基站识别码用于移动终端进行信号强度测量时区分使用相同载频的基站。

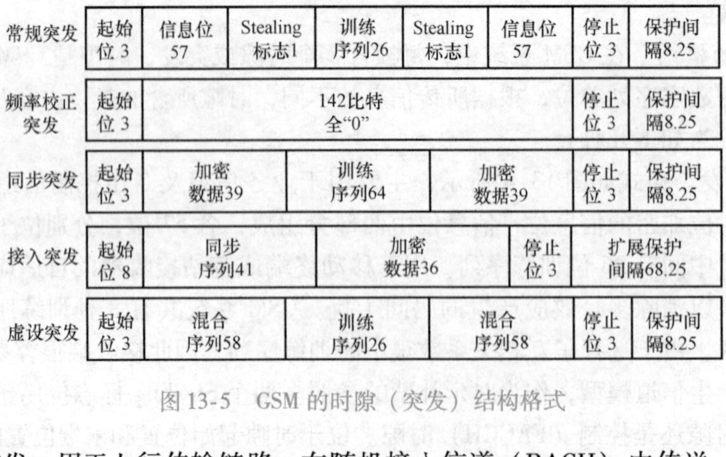

常规突发
起始 位3
信息位 57
Stealing 标志1
训练 序列26
Stealing 标志1
信息位 57
停止 位3
保护间 隔8.25
频率校正 突发
起始 位3
142比特 全“0”
停止 位3
保护间 隔8.25
同步突发
起始 位3
加密 数据39
训练 序列64
加密 数据39
停止 位3
保护间 隔8.25
接入突发
起始 位8
同步 序列41
加密 数据36
停止 位3
扩展保护 间隔68.25
虚设突发
起始 位3
混合 序列58
训练 序列26
混合 序列58
停止 位3
保护间 隔8.25

图 13-5 GSM 的时隙（突发）结构格式

4）接入突发。用于上行传输链路，在随机接入信道（RACH）中传送，用于移动用户向基站提出入网申请。其格式与前面三种突发的格式有较大差异，如图 13-5 所示。其中包括 41 位的训练序列，36 位的信息，起始位为 8 位，而停止位为 3 位。保护期较长，为 68.25 位。当移动终端在 RACH 上首次接入时，基站接收机开始接收的状况往往带有一定的偶然性，为了提高解调成功率，接入突发的训练序列及始端的尾位都选择得比较长。在使用突发时，由于移动终端和基站之间的信道时延是未知的，尤其是当移动终端远离基站时，信道时延较大。为了弥补这一不利影响，保证基站接收机准确接收信息，突发中防护段选得较长，称为扩展的保护时间，约 250μs，可保证移动终端距离基站达 35km 也不会发生时隙混叠。

5）虚设突发（Dummy Burst）。用于插空，其结构和常规突发格式相同。

（3）GSM 系统的各种信道

1）业务信道（TCH）。主要用于传输数字语音或数据，另外还有少量的随路控制信令。业务信道分两类：一为语音业务信道，即载有语音编码的业务信道，分为全速率语音信道（TCH/FS）和半速率语音信道。对于全速率语音编码，语音帧长 20ms，每帧含 260 位语音信息，净速率为 13kbit/s。二为数据业务信道，在全速率或半速率信道上，通过不同的速率适配和信道编码。用户可使用下列各种数据业务：全速率数据业务信道（TCH/F9.6），码速率为 9.6kbit/s；全速率数据业务信道（TCH/F4.8），码速率为 4.8kbit/s；全速率数据业务信道（TCH/F2.4），码速率≤2.4kbit/s；半速率数据业务信道（TCH/H4.8），码速率为 4.8kbit/s；半速率数据业务信道（TCH/H2.4），码速率为 2.4kbit/s。

2）控制信道（CCH）。用于传送信令和同步信号。它主要有三种类型：广播信道（BCH）、公共控制信道（CCCH）和专用控制信道（DCCH）。

广播信道（BCH）：是一种单向信道，用于基站向移动终端广播公用的信息。传输的内容主要是移动终端入网和呼叫建立所需要的有关信息。它又分为：

- 频率校正信道（FCCH）：用于传输供移动终端校正工作频率的信息。
- 同步信道（SCH）：用于传输供移动终端同步和对基站进行识别的信息，因为基站识别码是在同步信道上传输的。
- 广播控制信道（BCCH）：用于传输系统公用控制信息，例如：公共控制信道（CCCH）号码以及是否与独立专用控制信道（SDCCH）组合等信息。

公用控制信道（CCCH）：是一种双向信道，用于呼叫接续阶段传输链路连接所需要的控制信令。其中又分为：

- 寻呼信道（PCH）：用于传输基站寻呼移动终端的信息。
- 随机接入信道（RACH）：属于上行信道，用于移动终端随机提出入网申请，即请求分配一个独立专用控制信道（SDCCH）。
- 准许接入信道（AGCH）：属于下行信道，用于基站对移动终端的入网申请作出应答，即分配一个独立专用控制信道。

专用控制信道（DCCH）：是一种“点对点”的双向控制信道，其用途是在呼叫接续阶段以及通信过程中，在移动终端和基站之间传输必需的控制信息。其中又分为：

- 独立专用控制信道（SDCCH）：用于在分配业务信道之前传送有关信令，例如：登记、鉴权等信令均在此信道上传输，经鉴权确认后，再分配 TCH。
- 慢速辅助控制信道（SACCH）：用于在移动终端和基站之间，需要周期性地传输一些

信息，例如，移动终端要不断报告正在服务基站和邻近基站的信号强度，以实现“移动终端辅助切换功能”。此外，基站对移动终端的功率控制调整、时间调整命令也在此信道上传输，因此 SACCH 是双向点对点控制信道。SACCH 可与一个业务信道或独立专用控制信道联用。SACCH 与业务信道联用时，以 SACCH/T 表示；与控制信道联用时，以 SACCH/C 表示。

• 快速辅助控制信道（FACCH）：用于传送与 SDCCH 相同的信息，只有在没有分配 SDCCH 的情况下，才使用这种控制信道。使用时需要中断业务信息，把 FACCH 插入业务信道，每次占用的时间很短，约 18.5ms。

可见，GSM 通信系统为了传输所需的各种信令，设置了多种控制信道。这样，除了为数字传输设置多种逻辑信道提供了可能外，主要是为了增强系统的控制功能，同时保证了语音通信质量。

5. GSM 系统的信号处理

图 13-6 为 GSM 系统中的语音信号从发射到接收的全部处理过程。

（1）语音编码　语音数字编码的基本原理见 12.7 节。GSM 系统采用的语音编码技术为 RPE-LTP 编码方法，将 20ms 音节周期的模拟信号变成 260 位的数字信号，所以净语音编码速率为 13kbit/s。另外 GSM 语音编码器还充分利用了人在打电话时说话的平均时间小于 40% 的特点，在编码器中设置了一个语音激活检测器（VAD），可以使发射机在用户停止讲话时停止发射信号，在讲话时再发射信号，即不连续发射（DTX）。这样做有两个优点：一是可以降低用户移动电话的功耗；二是减小了系统中的干扰噪声。

（2）TCH/FS、SACCH、FACCH 的信道编码　语音编码输出的数字化语音信号要进行差错控制编码。具体的编码方法是：在每 20ms 输出的原始 260 位的数据中，前 50 位（被称为 Ia 位）加上 3 位的校验（CRC 校验）位，用于接收端检错。紧接着的 132 位（称为 Ib 位）与前面的 53 位（50 位信息位 +3位校验位）合在一起，再加上后面 4 位“0”，组成 189 位的数字码组。将该码组用 1/2 卷积码编码，卷积码的约束长度为 5，编码后的码组长度加倍为 398 位。原始位最后的 78 位不做任何处理，直接加到编码后的 378 位码组后面。则原始位数由 260 变成 456 位，时间长度为 20ms，可计算此时的码速率为 22.8kbit/s。

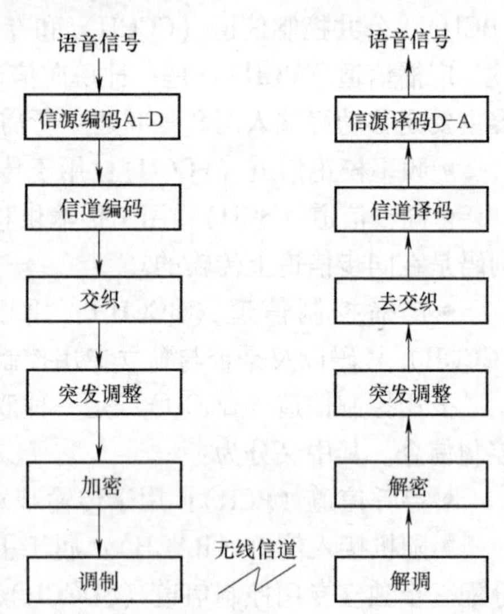

图 13-6　GSM 传输语音的基本过程

（3）信道编码　GSM 全速率数字信道的编码方法是参考修改的 CCITT V.110 调制解调标准制定的，每 5ms 处理 60 位。具体做法是：将 20ms 的 240 位加上 4 位的尾码，为 244 位，采用缩短的 1/2 卷积码（约束长度为 5）编码，长度为 488 位，实际为 456 位（有 32 位没有被传输），再将其分成 4 组各 114 位码组进行交织。

（4）交织　交织编码基本原理见 8.4.4 节。GSM 系统中的交织深度为 8，时长为 40ms 的数字序列经过信道编码后，产生长度为 456 ×2 =912 位的数字序列，再将其分为 8 组，每

组 114 位，组成 8×114 矩阵，按水平写入垂直读出的方式实现交织。可见，要在接收端接收完整的一帧 20ms 的语音，必须经过两帧的时间间隔，其延时为 40ms。

(5) *加密* 加密过程是通过特定算法修改上述 8 个交织码组的内容，加密算法只有被特定授权的基站和移动终端才能获得。在 GSM 系统中有两种加密算法：A3 和 A5，分别用于阻止非法的网络接入和移动终端的发射。

(6) *突发调整* 突发调整是将某些特殊的二进制数据填加到已加密的码组中，用于接收端的同步均衡等环节。

(7) *调制* GSM 系统中使用的调制方式为 BT = 0.3 的 GMSK，GMSK 基本原理见 12.1 节。二进制数"1"和"0"在 GMSK 中分别表示为相对于载波中心频率偏移 ±67.708kHz 的信号，信道的码速率为 270.833333kbit/s，恰好等于频偏的 4 倍。

(8) *跳频* 通常情况下，TDMA 系统各个数据突发占用特定的物理信道，使用固定载波频率，但在蜂窝移动系统中存在严重的多径问题，GSM 系统中采用慢跳频技术减小多径效应和同频干扰。每帧跳频一次，所以每秒跳频次数为 217.6。跳频的过程由基站控制完成。

(9) *功率控制* GSM900 系统规范中规定移动终端峰值发射功率一共有五级：20W、8W、5W、2W、0.8W。目前 GSM900 手持终端的功率大部分都属于第 4 级（CLASS4），即最大发射功率为 2W（33dBm）。为了减小同信道干扰和节省功率（延长电池的使用时间），要求在保证一定信号质量的前提下，移动终端和基站的发射功率尽量小。功率控制可实现功率电平以 2dB 为步长变化，调整范围为从峰值功率至 13dBm（20mW）。GSM 系统可分别实现对上行链路和下行链路的功率控制，上行链路移动终端的功率控制范围为 20～30dB，而下行链路的功率控制范围由设备制造商决定。功率控制由 BSS 管理和控制，具体实现过程是：对上行链路的功率控制是通过基站 BTS 测量上行链路的信号电平和信号质量，并考虑移动终端的最大发射功率计算出所需的发射功率，将改变发射功率命令在 SACCH 信道中传输下去。下行链路的功率控制是由移动终端测量下行链路的信号电平和信号质量（通过计算误码率实现），并将该信息传输给 BSC，由 BSC 决定是否改变发射功率。

(10) *均衡* 接收机通过时隙中的训练序列获得信道特性，并调整均衡滤波器参数，对接收信号进行时域均衡。

6. GSM 的呼叫接续及过区切换

(1) *移动用户主叫* 移动用户（MS）已经开机完成了注册过程，处于待机状态，通过监听附近基站 BS 的 BCH 信道实现同步，接收 FCCH、SCH 和 BCCH 信道的信号，用户锁定在基站及某一 BCH 信道上。MS 拨被叫号码，拨号完毕按发射（SEND）键，MS 在随机接入信道（RACH）上向 BS 发出信道申请信息，BS 接收成功后，给 MS 分配一个专用控制信道——接入允许信道（AGCH），并向 MS 发立即分配指令。MS 在发起呼叫的同时，启动定时器，在规定的时间内可重复申请，如果按预定的次数重复申请后，仍收不到 BS 的应答，则放弃这次申请。当 MS 收到立即分配信令后，利用分配的专用控制信道（DCCH）与 BS 建立信令链路，经 BS 向 MSC 发送业务请求信息。MSC 向 VLR 发送开始接入请求信令。

VLR 收到信令后，经 MSC 和 BS 向 MS 发出鉴权请求，其中包含一随机数（RAND），MS 按鉴权算法 A3 进行处理后，向 MSC 发回鉴权响应信息。若鉴权通过，承认此 MS 的合法性，VLR 就给 MSC 发送加密模式信息，由 MSC 经 BS 向 MS 发送加密模式指令，MS 收到并完成加密后，向 MSC 发送加密模式完成响应信息。鉴权、加密完成后，VLR 向 MSC 作出开始接入请求应答。为了保护 IMSI 不被监听或盗用，VLR 给 MS 分配一个新 IMSI。

然后，MS 向 MSC 发出建立呼叫请求，MSC 收到请求后，向 VLR 发出指令，要求它传送建立呼叫所需的信息。如果成功，MSC 即向 MS 发送“呼叫开始”指令，并向 BS 发出分配无线业务信道的信令。

如果 BS 有空闲的业务信道（TCH），即向 MS 发出信道分配指令。当 MS 得到业务信道时，向 BS 和 MSC 发送信道分配完成的信息。

MSC 在无线链路和地面有线链路建立后，把呼叫接续到其他网络，并和被呼叫用户建立连接，然后给 MS 发送回铃音。被呼叫的用户摘机后，MSC 向 BS 和 MS 发送连接指令，待 MS 发回连接确认后，即转入通话状态，从而完成了 MS 主叫过程。

（2）*移动用户被叫* 当其他用户呼叫 MS 时，其所在网络把呼叫接续到就近的移动交换中心（MSC），此时 MSC 在网络中起到网关（Gateway）的作用，记作 GMSC。GMSC 向 HLR 查询路由信息，HLR 在其保存的用户位置数据库中查出被叫 MS 所在的地区，并向该区的 VLR 查询该 MS 的漫游号码（MSRN），VLR 把该 MS 的 MSRN 送到 HLR，并转发给查询路由信息的 GMSC。GMSC 即把呼叫接续到被叫 MS 所在地区的 MSC，记作 VMSC。由 VMSC 向该 VLR 查询有关的呼叫参数，获得成功后，再向相关的 BSC 发出寻呼请求。BSC 根据 MS 所在的小区，确定所在的收发台（BTS），在寻呼信道（PCH）上发送寻呼请求信息。

MS 收到寻呼请求信息后，在随机接入信道（RACH）向 BS 发送信道请求，由 BS 分配专用控制信道（DCCH），即在公用控制信道（CCCH）上给 MS 发送“立即分配”信令。MS 利用分配到的 DCCH 与 BS 建立信令链路，然后向 VMSC 发回“寻呼”响应。

VMSC 收到 MS 的寻呼响应后，向 VLR 发送“开始接入请求”，并启动常规的“鉴权”和“加密模式”过程。然后 VLR 向 VMSC 发回开始接入应答和完成呼叫请求。VMSC 向 BS 及 MS 发送呼叫建立信令，被叫 MS 收到此信令后，向 BS 和 VMSC 发回“呼叫证实”信息，表明 MS 已进入可通信状态。

VMSC 收到 MS 的呼叫证实信息后，向 BS 发出信道分配请求，要求 BS 给 MS 分配业务信道（TCH）。接着 MS 向 BS 及 VMSC 发回分配完成响应和回铃音，于是 VMSC 向主叫用户发送连接完成信息。被叫 MS 摘机时，向 VMSC 发送连接信息。VMSC 向主叫用户发送拨号应答信息，并向 MS 发送连接确认信息。至此，完成了移动用户被叫过程。

（3）*过区切换* 过区切换是蜂窝移动通信网络中的重要控制功能。GSM 系统采用移动终端辅助切换法实现过区切换。其主要指导思想是把过区切换的检测和处理等功能的一部分分散到移动终端（MS），由 MS 测量本基站及周围基站的信号强度，并把测得结果送给 MSC 进行分析和处理，由 MSC 作出过区切换的决策。

MS 不断对周围基站的“广播控制信道（BCCH）”进行信号电平的测量。当 MS 发现它的接收信号变弱，达到或已接近于信干比的最低门限值，同时发现周围某个基站的信号很强时，就可以发出过区切换请求，启动过区切换过程。切换能否实现还应由 MSC 根据网中很多测量结果作出决定。如果不能进行切换，BS 会向 MS 发出拒绝切换的信令。

过区切换主要有以下三种情况：

1）同一个 BSC 控制区内不同小区之间的切换，即同一个 BSC 区、不同 BTS 之间切换。这种切换是最简单的情况。首先由 MS 向 BSC 报告现基站和周围基站的信号强度，由 BSC

发出切换命令，MS 切换到新 TCH 信道后告知 BSC，由 BSC 通知 MSC/VLR，某移动终端已完成此次切换。若 MS 所在的位置区也改变了，那么在呼叫完成后还需要进行位置更新。

2）同一个 MSC/VLR 业务区，不同 BSC 间的切换。在同一个 MSC/VLR 区，不同 BSC 间切换时，由 MSC 负责切换过程。首先由 MS 向现 BSC 报告测试数据，现 BSC 向 MSC 发送切换请求，再由 MSC 向新 BSC 发送切换指令，新 BSC 向 MSC 发送切换证实消息。然后 MSC 向现 BSC、MS 发送切换命令，待切换完成后，MSC 向原 BSC 发清除命令，释放原来占用的信道。

3）不同 MSC/VLR 之间的切换。这种切换最复杂，切换中需进行很多信息的传递。当 MS 在通话中发现正在使用小区的信号强度过弱，而其他小区信号增强时，可通过正在服务的 BS 向 MSC 发出过区切换请求。由 MSC 向新 MSC 转发此切换请求，请求信息中包含该 MS 的标志和所要切换到的新基站 BS 的标志，新 MSC 收到上述信息后，通知新 VLR 给该 MS 分配切换号码，并通知新 BS 分配物理信道，然后向原 MSC 传送切换信道号码。如果新 MSC 发现无空闲信道可用，即通知原 MSC 结束此次切换过程，这时 MS 正在使用的通信链路将不被拆除。原 MSC 收到切换信道号码后，要在新旧两个 MSC 之间建立链路。然后新 MSC 向旧 MSC 发送链路建立证实信息，并向新 BS 发出切换指令。而原 MSC 向 MS 发送切换指令，MS 收到后，将其业务信道切换到新分配的业务信道上。新 BS 向新 MSC 发送切换证实信息，新 MSC 收到后向原 MSC 发出结束信息，原 MSC 即可释放原来占用的信道，于是整个过区切换过程结束。

7. 短消息业务

（1）SMS 简介　短消息业务（SMS）是 GSM 为移动终端提供的一种能够发送和接收短消息的手段，短消息内可以包含文字、数字或者字母。当采用拉丁字符时，每条短消息的长度最大为 160 个字符，而当采用非拉丁字符，例如阿拉伯文或汉字时，其长度可以达 70 个字符。短消息业务是通过短消息业务中心（SMSC）以存储转发的方式实现的，因此 GSM 网络需要支持短消息在 SMSC 与 MS 之间传送。短消息的接收和发送只需信令信道，不占用业务信道。因此用户即使在呼叫状态，仍然可以接收和发送短消息。当目的用户未接入网络时，短消息会被存储在 HLR 和 VLR 中的用户单元中，当用户接入网络时再激活 SMSC，重新发送短消息。

（2）*系统结构*　图 13-7 描述了实现短消息业务的基本网络结构，短消息传递的基本网络结构中包含以下几个部分：

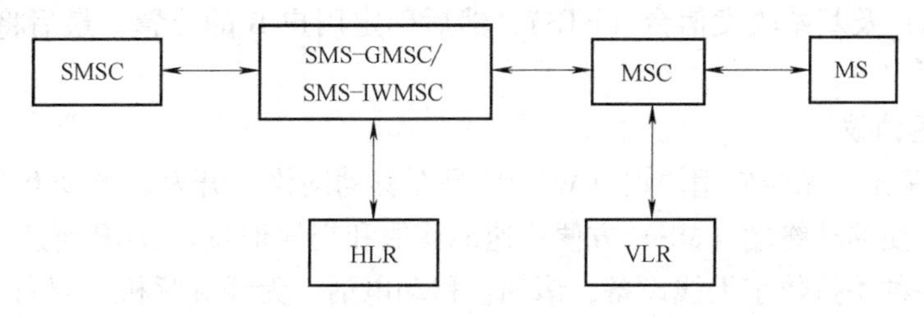

图 13-7　SMS 的基本网络结构

1）SMSC。其主要功能是存储转发短消息，用户数据管理及计费，还可以作为与其他业务网络（如 Internet）连接的网关。

2）SMS-GMSC。移动交换中心短消息网关是具有 SMS 网关功能（从 SMSC 接收短消息）的 MSC，用于向目的用户发送短消息。它向 HLR 查询短消息的路由信息，据此将短消息传递给接收端的 VLR-MSC。

3）SMS-IWMSC。具有网络交互功能的 MSC，能接收来自发送端 VLR-MSC 的短消息，传递给接收端的 SMSC。

这里，具有网关（Gateway）功能和网络交互（Interworking）功能的 MSC 是一个专用的 MSC，它起到了连接移动电话网与 SMSC 的作用，并承担协议转换（移动电话网的七号信令与 SMS 协议的转换）的任务。

（3）SMS 的收发过程　短消息的接收与发送是相互独立的，有各自不同的实现过程。

1）发送过程。当移动用户 A 想向用户 B 发送短消息时，先向 MSC 发送一个短消息业务请求，随后被分配一个控制信道（或称为信令信道），并进行鉴权、IMSI 分配等操作。完成前面的工作后，短消息和用户 B 的地址以及 SMSC 的地址一起被送到 MSC。短消息和用户 B 的地址以及 SMSC 的地址都是移动终端发出的。MSC 访问 VLR 读取用户 A 信息，VLR 检查用户 A 是否登记了短消息业务以及是否有其他情况（如漫游）限制发送短消息。如满足条件则继续操作，否则终止操作。MSC 根据 SMSC 地址确定出 GMSC/IWMSC 的地址，并与之建立信令连接传送短消息。GMSC/IWMSC 收到短消息及相关信息后，将短消息及用户 B 的地址递交给相关 SMSC。SMSC 存储相关信息，无论短消息发送成功与否，用户 A 都会收到一个证实信息。

2）接收过程。当用户 A 给用户 B 发送一条短消息时，这条短消息和用户 B 的标识存在 SMSC 中。SMSC 把短消息与用户 B 的标识递交给 GMSC/IWMSC，后者根据用户 B 的标识得到用户 B 的 HLR 信令点码。GMSC/IWMSC 根据用户 B 的标识以及 SMSC 的地址向 HLR 查询短消息的路由信息。如果用户 B 登记了短消息业务并且没有呼叫、漫游等限制，HLR 将返回 MSC 的地址及用户 B 的 IMSI、GMSC/IWMSC，利用 MSC 的地址与 MSC/VLR 建立信令连接，然后 GMSC/IWMSC 将短消息、用户 B 的 IMSI 以及 SMSC 的地址递交给 MSC/VLR，请求将短消息转发给用户 B。MSC/VLR 检查用户 B 是否已接入网络，如果用户不在网络中，VLR 设置一个终端不在服务区标志，指示有短消息在 SMSC 中等待传递给用户 B。当 MSC/VLR 检测到用户 B 接入到网络服务区时，MSC/VLR 清除 MNRF 标志并通报 HLR。HLR 通知 SMSC，再次按照前面所描述的过程进行短消息递交尝试。如果用户 B 可达，VLR 根据其 IMSI 得出用户 B 当前所在服务区代码（LACOD），MSC 通过服务区代码确定其所有的基站控制系统（BSC）及基站收发信台（BTS），然后确定用户 B 的位置，最后将 SMS 内容由控制信道发送至用户 B。

8. 无线应用协议

（1）WAP 简介　无线应用协议（WAP）是在移动网络上开发的类似互联网应用的一系列规范的组合，使移动终端（MS）方便快速地获取和交换信息。WAP 所适用的终端包括从低端到高端的各种手持数字无线设备，诸如：移动电话、无线寻呼机、双向收音机、智能电话和数字通信仪等。WAP 可应用于绝大多数的无线网络，如 CDPD、CDMA、GSM、PDC、PHS、TDMA、FLEX、DECT 和 GPRS 等。WAP 与互联网协议相近，但考虑到 MS 的特点，其更适合带宽窄、延时长、屏幕小、存储器容量有限、运算处理能力低的终端和系统。简单地说，无线 + 互联网 = 无线应用协议（Wireless + Internet = WAP）。有了 WAP 标准协议，用户可以方便地通过 MS 接入 Internet。

（2）WAP 的发展 WAP 论坛（WAP Forum）成立于 1997 年，成员包括：电信设备制造商、运营商、业务提供商、软件开发商、内容提供商等。1998 年 5 月，WAP 论坛推出了 WAP 1.0 版，1999 年推出了 1.1 版，后来相继又推出了 1.2、1.2.1 版，2002 年 1 月推出了 WAP 2.0 版。

（3）WAP 规范的主要内容 WAP 标准规范是一种无线应用程序的编程模型和语言，它定义了一个开放的标准结构和用来实现无线 Internet 访问的技术规范。WAP 规范主要定义了以下几种组件：

1）WAP 编程模型。主要参考了现有的 WWW 编程模型，可以使应用开发人员最大限度地利用原有的经验和各种开发工具。另外，WAP 编程模型还针对无线通信特点对原有的 WWW 编程模型进行了许多优化和扩展。

2）无线标记语言（WML）。遵守 XML 标准的 WML 特别适合于在性能方面严重受限的手持设备。WML 和 WML Script 并不要求用户使用传统的 PC 键盘或鼠标进行输入，而且设计时考虑了手机的屏幕尺寸限制。WML 将页面文件分割成一系列用户交互操作单元，用户在进行 Internet 访问时需要在一个或多个 WML 文件产生的各单元之间切换。使用 WAP 网关，所有的 WML 内容都可以通过 Internet 使用 HTTP1.1 协议进行访问，因此传统的 Web 服务器、工具和技术可以继续使用。

3）微浏览器规范。这个规范与标准的 Web 浏览器规范类似，它定义了一个适合于手持设备的功能强大的用户接口模型，包括手持设备如何解释 WML 和 WML Script 并且显示给用户。用户通过上移键和下移键在各页面之间来回切换。为了保持与标准浏览器一致，微浏览器还提供了各种切换功能，如 Back、Home 等。微浏览器允许具有较大屏幕和更高特性的设备显示更多的内容。

4）轻量级协议栈。这个协议栈将移动终端访问 Internet 的带宽需求降到最低，以节省无线带宽。保证了各种无线网络都可以使用 WAP 规范。

5）无线电话应用（WTA）框架。它允许无线终端具备各种电话功能。允许商家开发各种电话应用，并且将其集成到 WML/WML Script 服务中。如呼叫转移这样的服务，商家可以提供一个用户接口，提醒用户是准备接受呼叫、转移到别处还是将其转发成一个语音邮件。

6）WAP 网关。WAP 规范使用标准的 Web 代理技术来将无线网络与 Web 连接起来。通过将处理功能集中在 WAP 网关中，减少了手机上的操作负荷。

WAP 的网络模型如图 13-8 所示。如果 Web 服务器上存放的内容是 WAP 格式的，即用 WML 或 WML Script 编写的，WAP 网关可以直接发送至客户端。如果 Web 服务器的内容是 WWW 格式的，比如采用 HTML 编写，在传输之前，需经过 HTML 过滤器将 WWW 格式的消息转成 WAP 格式的。图 13-8 中的 WTA（无线电话应用）服务器可直接响应用户的请求，提供电话呼叫等传统的电话服务。

（4）WAP 的应用 用户可以通过 WAP 规范在移动终端上实现：更快更有效地接入 Internet；WAP 的用户接口非常易于使用，而且能够满足用户在资源受限的无线网络和设备中使用的要求；广泛的设备选择，除了具有不同特性和外形的手机外，用户还能够使用支持 WAP 的各种掌上电脑（PDA）和寻呼机等应用选择。

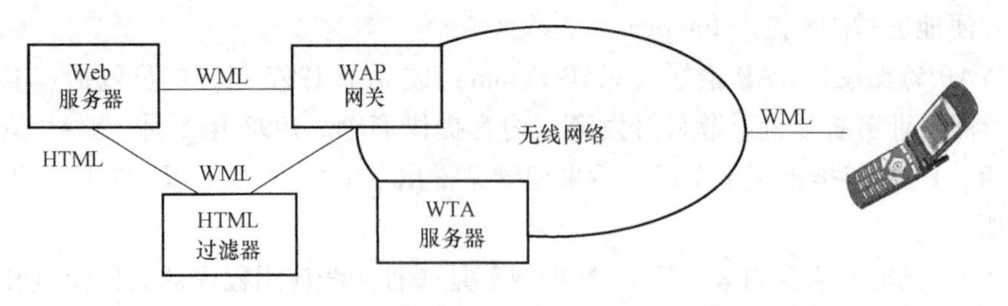

图 13-8 WAP 的网络模型

13.1.3 向 3G 过渡——GPRS 与 EDGE

1. GPRS

（1）GPRS 概念 GPRS 是通用分组无线业务的简称，是 GSM Phase2.1 规范实现的内容之一，能提供比现有的 9.6kbit/s 更高的数据率。GPRS 被认为是 2G 向 3G 演进的重要一步，所以 GPRS 也被称为 2.5G 标准。GPRS 采用与 GSM 相同的频段、频带宽度、突发结构、调制标准、跳频规则以及相同的 TDMA 帧结构。因此，在 GSM 系统的基础上构建 GPRS 系统时，原 GSM 系统中的绝大部分组件都不需要做硬件改动，只需做软件升级。

构成 GPRS 系统的方法是：①在 GSM 系统中引入三个主要组件，即 GPRS 服务支持节点（SGSN）、GPRS 网关支持节点（GGSN）、分组控制单元（PCU）；②对 GSM 的相关部件进行软件升级。GPRS 系统网络结构如图 13-9 所示。

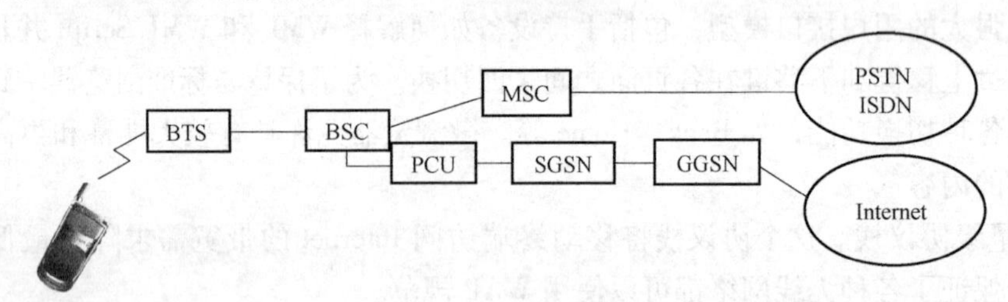

图 13-9 GPRS 的网络结构

现有的 GSM 移动终端（MS）不能直接在 GPRS 中使用，必须按 GPRS 标准进行硬件和软件的改造。GPRS 定义了三类 MS：A 类可同时工作于 GPRS 和 GSM；B 类可在 GPRS 和 GSM 之间自动切换工作；C 类可在 GPRS 和 GSM 之间人工切换工作。

（2）GPRS 的特点

1）GPRS 采用分组交换技术，高效传输高速或低速数据和信令，提高了对网络资源和无线资源的利用率。

2）定义了新的 GPRS 无线信道，且分配方式十分灵活，每个 TDMA 帧可分配 1 ~8 个无线接口时隙。时隙能为移动用户所共享，且上行链路和向下链路的分配是独立的。

3）支持中、高速率数据传输，可提供最大为 171.2kbit/s 的数据传输速率。

4）GPRS 网络接入速度快，提供了与现有数据网的无缝连接，实际上 GPRS 系统不需要拨号，收发数据可以立即进行。

5）GPRS 支持基于标准数据通信协议应用，可以和 TCP/IP 网、X.25 网互联互通。支持特定的点到点（PTP）和点到多点（PTM）服务，以实现一些特殊应用，如：远程信息处理。GPRS 也能提供短消息业务。

6）GPRS 既能支持间歇的突发式数据传输，又能支持大流量的数据传输。

（3）GPRS 的业务　GPRS 所提供的业务可分为三类：

1）承载业务，支持在用户与网络接入点之间的数据传输，包括点对点业务、点对多点业务两种。

2）用户终端业务，提供完全的通信业务能力，包括终端设备能力。用户终端业务可以分为基于 PTP 的用户终端业务和基于 PTM 的用户终端业务。基于 PTP 的用户终端业务包括：会话、报文传送、检索等；基于 PTM 的用户终端业务包括：分配、调度、会议、预定发送等。

3）附加业务，包括：主叫线路识别、主叫线路识别限制、连接线路识别、连接线路识别限制、无条件呼叫转移、移动用户遇忙呼叫转移、无应答呼叫转移、无法到达的移动用户呼叫转移、呼叫等待、呼叫保持、多用户业务、封闭式的用户群、资费信息通知、禁止所有呼叫、禁止国际呼出、禁止所有呼入等。

（4）GPRS 业务的应用　GPRS 业务主要有以下应用：

1）信息业务，信息的内容非常广泛，如股票价格、体育新闻、天气预报、航班信息、新闻标题、娱乐、交通信息等。

2）交谈，与 Internet 上的聊天组功能相同。

3）网页浏览、E-mail 及文件传送。

4）文件共享及协同性工作，移动数据使文件共享和远程协同性工作变得更加便利，可使在不同地方工作的人们可以同时使用相同的文件。

5）静止图像传输。

6）远程局域网接入。

2. EDGE

增强数据速率的 GSM 方案（EDGE）是 1997 年由 ETSI 提出的 GSM 的过渡产品。尽管 EDGE 同样使用了 GSM 的载波带宽和时隙结构，但它不局限于在 GSM 蜂窝系统内使用，它被看作一个可高效提供高速率业务的通用空中接口，可以推进现今的蜂窝系统向第三代升级。EDGE 支持的室外业务速率可达 384kbit/s，是为了增强两个新的数据业务 GPRS 和 HSCSD 而提出的新物理层。以后，它们将演变为增强型 GPRS（EGPRS）和增强的电路数据交换（ECSD）。

EDGE 的主要技术要点是：有 8 个时隙的 200kHz 的信道带宽；270.833k 符号/s（3 位/符号）；非恒定包络的 8PSK 调制；线性高斯发送滤波。

13.1.4　CDMA 系统（IS-95）

1. CDMA 技术的发展

基于 CDMA 技术的第二代数字移动通信系统称为 N-CDMA，或称之为 CDMAOne。N-CDMA技术最先是由美国的高通（Qualcomm）公司提出的，并于 1980 年 11 月在美国的圣地亚哥利用两个小区基站和一个移动终端进行了 N-CDMA 首次现场实验。1990 年 9 月高通发布了“CDMA 公共空中接口”规范的第一个版本。1992 年 1 月 6 日，TIA 开始准备 CDMA 的标准化。为了促进 CDMA 技术的发展，1994 年成立了 CDMA 发展组织（CDG）。1995 年正式的N-CDMA标准出台，即IS-95A。为了适应更高速率业务的需求，1996年开始对IS-95A进行了进一步改进，于1998年制定了IS-95B。1998年IS-95在美国、香港、新加坡、韩国投入商用。

CDMAOne技术的不足之处在于无法向用户提供更高比特率、更灵活且具有不同服务质量等级的业务，也无法为用户同时提供多种业务。为了支持CDMAOne无线系统向CDMA2000标准演进，CDG认为有必要实现若干基本系统功能。这些技术要求包括：支持直接序列扩频和多载波调制前向链路；支持1.25、5、10、5×N MHz等信道带宽；根据ITU IMT-2000目标，MAC、RLP和分组数据率高达2Mbit/s。为了实现CDMAOne向CDMA2000的平滑过渡，人们提出了CDMA20001x方案等。与IS-95有关的其他标准有：IS-96关于语音业务的选择标准、IS-97关于移动终端最低性能的建议标准、IS-98关于基站最低性能的建议标准和IS-99关于数据业务的选择标准等。

2. CDMA的基本原理与特点

CDMA是指基于直接序列扩频（DS-SS）技术，将DS-SS中的PN码作为地址码进行多址通信的系统，所以，CDMA系统是扩频通信系统。

（1）*CDMA系统的多址干扰*　在CDMA蜂窝系统中，同一小区的用户以及相邻小区的用户都可能共用同一频率，基站接收某一用户的信号时，其他用户的信号相当于背景噪声，并随着同时工作的用户数目不断增多而增大，当增加到一定程度时，会使信号电平与干扰电平之比达不到要求。CDMA蜂窝系统的多址干扰分两种情况：一是基站在接收某一移动终端的信号时，会受到本小区和邻近小区其他移动终端的干扰，是存在于反向信道的干扰；二是移动终端在接收所属基站发来的信号时，会受到所属基站和邻近基站的干扰，是存在于前向信道的干扰。

（2）*远近效应与CDMA系统的功率控制*　CDMA系统存在远近效应问题，即大功率移动终端发射的信号会淹没小功率移动终端的信号。如果不对各移动终端的发射功率加以控制，各用户使用的频率和时间可能是重叠的，基站接收到的每个用户的功率不相等，会产生远近效应。远近效应是指：基站接收机会被接收到的较强的信号所占据，较强的信号功率对其他用户来说相当于提高了背景噪声电平，其他到达基站的功率较弱的信号可能会被淹没。解决远近效应的主要措施是采用功率控制技术。在通信过程中，所需接收信号的强度只要能保证信号电平与干扰电平的比值达到规定的门限值就可以了，不加限制地增大信号功率不但没有必要，反而会增大同信道和邻道干扰。对CDMA系统来说，多余的功率相当于增加了背景噪声，会降低系统的通信容量。

1）反向功率控制。反向功率控制也称上行链路功率控制。其主要目的是使任一移动终端无论处于什么位置，其信号在到达基站的接收机时，都应具有相同的电平，而且刚刚达到信干比要求的门限。显然，能做到这一点，既可以有效地防止“远近效应”，又可以最大限度地减小多址干扰，并且节省移动终端的功率。功率控制的原则是：当信道的传播条件突然改善时，功率控制应作出快速反应（例如在几微秒时间内），以防止信号突然增强造成对其他用户附加干扰；相反，当传播条件突然变坏时，功率调整的速度可以相对慢一些，即牺牲单个用户信号质量在短时间内的恶化，防止其对许多用户都增大了的背景干扰。可以通过移动终端接收并测量基站发来的信号强度，估计出前向传输损耗后，再调节移动终端的反向发射功率，这种功率控制方式也称开环功率控制法。其优点是方法简单、直接、不需要在移动终端和基站之间交换控制信息，因而控制速度快并且节省数据开销。开环功率控制对于某些情况（例如车载移动终端快速驶入（或驶出）地形起伏区或高大建筑物阴影区所引起的信号变化）是十分有效的，但是对于信号因多径传播引起的衰落变化，效果不理想。因为前向传输和反向传输使用的频率不同，而且通常两个频率的间隔大大超过信道的相关带宽，因而不能认为移动终端在前向信道上测得的衰落特性，等于反向信道上的衰落特性。为了解决这个问题，可采用闭环功率控制法，即由基站检测来自移动终端的信号强度，并根据测得的结果形成功率调整指令，使移动终端根据此调整指令来调节发射功率。采用这种办法的条件是传输调整指令的速度要快，处理和执行调整指令的速度也要快。一般情况下，这种调整指令 lms 发送一次。

为了使反向功率控制有效而可靠，开环功率控制法和闭环功率控制法可以结合使用。

2）前向功率控制。前向功率控制也称下行链路功率控制，用于调整基站向移动终端发射的功率，使任一移动终端无论处于小区中的任何位置，收到信号电平都刚好达到信干比所要求的门限值。做到这一点，可以避免基站向距离近的移动终端辐射过大的信号功率，也可以防止由于移动终端进入背景干扰过强的地区而发生误码率增大的现象。与反向功率控制的方法类似，前向功率控制可以由移动终端检测其接收信号的强度，并不断计算信号电平和干扰电平的比值。如果比值小于预定的门限值，移动终端就向基站发出增加功率的请求；如果此比值超过了预定的门限值，移动终端就向基站发出减小功率的请求。基站收到调整功率的请求后即按一定的调整量改变相应的发射功率。同样，前向功率控制也可由基站检测来自移动终端的信号强度，以估计反向传输的损耗并相应调整其发射功率。

功率控制是 CDMA 蜂窝移动通信系统提高通信容量的关键技术。

（3）CDMA 系统的容量　限制 CDMA 蜂窝系统通信容量的根本原因是系统中存在多址干扰。如果蜂窝系统允许 n 个用户同时工作，它必须能同时提供 n 条信道。n 越大，多址干扰越严重，n 的极限是保证信号功率与干扰功率的比值大于或等于某一门限值，使信道提供可以接受的信号质量。

首先考虑一般扩频通信系统的通信容量，载干比可以表示为

$$\frac{C}{I}=\frac{R_b E_b}{I_0 W}=\frac{E_b/I_0}{W/R_b} \tag{13-3}$$

式中，E_b 是一位信息的能量；R_b 是信息的码速率；I_0 是干扰噪声的单边功率谱密度；W 是总带宽。E_b/I_0 也可写为 E_b/n_0，称为归一化信噪比，其大小取决于系统对误码率的要求，与系统的调制方式和编码方案有关；W/R_b 是系统的扩频因子，即系统的处理增益。

n 个用户共用同一个频率，每个用户的信号都受到其他 $n-1$ 个用户信号的干扰。若到达接收机的信号强度相同和各个干扰强度也一样，则载干比为

$$\frac{C}{I}=\frac{1}{n-1} \tag{13-4}$$

或由式(13-3)可写成

$$n-1=\frac{W/R_b}{E_b/I_0} \tag{13-5}$$

通常，$n \gg 1$，故 $C/I \approx 1/n$，即

$$n \approx \frac{W/R_b}{E_b/I_0} \tag{13-6}$$

上述结果表明：在误码率一定的条件下，所需的 E_b/I_0 越小，系统可以同时容纳的用户数 n 越大。这里假定到达接收机的信号强度和各个干扰强度分别相同是指：在前向传输时，基站向各移动终端发送的信号不加任何功率控制；而在反向传输时，各移动终端向基站发送的信号必须具有理想的功率控制。此外，二者均没有考虑邻近小区的干扰。

实际 CDMA 系统通信容量的计算还必须考虑如下因素：

1）语音激活。电话语音通信占用信道的时间比例通常为 35% 左右。在许多用户共享一个频率时，如果利用语音激活技术，使通信中的用户讲话时才发射信号，没有语音就停止发射信号，那么任一用户在语音发生停顿而停止发射信号时，其他用户都会因为背景干扰减小而受益。语音停顿可以使背景噪声干扰减小 65% 以上，从而将系统容量提高到原来的 1/0.35 = 2.86 倍。

设语音通信时占用信道的时间比例为 d，则系统采用语音激活后，式(13-6)为

$$n = \frac{W/R_b}{E_b/I_0} \cdot \frac{1}{d} \tag{13-7}$$

2）扇区的作用。在 CDMA 蜂窝系统中采用有向天线进行分区能明显提高系统容量。比如，用 120°的定向天线把小区分成三个扇区，可以把背景干扰减小到原值的 1/3，因而可以使容量提高 3 倍。令 G 为扇区数，式(13-7)变成

$$n = \frac{W/R_b}{E_b/I_0} \cdot \frac{G}{d} \tag{13-8}$$

3）邻近小区的干扰。任一小区的移动终端（MS）都会受到相邻小区基站的干扰，任一小区的基站也都会受到相邻小区中 MS 的干扰。这些来自邻近小区的干扰必须作为背景干扰的组成部分来对待，它们会降低系统容量。研究邻近小区干扰要分两种情况：①前向传输，在一个小区内部，同一基站不断向所有通信中的 MS 发送信号。任一 MS 在接收有用信号时，基站发给所有其他用户的信号都要对这个 MS 形成干扰。因为 MS 靠近或远离基站时，信号和干扰会相应增大或减小，因此若基站不进行功率控制，则该 MS 无论处于小区的什么位置，其接收的载干比都不会改变。但对邻近小区的干扰而言，情况有所不同，MS 越靠近小区的边缘，邻近小区的干扰越强，而信号的强度却趋于最低。可见，MS 最不利的接收位置是处于小区交界的地方，必须加大基站对该 MS 的发射功率，所以发射机的最大功率是根据最大通信距离得出的，基站的发射功率必须保证 MS 在小区交界处可以正常工作。而当 MS 靠近基站时，基站则必须减小发射功率。考虑邻近小区干扰后的前向通道的容量为

$$n = \frac{W/R_b}{E_b/I_0} \cdot \frac{GF}{d} \tag{13-9}$$

式中，$F < 1$，表示邻近小区干扰造成的影响，F 与周围小区的数量、功率控制的效果等因素有关。②反向传输，设小区中各 MS 均能自动调整其发射功率，使 MS 处于小区内的任何位置，其信号功率在到达基站都能保持某一额定值，即载干比的门限值。由于基站位置是固定的，各 MS 在其小区内是随机分布的（可以看成均匀分布），因而基站附近的背景干扰不会因为某一 MS 的位置变化而发生明显的变化。因此，反向功率控制应该按照传播损耗的规律来确定。

(4) CDMA 系统的主要特点

1）CDMA 系统中很多用户可以同时使用相同的频率，移动终端和基站的双工方式可以

是FDD，也可以是TDD。

2）与FDMA和TDMA不同，CDMA系统具有软容量，增加用户的数量相当于线性地增加系统的背景噪声电平。所以，CDMA系统没有绝对的用户数量限制，通信质量随用户数量的增加而下降，随用户数量的减少而提高。

3）抗多径效应的能力强，因为扩频信号的带宽远远大于多径信道的相关带宽，相当于频率分集（有关分集的原理见12.5.1）。

4）CDMA系统的信道码片速率很高，通常码片宽度小于信道的时延扩展。因为PN序列具有良好的正交特性，延时超过一个码片的多径信号相当于噪声，可以通过RAKE接收实现多径信号的接收，改善接收机抗多径的性能。

5）CDMA系统使用同频小区结构，过区切换时可实现软切换。软切换由移动交换中心（MSC）控制，MSC不断检测某一用户周围两个或多个基站接收信号的电平，从中选择最佳的基站进行切换，由于使用的频率相同，所以切换只需切换PN地址码。但是实际的CDMA蜂窝移动通信系统往往使用CDMA/FDMA混合多址方式，所以过区切换也可能需要进行改变频率的硬切换。

6）CDMA系统存在自干扰（Self-jamming）效应。自干扰效应是由于各用户的PN地址码并非完全正交引起的，结果其他用户的信号在接收机判决器输入端不为零，造成干扰。

7）存在远近效应问题，必须采用有效的功率控制措施。

3. IS-95A标准

（1）IS-95A标准的主要内容

1）概述。IS-95A定义了协议中的术语和各个部分的索引，并描述了CDMA系统时间基准。

2）移动终端模拟操作的需求。描述了CDMA到模拟系统双模手机的操作需求。

3）基站模拟操作的需求。描述了模拟基站的需求。

4）移动终端模拟模式选择的需求。描述了CDMA-模拟双模移动终端的选择方式和协议。

5）基站模式选择的需求。描述了CDMA-模拟基站的选择方式和协议。

6）移动终端CDMA模式操作的需求。描述了CDMA-模拟双模移动终端以及CDMA模式工作的需求。

7）基站CDMA模式操作的需求。描述了CDMA-模拟基站以CDMA模式工作的需求。

（2）基于IS-95A标准的CDMA系统的网络结构　图13-10是CDMA数字移动通信系统网络逻辑结构框图。由图可见，CDMA数字移动通信系统主要由以下功能单元组成：①移动终端（MS）：包括车载台和手持终端；②基站子系统（BSS）：包括基站收发信台（BTS）和基站控制器（BSC）；③移动业务交换中心（MSC）：对它所覆盖区域的移动终端进行控制、交换，也是移动通信系统与其他通信网之间的接口；④访问位置寄存器（VLR）：存放控制区域内所有访问移动用户的有关呼叫、漫游及补充业务管理信息；⑤归属位置寄存器（HLR）：存储运营者用于管理用户的数据库，包括移动用户的路由与状态信息；⑥鉴权中心（AC）：用来认证移动用户身份并产生相应鉴权参数的功能单元；⑦设备识别寄存器（EIR）：存储有关移动终端设备参数的数据库，主要完成对移动设备的识别、监视、关闭等功能；⑧操作维护中心（OMC）：是操作、维护网络正常运行的功能单元；⑨短消息中心

(MC)：是存储和转发短消息的功能单元；⑩短消息单元（SME)：是合成和分解短消息的单元，它分别位于 MSC、HLR 和 MS 内。

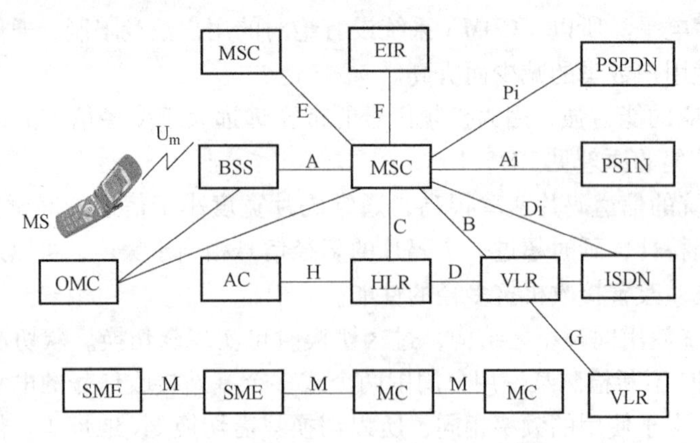

图 13-10 CDMA 系统网络逻辑结构框图

其中，以 MSC 为核心，包括 VLR、HLR、AC、OMC、EIR、MC 等功能实体组成网络子系统（NSS)。一个集中的 BSC 和若干个 BTS 组成 BSS，在图 13-10 中还给出了各个单元之间的接口类型。

(3) IS-95A 标准的信道结构 IS-95A 的信道分为前向信道（或下行信道）和反向信道（或上行信道）两种，如图 13-11 所示，其中前向信道包括：同步信道、导频信道、寻呼信道、前向业务信道；反向信道包括：接入信道和反向业务信道。

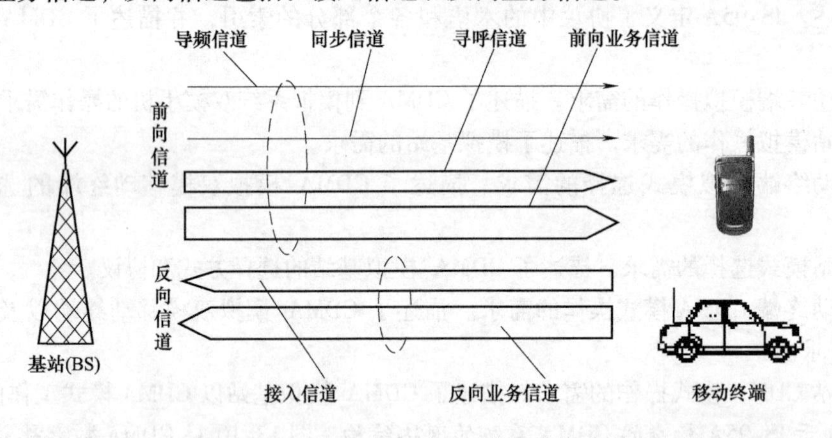

图 13-11 CDMA 蜂窝移动通信系统信道分类

1）前向信道。前向信道的基本结构如图 13-12 所示，每个小区共有 64 条前向信道，分别由 Walsh 函数序列 0～63 提供正交分割。这 64 条信道分为四种类型：导频、同步、寻呼和前向业务信道。

导频信道：每个小区只有一条导频信道，它由 Walsh 函数序列 0 提供正交调制。导频信道不含任何信息，它只提供同步信号，供移动终端获取相干解调时所需的载波相位参考。

同步信道：每个小区也只有一个同步信道，它由 Walsh 函数序列 32 提供正交调制。同步信道主要提供基站导频 PN 码的偏移量及系统标准定时、系统识别符等信息。移动终端只在初始化时接收同步信道信令，之后不再使用。

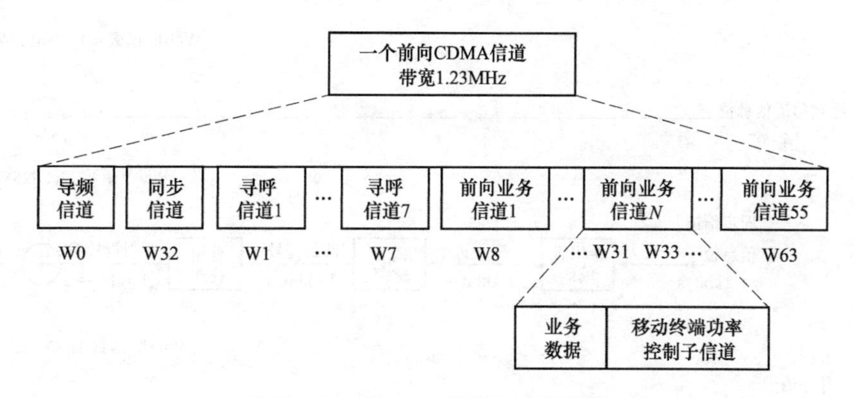

图 13-12　IS-95A 前向信道结构图

寻呼信道：每个小区最多可以有 7 条寻呼信道，分别使用 Walsh 函数序列 1 ~ 7，其中采用 Walsh 函数序列 1 的信道称为主寻呼信道。寻呼信道用于寻呼移动终端、传送系统参数、管理移动终端的登记以及为移动终端分配信道。

前向业务信道：每个小区至少有 55 条前向业务信道，分别以 Walsh 函数序列 8 ~ 31、33 ~ 63 提供正交分割。前向业务信道用于基站向移动终端传送语音、数据及有关信令，而且信令可以在一帧内与语音或数据分时传送。前向信道结构如图 13-13 所示，关于该图简要说明如下：

数据速率：同步信道的数据速率为 1200bit/s，寻呼信道为 9600bit/s 或 4800bit/s，前向业务信道为 9600bit/s、4800bit/s、2400bit/s、1200bit/s。前向业务信道的数据在每帧（20ms）末尾含有 8 位，称为编码器尾位，其作用是把卷积编码器置于确知初始状态。此外，在较高码速率 9600bit/s 和 4800bit/s 的数据中都含有帧质量指示位（即 CRC 检验位），前者为 12 位，后者为 8 位。在 2400bit/s 和 1200bit/s 这两个码速率没有 CRC 校验位。因而，前向业务信道的信息码速率分别是 8.6kbit/s、4.0kbit/s、2.0kbit/s、0.8kbit/s。

卷积编码：数据在传输之前都要进行卷积编码，约束长度为 9，卷积码的码率为 1/2，则卷积编码器输出的码速是输入码速的 2 倍，即码速为 9600bit/s 的信息码经编码器后，码速变成 19200bit/s，然后输入到码元重复电路。

码元重复：对于同步信道，经过卷积编码后的各个码元，在分组交织之前，都要重复一次（每码元连续出现 2 次）。对于寻呼信道和前向业务信道，只要数据率低于 9600bit/s，在分组交织之前都要重复。码速率为 4800bit/s 时，各码元要重复一次（每码元连续出现 2 次）；码速率为 2400bit/s 时，各码元要重复 3 次（每码元连续出现 4 次）；码速率为 1200bit/s 时，各码元要重复 7 次（每码元连续出现 8 次）。这样做，使各种信息码速率均变换成相同的调制码元速率，即 19200bit/s。

分组交织：所有码元在码元重复之后都要进行分组交织，这是抗突发性差错的有效手段。分组交织的延时为 20ms，交织矩阵为 24 行 ×16 列。

长 PN 码：前向信道中采用长 PN 码进行扰码，长 PN 码的码片时钟为 1.2288MHz。扰码是将交织器的输出与 PN 码片进行模 2 相加，长码周期为 $2^{42}-1$，码片由 42 位掩码模 2 加生成。掩码用于寻呼信道和前向业务信道，其作用是为通信提供加密。

分频器：分频器的作用是将长 PN 码的时钟由 1.2288MHz 降为 19200Hz，然后才能与交

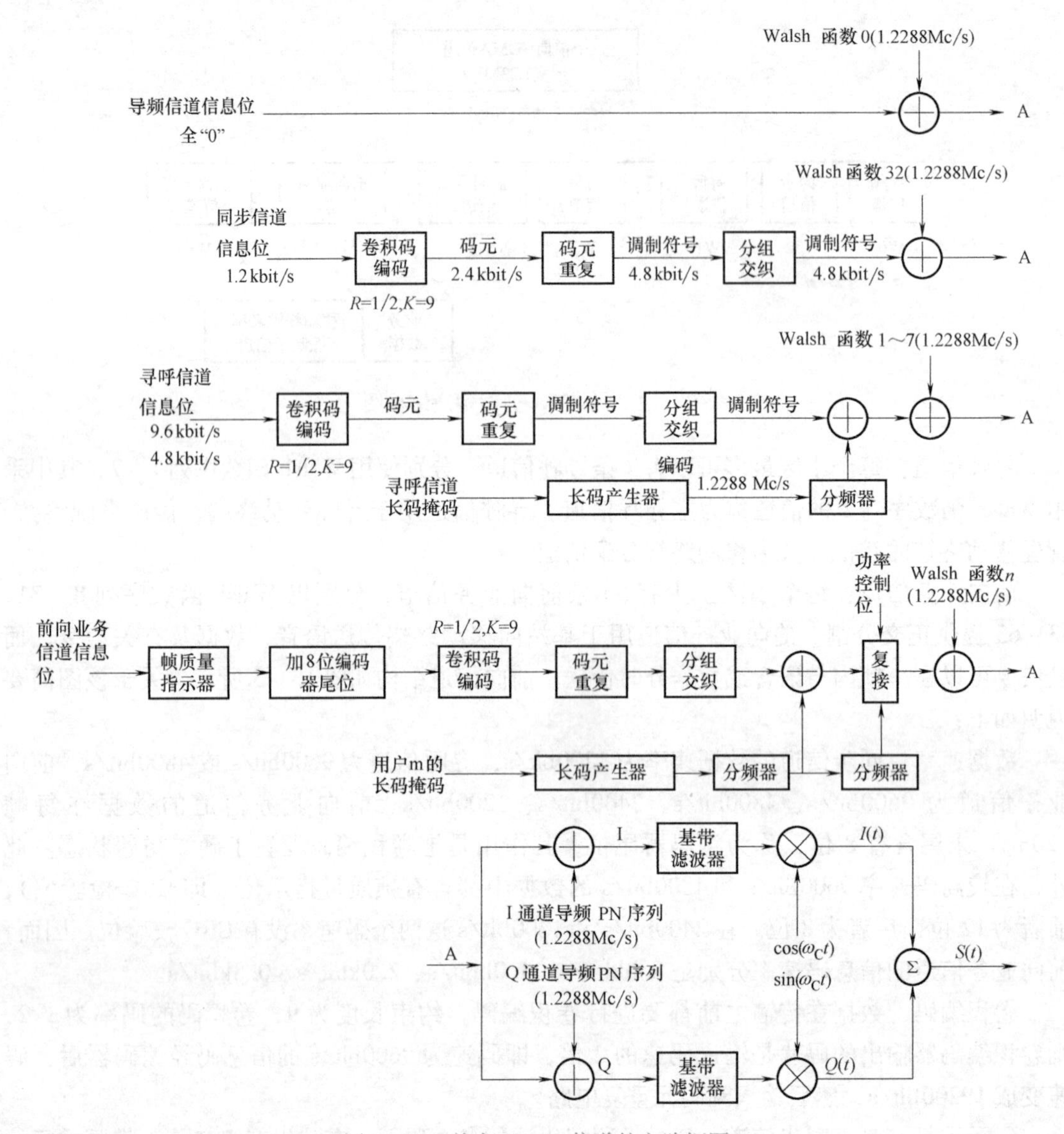

图 13-13 前向 CDMA 信道的电路框图

织后的码相加。分频器将输出的 PN 长码按 64 个码片为一组进行分组，其中只输出每组的第一个码片，相当于进行了 64 分频。

正交相位扩展：为了使前向传输的各个信道之间具有正交性，在前向 CDMA 信道中传输的所有信号都要用 64 进制的沃尔什函数进行扩展。

四相扩频调制：在正交相位扩展之后，各种信号都要进行四相扩频。四相扩频所用的序列称为导频 PN 序列。在图 13-13 中，从 A 点输入的码元分别在 I、Q 通道与导频 PN 序列相加进行扩频，导频 PN 序列的作用是给不同基站发出的信号赋以不同的特征，便于移动终端识别所属的基站。不同的基站使用相同的 PN 序列，但采用不同的时间偏置。由于 PN 序列的相关特性在时间偏移大于一个码片宽度时，其相关值等于 0 或接近于 0，因而采用相关检测法，移动终端很容易把不同基站的信号区分开来。通常，一个基站的 PN 序列在其所有配置的频率上，都采用相同的时间偏置，而在一个 CDMA 蜂窝系统中，时间偏置可以再用。扩频后再分别进行正交相位调制，输出的已调信号 $S(t)$ 是经过扩频的码片速率为 1.2288Mc/s（码片/秒，chips/s 或 cps）的数字调制信号，此处虽然是正交的载波调制，但是与数字调制方式 QPSK 有所不同，因为输入的数字序列在输入到 I、Q 两个通道前没有像 QPSK 那样先进行串/并转换。

2）反向信道。反向信道的电路框图如图 13-14 所示。反向 CDMA 信道由接入信道和反向业务信道组成。接入信道和反向业务信道均采用不同码序列来区分。

数据速率：接入信道采用 4800bit/s 的固定速率。反向业务信道采用 9600bit/s、4800bit/s、2400bit/s 和 1200bit/s 的可变速率。两种信道的数据中均加入编码器尾位，用于把卷积编码器复位到确定初始状态。此外，在反向业务信道上传送 9600bit/s 和 4800bit/s 数据时，也要加帧质量指示位（CRC 校验位）。

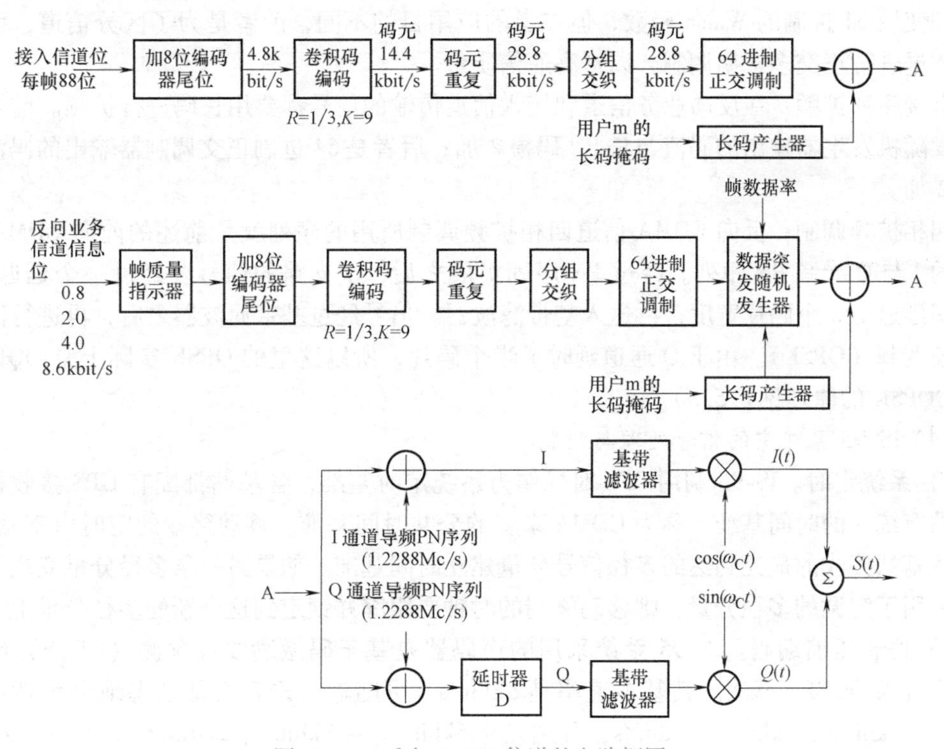

图 13-14　反向 CDMA 信道的电路框图

卷积编码：接入信道和反向业务信道所传输的数据都要进行卷积编码，卷积码的码率为 1/3，约束长度为 9，则卷积编码器输出的码速率为原输入码速率的 3 倍，即：码速为 9600bit/s 的信息码经编码器后，码速率变成 28800bit/s，然后输入到码元重复电路。

码元重复：反向业务信道的码元重复方式和前向业务信道一样。数据速率为 9600bit/s 时，码元不重复；数据速率为 4800bit/s、2400bit/s 和 1200bit/s 时，码元分别重复 1 次、3 次和 7 次，各种数据流的码速率经码元重复后都变换成 28800bit/s。

分组交织：所有码元在码元重复后都要进行分组交织，分组交织的跨度为 20ms，交织器组成的矩阵是 32 行 ×18 列。

可变数据率传输：可变数据率传输是指用时间滤波器对交织器输出的码元进行选通，只允许所需码元输出，而删除其他重复的码元。传输的占空比随传输速率而变：当数据率是9600bit/s时，选通门允许交织器输出的所有码元传输，即占空比为1；当数据率是4800bit/s时，选通门只允许交织器输出码元的1/2传输，即占空比为0.5；依此类推。在选通过程中，把20ms的帧分成16个等长的段，即功率控制段，每段1.25ms，编号从0至15。根据一定的规律，使某些功率段被连通发射，而某些功率控制段被断开。这种选通要保证进入交织器的重复码元只发送其中一个，功率控制段被断开时，移动终端的发射功率将下降至少20dB，从而减小移动终端的功耗和小区的背景噪声。在接入信道中，两个重复的码元都要传输。

正交多进制调制：在反向CDMA信道中，把交织器输出的码元每6个作为一组，用64进制的Walsh函数之一（称调制码元）进行调制。调制码元的速率为28800/6 = 4800符号/s。调制码元的时间宽度为1/4800s = 208.333μs。每一调制码元含64个码片，因此Walsh函数的码片速率为64×4800c/s = 307.2kc/s。注意：前向CDMA信道和反向CDMA信道都使用64进制的Walsh函数，但二者的应用目的不同，前者是为了区分信道，而后者是对数据进行正交多进制调制，以提高通信质量。

直接序列扩频：在反向业务信道和接入信道传输的信号都要用长码进行扩频。前者是数据突发随机发生器输出的码流与长PN码模2加；后者是64进制正交调制器输出的码流和长码模2加。

四相扩频调制：反向CDMA信道四相扩频调制所用的序列就是前述的前向CDMA信道所用的I与Q导频PN序列。经过PN序列扩展之后，Q支路的信号要经过一个延迟电路，把时间延迟1/2个码片宽度，再送入基带滤波器。信号经过基带滤波器之后，再进行四相相移键控调制（QPSK）。由于Q通道延时了半个码片，所以这里的QPSK实际上是OQPSK调制（OQPSK的原理见8.5.3）。

（4）IS-95系统中的信号处理与控制

1）系统定时。IS-95利用GPS时标作为系统定时基准，各基站都配有GPS接收机，使各基站有统一的时间基准，称为CDMA系统的公共时间基准。移动终端的定时由基站确定，利用从基站接收的最先到达的多径信号分量建立时间基准。如果另一条多径分量变成了最先到达并用于解调的多径分量，则移动终端的时钟要跟踪并锁定到这个新的多径分量上。

2）语音压缩编码。IS-95系统采用的声码器是基于码激励线性预测（CELP）编码算法，也称为QCELP算法。其基本速率是8kbit/s，可随输入语音特征动态地分为四种，即8kbit/s、4kbit/s、2kbit/s、1kbit/s，分别以9.6kbit/s、4.8kbit/s、2.4kbit/s、1.2kbit/s的信道速率传输。

3）功率控制。IS-95系统把20ms的时间间隔分成16个功率控制段，每段宽1.25ms。其功率控制是通过在前向业务信道上连续地传输功率控制位实现的，每1.25ms发送1位，实际码速率为800bit/s。“0”表示移动终端要增大其发射功率，“1”表示移动终端要减少其发射功率。基站的接收机在1.25ms的时间间隔内对特定移动终端的信号强度进行估值，并根据估值确定控制位应该取“0”还是取“1”，然后把此控制位嵌入前向业务信道中。

4）登记注册。登记注册是移动终端（MS）向基站报告其位置状态、身份标志和其他特征的过程。通过注册，基站可以知道MS的位置、等级和通信能力，确定MS在寻呼信道的哪个时隙中监听，并能有效地向MS发起呼叫。CDMA系统支持以下几种类型的注册：①开电源注册。MS打开电源时需要注册，MS从其他服务系统（如模拟系统）切换到当前服务网时也要注册。②断电源注册。MS 断开电源时需要注册，而且只有它在当前服务的系统中已经注册过后才能进行断电源注册。③周期性注册。为了使 MS 按一定的时间间隔进行周期性注册，MS 要设置一个计数器，计数器的最大值受基站控制。当计数值达到最大时，MS 进行一次注册。周期性注册的好处不仅能保证系统及时掌握 MS 的状态，而且当 MS 的断电源注册没有成功时，系统还会自动删除该 MS 的注册。④根据距离注册。如果当前的基站和上次注册的基站之间的距离超过了门限值，则 MS 要进行注册。MS 根据两个基站的纬度和经度之差计算移动距离。MS 需要存储最后注册基站的纬度、经度和注册距离。⑤根据区域注册。基站和 MS 都保存一张供 MS 注册用的“区域表格”。当 MS 进入一个新区，区域表格中没有它的登记注册信息，则 MS 要进行以区域为基础的注册。⑥参数改变注册。当 MS 修改其存储的某些参数时，要进行注册。⑦受命注册。基站发送请求指令，命令 MS 进行注册。⑧默认注册。当 MS 成功地发送出启动信息或寻呼应答信息时，基站可以借此判断出 MS 的位置，不涉及二者之间的任何注册信息的交换，称为默认注册。⑨业务信道注册。一旦基站得到 MS 已被分配业务信道的注册信息时，基站通知 MS 已被注册。

其中前五种形式的注册作为一组，称为自主注册，与 MS 的漫游状态有关。

5）过区切换。基站和移动终端支持三种切换方式：①软切换。即 MS 开始与新的基站通信，但不立即中断与原来基站通信的一种切换方式，软切换只能在同一频率的 CDMA 信道中进行。②CDMA到 CDMA 的硬切换。当各基站使用不同频率或帧偏置时，基站引导 MS 进行的一种切换方式。③CDMA 到模拟系统的切换。基站引导 MS 由前向业务信道向模拟语音信道切换。

切换的过程要求 MS 对基站发出的导频信号不断进行测量，并把测量结果通知基站。同时 MS 在测量时及时发现邻近小区中是否出现导频信号更强的基站。如果邻近基站的导频信号比原基站更强，表明 MS 已经进入新的小区，从而可以引导其向新小区切换。

切换过程受系统控制器的控制。切换不改变 MS 的 PN 地址码。每个控制器在新基站中指定一个新的收发信机，并通知它所使用的 PN 地址码。新收发信机搜索 MS 的信号，并向 MS 发送信号。当 MS 发现新基站的信号时，向基站报告切换已经成功，然后系统控制器即把通信转移到新小区的基站，并允许原来基站的收发信机进入空闲状态。

CDMA 系统的软切换具有显著的优点：①CDMA 通信系统的软切换不改变频率，可以减小通信中断的概率。更重要的是在切换的过程中，MS 开始与新基站通信时，并不中断与原基站的通信，因而当 MS 靠近两个小区的交界处时，尽管两个基站发来的信号会起伏变化，但对 MS 的通信没有破坏作用。只有当 MS 在新的小区建立稳定通信后，才中断与原来的小区基站的通信连接。②软切换为实现分集接收提供了条件。当 MS 处于两个（或三个）小区的交界处进行软切换时，会有两个（或三个）基站同时向它发送相同的信息，MS 搜索并解调这些信号，即可按一定的方式（如最大比值合并方式）进行分集合并，从而明显提高前向业务信道的抗衰落能力。

6）呼叫处理。呼叫处理主要包括：①MS 呼叫处理，主要包括对四种状态的处理：一是对 MS 初始化状态的处理，MS 接通电源后进入“初始化状态”。在此状态中，MS 首先不断地检测周围各基站发来的导频信号和同步信号。各基站使用相同的导频 PN 序列，但其偏置各不相同，MS 只要改变其本地 PN 序列的相位偏移，就能很容易地检测出周围有哪些基站在发送导频信号。再根据导频信号的强度，判断出所处的小区。二是对 MS 空闲状态的处理，MS 在完成同步和定时后，即由初始化状态进入“空闲状态”。在此状态中，MS 可接收外来的呼叫，也可向外呼叫和登记注册。三是对系统接入状态的处理，如果 MS 要发起呼叫，或者要进行注册登记，或者收到一种需要认可或应答的寻呼信息时，MS 即进入“系统接入状态”，并通过接入信道向基站发送有关的信息。这些信息可分为两类：一类属于应答信息（被动发送）；另一类属于请求信息（主动发送）。为防止 MS 一开始就使用过大的功率，造成干扰，采用“接入尝试”原则，它实质上是一种功率逐步增大的过程。四是对 MS 在业务信道控制状态的处理，此状态中 MS 和基站利用反向业务信道和前向业务信道进行信息交换。②基站呼叫处理，有以下类型：一是导频和同步信道处理，在此期间，基站发送导频信号和同步信号，使 MS 捕获和同步到 CDMA 信道，同时 MS 处于初始化状态。二是寻呼信道处理，在此期间，基站发送寻呼信号，同时 MS 处于空闲状态，或系统接入状态。三是接入信道处理，在此期间，基站监听接入信道，以接收 MS 发来的信息，同时 MS 处于系统接入状态。四是业务信道处理，在此期间，基站用前向业务信道和反向业务信道与 MS 交换信息，同时 MS 处于业务信道控制状态。

4. IS-95B 简介

IS-95B 是在 IS-95A 的基础上，通过对物理信道捆绑，实现比 IS-95A 更高码速率的数据业务。IS-95B 的基本结构可以用下式表达：

IS-95B = IS-95A + TSB74 + J-STD-008 + New Capabilities/Features + Corrections

其中，TSB74 表示支持 14.4kbit/s 数据速率和宽带扩谱蜂窝系统下的 PCS 交互；J-STD-008 表示 1.8 ~2GHz CDMA 个人通信系统中个人终端和基站兼容性要求。IS-95B 就是应用于 IS-95 系统中的 2.5G 标准。

IS-95B 通过表决成为了美国国家标准局（ANSI）标准，并且同时也成为 TIA/EIA-95 标准。文件的章节号和 IS-95A 一样，只是加入了 TSB74 的内容。

IS-95B 标准的核心思想是在不改变 IS-95A 物理层的前提下，通过自适应信道捆绑技术提供高速数据业务。这一业务的提供是通过码聚集（Code Aggregation）实现的。在数据突发期间，可以指配最多 8 个码分信道给高速数据业务移动终端。在同时存在语音和数据业务的情况下，语音业务具有较高的优先级，因此对于一个激活的高速数据业务移动终端，至少存在一条基本码分信道可供使用，当需要更高的数据传输率时，移动终端可以被指配最多 8 个补充码分信道，这段更高数据率的操作期称为数据突发期。新的业务可以是非对称的，即在前向、反向链路上占用不同的带宽。

采用 IS-95B 设备支持数据业务的优点是和第三代 1x 系统的相互配合。假定某地已经部署了 IS-95B 系统，在部署 1x 系统时，可以根据业务需求进行热点覆盖，从而在优化投资的同时，保障业务的开展。当用户从提供 1x 的高速数据业务的覆盖区进入 IS-95B 覆盖的中低速覆盖区时，用户的数据业务不会立即中断。但是，如果是在 IS-95A 的覆盖区热点部署 1x 系统，则没有这样的服务效果。

13.2 第三代移动通信系统

13.2.1 概述

1. 第二代移动通信系统存在的问题

经过短短 10 年左右时间，以 GSM 和 IS-95 标准为代表的第二代移动数字蜂窝移动通信系统（2G）基本取代了第一代模拟蜂窝移动通信系统，已经占据了全球移动通信80%以上的市场份额，取得了很大的商业成功。

虽然各种2G系统均对双工话音通信业务和低速数据业务具有良好的支持特性，但2G系统存在很多固有缺陷，具体表现如下：

（1）*没有形成全球统一的标准，无法实现全球漫游* 目前，在全球商业运营的2G系统标准多达10余种，甚至在同一个国家或地区存在几种完全不同的系统。各系统标准之间还存在工作频段、制式、终端的差异，很难互联互通。全球漫游无法实现，给移动用户带来诸多不便，也无法通过规模效应降低系统的运营成本。

（2）*业务单一* 2G系统主要提供类似PSTN一样的语音服务；只能传送短消息和低速Internet服务。

（3）*通信容量不足* 从800～900MHz频段，包括后来扩充到1800MHz和1900MHz频段后，系统的通信容量仍然不能满足市场的需要。随着用户数量的上升，网络服务质量（QoS）开始下降。

为弥补自身系统的不足，各种2G系统提出了很多的旨在提高数字业务接入速度的标准，如GPRS、EDGE等，但这些技术标准也只是过渡性的。移动通信的最终目标是实现“5W”通信，2G系统与该目标相去甚远，所以在市场和技术这两股巨大力量的推动之下，在20世纪80年代中期催生出新一代的移动通信标准——第三代移动通信标准IMT-2000，简称3G标准。

2. 第三代移动通信系统的提出

IMT-2000是ITU提出的概念，经过了10余年的艰苦努力，在2000年形成了决议：一致通过了第三代移动通信系统（3G）的技术标准，IMT-2000是3G的商标。频谱范围为400MHz～3GHz。整个电信业（包括电信企业及各国家和地区的标准制定机构）达成了避免电信市场标准不统一的协议。这个协议的通过意味着全球首次实现移动通信系统完全统一和互联互通。IMT-2000是许多实体合作的结晶，包括ITU机构（ITU-T和ITU-R）和非ITU的机构（3GPP、3GPP2、UWCC等），IMT-2000具备在一个标准下实现增值业务和应用的能力。本系统致力于在一个平台下实现固定通信、移动通信、语音、数据、Internet接入和多媒体业务。最显著的特征之一是提供无缝的全球漫游，允许用户在不同国家和地区之间使用同一个移动终端和号码。IMT-2000还致力于通过各种手段（卫星网、固定网等）建立全球无缝覆盖。IMT-2000系统可提供更高的传输速率：对静止用户和行人提供信息速率可达2Mbit/s，对于行驶的车辆则可达384kbit/s。而2G系统可提供的数据率只有9.6～28.8kbit/s。

另外，IMT-2000还有如下重要特性：

（1）*灵活性* 当今的移动通信企业出现了大量的跨国合并和并购，运营商必须尽量避免支持不同接口和技术。IMT-2000通过提供高度灵活的系统和广泛支持的业务和应用解决了这个问题。IMT-2000标准基于三种不同的多址方式（FDMA、TDMA和CDMA）提供五种可能的无线接口规范。

（2）*广泛的支持* 全球电信业已达成了协议，必须支持IMT-2000系统。

（3）*与现存系统的兼容性* IMT-2000系统必须保证与现存系统兼容。各种2G系统，如在欧洲、亚洲广泛应用的GSM，会继续保留一段时间，IMT-2000必须确保与这些系统的兼容性，并提供向3G平滑过渡的手段。

（4）模块化设计　IMT-2000的一个特点是其系统的可扩展性，以保证用最小的投入适应用户数量和覆盖区域面积的增长以及新业务的出现。

IMT-2000是一系列标准的总称，包括概念和目标、业务框架、无线接口、工作频带、网络过渡要求、安全性能、无线传输技术的评估方法等诸多方面。

3. 第三代移动通信系统使用的频段

根据ITU-WRC2000的规定IMT-2000所使用的频段分配表如图13-15所示，其中806～960MHz为1G和2G系统使用的频段，如AMPS、TACS、IS-95、GSM900等，1710～1885MHz是欧洲和亚洲的2G和3G系统正在使用的频段，1885～2025MHz为DECT、PHS和GSM1900及3G等系统使用的频段，而2110～2200MHz及2500～2690MHz是专门为3G系统划定的频段，为了保持与2G系统兼容和平滑过渡，原来2G使用的频段保留到IMT-2000中。

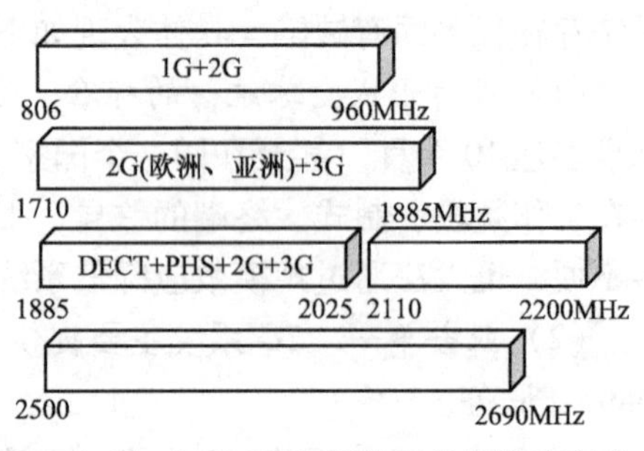

图13-15　IMT-2000所使用的频段分配表

4. 第三代移动通信系统的地面传输标准

ITU于1996年确定了无线传输技术候选方案的最终提交时间——1998年6月30日，共收到全球提交的16种版本，其中地面传输技术标准10种。图13-16是ITU确定的IMT-2000地面传输标准体系示意图。

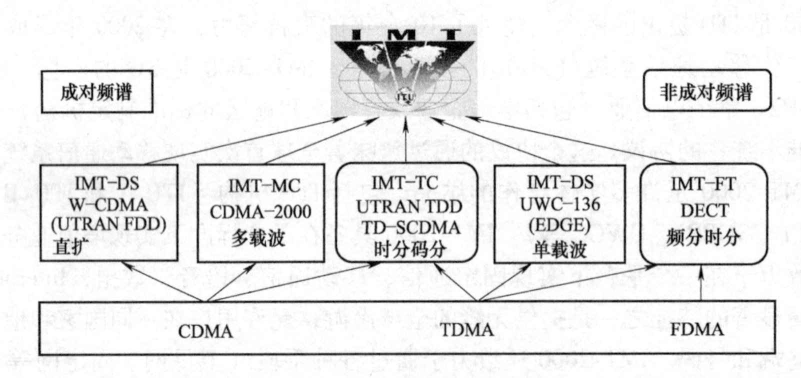

图13-16　IMT-2000地面传输标准体系示意图

我国的大唐电信科技产业集团代表我国提交的TD-SCDMA标准也被ITU接受。这些标准中较有影响力的是日本与欧洲联合提交的W-CDMA和美国提交的CDMA2000标准。

5. 现有移动通信系统向3G演进的过程

在第三代移动通信投入运行的初期（2001—2005），向3G演进的过程主要考虑如下因素：由于GSM网络容量不足（频率资源不足）造成基本业务——话音业务的QoS下降；移动数据业务（主要是Internet业务）的需求逐步增加；首先运营3G的地区应该是拥有高度密集用户，且有较高要求和支付能力强的大、中城市及郊区；建设3G网络时，不需要立即建设全新的通信网络，而是在已有的第二代网络上进行改造，增加3G设备。

图13-17是现有2G系统向IMT-2000系统过渡的技术路线，IMT-2000的一个目标是兼

容所有的无线接入方式，例如图 13-17 中 CDMA2000 终端可以在 GSM MAP 网络中工作，而 W-CDMA 终端也可以在 IS-41 网络中运行。

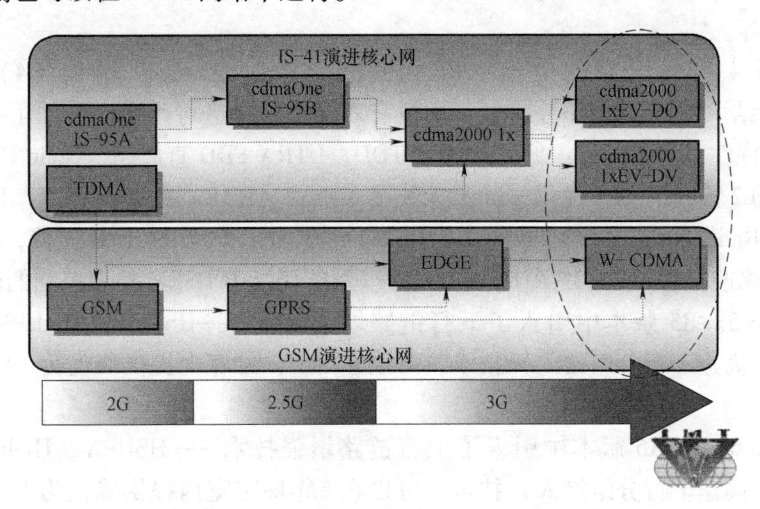

图 13-17　2G 向 IMT-2000 演进的过程

13.2.2 WCDMA 系统

1. WCDMA 系统简介

(1) WCDMA 的提出　20 世纪 90 年代初，ETSI 为 3G 标准征求技术方案，并将 3G 技术称为 UMTS。1998 年，日本与欧洲在宽带 CDMA 建议上取得一致，共同提出 WCDMA，使之成为正式入选 ITU 的 3G 技术方案。

WCDMA 系统支持宽带业务、电路交换业务（如 PSTN）、分组交换业务等。其无线协议可在一个载波内同时支持话音、数据和多媒体业务，并通过透明或非透明传输分组支持实时和非实时业务。其标准规范中不仅定义了空中接口，还包括接入网和分组核心网等一系列技术规范和接口协议，WCDMA 标准主要由 3GPP 负责倡导指定，有 Release 99、Release 4、Release 5、Release 6 等版本。

(2) WCDMA 标准系列　为了满足市场需求，3GPP 规范不断增添新特性来增强自身能力，向开发商提供稳定的实施平台并添加新特性，3GPP 使用并行版本体制，主要版本介绍如下：

1) R99。最早出现的各种第三代规范被汇编成最初的 99 版本（R99），于 2000 年 3 月完成。R99 建立了新型 WCDMA 无线接入模式，引入了一套新的空中接口标准，运用了 WCDMA技术，引入了适于分组数据传输的协议和机制，数据传输速率可支持 144kbit/s、384kbit/s 及 2Mbit/s，其核心网仍是基于 GSM 进行演变的 WCDMA 核心网。

3GPP 标准为业务的开发提供了三种机制，即针对 IP 业务的移动网增强逻辑的用户应用（Customized Applications for Mobile Network Enhanced Logic，CAMEL）功能、开放业务架构（Open Service Architecture，OSA）和会话发起协议（Session Initiation Protocol，SIP），并在不同的版本中给出了相应的定义。R99 对 GSM 中的业务有了进一步的增强，传输速率、频率利用率和系统容量都有较大提高。R99 在业务方面除了支持基本的电信业务和承载业务外，也可支持所有的补充业务，另外它还支持基于定位的业务（Location Services，LCS）、号码携带业务（Mobile Number Portability，MNP）、64kbit/s 电路数据承载、电路域多媒体业务以及开放业务结构等。

2）Release 4。R99 以后的全套 3GPP 规范被命名为 Release4（简称 R4）。R4 规范在 2001 年 3 月冻结。R4 无线网络技术规范中没有对网络结构进行改变，增加了一些接口协议的增强功能和特性，主要包括：低码片速率 TDD，UTRA FDD 直放站，Node B 同步，对 Iub 和 Iur 上的 AAL2 连接的 QoS 优化，Iu 上无线接入承载（RAB）的 QoS 协商，Iur 和 Iub 的无线资源管理（Radio Resource Management，RRM）的优化，增强的 RAB 支持，Iub、Iur 和 Iu 上传输承载的修改过程，WCDMA1800/1900，以及软切换中 DSCH 功率控制的改进。

3）Release 5。R5 版本中引入了下行链路增强技术——HSDPA（High Speed Downlink Packet Access，高速下行分组接入）技术，可以在 5MHz 带宽内提供峰值为 14.4Mbit/s 的下行传输速率。

4）Release 6。在 R6 版本中引入了上行链路增强技术——HSUPA（High Speed Uplink Packet Access，高速上行分组接入）技术，可以在 5MHz 带宽内提供峰值为 5.76Mbit/s 的上行传输速率。

5）Release 7。3GPP 从 R7 版本开始对 HSPA 进行了网络增强，R7 中引入了 HSPA+第一阶段，在不改变既有网络结构的前提下，通过引入下行 64QAM、MIMO，上行 16QAM 等技术，将下行峰值传输速率分别提高至 21Mbit/s、28Mbit/s，上行峰值传输速率则达到 11.52Mbit/s。

6）Release 8。从 R8 开始引入了 LTE 标准，R8 版本针对 HSPA+第二阶段。采用 64QAM+MIMO 技术将下行峰值速率提高到 42Mbit/s，还改善了小区边缘覆盖和系统容量。R8 还有效改善了系统语音容量，业务延时，移动终端通话时长等性能；采用增强的过区切换技术，有效减小了切换延时，提高了过区切换的成功率。

7）Release 9。R9 版本对应 HSPA+第三阶段。采用 DC-HSDPA+MIMO 技术将下行峰值速率提高到 84Mbit/s；采用双频段双载波技术（DB-DC-HSDPA），可以使运营商灵活使用不同频段的频率来部署双载波技术；采用上行双载波技术（DC-HSUPA）将上行峰值速率提高到 23Mbit/s；此外，还通过引入 TxAA 回退模式使非 MIMO 用户在 MIMO 网络中的性能得到改善。

8）Release10。R10 版本对应 HSPA+第四阶段。主要工作是对多载波 HSDPA 技术（4C-HSDPA）进行研究和标准化工作，可以让运营商灵活地使用一个频段内或不同频段部署多载波技术（最多可以使用 4 个载波），同时可以和下行 MIMO 技术相结合使下行峰值速率达到 168Mbit/s，具备和 LTE R8/R9 技术相当的峰值吞吐量。

（3）WCDMA 系统的技术及参数　WCDMA 系统的相关技术及主要参数如下：

1）每射频载波带宽为 5MHz，码片速率为 3.84Mc/s。

2）最高数据速率不同环境下的值不同，在快速移动环境下为 144kbit/s，步行条件下为 384kbit/s，室内环境为 2Mbit/s。

3）采用 AMR 语音编码，编码速率随信道特性自适应可变。

4）数字调制方式为 QPSK。

5）双工方式为 TDD 和 FDD 两种方式。

6）支持异步基站运行模式。

7）采用上下行闭环加外环功率控制方式，功率控制速度为 1500 次/s，控制步长为 0.25 ~4.0dB。

8）支持 Turbo 编码及卷积码，并采用了交织技术。

9）物理帧长为 10ms（15 个时隙）。

2. WCDMA 系统的主要技术特色

WCDMA 的主要技术特色包括以下几个方面：

（1）*功率控制技术*　WCDMA 系统中功率控制有利于系统抑制远近效应，减小用户间干扰。功率控制措施包括开环功率控制和闭环功率控制两类。开环功率控制的控制精度较低，一般用于上行下行链路的初始发射功率设定。闭环功率控制又分为内环功率控制和外环功率控制，两者相配合实现精确、快速的上下行链路功率控制。

（2）*过区切换技术*　WCDMA 系统中的过区切换包括软切换、硬切换。软切换可以在同频 CDMA 新旧小区之间实现，并且新旧小区的无线网络控制器（Radio Network Controller，RNC）相同。软切换过程中，移动终端只有在新小区中建立了可靠的物理连接后才断开与旧小区的物理信道。而硬切换包括同频、不同频、不同系统三种情况，同频硬切换是指新旧小区的 RNC 不同，不同系统硬切换是指 FDD 双工模式系统与 TDD 双工模式系统之间的切换。

（3）*双工双模式工作*　WCDMA 使用 FDD 和 TDD 两种双工模式，分别工作于对称频带和非对称频带，其中 FDD 应用于大面积室外高速移动终端的覆盖，TDD 应用于室内低速移动终端的覆盖。

3. WCDMA 系统的业务与应用

WCDMA 可以提供以下类型的业务与应用：

（1）*基本电信业务*　如语音业务、紧急呼叫、短消息业务等。

（2）*补充业务*　如呼叫转移、多方通信等。

（3）*承载业务*　WCDMA 提供电路域承载业务和分组域承载业务，并可以根据业务类型的不同，提供不同 QoS 要求的承载业务。

（4）*智能网业务*　在 WCDMA 中，依旧可以使用系统中的基于 CAMEL 机制的智能网业务。

（5）*位置业务*　提供了多种定位技术作为对位置业务的支持，因此具有与用户移动性相关的位置服务，如利用移动终端进行导航等。

（6）*多媒体业务*　通过新的 IMS 多媒体应用平台，可以实现移动多媒体应用与因特网多媒体应用的融合。

4. WCDMA 的系统构成

WCDMA 系统包括无线接入网络（Radio Access Network，RAN）和核心网络（Core Network，CN）。其中，RAN 处理所有与无线有关的功能，而 CN 处理系统内所有的话音呼叫和数据连接，并实现与外部网络的交换和路由功能。CN 从逻辑上分为电路交换域（Circuit Switched Domain，CS）和分组交换域（Packet Switched Domain，PS）两部分。UTRAN、CN 与用户设备 UE（User Equipment）一起构成了整个 UMTS 系统，其整体系统结构框架如图 13-18所示。

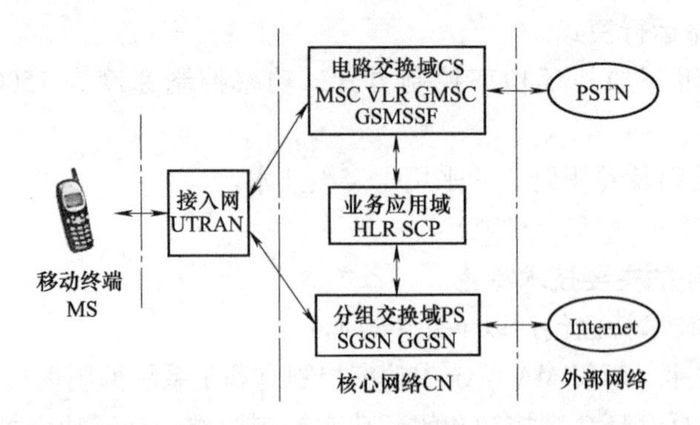

图 13-18 WCDMA 系统组成框图

5. WCDMA 的信道结构

WCDMA 的信道分为逻辑信道、传输信道和物理信道三类。

(1) *逻辑信道* 逻辑信道为媒体接入控制（MAC）子层与链路接入控制（LAC）子层之间的接口信道，逻辑信道主要有控制信道和业务信道两类。

控制信道包括：

1）广播控制逻辑信道（Broadcast Control CHannel，BCCH）：下行链路，用于承载系统的广播控制信息。

2）寻呼控制逻辑信道（Paging Control CHannel，PCCH）：下行链路，用于承载并发出系统的寻呼信息。

3）专用控制逻辑信道（Dedicated Control CHannel，DCCH）：上、下行链路均有，用于 UE 与 RNC 间发送点对点的专用控制信息。

4）公共控制逻辑信道（Common Control CHannel，CCCH）：上、下行链路均有，用于网络和 UE 之间发送公共控制信息。

业务信道包括：

1）专用业务逻辑信道（Dedicated Traffic CHannel，DTCH）：上、下行链路均有，用于承载针对某移动台的某种业务的点对点逻辑信道，不同的业务采用不同的专用业务逻辑信道。

2）公共业务信道（Common Traffic CHannel，CTCH）：点对多点的下行链路，用于承载发送给全部或一组特定 UE 的专用用户信息。在基站子系统端，针对每一个移动台需建立独立的专用控制及专用业务逻辑信道。

(2) *传输信道* 传输信道为物理信道与 MAC 子层之间的接口信道，一个物理控制信道和一个或多个物理数据信道形成一条编码组合的传输信道，在一个给定的连接中可以有多个传输信道，但只能有一个物理层控制信道。传输信道主要分为两种类型，即专用传输信道和公共传输信道。按上、下行的方向来分，传输信道又分为上行传输信道和下行传输信道。

上行传输信道主要包括：

1）随机接入信道（Random Access CHannel，RACH）：属于公共传输信道，通过上行反向物理接入信道发送，用于传输移动台的接入信息，该信道还可用于发送上行分组突发信息。

2）上行公共分组信道（Common Packet CHannel，CPCH）：属于公共传输信道，它是 RACH 的扩展，与 FACH 信道相对应，用于用户分组数据的上行传输。

3）上行专用传输信道（Dedicated CHannel，DCH）：这是唯一的专用信道类型，该传输信道由上行专用数据物理信道（Dedicated Physical Data CHannel，DPDCH）承载，用于传输移动台的数据信息或随路控制信令。该信道支持快速功率控制、软切换等。

下行传输信道主要包括：

1）广播信道（Broadcast CHannel，BCH）：属于公共传输信道，通过主公共控制信道（Primary Common Control Physical CHannel，P-CCPCH）发送，用于发送系统及小区的配置信息。

2）前向接入信道（Forward Access CHannel，FACH）：属于公共传输信道，通过辅助公共控制信道（Secondary Common Control Physical CHannel，S-CCPCH）发送，用于本小区内对某已知移动台发送控制信息，该信道还可用于发送下行分组突发信息。

3）寻呼信道（Paging CHannel，PCH）：属于公共传输信道，由辅助公共控制信道（S-CCPCH）承载，用于向终端发起呼叫等。

4）下行共享传输信道（Downlink Shared CHannel，DSCH）：属于公共传输信道，用来传送专用用户数据或控制信息，可由几个用户共享。

5）下行公共分组信道：属于公共传输信道，用于用户分组数据的下行传输。

6）下行专用传输信道（Dedicatd CHannel，DCH）：这是唯一的专用信道类型，该传输信道通过下行专用数据物理信道（DPDCH）承载，用于传输针对某移动台的数据信息或随路控制信令。该信道支持快速功率控制、软切换等。

（3）物理信道　物理信道又分为上行物理信道 RXU_1 ~ RXU_8、下行物理信道 TXU_1 ~ TXU_2。

上行物理信道 RXU_1 ~ RXU_8 包括：

1）随机接入信道（PhysicalRandom Access CHannel，PRACH）：用于发送 MT 接入信道信息。

2）上行专用物理信道（Dedicated Physical CHannel，DPCH）：用于发送专用物理控制信道（Dedicated Physical Control Channel，DPCCH）和专用物理数据信道 DPDCH。

下行物理信道 TXU_1 包括：

1）主公共导频信道（Primary Common Pilot CHannel，PCPICH）：用于移动台的信道估计及码片同步。

2）主同步信道（Primary Synchronisation CHannel，PSCH）：用于移动终端（MT）的码片定时与时隙定时的提取。

3）辅助同步信道（SSCH）：用于 MT 的帧定时提取。

4）主公共控制信道（P-CCPCH）：MT 通过搜索可能的长码状态，实现长码同步；通过接收 P-CCPCH 传送的 BCH 消息，MT 可获取系统配置信息、可用的反向接入信道参数、公共导频所用的扰码号等；通过接收 BCH 中包含的 SFN 编号可以确定 MT 超帧定时及零偏移 Access Slot 所在位置等。这里仅考虑无发射分集的主公共控制信道。

5）辅助公共控制信道（S-CCPCH）：发送 PCH 及 FACH 传输信道。

6）寻呼指示信道（Paging Indicator CHannel，PICH）：与 PCH 配合使用，用于指示 MT 接收属于自己的寻呼信息帧。

7）捕获指示信道（Acquisition Indication CHannel，AICH）：可支持 BTS 的一个 PRACH

接收机同时最多捕获4个反向接入时的反向捕获指示发送。在BTS捕获MT发送的反向接入信道后，在无需上层（主控CPU）干预的条件下，通过本信道发送捕获指示（AI）信息，为此，需建立一个接收单元至发送单元的直接连接接口。

下行物理信道TXU_2即下行专用物理信道（DPCH），包括专用物理控制信道DPCCH和专用物理数据信道DPDCH。发送的内容包括导频符号、功率控制比特、传输速率指示和数据。

13.2.3 CDMA2000系统

1. CDMA2000系统简介

（1）CDMA2000的提出 CDMA2000是由3GPP2（The 3rd Generation Partnership Project 2，3G伙伴计划2）负责组织制订，该组织于1999年1月由美国的TIA、日本的ARIB、日本的TTC和韩国的TTA四个标准化组织发起成立。CDMA2000是基于2G系统中的IS-95标准演进的宽带CDMA系统。CDMA2000是3G标准IMT2000的标准之一，其单载波带宽为1.25MHz，若系统用户分别独立单个载波，则称之为CDMA2000 1x，如果将3个载波捆绑使用，则称之为CDMA2000 3x。CDMA2000 1x的下一个阶段是CDMA2000 1xEV，具体包括CDMA2000 1xEV-DO和CDMA2000 1xEV-DV；EV表示Evolution；DO表示Data only，其基本思想是将语音业务和数据业务分别放在两个独立的载波上传输，这样可以降低设计的复杂度；DV表示Data and Voice，是指更灵活地兼容数据和语音传输。

（2）CDMA2000标准系列 CDMA2000 1x的上下行数据速率均为153kbit/s，在CDMA2000 1x的基础上，3GPP2发布有关CDMA 2000标准的各个版本如下：

1）CDMA2000 EV-DO Release0：这是CDMA2000标准的第一个版本，由TIA于1999年6月制定完成。Release0（或R0）版本使用IS-95B的开销信道，并增加了新的业务信道和补充信道。上行信道速率可达153kbit/s，下行信道速率最大为2.4Mbit/s。

2）CDMA2000 EV-DO Revision A：Rev. A版本中增加了新的开销信道及相应的信令。该版本在峰值信道速率上有显著提升，上行速率为1.8Mbit/s，下行速率为3.1Mbit/s。

3）CDMA2000 EV-DO Revision B：Rev. B改动的内容较少，分为软件升级版Rev. B Software（Rev. B S/W）和硬件升级版Rev. B Hardware（Rev. B H/W），Rev. B的两个版本可以分别进行升级。在该版本中，新增了多载波工作模式（MC-CDMA）和高阶数字调制技术，其中载波数增加到4个，总带宽为$1.25MHz \times 4 = 5.0MHz$，而数字调制最高阶为64QAM，采用这两种技术可以保证信道峰值速率上获得显著提升，其中Rev. B S/W的上行信道速率峰值为5.4Mbit/s，下行信道速率为9.3Mbit/s；Rev. B H/W的上下行速率峰值分别为5.4Mbit/s和14.7Mbit/s。

4）CDMA2000 EV-DO Advanced：EV-DO Advanced版本是Rev. B的后续版本，该版本不仅可以显著提高用户的应用性能体验，也可以显著提高移动网络运营商的系统性能，增强运营商的盈利能力。EV-DO Advanced另一个显著特点是，只需要在软件上进行升级即可实现。其上下行峰值速率为7.2Mbit/s和19.6Mbit/s。

（3）CDMA2000的技术及参数 CDMA2000系统的主要技术及参数如下：

1）每射频载波带宽为1.25MHz，码片速率为$n \times 1.2288$Mchip/s（$n = 1, 3, 6, 9, 12$）。

2）最高数据速率不同环境下的值不同，在不同的技术标准版本下的速率远远超过了IMT-2000 的规定速率。

3）数字调制方式为 QPSK。

4）双工方式为 FDD 方式。

5）基站同步方式依靠 GPS 系统授时实现。

6）采用上下行闭环加外环功率控制方式，功率控制速度为 800 次/s。

7）差错控制编码采用了 Turbo 码及卷积码，并采用了交织技术。

8）物理帧长为 20ms。

2. CDMA2000 系统的主要技术特色

CDMA2000 系统的主要技术特色包括以下几个方面：

（1）前向快速功率控制技术　功率控制过程首先通过移动终端测量收到业务信道的信噪比(E_b/N_0)，与门限值比较，然后根据比较结果向基站发出调整基站发射功率的指令，功率控制速率为 800 次/s。

（2）前向快速寻呼信道技术　基站利用快速寻呼信道向移动终端发出指令，确定移动终端选择寻呼或睡眠状态，这样移动台不必连续监听前向寻呼信道，可减少移动终端激活时间，节省移动终端功耗。基站还通过前向快速寻呼信道向移动终端发出最近几分钟内的系统参数信息，使移动台根据此新消息作相应设置处理。

（3）前向链路发射分集技术　CDMA2000 1x 采用直接扩频发射分集技术，包括正交发射分集（Orthogonal Transmit Diversity，OTD）和空时扩频（Space Time Spreading，STS）两种方式。OTD 方式是先分离数据流，再用不同的正交 Walsh 码对两个数据流进行扩频，并通过两个发射天线发射出去；STS 方式使用空间两根分离天线发射已交织的数据，使用相同原始 Walsh 码信道。使用前向链路发射分集技术可以减少发射功率，抗瑞利衰落，增大系统容量。

（4）反向相干解调　基站利用上行导频信道发出的扩频信号，捕获移动终端信号，再用 RAKE 接收机实现相干解调。

（5）上行信号连续传输　在上行链路中，数据采用连续导频，使信道上信号连续，可改善搜索性能，并方便进行下行链路功率快速控制和上行链路功率控制的连续监控。

（6）差错控制编码使用 Turbo 码　CDMA2000 1x 中 Turbo 码用于前向补充信道和反向补充信道中。

（7）灵活的帧长　CDMA2000 1x 支持 5ms、10ms、20ms、40ms、80ms 和 160ms 多种帧长，不同类型信道分别支持不同帧长。上下行基本信道、上下行专用控制信道采用 5ms 或 20ms 帧，上下行补充信道采用 20ms、40ms 或 80ms 帧，语音业务信道采用 20ms 帧。较短帧可以减少时延，但解调性能相对较差；较长帧可降低对发射功率的要求。

（8）增强的媒体接入控制功能　媒体接入控制子层控制多种业务接入物理层，保证多媒体的实现。其功能是实现语音、电路数据和分组数据业务的处理、收发复用、QoS 控制、接入等。

3. CDMA2000 系统的业务与应用

CDMA2000 的各个版本标准的峰值速率和平均小区容量以及对 QoS 的支持均有很大提高，所以，EV-DO Rev. A 系统除了可以明显提高用户在 CDMA 1x 和 EV-DO R0 网络上获得的业务体验外，还支持更多对 QoS 有较高要求的新业务。

(1) *可视电话* 可视电话是 3G 网络上有代表性业务，移动用户通过可视电话业务实现实时双向语音和视频通信；运营商则可以在可视电话之上开发其他的增值服务，如可视会议，远程医疗、可视安全系统等。

(2) *VoIP 及 VoIP 和数据的并发业务* EV-DO Rev. A 可以支持分组网络上的 VoIP 业务。VoIP 虽然与可视电话一样对实时性有较高的要求，但其所需带宽较低。在 EV-DO Rev. A 网络上承载 VoIP 业务，用户在可以获得与传统电路交换语音业务相同的话音质量的同时，还可以同时进行数据通信。

(3) *Push-to-Connect（PTC）和即时多媒体通信（IMM）* PTC 业务是一种一对一或群组间半双工的即按即讲业务。即时多媒体通信又使 PTC 扩展到可以包含文本、图片和视频等多媒体。除了要求快速呼叫建立、低端到端延时及快速切换等以外，PTC 和 IMM 还要求网络能支持频繁和快速呼叫的建立和释放。

(4) *移动游戏* 联机在线式移动游戏，可以是单人（人与服务器间交互）或多人交互式游戏。在移动网络中，交互式游戏的用户及游戏软件对带宽的要求差异较大。EV-DO Rev. A 在前反向上都可支持较高的数据速率，可以满足各种要求。

(5) *基于广播与多播业务（BroadCast MultiCast Services，BCMCS）的多播业务* 虽然 EV-DO 可提供更高的前反向扇区容量和峰值速率，使用户可以快速下载或上传大量数据，但是 EV-DO 网络提供的是单播技术，即网络上传输的数据仅能够为一个用户所接收。当小区内的很多用户需要接收相同的内容时，单播方式将占用大量的网络资源，使网络处于高负载状态，不经济。BCMCS 就是为了解决上述问题，以较经济的方式向大量用户同时传送多媒体内容而制订的业务技术标准。

4. CDMA2000 的系统构成

CDMA2000 1x EV-DO 系统组成框图如图 13-19 所示。系统由分组核心网（Packet Core Network，PCN）、无线接入网（Radio Access Network，RAN）、接入终端（Access Terminal，AT）三部分组成。

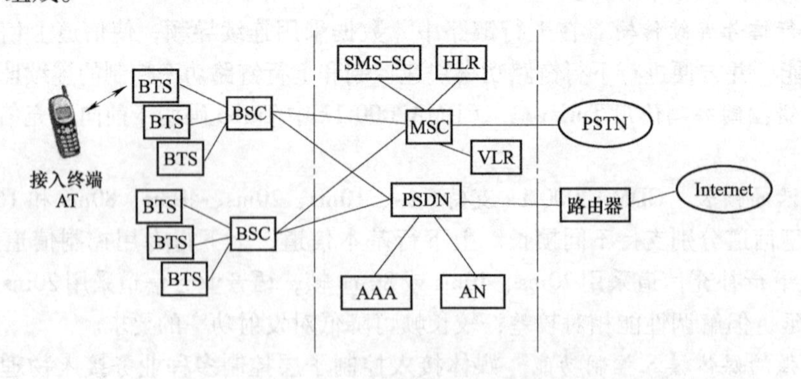

图 13-19 CDMA2000 系统组成框图

接入终端 AT 是指用户终端或移动终端。

无线接入网 RAN 包括 BTS 和 BSC，一个 BSC 控制若干个 BTS，它们的功能与 2G 系统相同。

分组核心网 PCN 包括以下主要单元：

（1）分组业务节点（Packet Data Service Node，PDSN） PDSN主要作用是支持分组数据业务，在分组数据的会话过程中，完成功能有：建立、维持和终止与用户的端到端（PPP）会话；通过无线分组接口建立、维持和终止与无线网络的连接；实现移动终端与AAA（鉴权、认证和计费）服务器间的数据参数交互；收集转发到AAA服务器的数据；路由交换与外部网之间的数据包等。

（2）AAA服务器 AAA服务器对其与其他网络（如WCDMA）相关联的分组数据网提供鉴权、认证和计费功能，AAA服务器通过IP与PSDN通信，在CDMA2000中完成如下功能：进行PPP与AT间的连接认证；进行授权服务，包括业务文档及密钥的分配和管理；计费功能。

（3）其他的单元如移动交换中心MSC、位置归属寄存器HLR、位置访问寄存器VLR等功能与2G系统的功能基本相同。

5. CDMA2000的信道结构

（1）前向（下行）信道 以EV-DO Rev. A系统为例，其前向信道由导频信道、MAC信道、控制信道和业务信道组成；其中MAC信道又分为RA（Reverse Activity）信道、DRCLock（Data Rate Control Lock）信道、RPC（Reverse Power Control）信道和ARQ信道。

前向信道各个子信道的主要作用说明如下：

1）导频信道用于系统捕获、相干解调和链路质量的测量。

2）RA子信道用于传送系统的反向负载指示。

3）RPC子信道用于传送反向业务信道的功率控制信息。

4）DRCLock子信道用于传送系统是否正确接收DRC信道的指示信息。

5）ARQ子信道用于AN（接入网）是否正确接收反向业务信道数据分组。

6）控制信道用于向终端发送单播或多播方式的消息。

7）业务信道则用于传送物理层数据分组。

前向信道以时分信道模式为主，以码分模式为辅，数据以时隙为单位发送。导频信道、MAC信道及业务/控制信道之间进行时分复用。前向链路以时隙为单位，每个时隙为5/3ms，由2048个码片组成。基站根据前向信道数据分组的大小和速率等参数，在1~16个时隙内完成传送。有数据业务时，业务信道时隙处于激活状态，各信道按一定顺序和码片数进行复用；没有数据业务时，业务信道时隙处于空闲状态，只传送MAC信道和导频信道。

（2）反向（上行）信道 EV-DO Rev. A反向信道包括接入信道和反向业务信道。接入信道由导频信道和数据信道组成；反向业务信道由主导频信道、辅助导频信道（EV-DO Rev. A新增信道）、MAC信道、ACK信道及数据信道组成。其中，MAC信道又由RRI（Reverse Rate Indicator）子信道、DRC子信道和DSC（Data Source Control）子信道（EV-DO Rev. A新增加信道）组成。接入信道用于传送基站对终端的捕获信息。其导频部分用于反向链路的相干解调和定时同步，以便系统捕获接入终端；数据部分携带基站对终端的捕获信息。

反向业务信道用于传送反向业务信道的速率指示信息和来自反向业务信道MAC协议的数据分组，同时用于传送对前向业务信道的速率请求信息和终端是否正确接收前向业务信道数据分组的指示信息。其中，

1）辅助导频信道用于辅助基站对反向数据包的解调。

2）MAC 信道辅助 MAC 层完成对上下行业务信道的速率控制功能，RRI 信道用于指示反向业务信道数据部分的传送速率。DRC 信道携带终端请求的前向业务信道的数据速率值及前向服务扇区标识，分别用 DRCValue 和 DRCCover 表示。DSC 信道携带前向服务基站标识。

3）ACK 信道用于指示终端是否正确接收前向业务信道数据分组。

4）Data 信道用于传送来自反向业务信道 MAC 层的数据分组。

EV-DO Rev. A 反向以码分信道模式为主，时分模式为辅，反向数据以子帧为单位发送，一个子帧占 4 个时隙。DSC 信道与 ACK 信道之间进行时分复用，然后与其他信道码分复用。反向信道使用 Walsh 来区分各个信道，使用长码来区分用户。

13.2.4 TD-SCDMA 系统

1. TD-SCDMA 系统简介

（1）TD-SCDMA 的提出　时分同步的码分多址技术（Time Division-Synchronous Code Division Multiple Access，TD-SCDMA）是中国提出的第三代移动通信标准，充分考虑了 2G 系统中占有最大市场份额的 GSM 系统向 3G 演进过渡的问题。自 1998 年正式向 ITU 提交以来，历经十余年的时间，完成了标准的专家组评估、ITU 认可并发布、与 3GPP 体系的融合、新技术特性的引入等一系列的国际标准化工作，从而其成为第一个由中国提出的，以自主知识产权为主的，被国际上广泛接受和认可的无线通信国际标准。

TD-SCDMA 是 TDD 和 CDMA、TDMA 等技术的结合，采用了智能天线、软件无线电、联合检测、接力切换、下行包交换等技术，在频谱利用率、系统容量、楷书数据业务方面、系统成本等方面具有优势，具体表现为以下特点：

1）采用时分双工（TDD）技术，无需成对频段，适合多运营商环境；并且上下行链路的无线环境一致性好，适合使用智能天线技术；简化射频电路，系统设备和手机成本较低。

2）采用智能天线、联合检测和上行同步等技术，可以降低发射功率，减少多址干扰，提高系统容量。

3）采用“接力切换”技术，可克服软切换大量占用资源的缺点。

4）灵活的上下行时隙分配方式，TDD 适合传输下行数据速率高于上行的非对称 Internet 业务，方便地支持非对称业务和语音 + 数据的混合业务。

5）采用软件无线电技术，更容易实现多制式基站和多模终端，系统易于升级换代。

（2）TD-SCDMA 的技术及参数　TD-SCDMA 系统的主要技术及参数如下：

1）每射频载波带宽为 1.6MHz，码片速率为 1.28Mc/s。

2）采用 DS-CDMA，扩频因子为 1～16。

3）过区切换为软切换和频率硬切换相结合。

4）数字调制方式为 DQPSK。

5）双工方式为 TDD 方式。

6）基站同步方式为同步。

7）采用开环和慢速闭环功率控制方式，功率控制速度为 200 次/s。

8）物理帧长为 10ms。

9）差错控制编码采用了 Turbo 码。

2. TD-SCDMA 系统的主要技术特色

（1）*智能天线技术*　采用智能天线可以极大地降低多址干扰、提高系统容量和接收灵敏度、降低发射功率和无线基站成本。TD-SCDMA 系统的智能天线是由 8 个天线单元的同心阵列组成的，直径为 25cm。与全方向天线相比，它可获得 8dB 的增益。采用智能天线后，应用波束赋形技术显著可提高基站的接收灵敏度，降低了发射功率，减小了用户间干扰和相邻小区间的干扰，使系统容量扩大了 1 倍以上。同时，还可以使业务高密度市区和郊区所需的基站数目减少。天线增益的提高也能降低高频功率放大器（HPA）的线性输出功率，从而显著降低了运营成本。

（2）*同步 CDMA*　上行链路采用同步 CDMA 方式，它可以简化基站硬件，降低基站成本。同步 CDMA 指在上行链路各终端发出的信号在基站解调器处完全同步，用户间多址干扰小，提高了系统容量和频谱利用率。

（3）*软件无线电*　采用软件无线电可以方便地实现智能天线和多用户检测等基带数字信号处理，系统可以灵活地更新技术，也可以降低产品开发周期和成本。

（4）*多用户检测*　多用户检测主要是指利用多个用户码元、时间、信号幅度以及相位等信息来联合检测单个用户的信号，可以有效降低用户间多址干扰，扩大 CDMA 系统容量，减小对功率控制的要求，减小远近效应的影响。

（5）*动态信道分配*　TD-SCDMA 系统采用 RNC 集中控制的动态信道分配（DCA）技术，在一定区域内，将几个小区的可用信道资源集中起来，由 RNC 统一管理，按小区呼叫阻塞率、候选信道使用频率、信道再用距离等因素，将信道动态分配给呼叫用户。这样可以提高系统容量、减小干扰，更有效地利用信道资源。

（6）*综合采用多种多址方式*　TD-SCDMA 使用了 TDMA、CDMA 和 SDMA 等多址方式，其中最主要的部分是使用多天线技术实现了 SDMA，可以在时域、频域之外用来增加容量和改善性能。CDMA 与 SDMA 技术结合起来也起到了相互补充的作用，尤其是当几个移动用户在空间位置上靠得很近，使得 SDMA 无法区分用户信号时，CDMA 就可以起到分离作用，而 SDMA 本身又可以使相互干扰的 CDMA 用户降至最少。SDMA 技术的另一个重要作用是可以大致估算出每个用户的距离和方位，可应用于移动用户的定位，并为过区切换提供参考。

（7）*Turbo 码*　差错编码技术使用了 Turbo 码，有效提高了抗噪能力，提高了通信可靠性。

（8）*接力切换技术*　接力切换技术是指系统使用上行预同步技术，在过区切换过程中，UE 从原小区接收下行信号，通过新小区发送上行信号，然后上行链路、下行链路先后进行切换。采用接力切换技术可以有效减小干扰，提高 UE 首次切换接入的成功率。

3. TD-SCDMA 系统的业务与应用

TD-SCDMA 可以提供以下业务：

1）基于电路交换的对称业务，如语音、可视会议等实时业务。

2）通过分组交换的非对称业务，如视频点播、电子邮件、Internet 及 Intranet、网上银行、娱乐游戏。

3）永远在线能力，可按用户需求提供从低速率到中速率的数据传输能力，并可按流量计费。

4）高速下载能力，能提供高峰值速率的数据传输能力，每载波最高达 2Mbit/s，使用

HSDPA 条件下达到每载波 2.8Mbit/s。加上多载波 CDMA 的应用，在 10MHz 带宽内（6 × 1.6MHz 载波）可达到 16.8Mbit/s。

5）可提供多时隙、非对称分组数据交换业务，以及面向连接和无连接的混合业务，如语音 + 数据业务。

6）在传输质量方面已由 2G 的尽力发送向保证服务质量（QoS）的目标演进。

4. TD-SCDMA 的系统构成

TD-SCDMA 系统的组成框图如图 13-20 所示，TD-SCDMA 网络主要包括核心网和无线接入网两大部分。核心网包括网关、MSC 及其附属的功能模块，如 HLR、VLR 等，完成的功能是语音呼叫、数据连接与交换、与外部其他网络的连接及路由选择等。无线接入网是连接用户终端设备（UE）与核心网的桥梁，由基站收发信台（BTS）和基站控制器（BSC）构成。

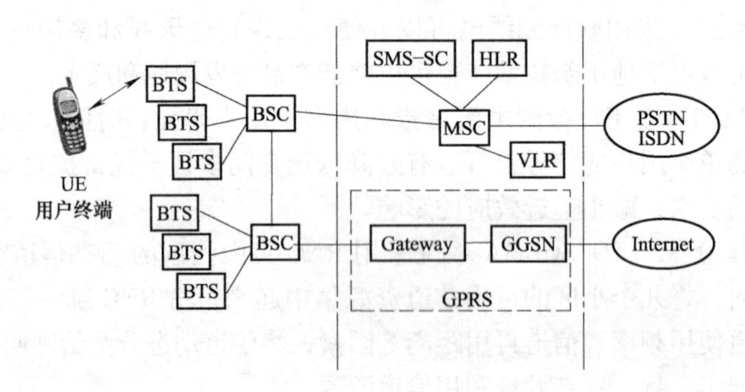

图 13-20　TD-SCDMA 系统组成框图

5. TD-SCDMA 的信道结构

（1）物理信道　TD-SCDMA 的物理信道通常指移动终端和基站之间的通信路径。它可由 5 种特征来定义：频率、时隙、信道码型、突发类型、无线帧等。TD-SCDMA 的物理信道是由频率、时隙、信道 CDMA 地址码等资源组成，基站和移动终端之间所传输的消息通过一定的帧结构在物理信道上传输。TD-SCDMA 的一个物理信道就是一个突发时隙。TD-SCDMA对无线子帧时隙的分配可以是连续的，也可以是不连续的。TD-SCDMA 的物理信道可分为公共物理信道和专用物理信道。

TD-SCDMA 的公共物理信道有如下 9 种：

1）主公共控制物理信道（P-CCPCH）。P-CCPCH 是传输信道 BCH 在物理层的映射，用于广播系统和小区的特有信息，属于下行物理信道。

2）辅助公共控制物理信道（S-CCPCH）。S-CCPCH 是传输信道 PCH 和 FACH 在物理层的映射，用来发布寻呼和特定控制信息，属于下行物理信道。

3）物理随机接入信道（PRACH）。PRACH 是传输信道 RACH 在物理层的映射，用来承载来自移动台的信息，也可以承载一些短的用户信息数据分组，属于上行物理信道。

4）快速物理接入信道（FPACH）。FPACH 是 TD-SCDMA 系统独有的信道，承载 NodeB 对 UE 发出的 UpPTS 信号的应答信息，用于支持建立上行同步，属于下行物理信道。

5）物理上行共享信道（PUSCH）。传输信道 USCH 在物理层的映射，是几个 UE 共享的，用来承载专用控制数据或业务数据，属于上行物理信道。

6）物理下行共享信道（PDSCH）。传输信道 DSCH 在物理层的映射，是几个 UE 共享的，用来承载专用控制数据或业务数据，属于下行传输信道。

7）下行导频信道（DwPCH）。主要用于小区搜索、下行同步。

8）上行导频信道（UpPCH）。主要用于上行同步、随机接入。

9）寻呼指示信道（PICH）。不承载传输信道的数据，但却与传输信道 PCH 配对使用，用以指示特定的 UE 是否需要解读其后跟随的 PCH 信道。

TD-SCDMA 的专用物理信道（Dedicated Physical CHannel，DPCH）只有一种，用来承载网络和特定 UE 之间的用户信息或控制信息，属于双向信道，可以进行波束赋形。

（2）传输信道　传输信道定义了在空中接口上数据传输的方式和特性，分为两类：专用信道和公共信道。TD-SCDMA 定义了一种类型的专用信道，即专用传输信道（DCH）。它是一个上行或下行传输信道。DCH 在整个小区或小区内的某一部分使用波束赋形的天线进行发射。TD-SCDMA 定义了如下 6 类公共传输信道：

1）广播信道（BCH）是一个下行传输信道，用于广播系统或小区特定的信息。BCH 总是在整个小区内发射，并且有一个单独的传送格式。

2）前向接入信道（Forward Access CHannel，FACH）。FACH 是一个下行传输信道。FACH 在整个小区或小区内某一部分使用波束赋形的天线进行发射。FACH 使用慢速功率控制。

3）寻呼信道（Paging CHannel，PCH）。PCH 是一个下行传输信道。PCH 总是在整个小区内进行发送。PCH 的发射般随着物理层产生的寻呼指示发射，用于支持有效的睡眠模式。

4）随机接入信道（Random Access CHannel，RACH）。RACH 是一个上行传输信道。RACH 总是在整个小区内进行接收。RACH 的特性是带有碰撞冒险，使用开环功率控制。

5）公共分组信道（Common Packet CHannel，CPCH）。CPCH 是一个上行传输信道。CPCH 与一个下行链路的专用信道相随，该专用信道用于提供上行链路 CPCH 的功率控制和 CPCH 控制命令。CPCH 的特性是带有初始的碰撞冒险和使用内环功率控制。

6）下行共享信道（Downlink Shared CHannel，DSCH）。DSCH 是一个被 UE 共享的下行传输信道，用于承载 UE 的控制和业务。DSCH 使用波束赋形天线在整个小区内发射，或在一部分小区内发射。

第14章 新一代移动通信系统简介

14.1 引言

1. IMT-2000（3G）系统存在的问题

与GSM、IS-95等第二代移动通信系统相比，IMT-2000（3G）在数字业务带宽、服务质量、业务类型等方面取得了长足进步，获得了巨大的商业成功，但是它依然存在一些问题：

1）IMT-2000主要的三个标准是WCDMA、CDMA2000、TD-SCDMA，它们彼此不兼容，未能形成全球统一的标准，不能真正实现不同频段、不同业务环境间的无缝漫游。

2）核心技术是CDMA，信道速率难以提高，无法满足高速业务需求，如高质量的视频通信业务以及多媒体互动等业务，需要更大的带宽。

3）语音业务的交换机制基本上继承了2G的电路交换模式，交换效率低，信道利用率有限。

4）空中接口标准对核心网有限制要求，难以提供多种丰富QoS的业务。

2. 新一代移动通信系统标准的提出

IMT-2000除了存在上述问题外，还面临同为3G标准之一的宽带无线接入技术WiMAX的市场挑战。所以，3GPP于2004年12月在3GPP框架内制定了新规范，称为3G演进计划，明确了无线接入系统的演进方向为高速信道速率、低延迟和优化分组数据应用。

演进核心网支持两种无线接入网（Radio Access Network，RAN）技术：高速分组接入（HSPA）和长期演进计划（LTE）。这两种技术推出后，ITU又推出了后续标准IMT-Advanced，IMT-Advanced就是通常所说的第四代移动通信系统（4G）。

（1）高速分组接入（HSPA） HSPA是第一种UMTS RAN演进技术，也被称为3.5G技术，HSPA是基于WCDMA/TD-SCDMA的技术，可以后向兼容UMTS。HSPA的演进称为HSPA+，该技术可以作为中期解决方案。CDMA2000与之对应的技术是CDMA2000 1xEV-DO和CDMA2000 1xEV-DV。HSPA包括在R5中规范的高速下行分组接入（HSDPA）和在R6中规范的高速上行分组接入（HSUPA），这两种技术的峰值数据速率分别可达4.6Mbit/s和5.76Mbit/s。

（2）长期演进计划（LTE） 第二种UMTS RAN演进技术为LTE，LTE属于后三代（Beyond 3G，B3G）或准4G标准。LTE的目标是提供更高的网络性能并减少无线接入成本，它是一个新设计的无线接口，因此与HSPA相比，LTE不再以CDMA为核心技术，而是基于OFDM技术和MIMO处理技术，所以LTE不能与UMTS后向兼容。2007年年底，第一个LTE规范正式提出。LTE系统的峰值数据速率可达326Mbit/s，与以前的移动系统相比，它可以显著地提升频谱效率并降低延时。

(3) IMT-Advanced (4G)　2005 年，ITU 将 System Beyond IMT-2000 正式命名为 IMT-Advanced。2007 年 ITU 为 IMT-Advanced 分配了频谱。2011 年，ITU 确定了 LTE-Advanced（包括 FDD-LTE-A 和 TD-LTE-A）和 IEEE802.16m 为 IMT-Advanced 的入选标准。其中，LTE-Advanced 是 LTE 的升级版，简称为 LTE-A。IEEE802.16m 则可以看成是 3G 标准之一的 WiMAX 的升级版本。IMT-Advanced 是全面超越 IMT-2000 (3G) 的新一代移动通信系统标准，能够提供广泛的电信业务，可以基于分组传输交换技术，支持从低速到高速的各种数据速率的移动性应用，满足各种信道条件、环境条件下的不同业务需求，还可以在广泛的服务和平台上提供高质量的多媒体服务。

3. 新一代移动通信系统的特点

ITU 主导的 3G 系统 IMT-2000 已取得了成功，按照“部署一代，研究下一代”的工作思路，在推动 3G 规模化商用的同时就开始着手新一代移动通信系统的研究，IMT-Advanced 系统标准的确定，标志着新一代移动通信系统全面商用的步伐加快了，新一代移动通信系统具有以下基本特征：

1）传输速率更高和范围覆盖更大。由于新一代移动通信系统需要承载大量的多媒体信息，因此具备达到 100Mbit/s ~ 1Gbit/s 的峰值传输速率、较大地域的连续覆盖性能。

2）通信服务多元化。新一代移动通信网络能够提供丰富的业务类型和 QoS 保证，全面支持语音、图像、视频等丰富的数据及多媒体业务，容纳庞大的用户群，同时能够提供给用户满意的 QoS 保证。

3）开放融合的平台和良好的兼容性。新一代移动通信系统在移动终端、业务节点及移动网络机制上具有“开放性”，使用户能够自由地选择协议、应用和网络，使各类媒体、通信主机及网络之间完成“无缝”链接，用户能够自由地在各种网络环境间无缝漫游，并觉察不到业务质量上的差别。

4）智能化程度更高。新一代移动通信系统是一个高度自治、自适应的网络，具有很好的重构性、可变性、自组织性等，以便满足用户在各种环境下的通信需求。用户终端更加智能，操作方便，功能更强，可以全面支持各种新兴业务应用。

5）高度可靠的鉴权及安全机制。新一代移动通信系统是一个基于分组数据的网络，具有高度可靠的鉴权及安全机制，因为数据的安全可靠性直接影响到整个网络的生存力，故也会影响到用户对整个网络的信任程度。

新一代移动通信系统是在传统通信网络和技术的基础上，进一步提高无线通信网络效率，增强系统功能。同时，它包含的不仅是一项技术，而且是多种技术的融合；也不仅限于移动通信领域的技术，还包括宽带无线接入领域及广播电视领域的新技术。

14.2 长期演进计划

14.2.1　概述

长期演进（LTE）始于 2004 年 3GPP（第三代合作伙伴计划）的多伦多会议，是 3G 到 4G 的过渡技术，被称为准 4G 或者 3.9G，即向 4G 演进的前站。从 3G 到 4G 的网络演进会经历两个阶段：第一个阶段是从 3G 演进到 LTE，第二个阶段是以 LTE 技术为基础继续向前升级到 LTE-A。当前全球的4G 网络建设正处于第一阶段，即 LTE 阶段，因此现在各方所说的4G 均指的是 LTE，即准4G 技术。LTE 与 LTE-A 的主要区别在于：后者的传输速率得到了大幅提升，是 LTE 的10倍。

LTE 作为一种有竞争力的 B3G 宽带无线业务标准，主要考虑要达到以下几个总体目标：

1）降低每比特成本。

2）扩展业务的提供能力，以更低的成本、更佳的用户体验提供更多的业务。

3）灵活使用现有的和新的频段。

4）简化架构，开放接口。

5）实现合理的终端功耗。

14.2.2 LTE 的技术性能

LTE 系统以 OFDM 结合 MIMO 为核心技术，目标是向 IMT-Advanced 标准演进，其主要技术性能指标参数如下：

(1) 峰值数据率　在20MHz 系统宽带下，下行瞬间峰值速率为100Mbit/s（频谱效率 $5\text{bit}\cdot\text{s}^{-1}/\text{Hz}$），上行瞬间峰值速率为50Mbit/s（频谱效率 $2.5\text{bit}\cdot\text{s}^{-1}/\text{Hz}$）。

(2) 控制面延迟　从驻留状态（Camped state）或空闲状态（Idle state）到开始数据交换的时延小于100ms。

(3) 控制面用户容量　每个小区在5MHz 带宽下最少支持200个用户。

(4) 频谱效率　下行链路的频谱效率为 R6 HSDPA 的3~4倍；上行链路的频谱效率为 R6 HSUPA 的2~3倍。

(5) 移动性　为时速0~15km/h 的慢速移动应用进行优化，在时速15~120km/h 的快速移动条件下实现高速数据通信，在时速120~350km/h（在某些频段应支持时速500km/h）下能够保持蜂窝网用户不掉网。

(6) 覆盖　吞吐率、频谱效率和移动性指标在半径5km 以下的小区中应能够充分保证，在半径增加至30km 时，性能指标可以有轻微变化，对半径达到100km 的小区也应该能够提供移动用户业务支持。

(7) 增强 MBMS　MBMS（Multimedia Broadcast Multicast Service）即多媒体广播多播业务，为了降低终端复杂度，应和单播操作采用相同的调制、编码和多址方法；可向用户同时提供 MBMS 业务和专用语音业务，可用于成对和非成对频谱。

(8) 频谱灵活性　支持不同大小的频带宽度，从1.25~20MHz；支持成对和非成对频谱中的部署；支持基于资源整合的内容提供，包括一个频段内部、不同频段之间，上下行之间、相邻和不相邻频带之间的整合。

(9) 与3GPP 无线接入技术的共存和互操作　和 GERAN/UTRAN 系统间可以邻频共站址共存；支持 UTRAN、GERAN 操作的 E-UTRAN 终端应支持对 UTRAN/GERAN 的测量，以及 E-UTRAN 和 UTRAN/GERAN 之间的切换，实时业务的 E-UTRAN 和 UTRAN/GERAN 之间的切换中断时间小于30ms。

(10) 系统架构和演进　单一基于分组的 E-UTRAN 系统架构，通过分组架构支持实时业务和会话业务；最大限度地避免单点失败；支持端到端 QoS，优化回传通信协议。

(11) 无线资源管理　增强的端到端 QoS，有效支持高层传输；支持不同的无线接入技

术之间的负载均衡和政策管理。

(12) 复杂度 尽可能减少选项，避免多余的必选特性。

14.2.3 LTE 的网络结构

系统架构演进（System Architecture Evolution，SAE）是 3GPP 对于 LTE 无线通信标准的核心网络架构的升级计划。SAE 是基于 GPRS 核心网络的演进方案，其重要的改进在于：

1）简化架构。

2）全 IP 网络（AIPN）。

3）支持更高的吞吐量和延迟更小的无线接入网络。

4）支持多个异构接入网络，包括 E-UTRA（LTE 和 LTE-A 的无线接入网），3GPP 遗留系统（例如，GPRS 和 UMTS 空中接口的 GERAN 或 UTRAN），也支持与非 3GPP 系统之间的数据传输（如 WiMAX 或 CDMA 2000）。

LTE 网络结构如图 14-1 所示，SAE 的主要组成部分是演进后的分组核心网（Evolved Packet Core，EPC）和演进后的接入网 E-UTRAN。EPC 包括移动性管理组件（Mobility Management Entity，MME）、服务网关（Service Gateway，S-GW）组件。

MME 的主要功能包括：

1）网络接入服务器（Network Access Server，NAS）信令以及安全性功能。

2）3GPP 接入网络移动性导致的 CN 节点间信令。

3）空闲模式下 UE 跟踪和可达性。

4）漫游。

5）鉴权。

6）承载管理功能（包括专用承载的建立）。

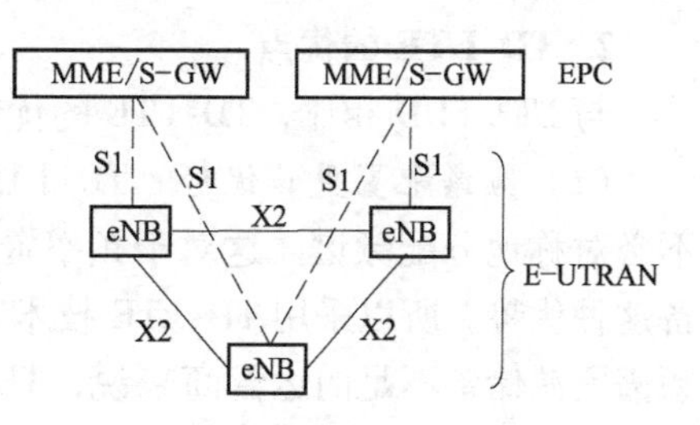

图 14-1 LTE 网络结构

Serving GW（S-GW）的功能包括：

1）支持 UE 的移动性切换用户面数据的功能。

2）E-UTRAN 空闲模式下行分组数据缓存和寻呼支持。

接入网 E-UTRAN 仅包括单一的网元 eNB（evolved NodeB），eNB 的功能包括物理层功能（HARQ 等）、MAC、RRC、调度、无线接入控制、移动性管理等。eNB 之间通过 X2 接口进行连接，并且在需要通信的两个不同 eNB 之间总是会存在 X2 接口。LTE 接入网与核心网之间通过 S1 接口进行连接，S1 接口支持多到多联系方式。

与 3G 网络架构相比，接入网仅包括 eNB 一种逻辑节点，网络架构中节点数量减少，网络架构更加趋于扁平化。扁平化网络架构降低了呼叫建立时延以及用户数据的传输时延。

14.2.4 LTE FDD 与 TD-LTE 的比较

LTE 物理层技术的研究是基于 FDD 和 TDD 两种双工方式展开的。对应的技术分别为 LTE FDD 和 TD-LTE。它们的核心网技术相同，如多址技术都采用 OFDMA，发射接收都采用 MIMO 技术，信道编码都采用卷积码和 Turbo 码，调制技术都采用 QPSK/16QAM/64QAM 自适应调制等。但是，在很多技术细节方面存在差异。

1. 技术上的差异

TD-LTE 和 LTE FDD 在技术上的差异主要体现在以下几个方面：

（1）*双工方式不同*　这是两者之间的最大区别，TD-LTE 采用时分双工方式（TDD），因为 TDD 方式可以根据不同的业务类型灵活调整上下行占用信道时间比例，以满足上下行非对称业务需求。LTE FDD 则采用频分双工方式（FDD），在支持对称业务时，能充分利用上下行的频谱，但在支持非对称业务时，频谱利用率将大大降低。

（2）*HARQ 技术的差异*　TD-LTE 子帧反馈个数与延时随上下行配置方式不同而不同。当下行时隙配置多于上行时，存在一个上行子帧反馈多个下行子帧的情况；同样，当上行配置多于下行时，也存在一个下行子帧调度多个上行子帧的情况。而在 LTE FDD 中，子帧反馈个数与延时固定。

（3）*同步信号设计的不同*　LTE 同步信号的周期是 5ms，分为主同步信号（PSS）和辅同步信号（SSS）。TD-LTE 和 LTE FDD 帧结构中，同步信号的相对位置不同，所以，移动终端在小区搜索的初始阶段，可以利用主、辅同步信号相对位置的不同，识别系统是 TDD 还是 FDD。

（4）*设备上的差异*　由于双工方式、频段、通道数等差异，TD-LTE 与 LTE FDD 无法共用远端射频单元（Remote Radio Unit，RRU）。

2. TD-LTE 的优点

与 LTE FDD 相比，TD-LTE 的优势主要体现在如下几个方面：

（1）*频谱配置更具优势*　TD-LTE 由于采用 TDD 方式，在对其进行频谱分配时，可以不必对称地分配频谱。这对于频率资源非常紧张的现状是非常重要的。而 LTE FDD 则不具备这种优势。所以采用 TD-LTE 技术，使其可以部署在 FDD 无法部署的零散频谱上。对于频谱资源储备不足的运营商来说，TDD 的灵活部署特性正好满足了需求，这也正是越来越多运营商加入 TD-LTE 阵营的主要原因。

（2）*适合提供非对称业务*　由于 TD-LTE 系统可以灵活地分配上下行信道资源，适合非对称业务的需要，有利于提高资源利用率。

（3）*便于使用智能天线技术*　在使用智能天线时，TD-LTE 系统能有效地降低终端的处理复杂性。TD-LTE 具有上下行信道互易性，能够更好地采用发射端预处理技术，如预 RAKE 技术，联合传输（JointTransmission）技术、智能天线技术等，能有效地降低终端接收机的处理复杂性。

3. TD-LTE 的缺点

与 LTE FDD 相比，TD-LTE 的不足之处表现在以下几个方面：

（1）*系统复杂*　使用 HARQ 技术时，TD-LTE 使用的控制信令比 LTE FDD 更复杂，且平均 RTT（Round Trip Time）稍长于 LTE FDD 的 8ms。

（2）*对同步要求高*　由于上下行信道占用同一频段的不同时隙，所以为了保证上下行帧的准确接收，系统对终端和基站的同步要求很高。

（3）*要求全网同步*

为了补偿 TD-LTE 系统的不足，系统采用了一些新技术，如 TDD 支持在微小区使用更短的 PRACH 以提高频谱利用率，在 HARQ 中采用 multi-ACK/NACK 的方式反馈多个子帧，节约信令开销等。

14.2.5　LTE 典型业务

从 LTE 的性能参数指标看，能够在 20MHz 的带宽上提供下行 100Mbit/s，上行 50Mbit/s 的峰值速率，比 3G 有了显著提升，为 LTE 支持各种多媒体业务奠定了基础。在业务的提供方式上 LTE 以提供数据业务为主，其典型的业务包括如下几类：

（1）*移动高清多媒体*　LTE 技术能够实现质量更好、速率更快的连接，该特点决定其有能力向用户提供支持视频业务的足够带宽，在线播放高清视频也需要很高的带宽，因此移动高清多媒体业务是 LTE 网络的主要优势，可针对移动中的大屏幕终端设备提供高清多媒体业务。

（2）*实时移动视频监控*　由于要实时上传视频流到监控中心，视频监控对上传带宽要求很高。LTE 系统具有 50Mbit/s 上行带宽，可同时上传 8 路高清视频，能很好地支持上行无线实时视频监控业务。

（3）*移动 Web2.0 应用*　Web2.0 的主要特点是注重用户交互操作体验，借助 LTE 网络和手机终端，可以实现用户间的内容共享（图片/视频/音频）、紧急报告业务、厂商促销、信息的推送等。通过这种方式可以实现多媒体内容基于多种网络的共享。

（4）*支持移动接入的 3D 游戏*　手机网络游戏的特点是可供多人同时参与，影响游戏体验的因素是网络延时和带宽，LTE 低延时和高速率的特点可以为网络游戏的良好体验提供支撑。

（5）*支持移动接入的远程医疗系统*　通过支持移动接入的远程医疗系统，可以实现生理参数值实时上传、医疗中心视频及数据传送等，还可以实现上级医院医生与社区医生通过视频通信协作，方便多科室和多地域专家加入会诊，实现资源共享，提高效率。

（6）*智能出租车*　LTE 可以为驾驶员、乘客、出租车运营商以及城市路网信息源之间的信息发布沟通提供通信支持，可以有效地减少空车率、降低能耗和排污、缓解交通压力、提高城市交通运营的效率和质量。

（7）*移动网真终端*　网真会议解决方案结合了音频、视频和互动组件，为远端的参会者创造身临其境的会议体验。移动网真的应用场合有集会、培训，高清视频客服及导游，实景导航业务，户外应急指挥，领导巡视，远程诊断等。

（8）*高清视频即摄即传*　高清视频即摄即传业务（也称移动采编播），为传媒机构提供高清视频移动采编服务，相较于传统的采编播系统具有成本低廉、信号稳定、双向传输、快速反应等优势，将推动广电业务的运作方式发生根本变化，并将引领实况转播工作模式的深层变革。

（9）*移动化电子学习*　电子化学习（e-Learning）的概念带来了每时每刻的学习体验。学生通过双向语音设备与远程的老师交流，就同样的发言稿，通过视频片段和其他多媒体来进行课堂讨论。LTE 使这样的高速而随时的电子化学习变为可能。

（10）M2M　M2M（Machine to Machine）一般是指机器到机器的无线数据传输，也包括人对机器和机器对人的数据传输。LTE 在 M2M 的通信方面有很大优势——它容易得到较高的数据速率，容易得到现有计算机 IP 网络的支持，更能适应在恶劣移动环境下完成任务。M2M 应用大体包括以下几类：远程测量，公共交通服务，销售与支付，远程信息处理/车内应用，安全监督，维修维护，工业应用，家庭应用，通过遥测、电话、电视等手段求诊的医学应用，针对车队、舰船的远程高效管理等。

14.3 LTE-Advanced

14.3.1 概述

LTE-Advanced（或 LTE-A）是 3GPP 提交给 ITU 作为 IMT-Advanced（4G）系统中的备选标准之一，通过 ITU 的评估工作，LTE-Advanced 技术正式成为 4G 技术的标准之一。为了满足 ITU 的要求，3GPP 从 LTE 阶段就放弃了 3G 以 CDMA 为核心的技术，使用了 OFDM 结合 MIMO 为核心的技术，并在 LTE-Advanced 系统引入了较多的增强技术，大幅提升了性能指标。LTE-Advanced 系统在指标上主要考虑如下几个方面：

1）峰值速率要求，下行为 1Gbit/s，高速移动时为 100Mbit/s，上行为 500Mbit/s。

2）时延特性要求，其中①控制面时延，空闲模式到连接模式的时延小于 50ms，休眠模式到连接模式的时延小于 10ms；②用户面时延，同 LTE R8 规范要求相比需要减小用户面时延。

3）峰值频谱效率要求，下行链路天线为 8×8 配置时，要达到 $30\text{bit}\cdot\text{s}^{-1}/\text{Hz}$，上行天线为 4×4 配置，要达到 $15\text{bit}\cdot\text{s}^{-1}/\text{Hz}$。

4）移动性要求，需支持时速为 350km/h 的移动终端接入，主要是对时速 0～10km/h 情况下进行性能优化增强。

5）覆盖要求，保持和 LTE R8 相当水平。

6）灵活的频谱使用，最大支持使用 100MHz 带宽，可使用目前 ITU 确定的主要 IMT-Advanced 的频率：450～470MHz、698～806MHz、790～862MHz、2.3～2.4GHz、3.4～4.2GHz、4.4～4.99GHz。

从性能指标看，LTE-Advanced 相对于 3G 系统来说是全新的一代移动通信系统标准，具有高速率传输、高度智能化、业务多样化、无缝接入、后向兼容 LTE、经济性等特性。

14.3.2 LTE-Advanced 关键技术

LTE-Advanced 为了满足高效频谱利用率、高速传输、多业务类型、室内外无缝覆盖的基本要求，引入了载波聚合（Carrier Aggregation，CA）技术、MIMO 增强技术（Enhanced MIMO）、中继（Relay）技术和多点协作传输（Coordinated Multi-Point Tx/Rx，CoMP）技术等。

1. 载波聚合

为了满足单用户峰值速率和系统容量提升的要求，一种最直接的办法就是增加系统传输带宽，因此 LTE-Advanced 系统引入载波聚合（CA）技术。CA 技术可以将 2～5 个 LTE 成员载波（Component Carrier，CC）聚合在一起，实现最大 100MHz 的传输带宽，有效提高了上下行传输速率。设备根据自身能力大小决定最多可以同时利用几个载波进行上下行传输。CA 功能可以支持连续或非连续载波聚合，全球不同区域的运营商会有不同的 LTE 频谱分配，因此也就可以有不同的 CA 频段组合需求。

2. MIMO 增强

在 LTE-Advanced 系统中，MIMO 技术有了进一步的改进，首先是天线层数的增加，下行支持 8×8MIMO，而上行支持 4×4MIMO；另外，导频信号和反馈方案也需要进一步加强。

对于上行 MIMO，LTE-Advanced 系统会为终端配备更多的发送射频通道，以获得更好的接收效果。上行传输时采用预编码技术对多个数据流进行处理，从而保证接收端能够准确解调。现有的预编码方式有两种，分别是基于码本的预编码和基于非码本的预编码，前者通常用于 FDD 双工方式系统中，后者则通常用于 TDD 双工方式系统中。

3. 中继技术

LTE-Advanced 是一种高速移动数据接入系统，对无线频谱资源的需求量大，另一方面，现有的频谱资源已经变得格外紧张，所以给 LTE-Advanced 分配的频谱都在较高的频段，而该频段路径传输损耗比较严重且穿透力很差，很难实现很好的覆盖。如果移动终端距离基站较远，接收端将具有较低的信噪比，此时只能选择较低的调制、编码方案，从而降低了频谱利用效率。为了解决这个问题，LTE-Advanced 采用中继技术作为扩大小区的覆盖范围，提高小区边缘用户的吞吐量的手段。

无线中继的复杂度远低于基站，质量较小，体积较小，成本较低，拓扑容易，选址方便，同时对系统性能有大幅度的增益。

4. 多点协作传输技术

多点协作（CoMP）传输技术是通过对不同地理区域的小区天线进行动态协作，从而改善其发射/接收的系统性能。CoMP 是一种主动管理干扰的方法，可以改善 UE 的性能，尤其是能有效解决小区边缘干扰问题，从而提高小区边缘和系统吞吐量，扩大高速传输覆盖。

CoMP 包括下行 CoMP 发射和上行 CoMP 接收。上行 CoMP 接收通过多个小区对用户数据的联合接收来提高小区边缘用户吞吐量。下行 CoMP 发射是根据业务数据能否在多个协调点上获取可分为联合处理（Joint Processing，JP）和协作调度/波束赋形（Coordinated Scheduling/Beamforming，CS/CB）。前者主要利用联合处理的方式获取传输增益，而后者通过协作减小小区间干扰。

14.3.3　LTE-Advanced 面临的问题

目前，准 4G 的 LTE 系统在移动通信领域占有主导地位，已经开始全面商用。作为 4G 系统的 LTE-Advanced 的大规模商用也指日可待，但是 4G 移动通信系统面临一些问题需要考虑，主要在于以下几个方面：

（1）*如何统一世界通信制式*　虽然 4G 移动通信系统的兼容性要远远超过 3G 移动通信系统，但是也仍然需要面对全球范围内通信制式缺乏统一标准的问题。只有解决了这个问题，才能保证用户在全球的无缝覆盖和漫游业务。要想解决这个问题，还需要业内标准制定管理与研发单位、运营商、设备提供商、终端制造商等之间的沟通和协调，为用户提供具有支持多个标准，并能自由切换的多模移动终端是一个较好的解决方案。

（2）*如何提高系统容量*　4G 系统最大的优势就在于其超高的传输速度。但是就目前的情况来看，由于受通信系统容量的限制，4G 系统超高速传输仍然只能在理想状态下实现。未来能否大幅度提升通信系统容量，将是制约 4G 通信系统传输速度的关键所在。

（3）*如何保证现有网络基础设施的更新速度*　目前，全球通常的无线基础设施主要是面向 3G 移动通信系统建立的，虽然 4G 已经初步解决了与 3G 的兼容问题，但是仍然需要面对现有网络设施的更新问题。如果网络设施更新速度不能得到保证，将拖延 4G 通信系统的全面商用步伐。

附录　英文缩写词汇对照表

3GPP	3rd Generation Partnership Project　第三代合作伙伴计划
3GPP2	3rd Generation Partnership Project 2　第三代合作伙伴计划 2
AA/TDMA	Adaptive Access/TDMA　自适应时分多址
AAA	Authentication, Authorization and Accounting　鉴权，认证和计费
ABS-S	Advanced Broadcast System-Satellite　先进卫星广播系统
ACTS	Advanced Communications Technology Satellite　先进通信技术卫星
ADPCM	Adaptive Differential Pulse Code Modulation　自适应差分脉冲编码调制
AGCH	Access Grant Channel　接入准许信道
AMR	Adaptive Multi-Rate　自适应多速率（语音编码）
AN	Access Network　接入网
APC	Adaptive Predictive Coding　自适应预测编码
APCM	Adaptive Pulse Code Modulation　自适应脉冲编码调制
ARFCN	Absolute Radio Frequency Channel Numbers　绝对射频信道号码
ARQ	Automatic Repeat request　自动请求重传
AMPS	Advanced Mobile Phone Service　先进移动电话业务
ANSI	American National Standards Institute　美国国家标准局
AON	All Optical Network　全光通信网
AON	Active Optical Network　有源光网络
AOTF	Acousto-Optic Tunable Filter　声光可调谐滤波器
APC	Automatic Power Control　自动功率控制
APD	Avalanche Photo Diode　雪崩二极管
APK	Amplitude-Phase Keying　幅度相位联合调制
APOC	Advanced Paging Operator Code　先进寻呼运行编码
ASIC	Application Specific Integrated Circuit　专用集成电路
ASP	Application Service Provider　应用服务提供商
ATC	Automatic Temperature Control　自动温度控制
ATC	Air Traffic Controller　空中话务控制器
AUC	Authentication Center　鉴权中心
AWG	Arrayed-Waveguide Grating　阵列波导光栅
BA	Booster Amplifier　后置放大器
BCCH	Broadcasting Control Channel　广播控制信道
BCMCS	BroadCast MultiCast Services　广播与多播业务

BER	Bit Error Rate　误码率
B-ISDN	Broadband Integrated Services Digital Network　宽带综合业务数字网
BP	Belief Propagation Algorithm　置信传播算法
BPF	Band Pass Filter　带通滤波器
BS	Base Station　基站
BSS	Base Station Subsystem　基站子系统
BSS	Broadcasting Satellite Service　广播卫星业务
BTS	Base Transceiver Station　基站收发信台
BTV	Business TV　商业电视
C/A	Coarse/Acquisition （GPS 系统中的）粗码
CATV	Community Antenna Television　公用天线电视
CCTV	China Central TV　中国中央电视台
CDG	CDMA Development Group　CDMA 发展组织
CDMA	Code Division Multiple Access　码分多址
CEPT	Conference Europe of Post and Telecommunications　欧洲电信行政大会
CELP	Codebook Excited Linear Prediction　码本激励线性预测编码
CNG	Comfort Noise Generator　舒适噪声产生器
CoMP	Coordinated Multi-Point　多点协作
CRC	Cyclic Redundancy Check　循环冗余校验
CS	Cell Station　小区基站
CSC	Cell Station Controller　基站控制器
CSI	Channel State Information　信道状态信息
CT-2	Cordless Telephone-2　第二代无绳电话系统
CVSD	Continuously Variable Slope Delta modulation　斜率连续可变增量调制
CWTS	China Wireless Telecommunication Standard　中国通信标准研究组
DA	Demand Assignment　按申请分配
DAB	Digital Audio Broadcasting　数字音频广播
DBR	Distributed Bragg Reflector　分布布喇格反射
DCCH	Dedicated Control Channel　专用控制信道
DCE	Data Circuit terminating Equipment　数据电路端接设备
DCME	Digital Circuit Multiplication Equipment　数字电路倍增技术
DECT	Digital European Cordless Telephone　欧洲数字无绳电话
DFB	Distributed Feedback（Laser）分布反馈（激光器）
DH	Double Heterostructure　双异质结
DM	Delta Modulation　增量调制
DPCM	Differential Pulse Code Modulation　差分脉冲编码调制
DRC	Data Rate Control　数据速率控制
DSI	Digital Speech Interpolation　数字语音插空
DSNG	Digital Satellite News Gathering　卫星新闻采集

DSP	Digital Signal Processing 数字信号处理
DS-SS	Direct Sequence Spread Spectrum 直接序列扩频
DTE	Data Terminal Equipment 数据终端设备
DTH	Direct toHome （卫星信号）直接到户
DTX	Discontinuous Transmission 不连续发射
DTMF	Dual Tone Multi-Frequency 双音多频
DVB	Digital Video Broadcasting 数字视频广播
DWDM	Dense Wavelength Division Multiplexing 密集波分复用
ECSD	Enhanced Circuit Switched Data 增强的电路数据交换
EDFA	Erbium-Doped Fiber Amplifier 掺铒光纤放大器
EDGE	Enhanced Data rate for GSM Evolution 增强数据速率的 GSM 方案
EGPRS	Enhanced GPRS 增强型 GPRS
EIA	Electronic Industries Association 美国电气工业协会
EIR	Equipment Identity Register 设备识别寄存器
EIRP	Effective Isotropic Radiated Power 有效全向辐射功率
ERMES	European Radio Message System 欧洲无线电报系统
ETACS	European Total Access Communication System 欧洲全接入通信系统
ETSI	European Telecommunications Standards Institute 欧洲电信标准协会
E-UTRAN	Evolved Universal Terrestrial Radio Access Network 演进的通用地面无线接入网
FAF	Floor Attenuation Factor 楼层衰减因子
FCC	Federal Communication Commission （美国）联邦通信委员会
FDD	Frequency Division Duplex 频分双工
FDDI	Fiber Distributed Data Interface 光纤分布数据接口
FDMA	Frequency Division Multiple Access 频分多址
FEC	Forward Error Correction 前向纠错
FLEX	Flexible high speed paging 灵活高速寻呼系统
FM	Frequency Modulation 频率调制
FPGA	Field Programmable Gate Array 现场可编程门阵列
FPLMTS	Future Public Land Mobile Telecommunication System 未来公共陆地移动通信系统
FSS	Fixed Satellite Service 固定卫星业务
FTTC	Fiber To The Curb 光纤到路边
FTTD	Fiber To The Desk 光纤到桌
FTTH	Fiber To The Home 光纤到户
FTTO	Fiber To The Office 光纤到办公室
FXC	Fiber Cross Connect 光纤交叉连接
GCC	Galileo Control Center Galileo 控制中心
GEO	Geosynchronous Equatorial Orbit 地球同步赤道轨道

GERAN GSM EDGE Radio Access Network GSM EDGE 无线接入网
GGSN Gateway GPRS Support Node GPRS 网关支持节点
GIF Graded Index Fiber 渐变型折射率分布光纤
GIS Geography Information System 地理信息系统
GLONASS GLObal Navigation Satellite System （俄罗斯）全球卫星导航系统
GMDSS Gobal Maritime Distress and Safety System 全球海上遇险与安全系统
GMSC Gateway MSC for Short Message Service 移动交换中心短消息网关
GNSS Global Navigation Satellite System 全球卫星导航系统
GOS Grade Of Service 业务等级（呼损率）
GPRS General Packet Radio Service 通用无线分组业务
GPS Global Positioning System 全球定位系统
GSM Global System for Mobile communications 全球移动通信系统
GSO GeoStationary Orbit 地球静止轨道
HAAP High Altitude Aeronautical Platform 高空航空平台站
HAP High Altitude Platform 高空平台
HAPS High Altitude Platform Station 高空平台站
HARQ Hybrid Auto Repeat Request 混合自动请求重传
HDLC High-level Data Link Control protocol 高级数据链路控制协议
HDTV High Definition Television 高清晰度电视
HFC Hybrid Fiber Coaxial 光纤电缆混合网
HLR Home Location Register 归属位置寄存器
HPA High Power Amplifier 高功率放大器
HSCSD High Speed Circuit Switched Data 高速电路交换数据
HSDPA High Speed Downlink Packet Access 高速下行分组接入
HSPA High Speed Packet Access 高速分组接入
HTML Hypertext Markup Language 超文本标记语言
IDR Intermediate Data Rate 中速率数据业务
IF Intermediate Frequency 中频
IGS International GPS Service 国际 GPS 中心
IM-DD Intensity Modulation-Direct Detection 光强调制直接检测
IMSI International Mobile Subscriber Identity 国际移动用户识别码
IMT-2000 International Mobile Telecommunications-2000 国际移动通信系统-2000
IMTS Improved Mobile Telecommunication Service 改进型移动电话系统
INAP Intelligent Network Application Protocol 智能网络应用协议
IS-95 Interim Standard-95 过渡标准-95
ISP Internet Service Provider 互联网接入服务提供商
ISUP ISDN User Part ISDN 用户接口部分
ITU International Telecommunication Union 国际电信联盟
ITU-T Telecommunication standardization sector for ITU 国际电信联盟电信标

	准化机构
IWMSC	Inter working MSC for Short Message Service 具有网络交互功能的MSC
JDC	Japanese Digital Cellular 日本数字蜂窝移动通信系统
LA	Line Amplifier 中继放大器
LACOD	Location Area code 服务区代码
LAR	Logarithmic Area Ratio 对数面积比参数
LD	Laser Diode 激光二极管
LDPC	Low Density Parity Check code 低密度校验码
LED	Light Emitting Diode 发光二极管
LEO	Low Earth Orbit 低地球轨道
LMDS	Local Multi-point Distribution Service 本地多点分配业务
LNB	Low Noise Block downconverter 低噪声下变频放大器
LPC	Linear Prediction Coding 线性预测编码
LPF	Low Pass Filter 低通滤波器
LTE	Long Term Evolution 长期演进
MBMS	Multimedia Broadcast Multicast Service 多媒体广播多播业务
MCPC	Multiple Channels Per Carrier 每载波多路
MEO	Medium Earth Orbit 中高度地球轨道
MME	Mobility Management Entity 移动性管理组件
MOS	Mean Opinion Score 平均意见得分
MPEG	Moving Picture Expert Group 运动图像专家小组
MS	Mobile Subscriber 移动用户
MS	Mobile Station 移动终端
MSC	Mobile Switching Center 移动交换中心
MSE	Mean Square Error 均方误差
MSK	Minimal Shift Keying 最小频移键控
MSS	Mobile Satellite Service 卫星移动通信业务
MTSO	Mobile Telephone Switching Office 移动交换局
MZI	Mach-Zegnder Interferometer 马赫-泽德干涉仪
NA	Numerical Aperture 数值孔径
NAS	Network Access Server 网络接入服务器
NASA	National Aeronautics and Space Administration 美国国家航空航天局
NMT	Nordic Mobile Telephone system 北欧移动电话系统
NNSS	Navy Navigation Satellite System 海军导航卫星系统
NSS	Network Switching Subsystem 网络与交换子系统
OA	Optical Amplifier 光放大器
OADM	Optical Add/Drop Multiplexer 光分插复用器
OEIC	Opto-Electronic Integrated Circuit 光电混合集成电路
OFDM	Optical Frequency Division Multiple 光频分复用

OFDM	Orthogonal Frequency Division Multiple 正交频分复用
OMC	Operation Maintenance Center 操作维护中心
OSS	Operation Support Subsystem 运行支持子系统
OTDM	Optical Time Division Multiplexing 光时分复用
OTN	Optical Transport Network 光传输网
PA	Preamplifier 前置放大器
PA	Pre-Assignment 预分配
PABX	Private Automatic Branch exchange 专用自动电话交换机
PACS	Personal Access Communication System 个人接入通信系统
PAL	Phased Alternate Line 逐行倒相（模拟电视制式）
P-ALOHA	Pure ALOHA 纯 ALOHA
PAPR	Peak to Average Power Ratio 峰值平均功率比
PAS	Personal Access System 个人通信接入系统
PCM	Pulse Code Modulation 脉冲编码调制
PD	Photodiode 光电二极管
PDA	Personal Digital Assistant 个人数字助理
PDC	Pacific Digital Cellular 太平洋数字蜂窝移动通信系统
PDH	Plesiochronous Digital Hierarchy 准同步数字体系
PDSN	Packet Data Service Node 分组业务节点
PFM	Pulse Frequency Modulation 脉冲频率调制
PHS	Personal Handyphone System 个人手持电话系统
PL	Path Loss 路径损耗
PLD	Programmable Logical Device 可编程逻辑器件
PLMN	Public Land Mobile Network 公共陆地移动通信网
PN	Pseudo Noise 伪随机码
PON	Passive Optical Network 无源光网络
POTS	Plain Old Telephone service 普通电话业务
PR	Pseudo range 伪距
PS	Personal Station 个人终端
QAM	Quadrature Amplitude Modulation 正交振幅调制
QPSK	Quadrature Phase Shift Keying 正交相移键控
RA/TDMA	Radom Access/Time Division Multiple Access 随机接入/时分多路复用
RAN	Radio Access Network 无线接入网
RIN	Relative Intensity Noise 相对强度噪声
RNC	Radio Network Controller 无线网络控制器
RP	Radio Port 无线接入点
RPC	Radio Port Controller 无线接入控制器
RPE-LTP	Regular-Pulse Excited-Long Term Prediction 规则脉冲激励长时限线性预测编码

RRC	Radio Resources Control 无线资源控制
RRU	Remote Radio Unit 远端射频单元
RSC	Recursive Systematic Convolution code 递归系统卷积码
SA	Selective Availability 有选择性使用
SBS	Stimulated Brillouin Scattering 受激布里渊散射
SCM	Subcarrier Multiplexed 副载波复用
SCPC	Single Carrier Per Channel 每路单载波或单路单载波
SDH	Synchronous Digital Hierarchy 同步数字体系
SDR	Software-Define Radio 软件无线电
SAE	System Architecture Evolution 系统架构演进
SGSN	Serving GPRS Supporting Node GPRS 服务支持节点
SIM	Subscriber Identity Module 用户识别模块
SMS	Short Message Service 短消息业务
SMSC	Short Message Service Center 短消息业务中心
SNR	Signal to Noise Ratio 信噪比
SOF	Start Of Frame 帧起始
SONET	Synchronous Optical Network 光同步传输网
SPM	Self-Phase Modulation 自相位调制
SRS	Stimulated Raman Scattering 受激拉曼散射
SS7	Signaling System No. 7 7号信令系统
SSPA	Solid State Power Amplifier 固态功率放大器
SSMA	Spread Spectrum Multiple Access 扩频多址方式
SS/TDMA	Satelitte Switching/TDMA 卫星交换/时分多址
STP	Short-Term Prediction 短时预测
SWFM	Square Wave Frequency Modulation 方波频率调制
TACS	Total Access Communication System 全接入通信系统
TCH	Traffic Channel 业务信道
TCH/FS	Full-rate Speech TCH 全速率话音信道
TCH/HS	Half-rate Speech TCH 半速率话音信道
TDD	Time Division Duplex 时分双工
TDMA	Time Division Multiple Access 时分多址
TD-SCDMA	Time Division-Synchronous Code Division Multiple Access 时分同步的码分多址技术
TES	Telephone Earth Station 电话地球站
TIA	Telecommunication Industry Association 美国电信工业协会
TT&C	Tracking Telemetry and Command Station 遥测跟踪指令站
TVRO	Television Receive Only 卫星电视接收地球站
TWT	Traveling Wave Tube 行波管
TWTA	Traveling Wave Tube Amplifier 行波管放大器

UMTS	Universal Mobile Telecommunications System 通用移动通信系统
UPS	Uninterruptable Power Supply 不间断电源
UTRAN	Universal Terrestrial Radio Access Network 通用地面无线接入网
VAD	Voice Activity Detector 语音激活检测器
VAS	Value-Added Services 增值业务
VBR	Variable Bit Rate 数据率可变技术
VLR	Visiting Location Register 访问位置寄存器
VMSC	Visited MSC 被访问移动交换局
VOD	Video On Demand 视频点播
VQ	Vector Quantizing 矢量量化
VSAT	Very Small Aperture Data Terminal 甚小口径数据终端
VSELP	Vector Sum Excited Linear Predictive coding 矢量和激励性线性预测编码
WACS	Wireless Access Communication System 无线接入通信系统
WAP	Wireless Application Protocol 无线应用协议
WARC	World Administrative Radio Conference 世界无线电行政会议
WATS	Wireless Asymmetrical Transmission System 无线非对称传输模式
WDM	Wavelength Division Multiplexing 波分复用
WiMAX	Worldwide Interoperability For Microwave Access 全球微波互联接入
WIXC	Wavelength-Interchanging Cross Connect 波长可变交叉连接
WLL	Wireless Local Loop 无线本地环路
WML	Wireless Markup Language 无线标记语言
WRC	World Radio Communication Conferences 世界无线电通信大会
WSXC	Wavelength-Selective Cross Connect 波长固定交叉连接
WTA	Wireless Telephone Application 无线电话应用
WWW	World Wide Web 万维网
XPM	Cross-Phase Modulation 交叉相位调制

参考文献

[1] Theodore S. Rappaportz. 无线通信原理与应用（英文版）[M]. 北京：电子工业出版社，1998.

[2] 张贤达，保铮. 通信信号处理 [M]. 北京：国防工业出版社，2000.

[3] 刘元安. 宽带无线接入和无线局域网 [M]. 北京：北京邮电大学出版社，2000.

[4] 胡捍英，杨峰义. 第三代移动通信系统 [M]. 北京：人民邮电出版社，2001.

[5] 达新宇，孟涛等. 现代通信新技术 [M]. 西安：西安电子科技大学出版社，2001.

[6] 李建东，杨家玮. 个人通信 [M]. 北京：人民邮电出版社，1998.

[7] 张平，等. 第三代蜂窝移动通信系统——WCDMA [M]. 北京：北京邮电大学出版社，2000.

[8] 杨大成，等. CDMA2000 技术 [M]. 北京：北京邮电大学出版社，2000.

[9] 全庆一，胡建栋，等. 卫星移动通信 [M]. 北京：北京邮电大学出版社，2000.

[10] 刘元安. 未来移动通信系统概论 [M]. 北京：北京邮电大学出版社，1999.

[11] 樊昌信，张甫翊，等. 通信原理 [M]. 5 版. 北京：国防工业出版社，2001.

[12] 移动通信国家工程研究中心. GPRS 系统讲座. http：//www. mc21st. com/techfield/systech/gprs-system/main. htm.

[13] 郭梯云，邬国扬，等. 移动通信 [M]. 西安：西安电子科技大学出版社，2000.

[14] WAP 的接入方式. http：//www. snmcc. com. cn/，2002.

[15] 詹舒波，等. WAP-移动互联网解决方案 [M]. 北京：北京邮电大学出版社，2000.

[16] Mobile & Telecoms stats. http://www. cellular. co. za/. Jan，2003.

[17] GSM Association Press Release 2003. GSM Europe and its 130 Mobile Operator Members Endorse First Implementation Report on Good Network Rollout. http://www. gsmworld. com/.

[18] Olivier Glauser. Wireless Mobile Technologies. Harvard Business School，2001.

[19] PHS MoU Document. Public Personal Handy-phone System：General Description Version：01. http://www. phsmou. or. jp/. April 21，1997.

[20] 邹锐. 铱系统（Iridium）技术介绍 [J]. http://www. c114. net/technic/，1999.

[21] Iridium Satellite LLC. Corporate Fact Sheet. http://www. iridium. com/，2002.

[22] Globalstar Corporate. How it Works. http://www. globalstar. com/，2002.

[23] 张兆中，张乃通，等. 平流层通信及相关技术 [J]. 电信科学，1998（11）.

[24] 顾青，李太杰，等. 平流层通信技术 [J]. 电信技术，1999（10）.

[25] 吴佑寿. 发展中的平流层通信系统 [J]. 工科物理，2000，10（4）.

[26] D. Grace，T. C. Tozer，N. E. Daly，Communications from High Altitude Platforms-A European Perspective. http://www. elec. york. ac. uk/comms/papers.

[27] D. Grace，T. C. Tozer，N. E. Daly，COMMUNICATIONS FROM HIGH ALTITUDE PLATFORMS A COMPLEMENTARY OR DISRUPTIVE TECHNOLOGY. http://www. elec. york. ac. uk/comms/papers.

[28] 张华燕，王卫. 3GPP 移动通信标准化的进展概况 [J]. 通讯世界，2002（7）.

[29] ITU：about the technology. http://www. itu. int/osg/spu/ni/3g/technology/index. html，2002.

[30] 尤肖虎. 我国未来移动通信发展展望 [J]. 通讯世界，2002（12）.

[31] Whatis IMT2000-2. pdf. http://www. itu. int/osg/imt-project/docs. Geneva，2001～2002.

[32] John Scourias，Overview of the Global System for Mobile Communications. http://www. shoshin. uwaterloo. ca/publications/index. html，1997.

[33] 韩斌杰. GSM 原理及其网络优化 [M]. 北京：机械工业出版社，2001.

[34] Michel MOULY, Marie-Bernadette PAUTET. GSM 数字移动通信基础 [M]. 骆健霞，译. 北京：电子工业出版社，1995.
[35] 朱立东，吴廷勇，卓永宁. 卫星通信导论 [M]. 3 版. 北京：电子工业出版社，2009.
[36] Dennis Roddy. 卫星通信 [M]. 4 版. 郑宝玉，等译. 北京：机械工业出版社，2011.
[37] 吴彦文. 移动通信技术及应用 [M]. 2 版. 北京：清华大学出版社，2013.
[38] 邹铁钢，孟庆斌，丛红侠，等. 移动通信技术及应用 [M]. 北京：清华大学出版社，2013.
[39] 曹达仲，侯春萍，由磊，等. 移动通信原理、系统及技术 [M]. 2 版. 北京：清华大学出版社，2011.
[40] 沙学军，吴宣利，何晨光. 移动通信原理、技术与系统 [M]. 北京：电子工业出版社，2013.
[41] 王晓涛. TD-LTE 牌照率先发放，中国移动占得 4G 发展先机 [J]. 中国经济导报，2013.
[42] 陈山枝. 大数据推动移动通信产业快速发展 [J]. 世界电信，2013 (11)：48-49.
[43] 韩志刚. LTE FDD 技术原理与网络规划 [M]. 北京：人民邮电出版社，2012.
[44] 蔡耀明，吴启晖，田华，等. 现代移动通信 [M]. 3 版. 北京：机械工业出版社，2013.
[45] 刘维超，时颖. 移动通信 [M]. 北京：北京大学出版社，2011.
[46] 易睿得. LTE 系统原理及应用 [M]. 北京：电子工业出版社，2012.
[47] 赵绍刚，李岳梦. LTE-Adcanced 宽带移动通信系统 [M]. 北京：人民邮电出版社，2012.